微分方程数值解法

（第 2 版）

戴嘉尊　邱建贤　编著

东南大学出版社
·南京·

内 容 提 要

本书包括常微分方程数值解法、抛物型方程的差分方法、椭圆型方程的差分方法、双曲型方程的差分方法、非线性双曲型守恒律方程的差分方法、有限元法简介等共6章，每章后面附有一定数量的习题供练习之用。

本书适合于数学类本科生"微分方程数值解法"课程教学之用，也适用于工科研究生及计算数学与应用数学教学与科研人员，并可供有关工程技术人员参考。

图书在版编目(CIP)数据

微分方程数值解法/戴嘉尊，邱建贤编著. —2版. —南京：东南大学出版社，2012.8(2021.1重印)

ISBN 978-7-5641-3741-0

Ⅰ.①微… Ⅱ.①戴… ②邱… Ⅲ.①微分方程—数值计算-高等学校-教材 Ⅳ.O241.8

中国版本图书馆CIP数据核字(2012)第194368号

微分方程数值解法(第2版)

出版发行	东南大学出版社
社　　址	南京市四牌楼2号(邮编：210096)
出 版 人	江建中
责任编辑	吉雄飞
电　　话	(025)83793169(办公室)，83362442(传真)
经　　销	全国各地新华书店
印　　刷	广东虎彩云印刷有限公司
开　　本	700mm×1000mm 1/16
印　　张	15.5
字　　数	304千字
版　　次	2012年8月第2版
印　　次	2021年1月第4次印刷
书　　号	ISBN 978-7-5641-3741-0
定　　价	36.80元

本社图书若有印装质量问题，请直接与营销部联系，电话：025-83791830。

第 2 版说明

本书是南京航空航天大学理学院教授戴嘉尊先生在多年教学工作的基础上编写而成，自 2002 年首版以来，一直是我校信息与计算科学专业本科生和工科研究生“微分方程数值解法”课程的教材，同时也被国内多所院校选用，目前已发行万余册，受到了使用者的广泛欢迎。2004 年该教材被评为南京航空航天大学优秀教材一等奖，2005 年获评为江苏省高校精品教材。

该教材内容丰富、全面，既重视基本理论和基本训练，又有一定的理论深度。因此，这次修订保持了首版的框架体系和特色，仅就一些印刷错误进行了修正，并结合在教学过程中的一些体会，对部分内容做了修改。

此次修订工作由王春武老师承担。在教材出版十周年之际，我们对关心本书和对首版的使用提出宝贵意见的老师和同学们表示衷心的感谢，并恳请对疏漏之处提出批评、指正。

编　者

2012 年 8 月

前　言

本书是作者在多年来为计算数学本科生和工科类研究生开设"微分方程数值解法"课程讲义的基础上修改而成的。它适合于计算数学专业本科生,同时也适合于工科类研究生,并可供从事微分方程数值解法和科学工程计算的有关科技人员参考。

全书讲授约需 70 学时。

本书内容较丰富、全面,取材比较新颖,重视基本理论、基本训练,有一定的理论深度和广度,注意理论联系实际;本书自成系统,注意教学法。每章后面附有一定数量的习题供读者练习。

本书在编写过程中,得到南京航空航天大学理学院的大力支持和帮助,编者对领导和同仁表示深深的谢意。东南大学孙志忠教授详细审阅了全书,提出了许多宝贵的意见,江苏省工业与应用数学学会和东南大学出版社在本书出版过程中给予大力支持,在此一并表示衷心的感谢。

本书由戴嘉尊编写了第 1 章至第 5 章,邱建贤编写了第 6 章。由于水平所限,书中一定有许多缺点和错误,敬请读者批评指正。

编　者

2001 年 3 月

目　录

1 常微分方程初值问题数值解法

1.1 引 言

在常微分方程课程中我们知道，在科学技术的许多领域中都会遇到常微分方程初值问题，然而只有很少十分简单的微分方程能够用初等方法求其解。一般而言，找出解的解析表达式极其困难，对大部分问题是不可能的。因此，对许多类型的方程求出其近似解是很有意义的。本章研究的近似方法是数值方法，目标在于给出解在一些离散点上的近似值。利用电子计算机求解微分方程主要使用数值方法。

本章研究常微分方程初值问题的主要数值解法，包括基本方法以及基本理论问题。

在下面研究常微分方程初值问题

$$\begin{cases} \dfrac{\mathrm{d}y}{\mathrm{d}x} = f(x,y) \quad (x_0 < x \leqslant X); & (1.1) \\ y|_{x=x_0} = y(x_0) & (1.2) \end{cases}$$

如无特别说明，总认为这个初值问题的解存在、唯一且连续依赖于初值条件，即初值问题(1.1) 和(1.2) 是适定的。

1.2 欧拉法(Euler 方法)

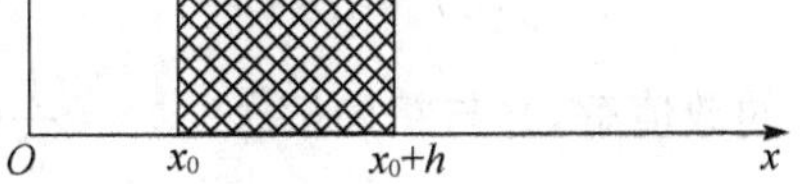

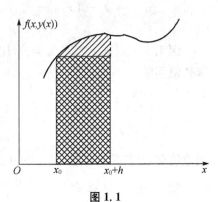

图 1.1

1.2.1 欧拉方法

数值求解常微分方程初值问题(1.1) 和(1.2) 的最简单的方法是欧拉法(Euler 方法)，又称折线法，推导如下：由

$$\frac{\mathrm{d}y}{\mathrm{d}x} = f(x,y)$$

得

$$y(x_0+h) - y(x_0) = \int_{x_0}^{x_0+h} f(x,y)\mathrm{d}x$$

如图 1.1 所示,求$\int_{x_0}^{x_0+h} f(x,y)\mathrm{d}x$ 的近似值的最直接的方法是用 $f(x_0,y_0)$ 代替区间$[x_0,x_0+h]$上的 $f(x,y)$,即用矩形面积近似代替曲边梯形的面积,于是有

$$y(x_0+h)\approx y(x_0)+hf(x_0,y_0)$$

用 y_0 表示 $y(x_0)$,y_1 近似代替 $y(x_0+h)$,$x_1=x_0+h$,则

$$y_1=y_0+hf(x_0,y_0)$$

依次令 $x_{n+1}=x_0+(n+1)h$,y_{n+1} 近似替代 $y(x_{n+1})$,则

$$\begin{cases}y_{n+1}=y_n+hf(x_n,y_n)\quad(n=0,1,2,\cdots),\\ y_0=y(x_0)\end{cases}\tag{1.3}$$

这就是欧拉方法的计算公式,$h=x_{n+1}-x_n$ 称为积分步长。

式(1.3) 也可由泰勒级数去掉高阶导数项得到。由

$$y(x_{n+1})=y(x_n)+y'(x_n)(x_{n+1}-x_n)+\frac{1}{2!}y''(x_n)(x_{n+1}-x_n)^2+\cdots$$

去掉高于一阶导数的项,由 $y'(x_n)=f(x_n,y(x_n))$,则有

$$y(x_{n+1})\approx y(x_n)+hf(x_n,y(x_n))$$

用 y_{n+1} 近似代替 $y(x_{n+1})$,y_n 近似 $y(x_n)$,则得

$$y_{n+1}=y_n+hf(x_n,y_n)$$

欧拉方法有明显的几何意义,即以折线代替积分曲线(见图 1.2)。因此也称欧拉法为折线法。

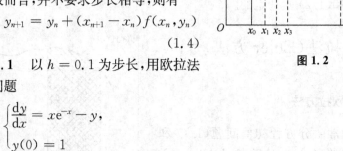

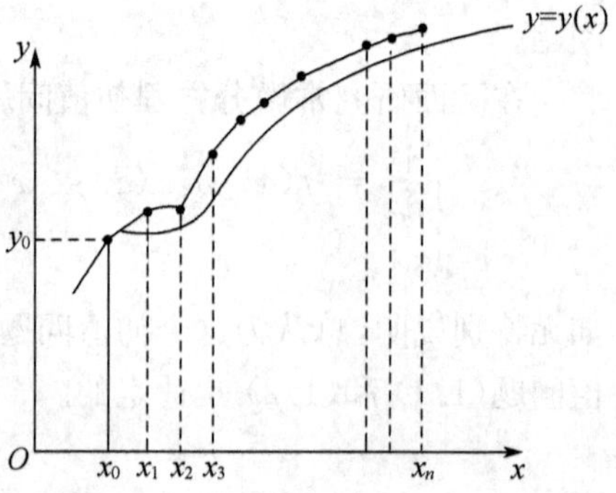

图 1.2

一般而言,并不要求步长相等,则有

$$y_{n+1}=y_n+(x_{n+1}-x_n)f(x_n,y_n)\tag{1.4}$$

例 1.1 以 $h=0.1$ 为步长,用欧拉法求初值问题

$$\begin{cases}\dfrac{\mathrm{d}y}{\mathrm{d}x}=x\mathrm{e}^{-x}-y,\\ y(0)=1\end{cases}$$

的数值解,并与精确解 $y(x)=\frac{1}{2}(x^2+2)\mathrm{e}^{-x}$ 比较。

解 由式(1.3) 有

$$\begin{cases}y_{n+1}=y_n+h(x_n\mathrm{e}^{-x_n}-y_n)\quad(n=0,1,2,\cdots),\\ y_0=1\end{cases}$$

计算结果见表 1.1。

表 1.1

x_n	y_n	$y(x_n)$	$\lvert y(x_n)-y_n\rvert$
0	1	1	0
0.1	0.900 000	0.909 362	9.326 0E−03
0.2	0.819 048	0.835 105	1.605 7E−02
0.3	0.753 518	0.774 155	2.063 7E−02
0.4	0.700 391	0.723 946	2.355 5E−02
0.5	0.657 165	0.682 347	2.518 2E−02
0.6	0.621 775	0.647 598	2.583 2E−02
0.7	0.592 526	0.618 249	2.572 3E−02
0.8	0.568 034	0.593 114	2.508 0E−02
0.9	0.547 177	0.571 230	2.405 3E−02
1.0	0.529 051	0.551 819	2.276 8E−02

在使用欧拉法数值求解过程中我们发现计算过程非常简单，即由 y_0 可直接计算出 y_1，由 y_1 可直接计算出 y_2。以此类推，无需用迭代方法求解任何方程，因此也称其为显式格式。在表 1.1 中，我们分别列出了在 $x=x_n$ 处解的精确值 $y(x_n)$，和用计算机由欧拉法求得的近似解 y_n，以及它们的误差 $\lvert y(x_n)-y_n\rvert$。事实上，一般而言，我们难以得到精确解 $y(x_n)$，这是显然的。另一方面，不论显式格式（或者隐式格式）我们都不能利用计算机求得它们的精确解 y_n，这是因为计算机计算，不论运算器能进行多少位数的运算，总是有限位二进制运算，因此对十进制的数字运算总会出现舍入误差以及在计算过程中误差的传递。

因此计算机输出的是欧拉方程的近似解 $\tilde{y}_n$，而不是其精确解 y_n。我们可以想象

$$\tilde{y}_n-y(x_n)=(\tilde{y}_n-y_n)+(y_n-y(x_n)) \tag{1.5}$$

可见，为了使计算得到的解 $\tilde{y}_n$ 是 $y(x_n)$ 的好的精确近似，我们要求：

(1) 欧拉方法的精确解 y_n 是微分方程精确解 $y(x_n)$ 的很好近似，特别要求当步长 h 充分小时，所得的近似解 y_n 能足够精确地逼近精确解 $y(x_n)$。换言之，要求 $h\to 0$ 时，$y_n\to y(x_n)$。

(2) $\tilde{y}_n$ 是 y_n 好的近似。由于计算过程会不断产生舍入误差，本问题的讨论相当复杂。为了简化讨论，我们设想计算机对欧拉格式计算过程完全精确，每步都没有误差，因此 $\lvert\tilde{y}_n-y_n\rvert$ 的值完全由 $\lvert\tilde{y}_0-y_0\rvert$ 决定。要求 $\tilde{y}_n$ 是 y_n 的好的近似则相当于要求欧拉格式解对初始值具有连续依赖性，这种解对初始值的连续依赖性就称为稳定性。

问题(1) 称为格式的收敛性问题，问题(2) 称为格式的稳定性问题。

格式的收敛性、稳定性研究是微分方程数值解法最基本的理论研究工作，具有重要的实用意义。而一个格式既是收敛的又是稳定的才是有用的格式。下面就欧拉法深入进行研究。

1.2.2 收敛性研究

前已指出，收敛性问题，即研究 $h \to 0, x_0 + nh \to x$ 时，$y_n \to y(x)$ 的问题，其中 y_n 为欧拉方法(1.3)在 $x = x_n$ 处的解，$y(x_n)$ 为微分方程初值问题(1.1)和(1.2)在 $x = x_n$ 处的解，计算它们之间的差，有

$$y(x_n + h) - y_{n+1} = y(x_n) + \int_{x_n}^{x_{n+1}} f(x, y(x))\mathrm{d}x - [y_n + hf(x_n, y_n)] \tag{1.6}$$

这里，y_{n+1} 由 y_n 算得，y_n 由 y_{n-1} 算得，…，y_1 由 y_0 算得，都是利用欧拉格式计算得到的。

令 $\varepsilon_{n+1} = y(x_{n+1}) - y_{n+1}$，显然它受到 ε_n 的影响，因此也受 ε_{n-1}，…，ε_0 的影响，我们称 $\varepsilon_{n+1} = y(x_{n+1}) - y_{n+1}$ 为欧拉方法的整体截断误差。为了估算它，先估计由 $y(x_n)$ 利用欧拉公式计算出的 y_{n+1}^* 与 $y(x_{n+1})$ 之差 e_{n+1}：

$$y_{n+1}^* = y(x_n) + hf(x_n, y(x_n)) \tag{1.7}$$

$$\begin{aligned} e_{n+1} &= y(x_{n+1}) - y_{n+1}^* \\ &= y(x_{n+1}) - [y(x_n) + hf(x_n, y(x_n))] \\ &= y(x_n) + \int_{x_n}^{x_{n+1}} f(x, y(x))\mathrm{d}x - [y(x_n) + hf(x_n, y(x_n))] \qquad (1.8) \\ &= \int_{x_n}^{x_{n+1}} f(x, y(x))\mathrm{d}x - hf(x_n, y(x_n)) \end{aligned}$$

e_{n+1} 称为局部截断误差，就是用精确解 $y(x_n)$ 代入欧拉公式得到的 y_{n+1}^* 与 $y(x_{n+1})$ 之间的差，也可记为 R_n。设 $|R_n| \leqslant R$，R 为一正常数。由式(1.6)，整体截断误差满足

$$\begin{aligned} \varepsilon_{n+1} &= y(x_{n+1}) - y_{n+1} \\ &= y(x_n) + \int_{x_n}^{x_{n+1}} f(x, y(x))\mathrm{d}x - [y_n + hf(x_n, y_n)] \\ &= \varepsilon_n + \int_{x_n}^{x_{n+1}} f(x, y(x))\mathrm{d}x - \int_{x_n}^{x_{n+1}} f(x_n, y(x_n))\mathrm{d}x \\ &\quad + \int_{x_n}^{x_{n+1}} f(x_n, y(x_n))\mathrm{d}x - \int_{x_n}^{x_{n+1}} f(x_n, y_n)\mathrm{d}x \\ &= \varepsilon_n + R_n + \int_{x_n}^{x_{n+1}} [f(x_n, y(x_n)) - f(x_n, y_n)]\mathrm{d}x \end{aligned}$$

则

$$|\varepsilon_{n+1}| \leqslant |\varepsilon_n| + R + \int_{x_n}^{x_{n+1}} |f(x_n, y(x_n)) - f(x_n, y_n)|\mathrm{d}x$$

设 $f(x,y)$ 关于 y 满足 Lipschitz 条件

$$|f(x,\bar{y})-f(x,\tilde{y})|\leqslant L|\bar{y}-\tilde{y}| \tag{1.9}$$

其中，L 为 Lipschitz 常数。因此

$$|\varepsilon_{n+1}|\leqslant|\varepsilon_n|+R+Lh|\varepsilon_n|$$

$$\begin{aligned}|\varepsilon_{n+1}|&\leqslant(1+hL)|\varepsilon_n|+R\\&\leqslant(1+hL)[(1+hL)|\varepsilon_{n-1}|+R]+R\\&=(1+hL)^2|\varepsilon_{n-1}|+(1+hL)R+R\\&\leqslant(1+hL)^3|\varepsilon_{n-2}|+(1+hL)^2R+(1+hL)R+R\\&=(1+hL)^3|\varepsilon_{n-2}|+[(1+hL)^2+(1+hL)+1]R\\&\leqslant\cdots\\&\leqslant(1+hL)^{n+1}|\varepsilon_0|+[(1+hL)^n+(1+hL)^{n-1}+\cdots+1]R\end{aligned}$$

一般而言，有

$$\begin{aligned}|\varepsilon_n|&\leqslant(1+hL)^n|\varepsilon_0|+\left[\sum_{j=0}^{n-1}(1+hL)^j\right]R\\&=(1+hL)^n|\varepsilon_0|+\frac{R}{hL}[(1+hL)^n-1]\quad(n=1,2,\cdots)\end{aligned}$$

因为 $hL>0$，则 $e^{hL}>1+hL$，$e^{nhL}>(1+hL)^n$，因而整体截断误差 ε_n 有如下估计：

$$|\varepsilon_n|\leqslant e^{nhL}|\varepsilon_0|+\frac{R}{hL}(e^{nhL}-1)$$

$$|\varepsilon_n|\leqslant e^{(X-x_0)L}|\varepsilon_0|+\frac{R}{hL}(e^{(X-x_0)L}-1) \tag{1.10}$$

其中，ε_0 为初值误差，R 为局部截断误差界，并利用了 $x_n=x_0+nh\leqslant X$。因此欧拉方法的整体截断误差 ε_n 由初始误差和局部截断误差界决定。

现在估计局部截断误差的界。由式(1.8)，有

$$\begin{aligned}R_n&=\int_{x_n}^{x_{n+1}}f(x,y(x))\mathrm{d}x-hf(x_n,y(x_n))\\&=\int_{x_n}^{x_{n+1}}[f(x,y(x))-f(x_n,y(x_n))]\mathrm{d}x\\&=\int_{x_n}^{x_{n+1}}[y'(x)-y'(x_n)]\mathrm{d}x\\&=\int_{x_n}^{x_{n+1}}y''(x_n+\theta(x-x_n))(x-x_n)\mathrm{d}x\\&=y''(x_n+\theta(\bar{x}-x_n))\int_{x_n}^{x_{n+1}}(x-x_n)\mathrm{d}x\\&=\frac{1}{2}h^2y''(x_n+\theta(\bar{x}-x_n))\end{aligned}$$

其中 $0<\theta<1$，$\bar{x}\in(x_n,x_{n+1})$。

令 $M=\max\limits_{x_0\leqslant x\leqslant X}|y''(x)|$，则有

$$|R_n|\leqslant\frac{1}{2}Mh^2 \tag{1.11}$$

定理 1.1 假定 $y=y(x)\in C^2[x_0,X]$，则欧拉方法的局部截断误差 R_n 满足

$$|R_n|\leqslant\frac{1}{2}Mh^2 \tag{1.12}$$

其中 h 为步长，$M=\max\limits_{x_0\leqslant x\leqslant X}|y''(x)|$。

定理 1.2 设 $f(x,y)$ 关于 y 满足 Lipschitz 条件，L 为相应的 Lipschitz 常数，则欧拉方法的整体截断误差 ε_n 满足

$$|\varepsilon_n|\leqslant e^{(X-x_0)L}|\varepsilon_0|+\frac{R}{hL}(e^{(X-x_0)L}-1) \tag{1.13}$$

其中 R 为局部截断误差的上界，L 为 Lipschitz 常数。

由定理 1.1 和定理 1.2 可得下面的定理。

定理 1.3 设 $f(x,y)$ 关于 y 满足 Lipschitz 条件，L 为相应的 Lipschitz 常数，$y=y(x)\in C^2[x_0,X]$ 且当 $h\to 0$ 时，$y_0\to y(x_0)$，则欧拉方法的解 y_n 一致收敛到初值问题(1.1)，(1.2) 的解 $y(x_n)$，并有估计式

$$|\varepsilon_n|\leqslant e^{L(X-x_0)}|\varepsilon_0|+\frac{Mh}{2L}(e^{L(X-x_0)}-1) \tag{1.14}$$

如果 $y_0=y(x_0)$，即 $\varepsilon_0=0$，由此有

$$|\varepsilon_n|\leqslant\frac{h}{2L}M(e^{L(X-x_0)}-1) \tag{1.15}$$

即

$$|\varepsilon_n|=O(h)$$

欧拉方法的整体截断误差与 h 同阶，由 R_n 的表达式可知 $R_n=O(h^2)$，这说明局部截断误差比整体截断误差高一阶。

我们称欧拉方法为一阶格式。

1.2.3 稳定性研究

前已指出欧拉方法的稳定性问题是决定欧拉法在利用计算机计算中能否得到精确欧拉解的关键问题，只有稳定的算法才可能是有用的算法。

定义 1.1 如果存在正常数 c 及 h_0，使对任意初始值 y_0,z_0，用

$$\begin{cases}y_{n+1}=y_n+hf(x_n,y_n),\\ y_0\end{cases}\quad 与 \quad\begin{cases}z_{n+1}=z_n+hf(x_n,z_n),\\ z_0\end{cases}$$

计算所得之解 y_n,z_n 满足估计式

$$|y_n-z_n|\leqslant c|y_0-z_0|\quad(0<h<h_0,nh\leqslant X-x_0)$$

则称欧拉方法稳定。

注意：这里 y_n, z_n 分别是以 y_0, z_0 为初值得到的精确值，毫无舍入误差，因此这里稳定性定义是对初值的稳定性，即研究初值误差在计算过程的传递问题。

定理 1.4　在定理 1.2 的条件下，欧拉方法是稳定的。

证　因为

$$y_{n+1} = y_n + hf(x_n, y_n),\quad z_{n+1} = z_n + hf(x_n, z_n)$$

令

$$e_{n+1} = y_{n+1} - z_{n+1}$$

则有

$$\begin{aligned} e_{n+1} &= e_n + h[f(x_n, y_n) - f(x_n, z_n)] \\ |e_{n+1}| &\leqslant |e_n| + h|f(x_n, y_n) - f(x_n, z_n)| \\ &\leqslant |e_n| + hL|y_n - z_n| \\ &= (1+hL)|e_n| \\ &\leqslant (1+hL)^2|e_{n-1}| \\ &\vdots \\ &\leqslant (1+hL)^{n+1}|e_0| \end{aligned}$$

即

$$|e_n| \leqslant (1+hL)^n|e_0|$$

$$|e_n| \leqslant (1+hL)^{\frac{1}{hL}hLn}|e_0|$$

从而对所有 $n, nh \leqslant X - x_0$，即当 $0 < h < h_0$ 时，有

$$|e_n| \leqslant e^{L(X-x_0)}|e_0|$$

令 $C = e^{L(X-x_0)}$，则有 $|e_n| \leqslant C|e_0|$。

定理证毕。

由定理 1.2 我们看到，如初始误差 $\varepsilon_0 = 0$，则整体截断误差的阶完全由局部截断误差的阶决定。事实上，若局部截断误差阶为 $O(h^{p+1})$，则整体截断误差阶为 $O(h^p)$。因此为了提高数值算法的精度，往往从提高局部截断误差的阶入手，这也是构造高精度差分方程数值方法的主要依据。

1.3　梯形法、隐式格式的迭代计算

前面推导欧拉法的过程，是用矩形公式近似计算积分

$$\int_{x_n}^{x_{n+1}} f(x, y)\mathrm{d}x \approx \int_{x_n}^{x_{n+1}} f(x_n, y(x_n))\mathrm{d}x = hf(x_n, y(x_n))$$

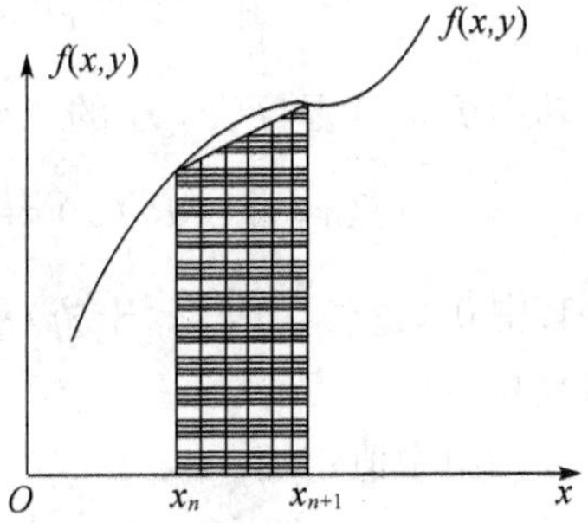

图 1.3

现在若用梯形公式近似计算积分（见图1.3），

则

$$y(x_{n+1})-y(x_n)=\int_{x_n}^{x_{n+1}}f(x,y)\mathrm{d}x$$
$$\approx\frac{1}{2}(x_{n+1}-x_n)[f(x_n,y(x_n))+f(x_{n+1},y(x_{n+1}))]$$

因此有

$$y(x_{n+1})\approx y(x_n)+\frac{1}{2}(x_{n+1}-x_n)[f(x_n,y(x_n))+f(x_{n+1},y(x_{n+1}))]$$

可得梯形公式为

$$y_{n+1}=y_n+\frac{1}{2}(x_{n+1}-x_n)[f(x_n,y_n)+f(x_{n+1},y_{n+1})] \tag{1.16}$$

显然这是一个隐式格式，现估计其局部截断误差阶，为此我们总假定 $f(x,y)$ 和解 $y(x)$ 充分光滑。由式(1.8)，即

$$e_{n+1}=y(x_{n+1})-y_{n+1}^*$$

$$\begin{aligned}y_{n+1}^*&=y(x_n)+\frac{h}{2}[f(x_n,y(x_n))+f(x_{n+1},y(x_{n+1}))]\\&=y(x_n)+\int_{x_n}^{x_{n+1}}\Big[\frac{x-x_{n+1}}{x_n-x_{n+1}}f(x_n,y(x_n))\\&\quad+\frac{x-x_n}{x_{n+1}-x_n}f(x_{n+1},y(x_{n+1}))\Big]\mathrm{d}x\end{aligned}$$

$$\begin{aligned}e_{n+1}&=y(x_{n+1})-y_{n+1}^*\\&=y(x_n)+\int_{x_n}^{x_{n+1}}f(x,y(x))\mathrm{d}x-\Big\{y(x_n)+\int_{x_n}^{x_{n+1}}\Big[\frac{x-x_{n+1}}{x_n-x_{n+1}}f(x_n,y(x_n))\\&\quad+\frac{x-x_n}{x_{n+1}-x_n}f(x_{n+1},y(x_{n+1}))\Big]\mathrm{d}x\Big\}\\&=\int_{x_n}^{x_{n+1}}\Big\{f(x,y(x))-\Big[\frac{x-x_{n+1}}{x_n-x_{n+1}}f(x_n,y(x_n))\\&\quad+\frac{x-x_n}{x_{n+1}-x_n}f(x_{n+1},y(x_{n+1}))\Big]\Big\}\mathrm{d}x\\&=\int_{x_n}^{x_{n+1}}[f(x,y(x))-P_1(x)]\mathrm{d}x\end{aligned}$$

其中 $P_1(x)$ 是 $f(x,y)$ 的二点插值多项式，由 Lagrange 插值余项，可知

$$f(x,y)-P_1(x)=\frac{1}{2!}f^{(2)}(x_n+\xi h)(x-x_n)(x-x_{n+1})$$

其中 $0<\xi<1$，$f^{(2)}(x_n+\xi h)=y^{(3)}(x_n+\xi h)$。显然，在 (x_n,x_{n+1}) 上，$(x-x_n)(x-x_{n+1})<0$。

由中值定理

$$e_{n+1}=\int_{x_n}^{x_{n+1}}\frac{1}{2!}f^{(2)}(x_n+\xi h)(x-x_n)(x-x_{n+1})\mathrm{d}x$$

$$= \frac{1}{2!} f^{(2)}(x_n + \xi h) \int_{x_n}^{x_{n+1}} (x - x_n)(x - x_{n+1}) \mathrm{d}x$$

$$e_{n+1} = -\frac{h^3}{12} f^{(2)}(x_n + \xi h) = -\frac{h^3}{12} y^{(3)}(x_n + \xi h) \tag{1.17}$$

局部截断误差阶为 $O(h^3)$，较之欧拉法高一阶。记 $R_n^{(1)}$ 为梯形公式的局部截断误差，$R^{(1)}$ 为 $R_n^{(1)}$ 的上确界，则有

$$R^{(1)} \leqslant \frac{h^3}{12} M_3$$

其中，$M_3 = \max\limits_{x_0 \leqslant x \leqslant X} |y'''(x)|$。

类似于欧拉法，对梯形法可平行地建立它的整体截断误差的阶为 $O(h^2)$，以及格式的收敛性和稳定性等定理。

前已指出，梯形法是一个隐式格式

$$y_{n+1} = y_n + \frac{h}{2}[f(x_n, y_n) + f(x_{n+1}, y_{n+1})] \tag{1.16}$$

如何求解 y_{n+1}，我们采用迭代法，其格式如下：

$$\begin{cases} y_{n+1}^{(p+1)} = y_n + \frac{h}{2}[f(x_{n+1}, y_{n+1}^{(p)}) + f(x_n, y_n)], \\ y_{n+1}^{(0)} \text{—— 初始猜测} \end{cases} \tag{1.18}$$

为证迭代法的收敛性，将式(1.18)与(1.16)相减，有

$$y_{n+1}^{(p+1)} - y_{n+1} = \frac{h}{2}[f(x_{n+1}, y_{n+1}^{(p)}) - f(x_{n+1}, y_{n+1})]$$

$$|y_{n+1}^{(p+1)} - y_{n+1}| \leqslant \frac{h}{2} L |y_{n+1}^{(p)} - y_{n+1}|$$

其中，L 为 $f(x,y)$ 关于 y 的 Lipschitz 常数。因此

$$|y_{n+1}^{(p+1)} - y_{n+1}| \leqslant \left(\frac{h}{2} L\right)^{p+1} |y_{n+1}^{(0)} - y_{n+1}|$$

可见，当 $\frac{h}{2} L < 1$ 且迭代次数 p 相当多时，$\left(\frac{h}{2} L\right)^{p+1}$ 则相当小。因此

$$\frac{h}{2} L < 1 \tag{1.19}$$

是梯形法迭代格式(1.18)收敛的充分条件。在实际计算中令 $p = 0$，有下面的预报校正格式：

$$\begin{cases} y_{n+1}^{(0)} = y_n + h f(x_n, y_n) \text{—— 预报格式,} \\ y_{n+1} = y_n + \frac{h}{2}[f(x_n, y_n) + f(x_{n+1}, y_{n+1}^{(0)})] \text{—— 校正格式} \end{cases} \tag{1.20}$$

当然也可迭代多次：

$$\begin{cases} y_{n+1}^{(0)} = y_n + h f(x_n, y_n) \text{—— 预报格式,} \\ y_{n+1}^{(p+1)} = y_n + \frac{h}{2}[f(x_n, y_n) + f(x_{n+1}, y_{n+1}^{(p)})] \text{—— 校正格式} \end{cases} \tag{1.21}$$

当步长h取得适当小,用预报格式(欧拉法)已能算出比较好的近似值,故迭代收敛很快,通常只需迭代二三次就可满足精度要求。如果迭代多次仍不收敛,说明步长过大,必须减少步长h,然后再进行计算。

我们看到梯形法较之欧拉法提高了精度,但增加了迭代次数,因此增加了计算工作量。

例 1.2 试用预报-校正格式(1.20)解初值问题

$$\begin{cases} y' = -y + x + 1 \quad (x \in [0,1]); \\ y|_{x=0} = 1 \end{cases}$$

取$h = 0.1$。

解 预报-校正格式为

$$\begin{cases} y_{n+1}^{(0)} = y_n + h(-y_n + x_n + 1), \\ y_{n+1} = y_n + \dfrac{h}{2}[(-y_n + x_n + 1) + (-y_{n+1}^{(0)} + x_{n+1} + 1)] \end{cases}$$

也可写成

$$\begin{cases} y_{n+1} = y_n + \dfrac{1}{2}(k_1 + k_2), \\ k_1 = 0.1(-y_n + x_n + 1), \\ k_2 = 0.1(-y_n - k_1 + x_{n+1} + 1) \end{cases} \quad (n = 0,1,\cdots,9)$$

计算结果见表 1.2。

表 1.2

x	精确解 $y = x + e^{-x}$	欧拉法解 y_n	预报-校正法(1.20)y_n
0.0	1.000 000 00	1.000 000 00	1.000 000 00
0.1	1.004 837 39	1.000 000 00	1.005 000 00
0.2	1.018 730 76	1.010 000 00	1.019 025 00
0.3	1.040 818 21	1.029 000 00	1.041 217 63
0.4	1.070 320 01	1.056 100 00	1.070 801 95
0.5	1.106 530 67	1.090 490 00	1.107 075 77
0.6	1.148 811 70	1.131 441 00	1.149 403 57
0.7	1.196 585 30	1.178 296 90	1.197 210 23
0.8	1.249 328 97	1.230 467 22	1.249 975 26
0.9	1.306 569 70	1.287 420 50	1.307 227 62
1.0	1.367 879 51	1.348 678 45	1.368 541 00

从计算结果可以看出,欧拉法精度较低,预报-校正格式精度有所改善,大约精确到 3 位有效数字。

1.4 一般单步法、Runge－Kutta 格式

前面,我们研究了欧拉法和梯形法,它们有一个共同的特点,即在格式中只包括 $x_n, y_n, x_{n+1}, y_{n+1}$ 的值,或者说由 $x_n \to x_{n+1}$,仅使用 y_n 的值计算出 y_{n+1} 的值。这种格式称为单步格式,下面研究一般单步法。

1.4.1 一种构造单步法的方法 —— 泰勒级数法

设初值问题

$$\begin{cases} \dfrac{\mathrm{d}y}{\mathrm{d}x} = f(x,y), \\ y|_{x=x_0} = y_0 \end{cases}$$

的解 $y(x)$ 是 $(q+1)$ 阶可微,将 $y(x)$ 在 x_0 点展开为泰勒级数,有

$$y(x_0+h) = y(x_0) + hy'(x_0) + \frac{h^2}{2!}y''(x_0) + \cdots + \frac{h^q}{q!}y^{(q)}(x_0) + O(h^{q+1}) \tag{1.22}$$

由方程可得

$$y'(x_0) = f(x_0, y_0)$$

$$y''(x) = f'(x,y) = f'_x(x,y) + f'_y(x,y)y'$$

因此

$$y''(x_0) = f'_x(x_0,y_0) + f'_y(x_0,y_0)f(x_0,y_0)$$

$$y'''(x) = \frac{\mathrm{d}}{\mathrm{d}x}y''(x) = f''_{xx} + 2f''_{xy}f + f''_{yy}(f)^2 + f'_y(f'_x + ff_y)$$

$$\vdots$$

式中,$f'_x, f'_y, f''_{xx}, \cdots$ 都是 $f(x,y)$ 相对于变量的偏导数。于是式(1.22)可写成

$$y(x_0+h) = y(x_0) + h\varphi(x_0, y(x_0), h) + O(h^{q+1})$$

其中

$$\varphi(x_0, y(x_0), h) = \left(\sum_{j=1}^{q} \frac{1}{j!}h^{j-1}\frac{\mathrm{d}^{j-1}}{\mathrm{d}x^{j-1}}f(x, y(x))\right)\Bigg|_{(x_0, y(x_0))}$$

舍去 $O(h^{q+1})$,可得

$$y_1 = y_0 + h\varphi(x_0, y_0, h)$$

$$y_2 = y_1 + h\varphi(x_1, y_1, h)$$

$$\vdots$$

$$y_{n+1} = y_n + h\varphi(x_n, y_n, h) \tag{1.23}$$

称 $y_{n+1} = y_n + h\varphi(x_n, y_n, h)$ 为一般单步法,显然局部截断误差

$$e_n = y(x_n) - y_n^*$$

$$= y(x_n) - [y(x_{n-1}) + h\varphi(x_{n-1}, y(x_{n-1}), h)]$$

$$= y(x_n) - \left[y(x_{n-1}) + \sum_{j=1}^{q} \frac{1}{j!} h^j \frac{\mathrm{d}^j}{\mathrm{d}x^j} y(x_{n-1})\right]$$

$$= O(h^{q+1})$$

所以局部截断误差为 $O(h^{q+1})$，在式(1.23) 中令 $q=1$，即得欧拉法。

1.4.2 一般单步法基本理论

推广由泰勒级数法得到的 q 阶单步法，下面我们给出一般单步法的基本理论。

定义 1.2 给出单步法

$$y_{n+1} = y_n + h\varphi(x_n, y_n, h)$$

$\varphi(x, y(x), h)$ 为任意关于$(x, y(x), h)$ 的函数，其对于微分方程

$$\frac{\mathrm{d}y}{\mathrm{d}x} = f(x, y)$$

的解 $y(x)$ 满足

$$y(x+h) - y(x) = h\varphi(x, y(x), h) + O(h^{q+1}) \tag{1.24}$$

且 q 为使上式成立的最大整数，则称

$$y_{n+1} = y_n + h\varphi(x_n, y_n, h) \quad (n = 0, 1, 2, \cdots) \tag{1.25}$$

为 q 阶单步法，欧拉法为一阶单步法，泰勒级数法式(1.23) 为 q 阶单步法。由

$$y(x+h) - y(x) = h\varphi(x, y, h) + O(h^{q+1})$$

得

$$\lim_{h \to 0} \frac{y(x+h) - y(x)}{h} = \varphi(x, y, 0)$$

因此有如下定义。

定义 1.3 如果$\varphi(x, y, 0) = f(x, y)$，则称单步法 $y_{n+1} = y_n + h\varphi(x_n, y_n, h)$ 为与初值问题(1.1) 相容的。

定理 1.5 如果 $\varphi(x, y, h)$ 对于 $x_0 \leqslant x \leqslant X, 0 < h \leqslant h_0$ 以及所有实数 y 满足 Lipschitz 条件，则单步法(1.23) 稳定。

欲使定理成立，即要证明存在常数 $c > 0, h_0 > 0$，对

$$\begin{cases} y_{n+1} = y_n + h\varphi(x_n, y_n, h), \\ y_0 \end{cases} \quad \text{和} \quad \begin{cases} z_{n+1} = z_n + h\varphi(x_n, z_n, h), \\ z_0 \end{cases}$$

的解 y_n, z_n 满足

$$|y_n - z_n| \leqslant c|y_0 - z_0|$$

证 由

$$y_{n+1} - z_{n+1} = y_n - z_n + h[\varphi(x_n, y_n, h) - \varphi(x_n, z_n, h)]$$

得

$$|y_{n+1}-z_{n+1}|\leqslant|y_n-z_n|+h|\varphi(x_n,y_n,h)-\varphi(x_n,z_n,h)|$$

$$|y_{n+1}-z_{n+1}|\leqslant|y_n-z_n|+Lh|y_n-z_n|$$

其中，L 为 $\varphi(x,y,h)$ 关于 y 的 Lipschitz 常数。因此

$$\begin{aligned}|y_{n+1}-z_{n+1}|&\leqslant(1+hL)|y_n-z_n|\\&\leqslant(1+hL)^2|y_{n-1}-z_{n-1}|\\&\ \vdots\\&\leqslant(1+hL)^{n+1}|y_0-z_0|\end{aligned}$$

$$|y_n-z_n|\leqslant(1+hL)^n|y_0-z_0|$$

由此给出适当 h_0，使对 $0<h\leqslant h_0$，$nh\leqslant X-x_0$，有

$$|y_n-z_n|\leqslant e^{L(X-x_0)}|y_0-z_0|$$

定理得证。

下面建立稳定性与收敛性的关系。前面已建立了单步法稳定性定理，问题是其精确解当 $h\to0$ 时，y_n 是否收敛到 $y(x_n)$，我们利用格式对微分方程的相容性把两者联系起来。

定理 1.6　如果 $\varphi(x,y,h)$ 对于 $x_0\leqslant x\leqslant X$，$0<h\leqslant h_0$ 以及所有实数 y 关于 x,y,h 满足 Lipschitz 条件，则 $y_{n+1}=y_n+h\varphi(x_n,y_n,h)$ 收敛的充要条件是格式相容，即满足 $\varphi(x,y,0)=f(x,y)$。

证　首先考虑差分格式

$$\begin{cases}y_{n+1}=y_n+h\varphi(x_n,y_n,h),\\y_0\end{cases}$$

的解 y_{n+1} 与微分方程初值问题

$$\begin{cases}\dfrac{dz}{dx}=g(x,z),\quad g(x,z)=\varphi(x,z,0);\\z|_{x=x_0}=y_0\end{cases}$$

的解 $z(x_{n+1})$ 的关系。令 $e_n=y_n-z(x_n)$，由此有

$$\begin{aligned}e_{n+1}&=y_{n+1}-z(x_{n+1})\\&=y_n+h\varphi(x_n,y_n,h)-\left[z(x_n)+\int_{x_n}^{x_{n+1}}g(x,z(x))dx\right]\\&=y_n-z(x_n)+h[\varphi(x_n,y_n,h)-g(x_n+\tau h,z(x_n+\tau h))]\\&=e_n+h[\varphi(x_n,y_n,h)-\varphi(x_n+\tau h,z(x_n+\tau h),0)]\end{aligned}$$

其中 $0<\tau<1$。因此

$$\begin{aligned}|e_{n+1}|\leqslant|e_n|&+h|\varphi(x_n,y_n,h)-\varphi(x_n,z(x_n),h)|\\&+h|\varphi(x_n,z(x_n),h)-\varphi(x_n,z(x_n),0)|\\&+h|\varphi(x_n,z(x_n),0)-\varphi(x_n+\tau h,z(x_n),0)|\\&+h|\varphi(x_n+\tau h,z(x_n),0)-\varphi(x_n+\tau h,z(x_n+\tau h),0)|\end{aligned}$$

由 Lipschitz 条件,可得

$$|e_{n+1}| \leqslant |e_n| + L_1 h |e_n| + L_2 h^2 + L_3 h^2 \tau + L_4 \tau h^2$$

即

$$|e_{n+1}| \leqslant (1 + L_1 h) |e_n| + (L_2 + L_3 \tau + L_4 \tau) h^2$$

其中 L_1, L_2, L_3, L_4 为 Lipschitz 常数。令 $\bar{\tau} = L_2 + (L_3 + L_4)\tau$,则

$$|e_{n+1}| \leqslant (1 + L_1 h) |e_n| + \bar{\tau} h^2$$
$$\leqslant (1 + L_1 h)^2 |e_{n-1}| + (1 + L_1 h) \bar{\tau} h^2 + h^2 \bar{\tau}$$

$$|e_n| \leqslant (1 + L_1 h)^n |e_0| + \sum_{i=0}^{n-1} (1 + L_1 h)^i \bar{\tau} h^2$$

$$\leqslant (1 + L_1 h)^{\frac{nhL_1}{L_1 h}} |e_0| + \frac{(1 + L_1 h)^{\frac{nL_1 h}{L_1 h}}}{L_1 h} \bar{\tau} h^2$$

由 $0 < h \leqslant h_0$,得

$$|e_n| \leqslant e^{L_1 (X - x_0)} |e_0| + \frac{\bar{\tau} h^2}{L_1 h} e^{L_1 (X - x_0)} \quad (n \to \infty, h \to 0, nh \to x - x_0)$$

令 $|e_0| = |y_0 - z(x_0)| = 0$,则

$$|e_n| \xrightarrow{n \to \infty} 0$$

即

$$y_{n+1} = y_n + h\varphi(x_n, y_n, h)$$

的解当 $h \to 0$,有

$$x_0 + nh \to x, \quad y_n \to z(x)$$

由此

$$\begin{cases} y_{n+1} = y_n + h\varphi(x_n, y_n, h), \\ y|_{x=x_0} = y_0 \end{cases}$$

解的极限为下列微分方程初值问题

$$\begin{cases} \dfrac{dz}{dx} = g(x, z), \\ z|_{x=x_0} = y_0 \end{cases}$$

的解。下面证明格式收敛的充分必要条件为 $\varphi(x, y, 0) = f(x, y)$。由收敛性,格式

$$\begin{cases} y_{n+1} = y_n + h\varphi(x_n, y_n, h), \\ y|_{x=x_0} = y_0 \end{cases}$$

的解收敛到

$$\begin{cases} \dfrac{dy}{dx} = f(x, y), \\ y|_{x=x_0} = y_0 \end{cases}$$

的解 $y(x)$,因此 $y(x) = z(x)$,$f(x, y) = g(x, y) = \varphi(x, y, 0)$,相容性得证。

反之，设相容性成立，即 $f(x,y)=\varphi(x,y,0)$，上面已证明

$$\begin{cases} y_{n+1}=y_n+h\varphi(x_n,y_n,h), \\ y|_{x=x_0}=y_0 \end{cases}$$

的解收敛到

$$\begin{cases} \dfrac{\mathrm{d}z}{\mathrm{d}x}=g(x,z)=\varphi(x,z,0), \\ z|_{x=x_0}=y_0 \end{cases}$$

的解，即收敛到

$$\begin{cases} \dfrac{\mathrm{d}y}{\mathrm{d}x}=f(x,y), \\ y|_{x=x_0}=y_0 \end{cases}$$

的解，因此收敛性得证。

定理证毕。

关于单步法的整体截断误差 ε_n，我们有下面的定理。

定理 1.7　在定理 1.5 的条件下，如果局部截断误差 R_n 为 $O(h^{q+1})$，则单步法 $y_{n+1}=y_n+h\varphi(x_n,y_n,h)$ 的整体截断误差 $\varepsilon_n=y(x_n)-y_n$ 满足

$$|\varepsilon_n|\leqslant \mathrm{e}^{L(X-x_0)}|\varepsilon_0|+h^q\frac{c}{L}(\mathrm{e}^{L(X-x_0)}-1) \tag{1.26}$$

特别若 $\varepsilon_0=0$，则 $\varepsilon_n=O(h^q)$，整体截断误差比局部截断误差低一阶。

证　由

$$\begin{aligned} R_{n+1}&=y(x_{n+1})-y_{n+1}^*\\ &=y(x_{n+1})-[y(x_n)+h\varphi(x,y(x_n),h)] \end{aligned}$$

及

$$0=y_{n+1}-[y_n+h\varphi(x_n,y_n,h)]$$

则

$$R_{n+1}=\varepsilon_{n+1}-\{\varepsilon_n+h[\varphi(x_n,y(x_n),h)-\varphi(x_n,y_n,h)]\}$$
$$\varepsilon_{n+1}=\varepsilon_n+h[\varphi(x_n,y(x_n),h)-\varphi(x_n,y_n,h)]+R_{n+1}$$
$$|\varepsilon_{n+1}|\leqslant|\varepsilon_n|+hL|\varepsilon_n|+|R_{n+1}|=(1+hL)|\varepsilon_n|+|R_{n+1}|$$
$$|\varepsilon_{n+1}|\leqslant(1+hL)[(1+hL)|\varepsilon_{n-1}|]+(1+hL)|R_n|+|R_{n+1}|$$
$$\vdots$$
$$|\varepsilon_{n+1}|\leqslant(1+hL)^{n+1}|\varepsilon_0|+\sum_{i=0}^{n}(1+hL)^i|R_{n+1-i}|$$

取 $R=ch^{q+1}$ 为局部截断误差的上界，则由 $0<h\leqslant h_0$，有

$$|\varepsilon_n|\leqslant \mathrm{e}^{L(X-x_0)}|\varepsilon_0|+ch^{q+1}\frac{(1+hL)^n-1}{1+hL-1}$$

即

$$|\varepsilon_n| \leqslant e^{L(X-x_0)}|\varepsilon_0| + h^q \frac{c}{L}(e^{L(X-x_0)} - 1)$$

证毕。

1.4.3 Runge - Kutta 格式

从前面讨论可见，构造高阶单步法的关键在于构造 $\varphi(x,y,h)$，使

$$y(x_{n+1}) = y(x_n) + h\varphi(x_n, y(x_n), h) + O(h^{q+1})$$

中的局部截断误差阶尽可能高。前面我们利用泰勒级数法构造了一个欧拉方法，这时，$y(x_{n+1}) = y(x_n) + hf(x_n, y(x_n)) + O(h^2)$，$q = 1$，局部截断误差与 $O(h^2)$ 同阶，这是一个一阶格式。为了要求 $q = 2$，利用泰勒级数法得到一个二阶格式

$$y_{n+1} = y_n + hf(x_n, y_n) + \frac{h^2}{2}[f_x(x_n, y_n) + f_y(x_n, y_n)f(x_n, y_n)] \quad (1.27)$$

这时我们有

$$\begin{aligned} y(x_{n+1}) &= y(x_n) + hf(x_n, y(x_n)) \\ &\quad + \frac{h^2}{2}[f_x(x_n, y(x_n)) + f_y(x_n, y(x_n))f(x_n, y(x_n))] + O(h^3) \end{aligned}$$

格式(1.27)计算过程中要求函数 $f(x,y)$ 的二个偏导数 f_x, f_y 在 $(x_n, y(x_n))$ 处的值，比较麻烦。可以预计，利用泰勒级数法推导出的高阶格式需要求更多的偏导数值，计算繁复。是否可以避免计算偏导数而得到高阶单步格式的 $\varphi(x,y,h)$ 呢？分析梯形法的预报校正格式(1.20)

$$\begin{cases} y_{n+1}^{(0)} = y_n + hf(x_n, y_n) \text{—— 预报公式,} \\ y_{n+1} = y_n + \dfrac{h}{2}[f(x_n, y_n) + f(x_{n+1}, y_{n+1}^{(0)})] \text{—— 校正格式} \end{cases}$$

这时可以写成

$$y_{n+1} = y_n + h\varphi(x_n, y_n, h)$$

其中

$$\varphi(x_n, y_n, h) = \frac{1}{2}f(x_n, y_n) + \frac{1}{2}f(x_{n+1}, y_n + hf(x_n, y_n))$$

记

$$c_1 = \frac{1}{2}, \quad K_1 = f(x_n, y_n)$$

$$c_2 = \frac{1}{2}, \quad K_2 = f(x_n + h, y_n + hK_1)$$

则

$$\varphi(x_n, y_n, h) = c_1K_1 + c_2K_2$$

这时从 $x_n \to x_{n+1}$，单步法可以分 2 级进行。

第 1 级：计算 $K_1 = f(x_n, y_n)$；

第 2 级：计算 $K_2 = f(x_n + h, y_n + hK_1)$；

最后：计算 $y_{n+1} = y_n + h(c_1 K_1 + c_2 K_2)$。

可以证明这个格式的局部截断误差阶为 $O(h^3)$，我们称它为二级二阶 Runge-Kutta 方法。一般而言，二级二阶 Runge-Kutta 格式可以写成

$$\begin{cases} y_{n+1} = y_n + h(c_1 K_1 + c_2 K_2), \\ K_1 = f(x_n, y_n), \\ K_2 = f(x_n + a_2 h, y_n + hb_{21} K_1) \end{cases} \tag{1.28}$$

适当选择参数 c_1, c_2, a_2, b_{21}，使局部截断误差

$$\begin{aligned} R_{n+1} &= y(x_{n+1}) - \{y(x_n) + h[c_1 f(x_n, y(x_n)) \\ &\quad + c_2 f(x_n + a_2 h, y(x_n) + hb_{21} f(x_n, y(x_n)))]\} \\ &= O(h^3) \end{aligned}$$

由

$$\begin{aligned} R_{n+1} &= y(x_n) + hf(x_n, y(x_n)) + \frac{h^2}{2}[f'_x(x_n, y(x_n)) \\ &\quad + f'_y(x_n, y(x_n)) f(x_n, y(x_n))] + O(h^3) \\ &\quad - \{y(x_n) + hc_1 f(x_n, y(x_n)) + hc_2 [f(x_n, y(x_n)) \\ &\quad + f'_x(x_n, y(x_n)) a_2 h + f'_y(x_n, y(x_n)) hb_{21} f(x_n, y(x_n))]\} \\ &= O(h^3) \end{aligned}$$

因此要求满足

$$\begin{cases} c_1 + c_2 = 1, \\ a_2 c_2 = \dfrac{1}{2}, \\ b_{21} c_2 = \dfrac{1}{2} \end{cases} \tag{1.29}$$

这是一个含有四个参数、三个方程的方程组，因此有一个自由参数，解答不唯一。

(1) 取 $c_1 = \frac{1}{2}$，则 $c_2 = \frac{1}{2}$，$a_2 = b_{21} = 1$，即得二级二阶 Runge-Kutta 法

$$\begin{cases} y_{n+1} = y_n + \dfrac{h}{2}(K_1 + K_2), \\ K_1 = f(x_n, y_n), \\ K_2 = f(x_n + h, y_n + hK_1) \end{cases} \tag{1.30}$$

(2) 取 $c_1 = 0$，则 $c_2 = 1$，$a_2 = b_{21} = \frac{1}{2}$，由此得算式为

$$\begin{cases} y_{n+1} = y_n + hK_2, \\ K_1 = f(x_n, y_n), \\ K_2 = f\left(x_n + \dfrac{h}{2}, y_n + \dfrac{hK_1}{2}\right) \end{cases} \tag{1.31}$$

(3) 取 $c_1=\frac{1}{4}$,则 $c_2=\frac{3}{4}$,$a_2=b_{21}=\frac{2}{3}$,则有

$$\begin{cases} y_{n+1}=y_n+\frac{h}{4}(K_1+3K_2), \\ K_1=f(x_n,y_n), \\ K_2=f\left(x_n+\frac{2}{3}h,y_n+\frac{2h}{3}K_1\right) \end{cases} \tag{1.32}$$

式(1.31)和式(1.32)均为二级二阶 Runge - Kutta 法,类似于式(1.28),三级三阶 Runge - Kutta 法一般算式可以写成

$$\begin{cases} y_{n+1}=y_n+h(c_1K_1+c_2K_2+c_3K_3), \\ K_1=f(x_n,y_n), \\ K_2=f(x_n+a_2h,y_n+b_{21}hK_1), \\ K_3=f(x_n+a_3h,y_n+b_{31}hK_1+b_{32}hK_2) \end{cases} \tag{1.33}$$

适当选取参数 $c_1,c_2,c_3,a_2,b_{21},a_3,b_{31},b_{32}$,使局部截断误差

$$R_{n+1}=y(x_{n+1})-y_{n+1}^*=O(h^4)$$

其中

$$\begin{aligned} y_{n+1}^* &= y(x_n)+h(c_1K_1^*+c_2K_2^*+c_3K_3^*) \\ K_1^* &= f(x_n,y(x_n)) \\ K_2^* &= f(x_n+a_2h,y(x_n)+b_{21}hK_1^*) \\ K_3^* &= f(x_n+a_3h,y(x_n)+b_{31}hK_1^*+b_{32}hK_2^*) \end{aligned}$$

将 K_2^*,K_3^* 展开二元泰勒级数到 h^3 项,则有

$$\begin{aligned} y_{n+1}^* = {} & y(x_n)+(c_1+c_2+c_3)hy'(x_n) \\ & +[(c_2a_2+c_3a_3)f'_x+(c_2b_{21}+c_3b_{31}+c_3b_{32})f\cdot f'_y]h^2 \\ & +\Big\{\frac{1}{2}(c_2a_2^2+c_3a_3^2)f''_{xx}+[c_2a_2b_{21}+c_3a_3(b_{31}+b_{32})]\cdot f\cdot f''_{xy} \\ & +\frac{1}{2}[c_2b_{21}^2+c_3(b_{31}+b_{32})^2]f^2\cdot f''_{yy} \\ & +(c_3a_2b_{32}f'_x+c_3b_{21}b_{32}f\cdot f'_y)\cdot f'_y\Big\}h^3+O(h^4) \end{aligned}$$

由

$$\begin{aligned} y(x_{n+1}) = {} & y(x_n)+hy'(x_n)+\frac{h^2}{2}y''(x_n)+\frac{h^3}{6}y'''(x_n)+\cdots \\ & +\frac{h^r}{r!}y^{(r)}(x_n)+\frac{h^{(r+1)}}{(r+1)!}y^{(r+1)}(\xi) \end{aligned}$$

比较同幂次系数,由 $f(x,y)$ 的任意性,故要求 $R_{n+1}=O(h^4)$,必须有

$$\begin{cases} c_1 + c_2 + c_3 = 1, \\ c_2 a_2 + c_3 a_3 = \dfrac{1}{2}, \\ c_2 b_{21} + c_3(b_{31} + b_{32}) = \dfrac{1}{2}, \\ c_2 a_2^2 + c_3 a_3^2 = \dfrac{1}{3}, \\ c_2 a_2 b_{21} + c_3 a_3 (b_{31} + b_{32}) = \dfrac{1}{3}, \\ c_2 b_{21}^2 + c_3 (b_{31} + b_{32})^2 = \dfrac{1}{3}, \\ c_3 a_2 b_{32} = \dfrac{1}{6}, \\ c_3 b_{32} b_{21} = \dfrac{1}{6} \end{cases} \tag{1.34}$$

由上方程组最后二个方程得 $a_2 = b_{21}$，代入第二个方程与第三个方程联立，得 $a_3 = b_{31} + b_{32}$，于是上方程组可化为

$$\begin{cases} c_1 + c_2 + c_3 = 1, \\ a_2 = b_{21}, \\ a_3 = b_{31} + b_{32}, \\ c_2 a_2 + c_3 a_3 = \dfrac{1}{2}, \\ c_2 a_2^2 + c_3 a_3^2 = \dfrac{1}{3}, \\ c_3 b_{32} a_2 = \dfrac{1}{6} \end{cases} \tag{1.35}$$

这是八个参数、六个方程的方程组，有二个自由参数，故有无穷多解，特例如下。

(1) 令 $c_1 = c_3 = \dfrac{1}{6}$，则 $c_2 = \dfrac{4}{6}$，$a_2 = \dfrac{1}{2}$，$a_3 = 1$，$b_{21} = \dfrac{1}{2}$，$b_{32} = 2$，$b_{31} = -1$，故有 Kutta 三级三阶算法

$$\begin{cases} y_{n+1} = y_n + \dfrac{h}{6}(K_1 + 4K_2 + K_3), \\ K_1 = f(x_n, y_n), \\ K_2 = f\left(x_n + \dfrac{h}{2}, y_n + \dfrac{hK_1}{2}\right), \\ K_3 = f(x_n + h, y_n - hK_1 + 2hK_2) \end{cases} \tag{1.36}$$

(2) 令 $a_2 = \dfrac{1}{3}$，$a_3 = \dfrac{2}{3}$，解得 $b_{21} = \dfrac{1}{3}$，$c_2 = 0$，$c_3 = \dfrac{3}{4}$，$c_1 = \dfrac{1}{4}$，$b_{32} = \dfrac{2}{3}$，$b_{31} = 0$，故有 Heum 三级三阶 R－K 算法

$$\begin{cases} y_{n+1} = y_n + \dfrac{h}{4}(K_1 + 3K_3), \\ K_1 = f(x_n, y_n), \\ K_2 = f\left(x_n + \dfrac{h}{3}, y_n + \dfrac{hK_1}{3}\right), \\ K_3 = f\left(x_n + \dfrac{2h}{3}, y_n + \dfrac{2hK_2}{3}\right) \end{cases} \tag{1.37}$$

式(1.36)和式(1.37)是三级三阶 Runge - Kutta 格式。同样，可以设计四级四阶Runge - Kutta 格式

$$\begin{cases} y_{n+1} = y_n + h(c_1K_1 + c_2K_2 + c_3K_3 + c_4K_4), \\ K_1 = f(x_n, y_n), \\ K_2 = f(x_n + a_2h, y_n + b_{21}hK_1), \\ K_3 = f(x_n + a_3h, y_n + b_{31}hK_1 + b_{32}hK_2), \\ K_4 = f(x_n + a_4h, y_n + b_{41}hK_1 + b_{42}hK_2 + b_{43}hK_3) \end{cases} \tag{1.38}$$

如上推导，为了达到四级四阶格式，可得 13 个参数满足 11 个方程

$$\begin{cases} a_2 = b_{21}, \\ a_3 = b_{31} + b_{32}, \\ a_4 = b_{41} + b_{42} + b_{43}, \\ c_1 + c_2 + c_3 + c_4 = 1, \\ c_2a_2 + c_3a_3 + c_4a_4 = \dfrac{1}{2}, \\ c_2a_2^2 + c_3a_3^2 + c_4a_4^2 = \dfrac{1}{3}, \\ c_2a_2^3 + c_3a_3^3 + c_4a_4^3 = \dfrac{1}{4}, \\ c_3a_2b_{32} + c_4(a_2b_{42} + a_3b_{43}) = \dfrac{1}{6}, \\ c_3a_2a_3b_{32} + c_4(a_2b_{42} + a_3b_{43})a_4 = \dfrac{1}{8}, \\ c_3a_2^2b_{32} + c_4(a_2^2b_{42} + a_3^2b_{43}) = \dfrac{1}{12}, \\ c_4a_2b_{32}b_{43} = \dfrac{1}{24} \end{cases}$$

该方程组中有二个自由参数，下面给出二组解。

(1) 经典四级四阶 Runge - Kutta 格式

取定 $a_2 = a_3 = \dfrac{1}{2}$，则得

$$\begin{cases} y_{n+1} = y_n + \dfrac{h}{6}(K_1 + 2K_2 + 2K_3 + K_4), \\ K_1 = f(x_n, y_n), \\ K_2 = f\left(x_n + \dfrac{h}{2}, y_n + \dfrac{hK_1}{2}\right), \\ K_3 = f\left(x_n + \dfrac{h}{2}, y_n + \dfrac{hK_2}{2}\right), \\ K_4 = f(x_n + h, y_n + hK_3) \end{cases} \tag{1.39}$$

这是最为著名的经典四级四阶 Runge - Kutta 格式。

(2) 取 $a_2 = 0.4, a_3 = \dfrac{7}{8} - \dfrac{3}{16}\sqrt{5}$,则得另一四级四阶 Runge - Kutta 格式

$$\begin{cases} y_{n+1} = y_n + h(0.174\,760\,28K_1 - 0.551\,480\,53K_2 \\ \qquad + 1.205\,535\,47K_3 + 0.171\,184\,78K_4), \\ K_1 = f(x_n, y_n), \\ K_2 = f(x_n + 0.4h, y_n + 0.4hK_1), \\ K_3 = f(x_n + 0.455\,737\,254h, y_n + 0.296\,977\,60hK_1 \\ \qquad + 0.158\,759\,66hK_2), \\ K_4 = f(x_n + h, y_n + 0.218\,100\,38hK_1 - 3.050\,964\,647\,0hK_2 \\ \qquad + 3.832\,864\,32hK_3) \end{cases} \tag{1.40}$$

例 1.3　用经典四级四阶 Runge - Kutta 法计算例 1.2,取 $h = 0.05$,部分计算结果见表 1.3。

表 1.3

x	精确解 $y = x + e^{-x}$	R-K 解 y_n	误差
0.0	1.000 000 00	1.000 000 00	0.000 0E+00
0.2	1.018 730 76	1.018 730 90	0.142 5E−06
0.4	1.070 320 01	1.070 320 29	0.281 1E−06
0.6	1.148 811 70	1.148 811 94	0.240 5E−06
0.8	1.249 328 97	1.249 329 30	0.326 0E−06
1.0	1.367 879 51	1.367 879 78	0.274 1E−06
1.2	1.501 194 24	1.501 194 55	0.314 8E−06
1.4	1.646 597 03	1.646 597 29	0.265 3E−06
1.6	1.801 896 57	1.801 896 83	0.258 7E−06
1.8	1.965 298 89	1.965 299 18	0.290 9E−06
2.0	2.135 335 21	2.135 335 55	0.347 1E−06
2.2	2.310 803 17	2.310 803 41	0.232 5E−06
2.4	2.490 717 89	2.490 718 18	0.294 8E−06
2.6	2.674 273 73	2.674 273 79	0.581 0E−07
2.8	2.860 810 04	2.860 810 25	0.212 9E−06
3.0	3.049 787 04	3.049 787 24	0.198 8E−06

由此可见，四级四阶 Runge - Kutta 法的确可计算出高精度的解，而且它不像泰勒级数法，无需计算 $f(x,y)$ 的各阶偏导数。

1.4.4 误差控制和 Runge - Kutta - Fehlberg 法

逼近初值问题(1.1) 和(1.2) 解的理想单步格式是

$$y_{n+1} = y_n + h_n\varphi(x_n, h_n, y_n) \quad (n = 0, 1, \cdots, N-1) \tag{1.41}$$

应该具有性质：对任意给定的误差范围 $\varepsilon > 0$，格式(1.41) 具有能保证整体截断误差小于 ε 的最大计算步长 h，即具有最少的网格点数。对于等间距网格情形，既要求网格点数最少，又要能控制整体截断误差 $|y(x_n) - y_n|$ 不超过 ε，这似乎是一对矛盾。为此，在这一节中我们研究如何通过选取适当的网格点的方法来解决这一问题。

一般来说，即使格式是稳定的，要由计算结果 y_n 来确定格式的整体截断误差是不可能的。从前面的误差估计分析我们可以看到，局部截断误差和整体截断误差之间存在着联系，这一结果表明通过局部截断误差限可以导出一个相对应的整体截断误差限。

下面我们以欧拉格式为例给出一种局部误差估计的技术。令

$$y_{n+1} = y_n + hf(x_n, y_n)$$

其局部截断误差 e_{n+1} 是 $O(h^2)$，其中

$$e_{n+1} = y(x_{n+1}) - y(x_n) - hf(x_n, y(x_n))$$

而梯形法

$$\tilde{y}_{n+1} = \tilde{y}_n + \frac{h}{2}[f(x_n, \tilde{y}_n) + f(x_{n+1}, \tilde{y}_n + hf(x_n, \tilde{y}_n))]$$

的局部截断误差 $\tilde{e}_{n+1}$ 是 $O(h^3)$。如果 $y_n \approx y(x_n) \approx \tilde{y}_n$，那么

$$\begin{aligned} y(x_{n+1}) - y_{n+1} &= y(x_{n+1}) - y_n - hf(x_n, y_n) \\ &\approx y(x_{n+1}) - y(x_n) - hf(x_n, y(x_n)) \\ &= e_{n+1} \end{aligned}$$

所以

$$\begin{aligned} e_{n+1} &\approx y(x_{n+1}) - y_{n+1} \\ &= y(x_{n+1}) - \tilde{y}_{n+1} + \tilde{y}_{n+1} - y_{n+1} \\ &\approx \tilde{e}_{n+1} + (\tilde{y}_{n+1} - y_{n+1}) \end{aligned}$$

但是 e_{n+1} 是 $O(h^2)$，而 $\tilde{e}_{n+1}$ 是 $O(h^3)$，所以 e_{n+1} 的主部必须约等于 $(\tilde{y}_{n+1} - y_{n+1})$，因此

$$e_{n+1} \approx \tilde{y}_{n+1} - y_{n+1} \tag{1.42}$$

可以作为欧拉法的局部误差的近似值。

下面我们给出如何利用格式局部截断误差的估计来确定用于控制整体截断误

差的最佳步长。假设有二个逼近初值问题(1.1),(1.2)的单步格式,其中一个格式

$$y_{n+1}=y_n+h_n\varphi(x_n,y_n,h)$$

的局部截断误差 e_{n+1} 是 $O(h^{r+1})$,而另一个差分格式

$$\tilde{y}_{n+1}=\tilde{y}_n+h\tilde{\varphi}(x_n,\tilde{y}_n,h)$$

的局部截断误差 $\tilde{e}_{n+1}$ 是 $O(h^{r+2})$。

类似于对欧拉法的分析,我们有

$$e_{n+1}\approx\tilde{y}_{n+1}-y_{n+1}\tag{1.43}$$

可是,在这里 e_{n+1} 是 $O(h^{r+1})$,所以存在常数 c,使得

$$e_{n+1}\approx ch^{r+1}\tag{1.44}$$

为了估计,由式(1.43)和(1.44)得

$$ch^r\approx(\tilde{y}_{n+1}-y_{n+1})/h\tag{1.45}$$

为了利用这一关系式来选择适当的步长,我们用 qh 代替截断误差中的 h,其中 q 是一个大于零的有界常数。用 $e_{n+1}(qh)$ 表示这一截断误差。由式(1.43)和(1.44)可得

$$e_{n+1}(qh)\approx c(qh)^r=q^r(ch^r)\approx q^r(\tilde{y}_{n+1}-y_{n+1})/h\tag{1.46}$$

为了使 $|e_{n+1}(qh)|\leqslant\varepsilon$,我们选择常数满足

$$q^r|\tilde{y}_{n+1}-y_{n+1}|/h\approx|e_{n+1}(qh)|=\frac{1}{2}\varepsilon<\varepsilon$$

即

$$q=\left(\frac{\varepsilon h}{2|\tilde{y}_{n+1}-y_{n+1}|}\right)^{\frac{1}{r}}\tag{1.47}$$

通过如此地选择常数 q,使得格式的整体截断误差能在我们的控制范围,而且可使计算步长达到最大,从而使网格点数最少。

使用不等式(1.47)进行误差控制的一种常用的方法是由 Fehlberg 在 1970 年提出的 Runge-Kutta-Fehlberg 法。这种方法是利用具有五阶截断误差的 Runge-Kutta 法

$$\tilde{y}_{n+1}=y_n+\frac{16}{135}K_1+\frac{6\,656}{12\,825}K_3+\frac{28\,561}{56\,430}K_4-\frac{9}{50}K_5+\frac{2}{55}K_6\tag{1.48}$$

估计四阶的 Runge-Kutta 法

$$y_{n+1}=y_n+\frac{25}{216}K_1+\frac{1\,408}{2\,565}K_3+\frac{2\,197}{4\,104}K_4-\frac{1}{5}K_5\tag{1.49}$$

的局部误差。其中

$$K_1=hf(x_n,y_n)$$

$$K_2=hf\left(x_n+\frac{h}{4},y_n+\frac{1}{4}K_1\right)$$

$$K_3 = hf\left(x_n + \frac{3h}{8}, y_n + \frac{3}{32}K_1 + \frac{9}{32}K_2\right)$$

$$K_4 = hf\left(x_n + \frac{12h}{13}, y_n + \frac{1\,932}{2\,197}K_1 - \frac{7\,200}{2\,197}K_2 + \frac{7\,296}{2\,197}K_3\right)$$

$$K_5 = hf\left(x_n + h, y_n + \frac{439}{216}K_1 - 8K_2 + \frac{3\,680}{513}K_3 - \frac{845}{4\,104}K_4\right)$$

$$K_6 = hf\left(x_n + \frac{h}{2}, y_n - \frac{8}{27}K_1 + 2K_2 - \frac{3\,544}{2\,565}K_3 + \frac{1\,859}{4\,104}K_4 - \frac{11}{40}K_5\right)$$

这一方法的一个明显优点是每计算一步，只需要计算 6 个函数 $f(x,y)$ 的值，而任意的四阶和五阶 Runge - Kutta 法每计算一步，一共要计算 10 个函数 $f(x,y)$ 的值，其中四阶的 4 个，五阶的 6 个。

假设在第 n 步，我们用初始的步长 h 先计算用于确定本计算步中的 q 的 y_{n+1} 和 $\tilde{y}_{n+1}$，然后以 qh 为步长计算第 $(n+1)$ 步的 y_{n+1}。重复这一计算过程，直至计算完毕。在这一计算过程中，每一步要计算的函数值的个数是没有进行误差控制时的 2 倍，在实际计算中我们选取适当的 q，使得计算工作量的增加是值得的。在第 n 步确定出的 q 值有两个用途：

(1) 必要时在第 n 步放弃使用初始步长 h，并用步长 qh 进行计算；

(2) 用于 $(n+1)$ 步预估的计算步长。

由于在计算过程中需要计算许多函数值，这导致了误差的积累，因此对常数 q 的选取是比较保守的。事实上，对于 $r=4$ 的 Runge - Kutta - Fehlberg 法，我们通常取

$$q = \left(\frac{\varepsilon h}{2\,|\,\tilde{y}_{n+1} - y_{n+1}\,|}\right)^{1/4} = 0.84\left(\frac{\varepsilon h}{|\,\tilde{y}_{n+1} - y_{n+1}\,|}\right)^{1/4}$$

下面我们给出使用误差控制的 Runge - Kutta - Fehlberg 法算法的流程图。在计算中，我们加入第 9 步以避免出现计算步长变化过于剧烈，同时也避免了在函数 y 的导数的奇点区域由于步长太小而导致的巨大工作量。

Runge - Kutta - Fehlberg 法算法的流程图如下所述。

输入：起始点 x_0，终点 X；初值条件 y_0；误差容许度 eps；最大步长 $h_{\max}$，最小步长 $h_{\min}$。

输出：x, w, h，其中 w 为 $y(x)$ 的逼近值，h 为计算步长。

第 1 步　赋初值：$x = x_0, w = y_0, h = h_{\max}$；输出：$(x, w)$。

第 2 步　当 $x < X$ 时，做第 3—11 步。

第 3 步　计算 $K_1, K_2, K_3, K_4, K_5, K_6$。

第 4 步　用式(1.48) 和式(1.49) 计算 $\tilde{y}_{n+1}, y_{n+1}$，记 $R = |\,\tilde{y}_{n+1} - y_{n+1}\,|/h$。

第 5 步　计算：$q = 0.84(\text{eps}/R)^{1/4}$。

第 6 步　若 $R \leqslant \text{eps}$，做第 7 步和第 8 步。

第 7 步 $x \Leftarrow x+h, w \Leftarrow w+\frac{25}{216}K_1+\frac{1\,408}{2\,565}K_3+\frac{2\,197}{4\,104}K_4-\frac{1}{5}K_5$。

第 8 步 输出:(x,w,h)。

第 9 步 计算新的步长 h,若 $q \leqslant 0.1$,取 $h \Leftarrow 0.1h$;若 $q \geqslant 4.0$,取 $h \Leftarrow 4h$;否则取 $h \Leftarrow qh$。

第 10 步 若 $h > h_{\max}$,取 $h \Leftarrow h_{\max}$。

第 11 步 若 $h < h_{\min}$,那么,输出:步长小于给定的步长最小值,计算失败。退出计算程序。

第 12 步 程序结束。

例 1.4 用 Runge-Kutta-Fehlberg 法计算例 1.2。误差容许范围 $eps = 10^{-7}$;最大步长 $h_{\max} = 0.1$,最小步长 $h_{\min} = 0.02$。计算结果见表 1.4。

表 1.4

n	x	h	精确解	计算解	误差
1	0.078 242 76	0.078 242 76	1.002 983 00	1.002 982 67	0.489 9E−07
2	0.156 737 41	0.078 494 65	1.011 666 00	1.011 665 93	−0.129 7E−07
3	0.236 917 25	0.080 179 85	1.025 974 00	1.025 973 82	0.222 6E−07
4	0.318 477 19	0.081 559 93	1.045 733 00	1.045 732 84	−0.157 6E−07
5	0.401 868 30	0.083 391 11	1.070 937 00	1.070 937 14	−0.212 5E−07
6	0.487 021 44	0.085 153 14	1.101 475 00	1.101 475 28	−0.825 2E−07
7	0.573 993 50	0.086 972 06	1.137 265 00	1.137 264 99	0.228 9E−07
8	0.662 781 29	0.088 787 79	1.178 197 00	1.178 197 08	−0.684 4E−07
9	0.753 616 82	0.090 835 53	1.224 278 00	1.224 277 96	−0.162 0E−07
10	0.846 315 93	0.092 699 11	1.275 308 00	1.275 308 35	−0.180 0E−07
11	0.941 941 26	0.095 625 33	1.331 812 00	1.331 811 48	−0.713 3E−07
12	1.000 000 00	0.058 058 74	1.367 879 00	1.367 879 40	0.496 9E−08

1.5 线性多步法

前面利用欧拉法或梯形法求未知函数在 $x = x_{n+1}$ 的近似值 y_{n+1},基本思想是在积分表达式

$$y(x_{n+1}) = y(x_n) + \int_{x_n}^{x_{n+1}} f(x, y(x))\mathrm{d}x$$

中被积函数 $f(x,y), x \in [x_n, x_{n+1}]$ 用水平直线 $f(x,y) = f(x_n, y(x_n))$ 或连接 $(x_n, f(x_n, y(x_n))), (x_{n+1}, f(x_{n+1}, y(x_{n+1})))$ 两点的直线

$$f(x,y) = \frac{x - x_{n+1}}{-h} f(x_n, y(x_n)) + \frac{x - x_n}{h} f(x_{n+1}, y(x_{n+1}))$$

代替。然而为了近似$[x_n, x_{n+1}]$中的曲线 $f(x, y(x))$，也可用多点插值曲线。如我们利用 Lagrange 插值，可得经过$(x_{n-2}, f(x_{n-2}, y(x_{n-2}))), (x_{n-1}, f(x_{n-1}, y(x_{n-1}))), (x_n, y(x_n))$ 的曲线 $L_2(x, y(x))$，即

$$\begin{aligned} L_2(x, y(x)) = &\frac{(x - x_{n-1})(x - x_n)}{2h^2} f(x_{n-2}, y(x_{n-2})) \\ &+ \frac{(x - x_{n-2})(x - x_n)}{-h^2} f(x_{n-1}, y(x_{n-1})) \\ &+ \frac{(x - x_{n-2})(x - x_{n-1})}{2h^2} f(x_n, y(x_n)) \end{aligned} \tag{1.50}$$

用它近似$[x_n, x_{n+1}]$中的 $f(x, y(x))$，则得到积分近似值

$$\begin{aligned} y(x_{n+1}) &\approx y(x_n) + \int_{x_n}^{x_{n+1}} L_2(x, y(x))\mathrm{d}x \\ &= y(x_n) + h\Big[\frac{5}{12} f(x_{n-2}, y(x_{n-2})) \\ &\quad - \frac{16}{12} f(x_{n-1}, y(x_{n-1})) + \frac{23}{12} f(x_n, y(x_n))\Big] \end{aligned}$$

像欧拉格式一样，我们可得近似求解格式如下：

$$\begin{aligned} y_{n+1} = y_n + h\Big[&\frac{5}{12} f(x_{n-2}, y_{n-2}) - \frac{16}{12} f(x_{n-1}, y_{n-1}) \\ &+ \frac{23}{12} f(x_n, y_n)\Big] \end{aligned} \tag{1.51}$$

与欧拉格式 $y_{n+1} = y_n + hf(x_n, y_n)$ 不同之处在于增加了包括 $f(x_{n-2}, y_{n-2})$，$f(x_{n-1}, y_{n-1})$ 的两项，即由$(x_{n-2}, y_{n-2}), (x_{n-1}, y_{n-1}), (x_n, y_n)$ 计算 y_{n+1}。与欧拉格式仅由前面一点(x_n, y_n) 计算 y_{n+1} 的这种单步法不同，格式(1.51) 称为多步法。

现在，设已给出常微分方程初值问题

$$\begin{cases} \dfrac{\mathrm{d}y}{\mathrm{d}x} = f(x, y), \\ y|_{x=x_0} = y_0 \end{cases}$$

的解 $y(x)$ 在 $x_0, x_1, \cdots, x_n$ 处的近似值 $y_0, y_1, \cdots, y_n$，或者说给出表头

x	x_0	x_1	x_2	$\cdots$	x_n
y	y_0	y_1	y_2	$\cdots$	y_n

研究如何由表头给出 $x_{n+1}=x_0+(n+1)h\leqslant X$ 处 $y(x_{n+1})$ 的近似值 y_{n+1}。

根据

$$y(x_{n+1})=y(x_n)+\int_{x_n}^{x_{n+1}}y'(x)\mathrm{d}x \tag{1.52}$$

和 $y'(x)=f(x,y)$，利用表头的值和 Lagrange 插值法求出 $y'(x)$ 的近似表达式，再利用(1.52) 就得到 $y(x_{n+1})$ 的近似值。

具体操作如下：用 $L_{n,k}(x)$ 表示用 $x_n,x_{n-1},\cdots,x_{n-k}$ 处 $y(x_n),y(x_{n-1}),\cdots,y(x_{n-k})$ 的值构造出的 $y'(x)$ 的 Lagrange 插值多项式，用 $r_{n,k}$ 表示相应插值余项，即

$$y'(x)=L_{n,k}(x)+r_{n,k}(x)$$

从而

$$y(x_{n+1})=y(x_n)+\int_{x_n}^{x_{n+1}}L_{n,k}(x)\mathrm{d}x+\int_{x_n}^{x_{n+1}}r_{n,k}(x)\mathrm{d}x$$

舍去余项 $R_{n,k}=\int_{x_n}^{x_{n+1}}r_{n,k}(x)\mathrm{d}x$，并用 y_j 代替 $y(x_j)$，则可得 $y(x_{n+1})$ 的近似值 y_{n+1} 的表达式

$$y_{n+1}=y_n+\int_{x_n}^{x_{n+1}}L^*_{n,k}(x)\mathrm{d}x \tag{1.53}$$

$L^*_{n,k}(x)$ 为 $L_{n,k}(x)$ 中 $y(x_j)$ 的值，用 y_j 代替，$R_{n,k}$ 为局部截断误差。上述格式中，被插值点 $x(x_n\leqslant x\leqslant x_{n+1})$ 不包括在插值基点所决定的最大区间$[x_{n-k},x_n]$内，故称为外插公式。由常微分方程 $y'(x)=f(x,y(x))$，根据

$$(x_n,f(x_n,y_n)),\quad (x_{n-1},f(x_{n-1},y_{n-1})),\quad \cdots,\quad (x_{n-k},f(x_{n-k},y_{n-k}))$$

得插值公式为 $L^*_{n,k}(x)$，由于插值基点为等距，令 $x=x_n+th$，$0\leqslant t\leqslant 1$，利用牛顿后插公式，有

$$L^*_{n,k}(x)=f_n+\frac{t}{1!}\Delta f_{n-1}+\frac{t(t+1)}{2!}\Delta^2 f_{n-2}+\cdots+\frac{t(t+1)\cdots(t+k-1)}{k!}\Delta^k f_{n-k}$$

引进记号

$$\binom{s}{j}=\frac{s(s-1)(s-2)\cdots(s-j+1)}{j!},\quad \binom{s}{0}=1$$

则

$$L^*_{n,k}(x_n+th)=\sum_{j=0}^{k}(-1)^j\binom{-t}{j}\Delta^j f_{n-j}$$

因此

$$y_{n+1}=y_n+h\sum_{j=0}^{k}a_j\Delta^j f_{n-j} \tag{1.54}$$

式中

$$a_j = (-1)^j \int_0^1 \binom{-t}{j} \mathrm{d}t \quad (j = 0,1,2,\cdots)$$

式(1.54)就是著名的 Adams 外插公式,计算 a_j 得表 1.5。

表 1.5

j	0	1	2	3	4	5	6
a_j	1	$\frac{1}{2}$	$\frac{5}{12}$	$\frac{3}{8}$	$\frac{251}{720}$	$\frac{95}{288}$	$\frac{10\,987}{60\,480}$

因此有

$$k = 0: y_{n+1} = y_n + hf(x_n, y_n) \tag{1.55}$$

$$\begin{aligned} k = 1: y_{n+1} &= y_n + h\left[f(x_n, y_n) + \frac{1}{2}\Delta f_{n-1}\right] \\ &= y_n + h\left[\frac{3}{2}f(x_n, y_n) - \frac{1}{2}f(x_{n-1}, y_{n-1})\right] \end{aligned} \tag{1.56}$$

$$k = 2: y_{n+1} = y_n + h\left[\frac{23}{12}f(x_n, y_n) - \frac{16}{12}f(x_{n-1}, y_{n-1}) + \frac{5}{12}f(x_{n-2}, y_{n-2})\right] \tag{1.57}$$

$$\begin{aligned} k = 3: y_{n+1} = y_n + h\bigg[&\frac{55}{24}f(x_n, y_n) - \frac{59}{24}f(x_{n-1}, y_{n-1}) \\ &+ \frac{37}{24}f(x_{n-2}, y_{n-2}) - \frac{9}{24}f(x_{n-3}, y_{n-3})\bigg] \end{aligned} \tag{1.58}$$

一般而言,根据

$$\Delta^j f_{n-j} = \sum_{i=0}^{j} (-1)^i \binom{j}{i} f_{n-i}$$

则

$$y_{n+1} = y_n + h\sum_{i=0}^{k} b_{ki} f_{n-i} \tag{1.59}$$

其中

$$b_{ki} = (-1)^i \sum_{j=i}^{k} \binom{j}{i} a_j \tag{1.60}$$

b_{ki} 的值见表 1.6。

表 1.6

i	0	1	2	3	4	5
b_{0i}	1					
b_{1i}	$\frac{3}{2}$	$-\frac{1}{2}$				
b_{2i}	$\frac{23}{12}$	$-\frac{16}{12}$	$\frac{5}{12}$			
b_{3i}	$\frac{55}{24}$	$-\frac{59}{24}$	$\frac{37}{24}$	$-\frac{9}{24}$		
b_{4i}	$\frac{1\,901}{720}$	$-\frac{2\,774}{720}$	$\frac{2\,616}{720}$	$-\frac{1\,274}{720}$	$\frac{251}{720}$	
b_{5i}	$\frac{4\,277}{1\,440}$	$-\frac{7\,923}{1\,440}$	$\frac{9\,982}{1\,440}$	$-\frac{7\,298}{1\,440}$	$\frac{2\,877}{1\,440}$	$-\frac{475}{1\,440}$

Adams 外插格式的局部截断误差为

$$R_{n,k}=\int_{x_n}^{x_{n+1}} r_{n,k}(x)\,\mathrm{d}x$$

$$r_{n,k}=r_{n,k}(x_n+\tau h)=(-1)^{k+1}\binom{-\tau}{k+1}h^{k+1}y^{(k+2)}(\bar{\xi})\quad (x_{n-k}\leqslant\bar{\xi}\leqslant x_n)$$

则

$$\begin{aligned}R_{n,k}&=h^{k+2}\int_0^1(-1)^{k+1}\binom{-\tau}{k+1}y^{(k+2)}(\bar{\xi})\,\mathrm{d}\tau\\&=h^{k+2}a_{k+1}y^{(k+2)}(\xi)\quad (x_{n-k}<\xi<x_n)\end{aligned}\tag{1.61}$$

因此，Adams 外插格式的局部截断阶为 $O(h^{k+2})$。Adams 外插法是个显式格式。类似于梯形格式的推导一样，我们也可以用 $(x_{n-k},y_{n-k}),\cdots,(x_n,y_n),(x_{n+1},y_{n+1})$ 插值 $y'(x)$，得到内插格式。像外插格式的推导一样，可推得 Adams 内插格式为

$$y_{n+1}=y_n+h\sum_{j=0}^{k+1}a_j^*\Delta^j f_{n-j+1}\tag{1.62}$$

式中

$$a_j^*=(-1)^j\int_{-1}^0\binom{-\tau}{j}\mathrm{d}\tau\quad (j=0,1,\cdots,k+1)$$

系数 a_j^* 见表 1.7。

表 1.7

j	0	1	2	3	4	5	6
a_j^*	1	$-\frac{1}{2}$	$-\frac{1}{12}$	$-\frac{1}{24}$	$-\frac{19}{720}$	$-\frac{3}{160}$	$\frac{863}{60\,480}$

举例：

$$k=0: y_{n+1}=y_n+h[a_0^*\Delta^0 f_{n-0+1}+a_1^*\Delta^1 f_n]$$

$$y_{n+1}=y_n+h\left[f_{n+1}-\frac{1}{2}(f_{n+1}-f_n)\right]$$

$$y_{n+1}=y_n+\frac{h}{2}[f_n+f_{n+1}] \text{——梯形格式} \tag{1.63}$$

$$k=1: y_{n+1}=y_n+h[a_0^* f_{n+1}+a_1^*\Delta^1 f_n+a_2^*\Delta^2 f_{n-1}]$$

$$y_{n+1}=y_n+h\left\{f_{n+1}+\left(-\frac{1}{2}\right)(f_{n+1}-f_n)-\frac{1}{12}[(f_{n+1}-f_n)-(f_n-f_{n-1})]\right\}$$

$$y_{n+1}=y_n+h\left[\frac{5}{12}f_{n+1}+\frac{8}{12}f_n-\frac{1}{12}f_{n-1}\right] \tag{1.64}$$

$$k=2: y_{n+1}=y_n+h\left[f_{n+1}-\frac{1}{2}(f_{n+1}-f_n)-\frac{1}{12}(f_{n+1}-f_n+f_{n-1})-\frac{1}{24}(f_{n+1}-3f_n+3f_{n-1}-f_{n-2})\right]$$

$$y_{n+1}=y_n+h\left(\frac{9}{24}f_{n+1}+\frac{19}{24}f_n-\frac{5}{24}f_{n-1}+\frac{1}{24}f_{n-2}\right) \tag{1.65}$$

一般而言，利用差商与函数值的关系，则 Admas 内插格式可以写成

$$y_{n+1}=y_n+h\sum_{i=0}^{k}b_{ki}^* f_{n-i+1} \tag{1.66}$$

其中

$$b_{ki}^*=(-1)^i\sum_{j=i}^{k}a_j^*\binom{j}{i} \tag{1.67}$$

其值见表 1.8。

表 1.8

i	0	1	2	3	4	5
b_{0i}^*	1					
b_{1i}^*	$\frac{1}{2}$	$\frac{1}{2}$				
b_{2i}^*	$\frac{5}{12}$	$\frac{8}{12}$	$-\frac{1}{12}$			
b_{3i}^*	$\frac{9}{24}$	$\frac{19}{24}$	$-\frac{5}{24}$	$\frac{1}{24}$		
b_{4i}^*	$\frac{251}{720}$	$\frac{646}{720}$	$-\frac{264}{720}$	$\frac{106}{720}$	$-\frac{19}{720}$	
b_{5i}^*	$\frac{475}{1\,440}$	$\frac{1\,427}{1\,440}$	$-\frac{798}{1\,440}$	$\frac{482}{1\,440}$	$-\frac{173}{1\,440}$	$\frac{27}{1\,440}$

利用牛顿向后插值公式余项表达式，可得 Adams 内插公式(1.62)的局部截断

误差的阶为 $O(h^{k+3})$，对照外插公式的局部截断误差阶 $O(h^{k+2})$，可见同样 $(k+1)$ 步内插公式较之外插公式为精确，其局部截断误差阶高一阶。换句话说，为了达到同样的精度，使用内插公式可少用一个插值基点。

然而内插法也有缺点，即它是隐式格式，为了求解必须像前面求解梯形法那样使用迭代法。如为求 y_{n+1} 值，使用内插格式

$$y_{n+1} = y_n + h\sum_{i=0}^{k} b_{ki}^* f(x_{n-i+1}, y_{n-i+1})$$

则需要用迭代格式

$$\begin{cases} y_{n+1}^{(p+1)} = y_n + hb_{k0}^* f(x_{n+1}, y_{n+1}^{(p)}) + h\sum_{i=1}^{k} b_{ki}^* f(x_{n-i+1}, y_{n-i+1}), \\ y_{n+1}^{(0)} \text{—— 初始值} \end{cases} \tag{1.68}$$

由此要考虑 $p \to \infty$ 时迭代格式是否收敛。由

$$y_{n+1}^{(p+1)} - y_{n+1} = hb_{k0}^*[f(x_{n+1}, y_{n+1}^{(p)}) - f(x_{n+1}, y_{n+1})]$$

$$|y_{n+1}^{(p+1)} - y_{n+1}| \leqslant h|b_{k0}^*|\left|\frac{\partial f(x_{n+1}, \xi)}{\partial y}\right||y_{n+1}^{(p)} - y_{n+1}|$$

当

$$h|b_{k0}^*|\left|\frac{\partial f(x_{n+1}, \xi)}{\partial y}\right| < 1 \tag{1.69}$$

时迭代法收敛。故当 h 充分小时迭代程序收敛，h 越小，收敛速度越快。当然我们可以用相应的外插公式作为预报格式，然后用内插格式进行迭代：

$$\begin{cases} y_{n+1}^{(0)} = y_n + h\sum_{i=0}^{k} b_{ki} f_{n-i} \text{—— 预报格式,} \\ y_{n+1}^{(p+1)} = y_n + h\sum_{i=1}^{k} b_{ki}^* f_{n-i+1} + hb_{k0}^* f(x_{n+1}, y_{n+1}^{(p)}) \text{—— 迭代格式} \end{cases} \tag{1.70}$$

由于预报格式已是很好的近似，故为了达到较高精度，仅需迭代很少次数，一般二、三次迭代就已足够。特别如只进行一次迭代，就得到如下预报修正格式：

$$\begin{cases} y_{n+1}^{(0)} = y_n + h\sum_{i=0}^{k} b_{ki} f_{n-i} \text{—— 预报格式,} \\ y_{n+1} = y_n + h\sum_{i=1}^{k} b_{ki}^* f_{n-i+1} + hb_{k0}^* f(x_{n+1}, y_{n+1}^{(0)}) \text{—— 修正格式} \end{cases} \tag{1.71}$$

例如，上式中令 $k=3$，则有

$$\begin{cases} y_{n+1}^{(0)} = y_n + \frac{h}{24}(55f_n - 59f_{n-1} + 37f_{n-2} - 9f_{n-3}) \text{—— 预报格式,} \\ y_{n+1} = y_n + \frac{h}{24}[9f(x_{n+1}, y_{n+1}^{(0)}) + 19f_n - 5f_{n-1} + f_{n-2}] \text{—— 修正格式} \end{cases} \tag{1.72}$$

例 1.5　用 Adams 外插格式和预报-修正格式计算例 1.2。

解 为了使用多步格式，例如上面的 Adams 格式(1.65) 和预报-修正格式(1.72)，必须先计算表头值，为此先用四阶经典 Runge - Kutta 格式计算 y_1, y_2, y_3，然后代入 Adams 外插格式和 Adams 预报-修正格式计算，得表 1.9。

表 1.9

x	四阶 Runge - Kutta 法	Adams 外插法 ($k=3$)	Adams 预报-修正格式($k=3$)	精确解 $y=x+e^{-x}$
0.0	1.000 000 00			1.000 000 00
0.1	1.004 837 50			1.004 837 39
0.2	1.018 730 90			1.018 730 76
0.3	1.040 818 42			1.040 818 21
0.4		1.070 323 10	1.070 319 92	1.070 320 01
0.5		1.106 535 64	1.106 530 27	1.106 530 67
0.6		1.148 818 55	1.148 811 03	1.148 811 70
0.7		1.196 593 52	1.196 584 53	1.196 585 30
0.8		1.249 338 27	1.249 328 05	1.249 328 97
0.9		1.306 579 72	1.306 568 64	1.306 569 70
1.0		1.367 890 04	1.367 878 34	1.367 879 51

从表 1.9 可见，Adams 预报-修正格式效果显著，即尽管只迭代一次却与真解已十分接近。当然对于多步法而言，表头的值是非常重要的，如果表头的值精度低，则用精度再高的多步格式也无济于事。而要得到高精度的表头值，除了用高阶单步法外，也可从较低阶单步法（如欧拉法）配合缩短步长以及外推技巧(Richardson 外推法）等计算得高精度的开始值。例如设我们利用欧拉法计算得开始点 x 处的值为 $y(x;h)$，由于欧拉法整体截断误差为 $O(h)$，故可写成

$$y(x;h)=y(x)+A_1h+A_2h^2+\cdots+A_ph^p+\cdots$$

利用 $\frac{h}{2}$ 为计算步长，则得

$$y\left(x;\frac{h}{2}\right)=y(x)+A_1\frac{h}{2}+A_2\left(\frac{h}{2}\right)^2+\cdots+A_p\left(\frac{h}{2}\right)^p+\cdots$$

则

$$2y\left(x;\frac{h}{2}\right)-y(x;h)=y(x)-\frac{1}{2}A_2h^2-\left(1-\frac{1}{2^2}\right)A_3h^3-\cdots$$

因此，取 $2y\left(x;\frac{h}{2}\right)-y(x;h)$ 作为 $y(x)$ 的近似值，误差将提高一阶为 $O(h^2)$，如果用 $y(x;h)$ 作为 $y(x)$ 的近似值，整体截断误差为 $O(h^p)$，则有

$$y(x;h)=y(x)+A_1h^p+A_2h^{p+1}+\cdots$$

利用$\frac{h}{2}$为计算步长，有

$$y\left(x;\frac{h}{2}\right)=y(x)+A_1\frac{h^p}{2^p}+A_2\frac{h^{p+1}}{2^{p+1}}+\cdots$$

消去h^p项，则得

$$y(x)=\frac{1}{2^p-1}\left[2^p y\left(x;\frac{h}{2}\right)-y(x;h)\right]$$

以它作为$y(x)$的近似值截断误差$O(h^{p+1})$，精度提高一阶，这就是利用外推技巧(Richardson 外推法)提高格式精度的方法。

1.6　误差的事后估计法、步长的自动选择

事实上，我们不知道精确解$y(x)$的值，当然我们也不能估算出$\varepsilon_h=y(x;h)-y(x)$的值，即使由计算机计算知$\tilde{y}(x;h)$与$y(x;h)$非常靠近，满足精度要求，我们仍不能算出$\varepsilon_h=\tilde{y}(x;h)-y(x)$的值，因此也就不能得到具体误差的估计值。在通用的微分方程数值解解法程序中，通常包括外推法估计误差及自动选择步长的过程，下面介绍如何利用外推法估计误差。假定选定h在稳定性范围之内，格式为p阶，计算机计算知$\tilde{y}(x;h)$满足精度。由

$$\varepsilon_h=y(x;h)-y(x)=A_p h^p+A_{p+1}h^{p+1}+\cdots$$

得

$$\varepsilon_{\frac{h}{2}}=y\left(x;\frac{h}{2}\right)-y(x)=A_p\left(\frac{h}{2}\right)^p+A_{p+1}\left(\frac{h}{2}\right)^{p+1}+\cdots$$

故

$$y(x;h)-y\left(x;\frac{h}{2}\right)=A_p\left(1-\frac{1}{2^p}\right)h^p+A_{p+1}\left(1-\frac{1}{2^{p+1}}\right)h^{p+1}+\cdots$$

则

$$A_p h^p+\cdots=\frac{y(x;h)-y\left(x;\frac{h}{2}\right)}{\frac{2^p-1}{2^p}}$$

因此可令

$$\varepsilon_h\approx\frac{2^p}{2^p-1}\left[\tilde{y}(x;h)-\tilde{y}\left(x;\frac{h}{2}\right)\right]\tag{1.73}$$

即由计算机先后用h和$\frac{h}{2}$为步长算得值$\tilde{y}(x;h)$及$\tilde{y}\left(x;\frac{h}{2}\right)$，就可估算出整体截断误差$\varepsilon_h$。这个方法也称为误差的事后估计法，事后估计法是在实际计算中常用的方法。

事后估计法得到的截断误差也可作为步长h自动选择的标准。设由步长h，$\frac{h}{2}$

分别计算出 y_{n+1} 的满足精度的值 $\tilde{y}_{n+1}^{h}$，$\tilde{y}_{n+1}^{\frac{h}{2}}$，利用事后估计法估计出误差。如果这个误差满足我们要求的精度，就认为这个步长是适用的，以这样的步长出发计算下一点值 y_{n+2}；如果用外推法估计出的误差大于指定的误差要求，则表示步长过大，应取$\frac{1}{2}h$ 为新步长重新计算，直到外推误差小于指定误差为止。然后在下一步用这样选定的步长作为新步长出发计算。当然也有可能出现这样的情况，即估算出来的误差较之规定的误差要小得多，则意味着可适当放大步长。一般而言，可先放大一倍计算下一点的值，然后再进行下去，这就是所谓步长的自动选择。

关于h的选择应注意一个重要问题，即对选定的h，格式算出的 $\tilde{y}(x;h)$ 与格式的精确解 $y(x;h)$ 应该靠得很近，这在利用计算机计算格式解时是非常重要的。前已指出这是离散格式的稳定性问题，对于欧拉格式以及一般单步法我们都建立了有关稳定性定理，指出如果存在 $h_0 > 0, 0 < h \leqslant h_0$，单步法中 $\varphi(x,y,h)$ 在 $x_0 \leqslant x \leqslant X$ 中关于 y 满足 Lipschitz 条件，则格式稳定。事实上这一定理确切地刻画了当 $h \to 0$ 时格式中误差传播的情况，即初始误差对以后计算的影响，然而在计算机工作时 h 是固定的，计算机上对一个或者有限个固定的 h 计算，因此我们必须讨论这种情况下误差传播情况。首先给出新的稳定性定义。

定义 1.4 考虑一种数值方法若在结点 $x = x_n$ 上对 y_n 值有一扰动δ_n，即 $\bar{y}_n = y_n + \delta_n$，若由这种算法计算得到的 $\bar{y}_{n+1} = y_{n+1} + \delta_{n+1}$ 满足

$$|\delta_{n+1}| \leqslant |\delta_n|$$

则称该算法为数值稳定的，也称绝对稳定的。在讨论算法数值稳定时，常常只对试验方程

$$\frac{\mathrm{d}y}{\mathrm{d}x} = \lambda y \tag{1.74}$$

进行分析，这里 λ 是复常数，这是具有典型意义的方程；若算法对试验方程$\frac{\mathrm{d}y}{\mathrm{d}x} = \lambda y$ 已经数值不稳定，则很难得到对其他方程算法具有数值稳定性。

例如，对试验方程用欧拉方法

$$y_{n+1} = y_n + hf(x_n, y_n)$$

即

$$y_{n+1} = y_n + h\lambda y_n = (1 + \lambda h) y_n$$

由于有舍入误差 δ_n，则

$$\bar{y}_{n+1} = y_{n+1} + \delta_{n+1} = y_n + \delta_n + \lambda h (y_n + \delta_n)$$

$$\delta_{n+1} = (1 + \lambda h)\delta_n$$

数值稳定性定义要求 h 满足

$$|1 + \lambda h| \leqslant 1 \tag{1.75}$$

因此当$|1 + \lambda h| \leqslant 1$ 时，欧拉方法绝对稳定。式(1.75) 表示复平面 λh 上以$(-1,0)$

为圆心，1为半径的闭圆域，此即欧拉方法的绝对稳定性区域（如图1.4所示）。故对于欧拉法，为了保证稳定性，λh 应在所示单位圆域即其绝对稳定性区域内，如 $\lambda=-1\,000$，则 $h\leqslant 0.002$。对于一般方程，常用$\frac{\partial f}{\partial y}$ 代替 λ 进行估计。

例 1.6　设有初值问题

$$\begin{cases}\dfrac{dy}{dx}=-1\,000(y-x^2)+2x,\\ y(0)=0\end{cases}$$

试用欧拉法计算 $y(1)$。

解　分别取 $h=1,0.1,0.01,0.001,0.000\,1,0.000\,01$，由欧拉法 $y_{n+1}=y_n+hf(x_n,y_n)$，算得值 $\tilde{y}(1,h)$ 如表1.10所示。这里精确解 $y=x^2$，$y(1)=1$。

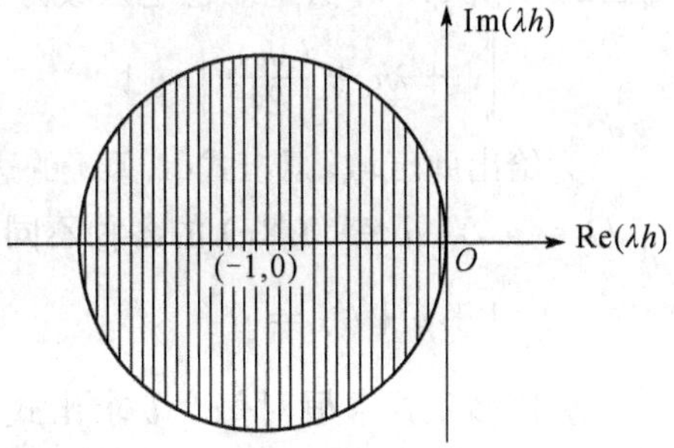

图 1.4

表 1.10

h	$\tilde{y}(1,h)$
1	0
0.1	$0.904\,238\,200\,00\times 10^{16}$
0.01	溢出
0.001	0.999 990 000 00
0.000 1	0.999 999 900 00
0.000 01	0.999 999 999 97

可见，当 $h\leqslant 0.001$ 时计算稳定，计算结果比较精确，且 h 越小越精确。而当 $h\geqslant 0.01$ 时计算不稳定，这是因为 $\lambda=\frac{\partial f}{\partial y}=-1\,000$，$h=0.01$，则

$$\lambda h=-1\,000\times 0.01=-10,\quad 1+\lambda h=-9$$

从 $y_1=(1+\lambda h)y_0=(-9)y_0$，得

$$\delta_1=-9\delta_0,\quad \delta_2=-9\delta_1=(-9)^2\delta_0,\quad \cdots,\quad \delta_{100}=(-9)^{100}\delta_0$$

即每计算一步误差就扩大9倍，当计算100步则误差扩大了 9^{100} 倍，在计算机上出现溢出停机就不奇怪了。

例 1.7　讨论 Runge-Kutta 法的绝对稳定区域。

(1) 二级二阶 Runge-Kutta 法

$$y_{n+1}=y_n+\frac{h}{2}[f(x_n,y_n)+f(x_n+h,y_n+hf(x_n,y_n))]$$

$$y_{n+1}=y_n+\frac{h}{2}[\lambda y_n+\lambda(y_n+\lambda y_n)]$$

$$y_{n+1} = y_n + \lambda h y_n + \frac{(\lambda h)^2}{2} y_n$$

$$\delta_{n+1} = \left(1 + \lambda h + \frac{(\lambda h)^2}{2!}\right)\delta_n$$

故二级二阶 R－K 法绝对稳定区域为

$$\left|1 + \lambda h + \frac{(\lambda h)^2}{2!}\right| \leqslant 1 \tag{1.76}$$

为给出此区域，画出式(1.76)的边界线，令 $h\lambda = \mu$，对 $\theta \in (0, 2\pi)$ 的各种不同值求解

$$1 + \mu + \frac{\mu^2}{2!} = e^{i\theta} \tag{1.77}$$

利用多项式求根对每个 θ 求出式(1.77)的解，结果见图 1.5($K = 2$)。当 λ 为负实数时，R－K 法稳定性区间为 $-2 \leqslant \lambda h < 0$。

(2) 三级三阶 Runge－Kutta 法

$$y_{n+1} = y_n + \frac{h}{6}(K_1 + 4K_2 + K_3)$$

$$K_1 = f(x_n, y_n)$$

$$K_2 = f\left(x_n + \frac{h}{2}, y_n + \frac{hK_1}{2}\right)$$

$$K_3 = f(x_n + h, y_n - hK_1 + 2hK_2)$$

可得绝对稳定区域为

$$\left|1 + \lambda h + \frac{(\lambda h)^2}{2!} + \frac{(\lambda h)^3}{3!}\right| \leqslant 1$$

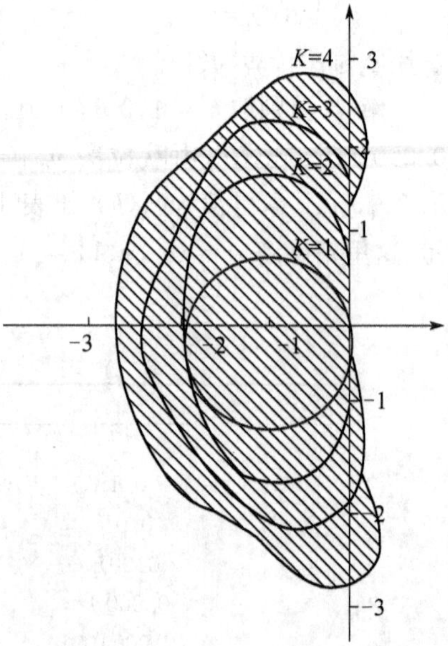

图 1.5 Runge－Kutta 方法绝对稳定区域

如前，利用多项式求根方法，对 $0 \leqslant \theta < 2\pi$ 的 θ 求

$$1 + \mu + \frac{1}{2!}\mu^2 + \frac{1}{3!}\mu^3 = e^{i\theta} \tag{1.78}$$

的根，结果见图 1.5($K = 3$)。当 λ 为负实数时，R－K 法稳定区间为 $-2.51 \leqslant \lambda h < 0$。

(3) 四级四阶 Runge－Kutta 法

可得绝对稳定区域为

$$\left|1 + \lambda h + \frac{(\lambda h)^2}{2!} + \frac{(\lambda h)^3}{3!} + \frac{(\lambda h)^4}{4!}\right| \leqslant 1$$

利用多项式求根方法，对 $0 \leqslant \theta \leqslant 2\pi$ 的 θ 求

$$1 + \mu + \frac{1}{2!}\mu^2 + \frac{1}{3!}\mu^3 + \frac{1}{4!}\mu^4 = e^{i\theta} \tag{1.79}$$

的根，结果见图 1.5($K = 4$)。当 λ 为负实数时，R－K 法稳定区间为 $-2.78 \leqslant \lambda h < 0$。

由此可见四级四阶 R－K 法较之其他方法，稳定性区域较宽，限制较少，可适当放大步长 h。

1.7　高阶常微分方程(组)的数值方法

在实际问题中常常要求解高阶常微分方程和高阶常微分方程组。前面我们只研究了一阶常微分方程的数值解法，这里首先指出引进新的变量，高阶常微分方程(组)可以化为一阶常微分方程组。

例如，三阶常微分方程初值问题

$$\begin{cases}\dfrac{\mathrm{d}^3 y}{\mathrm{d}x^3}=f\left(x,y,\dfrac{\mathrm{d}y}{\mathrm{d}x},\dfrac{\mathrm{d}^2 y}{\mathrm{d}x^2}\right),\\ y\big|_{x=x_0}=y_0,\\ \dfrac{\mathrm{d}y}{\mathrm{d}x}\Big|_{x=x_0}=z_0,\\ \dfrac{\mathrm{d}^2 y}{\mathrm{d}x^2}\Big|_{x=x_0}=\omega_0\end{cases}$$

引入新变量

$$\frac{\mathrm{d}y}{\mathrm{d}x}=z,\quad \frac{\mathrm{d}^2 y}{\mathrm{d}x^2}=\omega$$

则有

$$\begin{cases}\dfrac{\mathrm{d}y}{\mathrm{d}x}=z,\\ \dfrac{\mathrm{d}z}{\mathrm{d}x}=\omega,\\ \dfrac{\mathrm{d}\omega}{\mathrm{d}x}=f(x,y,z,\omega),\\ y\big|_{x=x_0}=y_0,\\ z\big|_{x=x_0}=z_0,\\ \omega\big|_{x=x_0}=\omega_0\end{cases}$$

因此三阶方程初值问题化为一阶方程组初值问题。

同样对高阶方程组也可以化为一阶方程组，例如

$$\begin{cases}\dfrac{\mathrm{d}^2 x}{\mathrm{d}t^2}=f\left(t,x,y,\dfrac{\mathrm{d}x}{\mathrm{d}t},\dfrac{\mathrm{d}y}{\mathrm{d}t}\right),\\ \dfrac{\mathrm{d}^2 y}{\mathrm{d}t^2}=g\left(t,x,y,\dfrac{\mathrm{d}x}{\mathrm{d}t},\dfrac{\mathrm{d}y}{\mathrm{d}t}\right),\\ x\big|_{t=0}=x_0,\\ y\big|_{t=0}=y_0,\\ \dfrac{\mathrm{d}x}{\mathrm{d}t}\Big|_{t=0}=\mu_0,\\ \dfrac{\mathrm{d}y}{\mathrm{d}t}\Big|_{t=0}=\upsilon_0\end{cases}$$

引进变量 $y_1 = x, y_2 = y, y_3 = \frac{\mathrm{d}x}{\mathrm{d}t}, y_4 = \frac{\mathrm{d}y}{\mathrm{d}t}$,则上方程组可以写成一阶方程组

$$\begin{cases} \frac{\mathrm{d}y_1}{\mathrm{d}t} = y_3, \\ \frac{\mathrm{d}y_2}{\mathrm{d}t} = y_4, \\ \frac{\mathrm{d}y_3}{\mathrm{d}t} = f(t, y_1, y_2, y_3, y_4), \\ \frac{\mathrm{d}y_4}{\mathrm{d}t} = g(t, y_1, y_2, y_3, y_4), \\ y_1|_{t=0} = x_0, y_2|_{t=0} = y_0, y_3|_{t=0} = \mu_0, y_4|_{t=0} = \upsilon_0 \end{cases}$$

因此高阶方程(组)的求解归结为一阶方程组的求解。

对于一阶方程组初值问题

$$\begin{cases} \frac{\mathrm{d}y_1}{\mathrm{d}x} = f_1(x, y_1, \cdots, y_m), \\ \frac{\mathrm{d}y_2}{\mathrm{d}x} = f_2(x, y_1, \cdots, y_m), \\ \vdots \\ \frac{\mathrm{d}y_m}{\mathrm{d}x} = f_m(x, y_1, \cdots, y_m), \\ y_1|_{x=x_0} = y_{10}, \\ \vdots \\ y_m|_{x=x_0} = y_{m0} \end{cases} \tag{1.80}$$

我们可用向量形式表示为

$$\begin{cases} \frac{\mathrm{d}\boldsymbol{y}}{\mathrm{d}x} = \boldsymbol{f}(x, \boldsymbol{y}) \\ \boldsymbol{y}|_{x=x_0} = \boldsymbol{y}_0 \end{cases} \tag{1.81}$$

其中

$$\boldsymbol{y} = (y_1, y_2, \cdots, y_m)^{\mathrm{T}}, \quad \boldsymbol{y}_0 = (y_{10}, y_{20}, \cdots, y_{m0})^{\mathrm{T}}$$
$$\boldsymbol{f} = (f_1, \cdots, f_m)^{\mathrm{T}}, \quad f_j = f_j(x, \boldsymbol{y}) \quad (j = 1, \cdots, m)$$

由此可见,我们只需把前面得到的单个方程的计算格式中的 y, f 理解为向量 $\boldsymbol{y}$ 和 $\boldsymbol{f}$,就可推广用于一阶方程组。

例如,把欧拉格式推广到向量情形,就有

$$\begin{cases} \boldsymbol{y}_{n+1} = \boldsymbol{y}_n + h\boldsymbol{f}(x_n, \boldsymbol{y}_n), \\ \boldsymbol{y}|_{x=x_0} = \boldsymbol{y}(x_0) \end{cases} \tag{1.82}$$

用分量表达即为方程组欧拉格式

$$\begin{cases} y_{1,n+1} = y_{1,n} + hf_1(x, y_{1,n}, y_{2,n}, \cdots, y_{m,n}), \\ y_{2,n+1} = y_{2,n} + hf_2(x, y_{1,n}, y_{2,n}, \cdots, y_{m,n}), \\ \vdots \\ y_{m,n+1} = y_{m,n} + hf_m(x, y_{1,n}, y_{2,n}, \cdots, y_{m,n}), \\ y_{1,0} = y_1(x_0), \quad \cdots, \quad y_{m,0} = y_m(x_0) \end{cases} \tag{1.83}$$

四阶经典 Runge - Kutta 格式推广到方程组形式为

$$\begin{cases} \boldsymbol{y}_{n+1} = \boldsymbol{y}_n + \frac{h}{6}(\boldsymbol{K}_1 + 2\boldsymbol{K}_2 + 2\boldsymbol{K}_3 + \boldsymbol{K}_4), \\ \boldsymbol{K}_1 = \boldsymbol{f}(x_n, \boldsymbol{y}_n), \\ \boldsymbol{K}_2 = \boldsymbol{f}\left(x_n + \frac{h}{2}, \boldsymbol{y}_n + \frac{h}{2}\boldsymbol{K}_1\right), \\ \boldsymbol{K}_3 = \boldsymbol{f}\left(x_n + \frac{h}{2}, \boldsymbol{y}_n + \frac{h}{2}\boldsymbol{K}_2\right), \\ \boldsymbol{K}_4 = \boldsymbol{f}(x_n + h, \boldsymbol{y}_n + h\boldsymbol{K}_3), \\ \boldsymbol{y}_0 = \boldsymbol{y}(x_0) \end{cases} \tag{1.84}$$

或者写成分量形式

$$\begin{cases} y_{n+1,i} = y_{ni} + \frac{h}{6}(K_{1,i} + 2K_{2,i} + 2K_{3,i} + K_{4,i}), \\ K_{1,i} = f_i(x_n, y_{n,1}, \cdots, y_{n,m}), \\ K_{2,i} = f_i\left(x_n + \frac{h}{2}, y_{n,1} + \frac{h}{2}K_{1,1}, y_{n,2} + \frac{h}{2}K_{1,2}, \cdots, y_{n,m} + \frac{h}{2}K_{1,m}\right), \\ K_{3,i} = f_i\left(x_n + \frac{h}{2}, y_{n,1} + \frac{h}{2}K_{2,1}, y_{n,2} + \frac{h}{2}K_{2,2}, \cdots, y_{n,m} + \frac{h}{2}K_{2,m}\right), \\ K_{4,i} = f_i(x_n + h, y_{n,1} + hK_{3,1}, y_{n,2} + hK_{3,2}, \cdots, y_{n,m} + hK_{3,m}), \\ y_{0,i} = y_i(x_0) \end{cases} \tag{1.85}$$

其中，$i = 1, 2, \cdots; m, n = 0, 1, \cdots$。

Adams 预报-修正格式(1.72)推广到方程组为

$$\begin{cases} \boldsymbol{y}_{n+1}^{(0)} = \boldsymbol{y}_n + \frac{h}{24}(55\boldsymbol{f}_n - 59\boldsymbol{f}_{n-1} + 37\boldsymbol{f}_{n-2} - 9\boldsymbol{f}_{n-3}) \text{—— 预报格式}, \\ \boldsymbol{y}_{n+1} = \boldsymbol{y}_n + \frac{h}{24}(9\boldsymbol{f}(x_{n+1}, \boldsymbol{y}_{n+1}^{(0)}) + 19\boldsymbol{f}_n - 5\boldsymbol{f}_{n-1} + \boldsymbol{f}_{n-2}) \text{—— 修正格式} \end{cases} \tag{1.86}$$

$\boldsymbol{y}_0$ 给定，$\boldsymbol{y}_1, \boldsymbol{y}_2, \boldsymbol{y}_3$ 由其他算法定出。

习　题　1

1. 设有初值问题

$$\begin{cases}\dfrac{\mathrm{d}y}{\mathrm{d}x}=\dfrac{1}{1+x^2}-2y^2 \quad (x\in(0,1]);\\ y(0)=0\end{cases}$$

试分别用欧拉法和梯形法求解，并与解析解 $y=\dfrac{x}{1+x^2}$ 比较(步长 $h=0.1$)。

2. 设有初值问题

$$\begin{cases}\dfrac{\mathrm{d}y}{\mathrm{d}x}=-y,\\ y(0)=1\end{cases}$$

证明：用梯形法得到的近似解 y_n，当 $x=nh$ 固定时有 $\lim\limits_{n\to\infty}y_n=\mathrm{e}^{-x}$，即收敛到准确解。用预报-校正法

$$\begin{cases}y_{n+1}^{(0)}=y_n+hf(x_n,y_n),\\ y_{n+1}=y_n+\dfrac{h}{2}[f(x_n,y_n)+f(x_{n+1},y_{n+1}^{(0)})]\end{cases}$$

于本题，结果又如何？

3. 已知求解

$$\begin{cases}\dfrac{\mathrm{d}y}{\mathrm{d}x}=f(x,y),\\ y|_{x=x_0}=y_0\end{cases}$$

的向后欧拉格式为

$$y_{n+1}=y_n+hf(x_{n+1},y_{n+1})$$

试分析其局部截断误差及整体截断误差。

4. 试分析中点格式

$$y_{n+1}=y_n+hf\left(x_n+\frac{h}{2},y_n+\frac{h}{2}f(x_n,y_n)\right)$$

的局部截断误差和整体截断误差。

5. 试用(a) 欧拉格式；(b) 中点格式；(c) 预报-校正格式；(d) 经典四级四阶 R-K 格式编程计算下列方程：

(1) $\begin{cases}\dfrac{\mathrm{d}y}{\mathrm{d}x}=\dfrac{y}{2x}+\dfrac{x^2}{2y} \quad (x\in(1,2]),\\ y(1)=1;\end{cases}$

(2) $\begin{cases}\dfrac{\mathrm{d}y}{\mathrm{d}x}=\dfrac{-x+\sqrt{x^2+y^2}}{y} \quad (x\in(0,1]),\\ y(0)=2。\end{cases}$

6. 计算并画出二阶、三阶、四阶 R－K 法的绝对稳定区域。

7. 试用 Adams 预报-修正格式(1.72) 计算第 5 题。

8. 用欧拉法和经典四级四阶 R－K 格式求解下列常微分方程初值问题：

(1) $\begin{cases} \dfrac{dy}{dx} = -10y + \ln(x+1), \\ y(0) = y_0; \end{cases}$

(2) $\begin{cases} \dfrac{dy}{dx} = -5y\sin x + e^{-x^2} \quad \left(x \in \left(0, \dfrac{\pi}{3}\right)\right), \\ y(0) = 1; \end{cases}$

(3) $\begin{cases} \dfrac{dy}{dx} = -\dfrac{4xy}{1+x^2} + 1 \quad (x \in (0,2]), \\ y(0) = 0. \end{cases}$

为保证数值稳定，试分析步长 h 应限制在什么范围。

9. 分别用四级四阶 R－K 法和 Adams 预报-校正格式解高阶方程：

(1) $\begin{cases} \dfrac{dy_1}{dx} = y_2, \\ \dfrac{dy_2}{dx} = -y_1, \\ y_1|_{x=0} = 0, \\ y_2|_{x=0} = 1; \end{cases}$

(2) $\begin{cases} \dfrac{dy_1}{dx} = 2y_1 - 2y_2 - 4y_3, \\ \dfrac{dy_2}{dx} = 2y_1 - 3y_2 - 4y_3, \\ \dfrac{dy_3}{dx} = 4y_1 - 2y_2 - 6y_3, \\ y_1(0) = y_2(0) = y_3(0) = 1 \end{cases} \quad (0 < x \leqslant 1)$。

10. 分别用四级四阶 R－K 格式(1.84) 和 Adams 预报-校正格式(1.86) 求解高阶方程：

(1) $\begin{cases} \dfrac{d^2y}{dx^2} + 2\dfrac{dy}{dx} + y = e^{-x}, \\ y(0) = y'(0) = 0; \end{cases}$

(2) $\begin{cases} \dfrac{d^3y}{dx^3} - \dfrac{dy}{dx} = 10e^x\sin x, \\ y(0) = -1, \\ y'(0) = -4, \\ y''(0) = -6. \end{cases}$

2 抛物型方程的差分方法

自然科学和工程技术领域的许多问题需要求抛物型方程的数值解。

本章,我们研究线性抛物型方程的差分解法,主要讨论差分方程的构造方法和有关的理论问题以及研究方法等,重点在于一维线性抛物型方程的差分方法,对于非线性以及多维抛物型方程的差分解法也进行了研究。

众所周知,一维线性抛物型方程的一般形式为

$$\sigma(x,t)\frac{\partial u}{\partial t}=\frac{\partial}{\partial x}\left(a(x,t)\frac{\partial u}{\partial x}\right)+b(x,t)\frac{\partial u}{\partial x}+c(x,t)u \tag{2.1}$$

其中,$\sigma(x,t)>0,a(x,t)>0,c(x,t)\geqslant 0,(x,t)\in\Omega$,$\Omega$ 为 xt 平面上某一区域。通常考虑如下定解问题。

(1) 初值问题(或称 Cauchy 问题)

在区域 $\Omega=\{(x,t)\mid -\infty<x<+\infty,0<t\leqslant T\}$ 上求函数 $u(x,t)$,使满足

$$\begin{cases}\text{方程(2.1)} & ((x,t)\in\Omega);\\ u(x,0)=\varphi(x) & (-\infty<x<+\infty)\end{cases} \tag{2.2}$$

条件(2.2)称为初始条件,$\varphi(x)$ 为给定的初始函数。

(2) 初边值问题(或称混合问题)

在区域 $\Omega=\{(x,t)\mid 0<x<1,0<t\leqslant T\}$ 上求函数 $u(x,t)$,使满足

$$\begin{cases}\text{方程(2.1)} & ((x,t)\in\Omega);\\ u(x,0)=\varphi(x) & (0<x<1); \qquad (2.3)\\ u(0,t)=\psi_1(t),u(1,t)=\psi_2(t) & (0\leqslant t\leqslant T) \qquad (2.4)\end{cases}$$

条件(2.4)称为边值条件。

以下研究它们的差分解法。

2.1 差分格式建立的基础

为了构造微分方程(2.1)的有限差分逼近,首先将求解区域 Ω 用二组平行于 x 轴和 t 轴的直线构成的网格覆盖,网格边长在 x 方向为 $\Delta x=h$,在 t 方向为 $\Delta t=k$(如图 2.1 所示)。h,k 分别称为沿空间方向和时间方向的步长,网格线的交点称为网格的结点。对初值问题来说,网格是

$$t_n=nk\quad\left(n=0,1,2,\cdots,N;N=\left[\frac{T}{k}\right]\right)$$

$$x_m = mh \quad (m = 0, \pm 1, \pm 2, \cdots)$$

在 $t = 0$ 上的结点称为边界结点，属于 Ω 内的结点称为内部结点。

对于初边值问题，设 $\Omega = \{(x,t) \mid 0 < x < 1, 0 < t \leqslant T\}$，则网格是

$$t_n = nk \quad \left(n = 0,1,2,\cdots,N; N = \left[\frac{T}{k}\right]\right)$$

$$x_m = mh \quad (m = 0,1,2,\cdots,M; Mh = 1)$$

在 $t = 0, x = 0, x = 1$ 上的结点称为边界结点，属于 Ω 内的结点称为内部结点。

差分方法就是在网格结点上求出微分方程解的近似值的一种方法，因此又称为网格法。

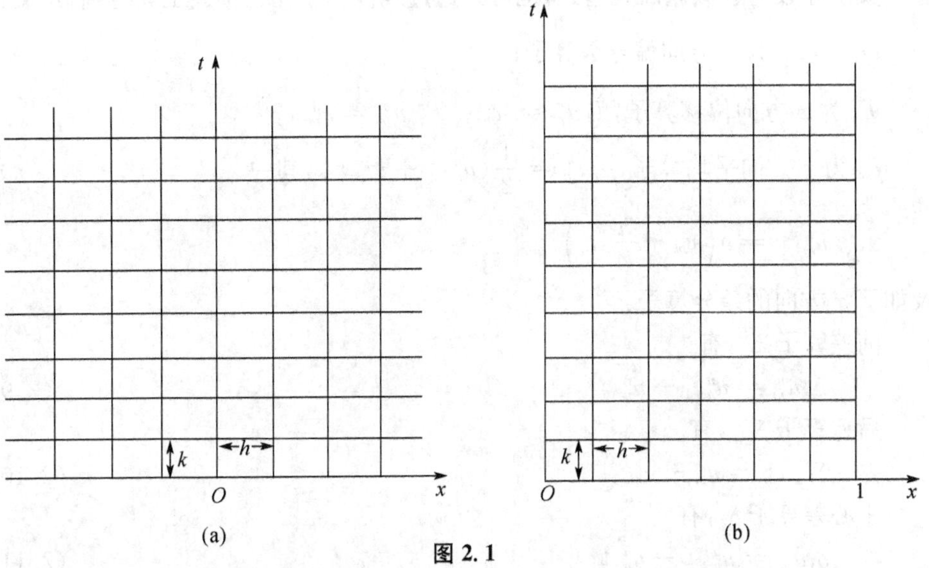

图 2.1

以下，研究构造逼近微分方程的差分方程的方法。作为第一步，我们研究导数的差商近似表达式。为此对二元函数 $u = u(x,t)$ 定义 $u_m^n = u(x_m, t_n)$，且假定 $u = u(x,t)$ 具有我们需要的有界偏导数。由 Taylor 展开，有

$$u(x_{m+1}, t_n) = u(x_m, t_n) + \frac{h}{1!}\left(\frac{\partial u}{\partial x}\right)_m^n + \frac{h^2}{2!}\left(\frac{\partial^2 u}{\partial x^2}\right)_m^n + \frac{h^3}{3!}\left(\frac{\partial^3 u}{\partial x^3}\right)_m^n + \cdots$$

$$u(x_{m-1}, t_n) = u(x_m, t_n) - \frac{h}{1!}\left(\frac{\partial u}{\partial x}\right)_m^n + \frac{h^2}{2!}\left(\frac{\partial^2 u}{\partial x^2}\right)_m^n - \frac{h^3}{3!}\left(\frac{\partial^3 u}{\partial x^3}\right)_m^n + \cdots$$

则 u 在 (x_m, t_n) 处对 x 的一阶偏导数的 3 个可能的近似表达式为

$$\left(\frac{\partial u}{\partial x}\right)_m^n \approx \frac{u(x_{m+1}, t_n) - u(x_m, t_n)}{h} = \frac{u_{m+1}^n - u_m^n}{h} \tag{2.5}$$

$$\left(\frac{\partial u}{\partial x}\right)_m^n \approx \frac{u(x_m, t_n) - u(x_{m-1}, t_n)}{h} = \frac{u_m^n - u_{m-1}^n}{h} \tag{2.6}$$

$$\left(\frac{\partial u}{\partial x}\right)_m^n \approx \frac{u(x_{m+1}, t_n) - u(x_{m-1}, t_n)}{2h} = \frac{u_{m+1}^n - u_{m-1}^n}{2h} \tag{2.7}$$

等式右边分别是函数 $u(x,t)$ 在点 (x_m,t_n) 关于 x 的向前差商、向后差商、中心差商。显然，用差商近似导数存在误差，令

$$E_m^n=\left(\frac{\partial u}{\partial x}\right)_m^n-\frac{u_{m+1}^n-u_m^n}{h} \tag{2.8}$$

则

$$E_m^n=-\frac{h}{2}\left(\frac{\partial^2 u}{\partial x^2}\right)_{x_\xi,t_n} \qquad (x_m<x_\xi<x_{m+1})$$

E_m^n 称为截断误差，$E_m^n=O(h)$，称截断误差阶为 $O(h)$。显然，用向后差商近似导数的截断误差阶也为 $O(h)$，而中心差商近似导数的截断误差阶为 $O(h^2)$。

关于导数的近似差商表达式，也可以通过线性算子作为推导工具得到，定义：

$D_x=\dfrac{\partial}{\partial x}$ 为 x 方向偏导数算子；

T_x 为 x 方向位移算子，$T_xu_m^n=u_{m+1}^n$，$T_x^{-1}u_m^n=u_{m-1}^n$；

μ_x 为 x 方向平均算子，$\mu_xu_m^n=\dfrac{1}{2}(u_{m+\frac{1}{2}}^n+u_{m-\frac{1}{2}}^n)$，其中

$$u_{m+\frac{1}{2}}^n=u\left(x_m+\frac{h}{2},t_n\right)$$

及如下 x 方向的差分算子：

前差算子 Δ_x，有

$$\Delta_xu_m^n=u_{m+1}^n-u_m^n \tag{2.9}$$

后差算子 ∇_x，有

$$\nabla_xu_m^n=u_m^n-u_{m-1}^n \tag{2.10}$$

中心差算子 δ_x，有

$$\delta_xu_m^n=u_{m+\frac{1}{2}}^n-u_{m-\frac{1}{2}}^n \tag{2.11}$$

现在建立差分算子和导数算子之间的关系。由 Taylor 展开，有

$$\begin{aligned}u_{m+1}^n&=u_m^n+\frac{h}{1!}\left(\frac{\partial u}{\partial x}\right)_m^n+\frac{h^2}{2!}\left(\frac{\partial^2 u}{\partial x^2}\right)_m^n+\frac{h^3}{3!}\left(\frac{\partial^3 u}{\partial x^3}\right)_m^n+\cdots\\&=\left(I+\frac{h}{1!}D_x+\frac{h^2}{2!}D_x^2+\cdots\right)u_m^n\\&=\exp(hD_x)u_m^n \quad (I\text{ 为恒等算子})\end{aligned}$$

由

$$u_{m+1}^n=T_xu_m^n$$

得

$$T_x=\exp(hD_x) \tag{2.12}$$

或者

$$hD_x=\ln T_x \tag{2.13}$$

因为

$$\Delta_x = T_x - I, \quad T_x = \Delta_x + I$$

故

$$hD_x = \ln(I + \Delta_x) = \Delta_x - \frac{1}{2}\Delta_x^2 + \frac{1}{3}\Delta_x^3 - \cdots \tag{2.14}$$

同理

$$hD_x = -\ln(I - \nabla_x) = \nabla_x + \frac{1}{2}\nabla_x^2 + \frac{1}{3}\nabla_x^3 + \cdots \tag{2.15}$$

因为

$$\delta_x = T_x^{\frac{1}{2}} - T_x^{-\frac{1}{2}}$$

$$\delta_x = \exp\left(\frac{1}{2}hD_x\right) - \exp\left(-\frac{1}{2}hD_x\right)$$

$$\delta_x = 2\sinh\left(\frac{1}{2}hD_x\right) \tag{2.16}$$

则

$$hD_x = 2\operatorname{arsinh}\left(\frac{1}{2}\delta_x\right) = \delta_x - \frac{1}{2^2 3!}\delta_x^3 + \frac{3^2}{2^4 \cdot 5!}\delta_x^5 - \cdots \tag{2.17}$$

式(2.14),(2.15),(2.17)分别给出了偏导数算子关于前差、后差、中心差的级数表达式,利用这些关系式就可给出偏导数的差分表达式

$$h\left(\frac{\partial u}{\partial x}\right)_m^n = \begin{cases} \left(\Delta_x - \frac{1}{2}\Delta_x^2 + \frac{1}{3}\Delta_x^3 - \cdots\right)u_m^n, & (2.18.1) \\ \left(\nabla_x + \frac{1}{2}\nabla_x^2 + \frac{1}{3}\nabla_x^3 + \cdots\right)u_m^n, & (2.18.2) \\ \left[\mu_x\delta_x - \frac{1}{6}(\mu_x\delta_x)^3 + \frac{3}{40}(\mu_x\delta_x)^5 - \cdots\right]u_m^n & (2.18.3) \end{cases}$$

又由

$$h^2D_x^2 = [\ln(I + \Delta_x)]^2$$

$$h^2D_x^2 = [-\ln(I - \nabla_x)]^2$$

$$h^2D_x^2 = \left[2\operatorname{arsinh}\left(\frac{1}{2}\delta_x\right)\right]^2$$

可得二阶偏导数的差分表达式

$$h^2\left(\frac{\partial^2 u}{\partial x^2}\right)_m^n = \begin{cases} \left(\Delta_x^2 - \Delta_x^3 + \frac{11}{12}\Delta_x^4 - \cdots\right)u_m^n, & (2.19.1) \\ \left(\nabla_x^2 + \nabla_x^3 + \frac{11}{12}\nabla_x^3 + \cdots\right)u_m^n, & (2.19.2) \\ \left(\delta_x^2 - \frac{1}{12}\delta_x^4 + \frac{1}{90}\delta_x^6 - \cdots\right)u_m^n & (2.19.3) \end{cases}$$

对于三阶、四阶偏导数的差分表达式为

$$h^3\left(\frac{\partial^3 u}{\partial x^3}\right)_m^n=\begin{cases}\left(\Delta_x^3-\frac{3}{2}\Delta_x^4+\frac{7}{4}\Delta_x^5-\cdots\right)u_m^n, & (2.20.1)\\ \left(\nabla_x^3+\frac{3}{2}\nabla_x^4+\frac{7}{4}\nabla_x^5+\cdots\right)u_m^n, & (2.20.2)\\ \left[(\mu_x\delta_x)^3-\frac{1}{2}(\mu_x\delta_x)^5+\frac{37}{120}(\mu_x\delta_x)^7-\cdots\right]u_m^n & (2.20.3)\end{cases}$$

$$h^4\left(\frac{\partial^4 u}{\partial x^4}\right)_m^n=\begin{cases}\left(\Delta_x^4-2\Delta_x^5+\frac{17}{6}\Delta_x^6-\cdots\right)u_m^n, & (2.21.1)\\ \left(\nabla_x^4+2\nabla_x^5+\frac{17}{6}\nabla_x^6+\cdots\right)u_m^n, & (2.21.2)\\ \left(\delta_x^4-\frac{1}{6}\delta_x^6+\frac{7}{240}\delta_x^8-\cdots\right)u_m^n & (2.21.3)\end{cases}$$

从以上这些偏导数的差分表达式,我们可以得到偏导数的各种精度的近似表达式。例如在 $h\left(\frac{\partial u}{\partial x}\right)_m^n$ 的前差表达式中取第一项,则有

$$h\left(\frac{\partial u}{\partial x}\right)_m^n\approx\Delta_x u_m^n=u_{m+1}^n-u_m^n$$

且

$$h\left(\frac{\partial u}{\partial x}\right)_m^n-(u_{m+1}^n-u_m^n)=-\frac{1}{2}\Delta_x^2 u_m^n+\frac{1}{3}\Delta_x^3 u_m^n-\cdots$$

又由二阶导数的前差表达式(2.19.1),得

$$h^2\left(\frac{\partial^2 u}{\partial x^2}\right)_m^n\approx\Delta_x^2 u_m^n$$

因此

$$E_m^n=\left(\frac{\partial u}{\partial x}\right)_m^n-\frac{1}{h}(u_{m+1}^n-u_m^n)=O(h)$$

即截断误差阶为 $O(h)$。

表 2.1 列出了偏导数的差分近似式及相应的截断误差阶。

表 2.1 偏导数的差分近似及相应的截断误差阶

偏导数	有限差分逼近	误差阶
$\left(\frac{\partial u}{\partial x}\right)_m^n$	$\frac{u_{m+1}^n-u_m^n}{h}$	$O(h)$
	$\frac{u_m^n-u_{m-1}^n}{h}$	$O(h)$
	$\frac{u_{m+1}^n-u_{m-1}^n}{2h}$	$O(h^2)$
	$\frac{-u_{m+2}^n+4u_{m+1}^n-3u_m^n}{2h}$	$O(h^2)$

续表 2.1

偏导数	有限差分逼近	误差阶
	$\dfrac{-u_{m+2}^n+8u_{m+1}^n-8u_{m-1}^n+u_{m-2}^n}{12h}$	$O(h^4)$
$\left(\dfrac{\partial^2 u}{\partial x^2}\right)_m^n$	$\dfrac{u_{m+1}^n-2u_m^n+u_{m-1}^n}{h^2}$	$O(h^2)$
	$\dfrac{-u_{m+2}^n+16u_{m+1}^n-30u_m^n+16u_{m-1}^n-u_{m-2}^n}{12h^2}$	$O(h^4)$
$\left(\dfrac{\partial^3 u}{\partial x^3}\right)_m^n$	$\dfrac{u_{m+2}^n-2u_{m+1}^n+2u_{m-1}^n-u_{m-2}^n}{2h^3}$	$O(h^2)$
$\left(\dfrac{\partial^4 u}{\partial x^4}\right)_m^n$	$\dfrac{u_{m+2}^n-4u_{m+1}^n+6u_m^n-4u_{m-1}^n+u_{m-2}^n}{h^4}$	$O(h^2)$

现在研究构造微分方程(2.1)的差分方程的方法，为此记微分方程(2.1)为

$$\frac{\partial u}{\partial t}=L(x,t,D_x,D_x^2)u \tag{2.22}$$

L 是关于 D_x,D_x^2 的线性算子，$D_x=\partial/\partial x$。包括二个相邻时间层的网格结点的差分方程可以从 Taylor 展开式推出

$$\begin{aligned}u(x,t+k)&=\left(1+\frac{k}{1!}\frac{\partial}{\partial t}+\frac{k^2}{2!}\frac{\partial^2}{\partial t^2}+\frac{k^3}{3!}\frac{\partial^3}{\partial t^3}+\cdots\right)u(x,t)\\&=\exp\left(k\frac{\partial}{\partial t}\right)u(x,t)\end{aligned}$$

设 $x=mh,t=nk,u_m^{n+1}=u(mh,(n+1)k)$，于是

$$u_m^{n+1}=\exp\left(k\frac{\partial}{\partial t}\right)u_m^n \tag{2.23}$$

如果算子 L 不依赖于 t，即 $L=L(x,D_x,D_x^2)$，则

$$u_m^{n+1}=\exp(kL)u_m^n \tag{2.24}$$

将式(2.17)，$D_x=\dfrac{2}{h}\operatorname{arsinh}\left(\dfrac{1}{2}\delta_x\right)$代入算子 L 中，即在 L 中用中心差分算子 δ_x 代替了微分算子 D_x，于是有

$$u_m^{n+1}=\exp\left(kL\left(mh,\frac{2}{h}\operatorname{arsinh}\left(\frac{1}{2}\delta_x\right),\left(\frac{2}{h}\operatorname{arsinh}\left(\frac{1}{2}\delta_x\right)\right)^2\right)\right)u_m^n \tag{2.25}$$

目前通常用于解方程(2.1)的各种差分方程都是方程(2.25)的近似表达式。下面各节，我们将以式(2.25)为基础，对简单的抛物型方程推导一些常用差分格式。

对于用差分方法求偏微分方程的数值解来说，设计差分方程用之作为微分方程的近似仅仅是第一步。本章除致力于这一研究外，特别着重讨论了诸如差分格式的稳定性、收敛性等基本问题，它们也是本书研究的主要内容之一。

2.2 显式差分格式

现在,对抛物型方程(2.1)的几种特殊情况,从方程(2.25)出发构造微分方程的有限差分近似。

2.2.1 一维常系数热传导方程的古典显式格式

首先考虑一维热传导方程

$$\frac{\partial u}{\partial t}=\frac{\partial^2 u}{\partial x^2} \tag{2.26}$$

的差分近似,由此 $L=D_x^2$,方程(2.24)为

$$\begin{aligned} u_m^{n+1} &= \exp(kD_x^2)u_m^n \\ &= \left[1+kD_x^2+\frac{1}{2}k^2(D_x^2)^2+\cdots\right]u_m^n \end{aligned}$$

代入式(2.19.3),得

$$D_x^2=\frac{1}{h^2}\left(\delta_x^2-\frac{1}{12}\delta_x^4+\frac{1}{90}\delta_x^6-\cdots\right)$$

则

$$u_m^{n+1}=\left[1+r\delta_x^2+\frac{1}{2}r\left(r-\frac{1}{6}\right)\delta_x^4+\frac{1}{6}r\left(r^2-\frac{1}{2}r+\frac{1}{15}\right)\delta_x^6+\cdots\right]u_m^n \tag{2.27}$$

其中 $r=k/h^2$ 为步长比。在上式中,如果仅仅保留二阶中心差分,且设 U_m^n 为相应差分方程解在结点 (mh,nk) 上的值,则

$$U_m^{n+1}=(1+r\delta_x^2)U_m^n \tag{2.28}$$

代入 δ_x^2 的表达式,则得差分方程

$$U_m^{n+1}=rU_{m-1}^n+(1-2r)U_m^n+rU_{m+1}^n \tag{2.29}$$

故第 $(n+1)$ 时间层上任一结点 $(mh,(n+1)k)$(为简单起见,以后记为 $(m,n+1)$)处的值 U_m^{n+1} 可以由第 n 时间层上的三个相邻结点 $(m-1,n)$,(m,n),$(m+1,n)$ 上的值 $U_{m-1}^n,U_m^n,U_{m+1}^n$ 决定。我们用图 2.2 表示这一差分格式。因此,如应用格式(2.29)解初值问题

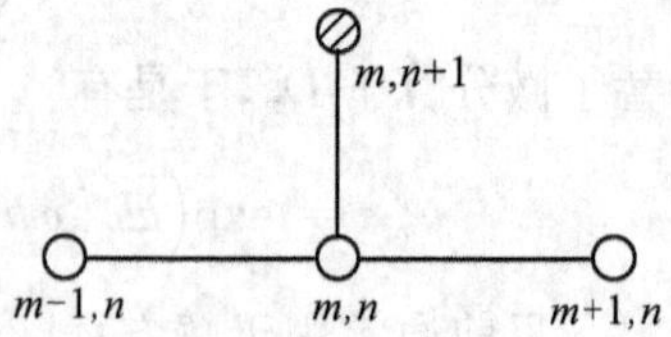

图 2.2

$$\begin{cases}\dfrac{\partial u}{\partial t}=\dfrac{\partial^2 u}{\partial x^2} & (-\infty<x<\infty,0<t\leqslant T); \\ u(x,0)=\varphi_0(x) & (-\infty<x<\infty)\end{cases}$$

则我们可以令 $U_m^0=\varphi_0(mh)$,连同格式(2.29)则可沿着 t 方向逐层把结点上的 U_m^n

值计算出来,以此作为微分方程解在结点(m,n)处的值u_m^n的近似值。对初边值问题,同样使用格式(2.29)连同初、边值条件把求解区域Ω中的网格结点上的U_m^n值计算出来,作为微分方程初边值问题的近似解,由于格式(2.29)关于U_m^{n+1}明显解出来,所以称为显式差分格式。格式(2.29)称为解热传导方程(2.26)的古典显式格式。显然,对于求解来说这种格式是最方便的,然而下面将看到这种格式并不总是稳定的。

应该指出,为了推导古典显式差分格式(2.29),可简单地应用导数的差商近似表达式

$$\left(\frac{\partial u}{\partial t}\right)_m^n \approx \frac{1}{k}(u_m^{n+1}-u_m^n)$$

$$\left(\frac{\partial^2 u}{\partial x^2}\right)_m^n \approx \frac{1}{h^2}(u_{m+1}^n-2u_m^n+u_{m-1}^n)$$

代入微分方程(2.26),并令差分方程解为U_m^n即可。虽然在边界结点上,差分方程和微分方程具有相同的初值或者初边值条件,但一般而言,结点$(m,n+1)$上微分方程的精确解u_m^{n+1}和古典显式差分格式(2.29)的精确解U_m^{n+1}不相等,它们之间的差记为z_m^{n+1},且

$$z_m^{n+1} = u_m^{n+1} - U_m^{n+1} \tag{2.30}$$

假定$u(x,t)$具有下面推导中所需要的有界偏导数,则由 Taylor 展开,有

$$u_m^{n+1} = u_m^n + k\left(\frac{\partial u}{\partial t}\right)_m^n + \frac{k^2}{2}\left(\frac{\partial^2 u}{\partial t^2}\right)_m^n + \frac{k^3}{6}\left(\frac{\partial^3 u}{\partial t^3}\right)_m^n + \cdots$$

$$\begin{aligned} u_{m+1}^n = u_m^n &+ h\left(\frac{\partial u}{\partial x}\right)_m^n + \frac{h^2}{2}\left(\frac{\partial^2 u}{\partial x^2}\right)_m^n + \frac{h^3}{6}\left(\frac{\partial^3 u}{\partial x^3}\right)_m^n \\ &+ \frac{h^4}{24}\left(\frac{\partial^4 u}{\partial x^4}\right)_m^n + \frac{h^5}{120}\left(\frac{\partial^5 u}{\partial x^5}\right)_m^n + \cdots \end{aligned}$$

$$\begin{aligned} u_{m-1}^n = u_m^n &- h\left(\frac{\partial u}{\partial x}\right)_m^n + \frac{h^2}{2}\left(\frac{\partial^2 u}{\partial x^2}\right)_m^n - \frac{h^3}{6}\left(\frac{\partial^3 u}{\partial x^3}\right)_m^n \\ &+ \frac{h^4}{24}\left(\frac{\partial^4 u}{\partial x^4}\right)_m^n - \frac{h^5}{120}\left(\frac{\partial^5 u}{\partial x^5}\right)_m^n + \cdots \end{aligned}$$

则

$$\begin{aligned} &u_m^{n+1} - (1-2r)u_m^n - r(u_{m+1}^n + u_{m-1}^n) \\ &\quad = k\left(\frac{\partial u}{\partial t} - \frac{\partial^2 u}{\partial x^2}\right)_m^n + \frac{k^2}{2}\left(\frac{\partial^2 u}{\partial t^2} - \frac{1}{6r}\frac{\partial^4 u}{\partial x^4}\right)_m^n + \cdots \end{aligned} \tag{2.31}$$

由式(2.26),(2.29),(2.30),(2.31)得

$$z_m^{n+1} - (1-2r)z_m^n - r(z_{m+1}^n + z_{m-1}^n) = \frac{1}{2}k^2\left(\frac{\partial^2 u}{\partial t^2} - \frac{1}{6r}\frac{\partial^4 u}{\partial x^4}\right)_m^n + \cdots \tag{2.32}$$

这就是z_m^{n+1}满足的方程。从式(2.31)我们有

$$\frac{u_m^{n+1}-(1-2r)u_m^n-r(u_{m+1}^n+u_{m-1}^n)}{k}-\left(\frac{\partial u}{\partial t}-\frac{\partial^2 u}{\partial x^2}\right)_m^n$$

$$=\frac{1}{2}k\left(\frac{\partial^2 u}{\partial t^2}-\frac{1}{6r}\frac{\partial^4 u}{\partial x^4}\right)_m^n+\cdots$$

或

$$\frac{u_m^{n+1}-u_m^n}{k}-\frac{u_{m+1}^n-2u_m^n+u_{m-1}^n}{h^2}-\left(\frac{\partial u}{\partial t}-\frac{\partial^2 u}{\partial x^2}\right)_m^n$$
$$=\frac{1}{2}k\left(\frac{\partial^2 u}{\partial t^2}-\frac{1}{6r}\frac{\partial^4 u}{\partial x^4}\right)_m^n+\cdots \tag{2.33}$$

从而,上式右边量描写了古典显式差分格式(2.29) 在(m,n) 点对微分方程的近似程度,将其定义为差分格式在点(m,n) 的截断误差,记为 R_m^n,即

$$R_m^n=\frac{k}{2}\left(\frac{\partial^2 u}{\partial t^2}-\frac{1}{6r}\frac{\partial^4 u}{\partial x^4}\right)_m^n+\cdots \tag{2.34}$$

因为假定$\frac{\partial^2 u}{\partial t^2}$,$\frac{\partial^4 u}{\partial x^4}$ 在所考察的区域保持有界,所以当 $h\to 0,k\to 0$ 时,$R_m^n=O(k+h^2)$。古典显式差分格式的截断误差阶为 $O(k+h^2)$。从式(2.33) 又可见到,如令 $r=\frac{1}{6}$,因

$$\frac{\partial u}{\partial t}=\frac{\partial^2 u}{\partial x^2},\quad \frac{\partial^2 u}{\partial t^2}=\frac{\partial^4 u}{\partial x^4}$$

故截断误差 R_m^n 的阶可以提高。事实上,这时 $R_m^n=O(k^2+h^4)$。为了提高截断误差的阶,我们也可用在式(2.27) 中保留四阶中心差分项的办法达到,这时有差分格式

$$U_m^{n+1}=\left[1+r\delta_x^2+\frac{1}{2}r\left(r-\frac{1}{6}\right)\delta_x^4\right]U_m^n \tag{2.35.1}$$

或者

$$U_m^{n+1}=\frac{1}{2}(2-5r+6r^2)U_m^n+\frac{2}{3}r(2-3r)(U_{m+1}^n+U_{m-1}^n)$$
$$-\frac{1}{12}r(1-6r)(U_{m+2}^n+U_{m-2}^n) \tag{2.35.2}$$

相应的截断误差阶为 $O(k^2+h^4)$。通常,格式可用图 2.3 表示。

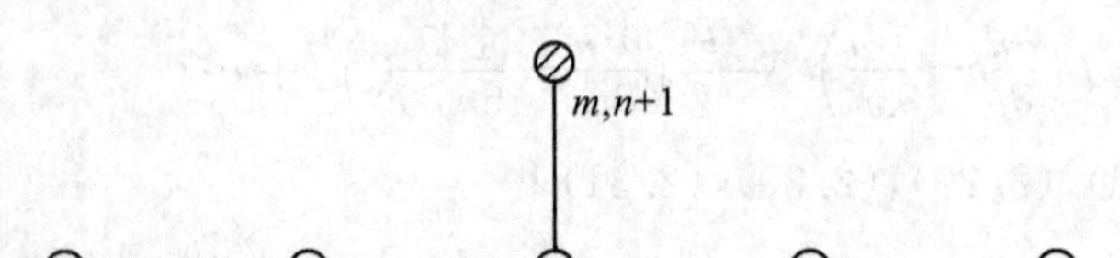

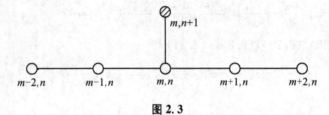

图 2.3

2.2.2　系数依赖于 x 的一维热传导方程的显式格式

考虑系数依赖于 x 的一维热传导方程

$$\frac{\partial u}{\partial t}=a(x)\frac{\partial^2 x}{\partial x^2}\quad(a(x)>0)\tag{2.36}$$

这时，$L=a(x)D_x^2$。方程(2.24) 变成

$$\begin{aligned}u_m^{n+1}&=\exp(ka(x)D_x^2)u_m^n\\&=\left[1+kaD_x^2+\frac{1}{2}k^2aD_x^2(aD_x^2)+\cdots\right]u_m^n\\&=\left[1+kaD_x^2+\frac{1}{2}k^2a(a''D_x^2+2a'D_x^3+aD_x^4)+\cdots\right]u_m^n\end{aligned}$$

此处“$'$”表示对 x 求导。将微分算子 $D_x^2,D_x^3,D_x^4,\cdots$ 用差分算子代替，则可得到相应的差分格式，上式保留右边前二项，由 $D_x^2\approx\frac{1}{h^2}\delta_x^2$，则有差分方程

$$U_m^{n+1}=(1-2ra)U_m^n+ra(U_{m+1}^n+U_{m-1}^n)\tag{2.37}$$

这一差分格式可用图 2.4 表示，其中 $a=a(mh)$。这是一个显式差分格式，其截断误差阶为 $O(k+h^2)$。

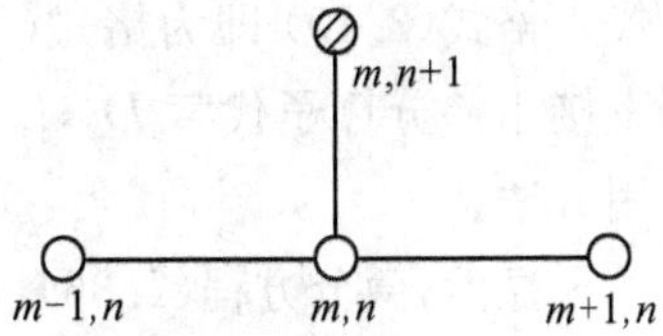

图 2.4

进一步，考虑热传导方程

$$\frac{\partial u}{\partial t}=\frac{\partial}{\partial x}\left(a(x)\frac{\partial u}{\partial x}\right)\quad(a(x)>0)\tag{2.38}$$

的差分近似。

由方程右边

$$\begin{aligned}\frac{\partial}{\partial x}\left(a(x)\frac{\partial u}{\partial x}\right)&=a'(x)\frac{\partial u}{\partial x}+a(x)\frac{\partial^2 u}{\partial x^2}\\&=(a'(x)D_x+a(x)D_x^2)u\end{aligned}$$

$$L=a(x)D_x^2+a'(x)D_x$$

$$\begin{aligned}u_m^{n+1}&=\exp(k(aD_x^2+a'D_x))u_m^n\\&=[1+k(aD_x^2+a'D_x)+\cdots]u_m^n\end{aligned}$$

类似式(2.37) 的推导，在上式中保留前二项，并且 $D_xu_m^n$ 和 $D_x^2u_m^n$ 分别用 $\frac{1}{2h}(u_{m+1}^n-u_{m-1}^n)$ 和$\frac{1}{h^2}(u_{m+1}^n-2u_m^n+u_{m-1}^n)$ 代替，则得差分方程

$$U_m^{n+1}=(1-2ra)U_m^n+r\left(a+\frac{1}{2}ha'\right)U_{m+1}^n+r\left(a-\frac{1}{2}ha'\right)U_{m-1}^n\tag{2.39}$$

此处，a,a' 均在 $x=mh$ 处计算。

也可通过直接用中心差分算子$\frac{1}{h}\delta_x$代替微分算子$D_x=\partial/\partial x$的办法获得方程(2.38)的差分近似

$$\frac{1}{k}(U_m^{n+1}-U_m^n)=\frac{1}{h^2}\delta_x(a(x_m)\delta_x(U_m^n))$$

$$U_m^{n+1}=\{1-r[a(x_{m+\frac{1}{2}})+a(x_{m-\frac{1}{2}})]\}U_m^n$$
$$+r[a(x_{m+\frac{1}{2}})U_{m+1}^n+a(x_{m-\frac{1}{2}})U_{m-1}^n]\quad\left(x_{m+\frac{1}{2}}=x_m+\frac{1}{2}h\right)\tag{2.40}$$

这也是一个显式差分格式。

格式(2.39)和(2.40)的截断误差阶都是$O(k+h^2)$。易见,由

$$a(x_{m+\frac{1}{2}})\approx a(x_m)+\frac{1}{2}ha'$$
$$a(x_{m-\frac{1}{2}})\approx a(x_m)-\frac{1}{2}ha'$$

代入格式(2.40)即为格式(2.39)。差分格式(2.40)的推导方法,即在微分方程中直接用差分算子代替$D_x, D_x^2, \cdots$,正如前面已经指出的是推导差分格式的一个常用方法。

显然,微分方程(2.36),(2.38)中的$a(x)$如果为$a(x,t)$,即其自变量包括空间变量和时间变量,则此时差分格式(2.37),(2.39),(2.40)同样是微分方程的具有截断误差阶$O(k+h^2)$的差分近似,这时格式(2.37),(2.39)中$a=a(x_m,t_n)$和$a'=a'_x(x_m,t_n)$以及格式(2.40)中$a(x_{m+\frac{1}{2}})$和$a(x_{m-\frac{1}{2}})$分别换成$a(x_{m+\frac{1}{2}},t_n)$,$a(x_{m-\frac{1}{2}},t_n)$。

2.3 隐式差分格式

与显式差分格式不同,隐式差分格式中包括了$(n+1)$时间层上二个或二个以上结点处的未知值(例如$U_{m-1}^{n+1}, U_m^{n+1}, U_{m+1}^{n+1}$),使用隐式差分格式和使用显式差分格式求解完全不同。相对而言,使用隐式差分格式求解,每时间层包含有较多的计算工作量。从后面对差分格式的稳定性分析可知,隐式格式的优点在于其稳定性要求对步长比的限制大为放宽,而这正是我们所期望的。

2.3.1 古典隐式格式

现在对热传导方程

$$\frac{\partial u}{\partial t}=\frac{\partial^2 u}{\partial x^2}$$

推导其最简单的隐式差分逼近 —— 古典隐式格式。由

$$u_m^{n+1} = \exp(kD_x^2)u_m^n$$

故

$$\exp(-kD_x^2)u_m^{n+1} = u_m^n$$

$$\left(1 - kD_x^2 + \frac{1}{2}k^2D_x^4 - \cdots\right)u_m^{n+1} = u_m^n$$

式中左边如果仅保留二阶导数项，且以$\frac{1}{h^2}\delta_x^2$ 替代 D_x^2，则得差分格式

$$\left(1 - \frac{k}{h^2}\delta_x^2\right)U_m^{n+1} = U_m^n$$

或者

$$-rU_{m-1}^{n+1} + (1+2r)U_m^{n+1} - rU_{m+1}^{n+1} = U_m^n \tag{2.41}$$

格式用图 2.5 表示，其截断误差阶为 $O(k+h^2)$，与古典显式差分格式相同。

为了求得第$(n+1)$时间层上的U_m^{n+1} 的值，必须通过解线性代数方程组。这是一个隐式差分格式，必须联合其初边值条件求解。格式(2.41) 通常称为古典隐式格式。

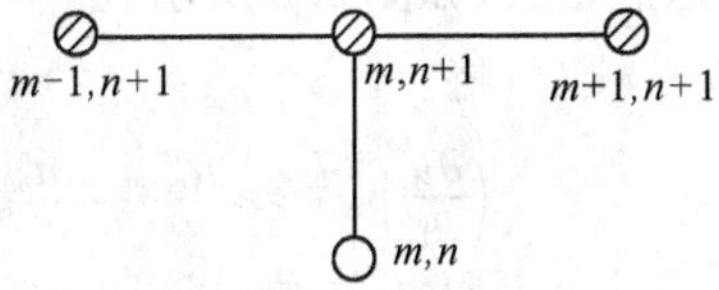

图 2.5

我们也可通过直接用差分算子代替 D_x,D_x^2 的方法，即

$$\left(\frac{\partial u}{\partial t}\right)_m^{n+1} \approx \frac{u_m^{n+1} - u_m^n}{k}$$

$$\left(\frac{\partial^2 u}{\partial x^2}\right)_m^{n+1} \approx \frac{u_{m+1}^{n+1} - 2u_m^{n+1} + u_{m-1}^{n+1}}{h^2}$$

代入微分方程，得到格式(2.41)。

2.3.2　Crank - Nicolson 隐式格式

Crank - Nicolson 隐式差分格式是解热传导方程(2.26) 的常用的差分格式，为了推导它，由式(2.24)，有

$$\exp\left(-\frac{1}{2}kL\right)u_m^{n+1} = \exp\left(\frac{1}{2}kL\right)u_m^n$$

由

$$L = D_x^2$$

得

$$\left[1 - \frac{1}{2}kD_x^2 + \frac{1}{2}\left(\frac{1}{2}kD_x^2\right)^2 + \cdots\right]u_m^{n+1}$$

$$= \left[1 + \frac{1}{2}kD_x^2 + \frac{1}{2}\left(\frac{1}{2}kD_x^2\right)^2 + \cdots\right]u_m^n \tag{2.42}$$

两边仅保留前二项,用$\frac{1}{h^2}\delta_x^2$ 代替 D_x^2,则得差分格式

$$\left(1 - \frac{1}{2}r\delta_x^2\right)U_m^{n+1} = \left(1 + \frac{1}{2}r\delta_x^2\right)U_m^n \tag{2.43}$$

这是一个隐式差分格式,称为 Crank - Nicolson 差分格式,截断误差阶为 $O(k^2 + h^2)$,也可写为

$$\begin{aligned}&(1+r)U_m^{n+1} - \frac{1}{2}r(U_{m+1}^{n+1} + U_{m-1}^{n+1})\\ &= (1-r)U_m^n + \frac{1}{2}r(U_{m+1}^n + U_{m-1}^n)\end{aligned} \tag{2.44}$$

由于格式(2.44) 中包括六个结点,故也称为六点格式(如图 2.6 所示)。

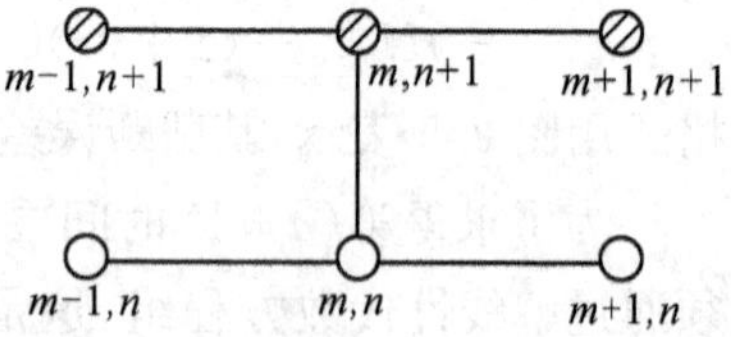

图 2.6

也可将

$$\left(\frac{\partial u}{\partial t}\right)_m^{n+\frac{1}{2}} \approx \frac{u_m^{n+1} - u_m^n}{k}$$

$$\left(\frac{\partial^2 u}{\partial x^2}\right)_m^{n+\frac{1}{2}} \approx \frac{1}{2}\left(\frac{u_{m+1}^{n+1} - 2u_m^{n+1} + u_{m-1}^{n+1}}{h^2} + \frac{u_{m+1}^n - 2u_m^n + u_{m-1}^n}{h^2}\right)$$

代入微分方程(2.26),得到 Crank - Nicolson 格式。

基于如同 Crank - Nicolson 格式一样的六个网格结点可获得另一精度较高的差分格式,如前在式(2.42) 中仅保留直到 D_x^2 的项,即有

$$\left(1 - \frac{1}{2}kD_x^2\right)u_m^{n+1} \approx \left(1 + \frac{1}{2}kD_x^2\right)u_m^n$$

由式(2.19.3),可令

$$D_x^2 u_m^n \approx \frac{1}{h^2}\delta_x^2\left(1 - \frac{1}{12}\delta_x^2\right)u_m^n$$

则可得

$$D_x^2 \approx \frac{1}{h^2}\delta_x^2\left(1 + \frac{1}{12}\delta_x^2\right)^{-1}$$

代入上式,则有如下差分格式:

$$\left[1 - \frac{1}{2}\left(r - \frac{1}{6}\right)\delta_x^2\right]U_m^{n+1} = \left[1 + \frac{1}{2}\left(r + \frac{1}{6}\right)\delta_x^2\right]U_m^n \tag{2.45}$$

它称为 Douglas 差分格式,具有截断误差阶 $O(k^2 + h^4)$。

例 2.1　解初边值问题

$$\begin{cases} \dfrac{\partial u}{\partial t} = \dfrac{\partial^2 u}{\partial x^2} & (0 < x < \pi, 0 < t \leqslant T); \\ u|_{t=0} = \sin x & (0 \leqslant x \leqslant \pi); \\ u(0,t) = u(\pi,t) = 0 & (0 \leqslant t \leqslant T) \end{cases}$$

应用(1) Crank - Nicolson 差分格式和(2) Douglas 差分格式解上述问题。对每一种情况,令 $h = \pi/20, r = 1/\sqrt{20}$($r$ 的这个值对 Douglas 格式有最小的截断误差),由初值条件和边值条件通过上述二个格式的每一个逐层求出 U_m^n 的值。一般而言,当由第 n 层去求第$(n+1)$层的解时,二个格式的每一个都需解一线性代数方程组,其系数是三对角阵,可用追赶法求解(见第 2.4 节)。已知上述定解问题的理论解,记为 S_T,有

$$u = e^{-t}\sin x$$

记 S_{CN}, S_D 分别为用高速数字计算机解出的 Crank - Nicolson 格式和 Douglas 格式的解,而 $E_{CN} = S_T - S_{CN}, E_D = S_T - S_D$ 分别表示它们对精确解的误差,在 $x = \dfrac{\pi}{2}$,时间层 n 上,$t_n = nk$,它们的值由表 2.2 给出。

表 2.2

t_n	S_T	E_{CN}	E_D
t_1	0.994 497 915 630	0.000 011	−0.000 000 000 026
t_2	0.489 026 104 192	0.000 022	−0.000 000 000 051
t_4	0.978 172 634 773	0.000 040	−0.000 000 000 101
t_8	0.956 821 703 419	0.000 079	−0.000 000 000 198
t_{16}	0.915 507 772 134	0.000 151	−0.000 000 000 379
t_{80}	0.643 146 895 793	0.000 531	−0.000 000 000 331
t_{160}	0.413 637 929 568	0.000 683	−0.000 000 000 712
t_{320}	0.171 096 336 778	0.000 564	−0.000 000 000 417
t_{640}	0.629 273 956 459	0.000 194	−0.000 000 000 485
t_{800}	0.012 108 818 740	0.000 100	−0.000 000 000 257

2.3.3　加权六点隐式格式

前面,我们已经推导了热传导方程(2.26)的古典显式格式、古典隐式格式及 Crank - Nicolson 格式等。实际上,它们都可以作为本节推导的加权六点隐式格式的特殊情形。

由

$$u_m^{n+1} = \exp(kD_x^2)u_m^n$$

得到

$$\exp(-\theta kD_x^2)u_m^{n+1} = \exp((1-\theta)kD_x^2)u_m^n \quad (0\leqslant\theta\leqslant 1)$$

即

$$\left(1-\theta kD_x^2+\frac{1}{2}\theta^2k^2D_x^4+\cdots\right)u_m^{n+1}$$
$$=\left[1+(1-\theta)kD_x^2+\frac{1}{2}(1-\theta)^2k^2D_x^4+\cdots\right]u_m^n$$

两边去掉高于二阶导数的项,且用$\frac{1}{h^2}\delta_x^2$ 代替 D_x^2,则得差分格式

$$(1-\theta r\delta_x^2)U_m^{n+1} = [1+(1-\theta)r\delta_x^2]U_m^n$$

或者

$$(1+2r\theta)U_m^{n+1} = r(1-\theta)(U_{m+1}^n+U_{m-1}^n)+r\theta(U_{m+1}^{n+1}+U_{m-1}^{n+1}) + [1-2r(1-\theta)]U_m^n \quad (0\leqslant\theta\leqslant 1) \tag{2.46}$$

这是一个六点差分格式(如图 2.7 所示),称为加权六点差分格式。

显然,当 $\theta=0$ 时,加权六点格式为古典显式格式;当 $\theta=\frac{1}{2}$ 时,加权六点格式为 Crank - Nicolson 隐式格式;当 $\theta=1$ 时,加权六点格式为古典隐式格式。

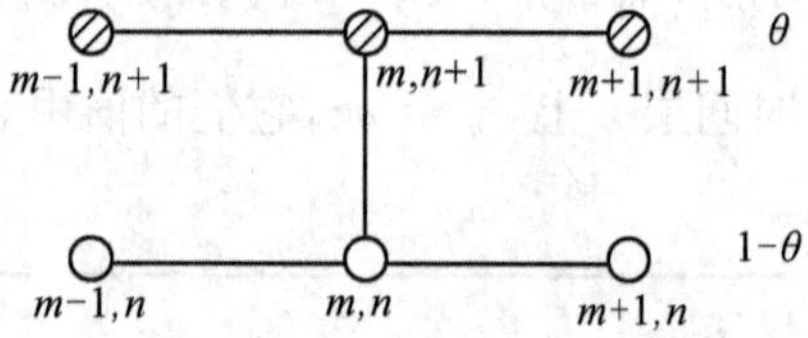

图 2.7

加权六点格式亦可直接由差商代替导数得到

$$\frac{U_m^{n+1}-U_m^n}{k} = \theta\frac{1}{h^2}\delta_x^2U_m^{n+1}+(1-\theta)\frac{1}{h^2}\delta_x^2U_m^n$$

2.3.4 系数依赖于 x,t 的一维热传导方程的一个隐式格式的推导

考虑方程

$$\frac{\partial u}{\partial t} = a(x,t)\frac{\partial^2 u}{\partial x^2} \tag{2.47}$$

的差分逼近。

已知

$$\delta_x = 2\sinh\left(\frac{1}{2}hD_x\right)$$

由其 Taylor 展开式可得

$$\delta_x^2 = h^2D_x^2+\frac{h^4}{12}D_x^4+O(h^6)$$

据此,可得

$$\frac{1}{2h^2}\delta_x^2(u_m^{n+1}+u_m^n)=\left(\frac{\partial^2 u}{\partial x^2}\right)_m^{n+\frac{1}{2}}+\frac{1}{12}h^2\left(\frac{\partial^4 u}{\partial x^4}\right)_m^{n+\frac{1}{2}}+O(h^4+k^2)$$
$$=\left(\frac{1}{a}\ \frac{\partial u}{\partial t}\right)_m^{n+\frac{1}{2}}+\frac{h^2}{12}\ \frac{\partial^2}{\partial x^2}\left(\frac{1}{a}\ \frac{\partial u}{\partial t}\right)_m^{n+\frac{1}{2}}+O(h^4+k^2) \tag{2.48}$$

令

$$\frac{\partial^2}{\partial x^2}\left(\frac{1}{a}\ \frac{\partial u}{\partial t}\right)_m^{n+\frac{1}{2}}=\frac{1}{h^2}\delta_x^2\left[\frac{1}{a_m^{n+\frac{1}{2}}}\ \frac{1}{k}(u_m^{n+1}-u_m^n)\right]+O(h^2+k^2)$$

代入式(2.48)，则

$$\frac{1}{2h^2}\delta_x^2(u_m^{n+1}+u_m^n)=\frac{1}{a_m^{n+\frac{1}{2}}k}(u_m^{n+1}-u_m^n)+\frac{1}{12r}\ \frac{1}{h^2}\delta_x^2\left[\frac{1}{a_m^{n+\frac{1}{2}}}(u_m^{n+1}-u_m^n)\right]+O(h^4+k^2)$$

因此得差分方程

$$\frac{1}{ra_m^{n+\frac{1}{2}}}(U_m^{n+1}-U_m^n)=\frac{1}{2}\delta_x^2\left[\left(1-\frac{1}{6ra_m^{n+\frac{1}{2}}}\right)U_m^{n+1}\right]+\frac{1}{2}\delta_x^2\left[\left(1+\frac{1}{6ra_m^{n+\frac{1}{2}}}\right)U_m^n\right] \tag{2.49.1}$$

格式(2.49.1)具有截断误差阶 $O(h^4+k^2)$，可写成更方便的形式

$$\left[1+\frac{1}{12}a_m^{n+\frac{1}{2}}\delta_x^2(a_m^{n+\frac{1}{2}})^{-1}-\frac{1}{2}ra_m^{n+\frac{1}{2}}\delta_x^2\right]U_m^{n+1}=\left[1+\frac{1}{12}a_m^{n+\frac{1}{2}}\delta_x^2(a_m^{n+\frac{1}{2}})^{-1}+\frac{1}{2}ra_m^{n+\frac{1}{2}}\delta_x^2\right]U_m^n \tag{2.49.2}$$

这是一个隐式差分格式(如图 2.8 所示)。

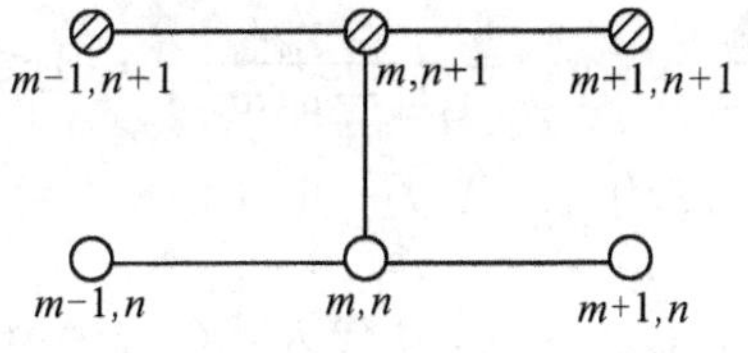

图 2.8

2.4　解三对角形方程组的追赶法

前节引进的隐式差分方程，在要求解未知函数值的时间层 $t_{n+1}=(n+1)k$ 上包括三个未知函数值 $U_{m-1}^{n+1},U_m^{n+1},U_{m+1}^{n+1}$。因此，这些隐式差分格式仅仅适合于解如图 2.1(b) 中所示的边值问题。在每一时间层，需要求解的隐式差分方程形成了一个线性代数方程组，它的系数矩阵是三对角形矩阵，即仅在主对角线及其相邻二条对

角线上有非零元素。方程组写成一般形式是

$$\begin{cases}\beta_1 U_1-\gamma_1 U_2=d_1,\\ -\alpha_2 U_1+\beta_2 U_2-\gamma_2 U_3=d_2,\\ -\alpha_3 U_2+\beta_3 U_3-\gamma_3 U_4=d_3,\\ \quad\vdots\\ -\alpha_{M-1}U_{M-2}+\beta_{M-1}U_{M-1}=d_{M-1}\end{cases} \tag{2.50}$$

众所周知,这一类方程可用追赶法求解。首先由方程组(2.50)中的第一个方程解出 U_1,得

$$U_1=\frac{\gamma_1}{\beta_1}U_2+\frac{d_1}{\beta_1}$$

令 $g_1=\dfrac{d_1}{\beta_1}$,$w_1=\dfrac{\gamma_1}{\beta_1}$,则上式可写为

$$U_1=w_1U_2+g_1$$

将此式代入方程组(2.50)中的第二个方程,得到

$$-\alpha_2(w_1U_2+g_1)+\beta_2U_2-\gamma_2U_3=d_2$$

即

$$U_2=w_2U_3+g_2$$

其中

$$w_2=\frac{\gamma_2}{\beta_2-\alpha_2w_1},\quad g_2=\frac{d_2+\alpha_2g_1}{\beta_2-\alpha_2w_1}$$

完全类似地可以推出下面的公式:

$$U_{m-1}=w_{m-1}U_m+g_{m-1}\quad(2\leqslant m\leqslant M-1) \tag{2.51}$$

其中

$$g_m=\frac{d_m+\alpha_mg_{m-1}}{\beta_m-\alpha_mw_{m-1}},\quad w_m=\frac{\gamma_m}{\beta_m-\alpha_mw_{m-1}}\quad(1\leqslant m\leqslant M-2)$$

注意当 $m=1$ 时,$g_1=\dfrac{d_1}{\beta_1}$,$w_1=\dfrac{\gamma_1}{\beta_1}$。

将关系式 $U_{M-2}=w_{M-2}U_{M-1}+g_{M-2}$ 代入式(2.50)中最后一个方程,得到

$$-\alpha_{M-1}(w_{M-2}U_{M-1}+g_{M-2})+\beta_{M-1}U_{M-1}=d_{M-1}$$

即

$$U_{M-1}=\frac{d_{M-1}+\alpha_{M-1}g_{M-2}}{\beta_{M-1}-\alpha_{M-1}w_{M-2}}$$

若令

$$g_{M-1}=\frac{d_{M-1}+\alpha_{M-1}g_{M-2}}{\beta_{M-1}-\alpha_{M-1}w_{M-2}}$$

则有

$U_{M-1}=g_{M-1}$

如果 g_{M-1} 已经算出，那么解向量 $\boldsymbol{U}$ 的最后一个分量 U_{M-1} 就已求得，为了求得 $\boldsymbol{U}$ 的所有分量，只要利用方程(2.51)即可逐步求出 $U_{M-2}, U_{M-3}, \cdots, U_2, U_1$。因此，整个求解过程分为两大步。

第一步：依次确定 $g_1, w_1, g_2, w_2, \cdots, g_{M-2}, w_{M-2}, g_{M-1}$；

第二步：依相反次序确定 $U_{M-1}, U_{M-2}, \cdots, U_2, U_1$，计算公式可归结为

$$g_1=\frac{d_1}{\beta_1},\quad g_m=\frac{d_m+\alpha_m g_{m-1}}{\beta_m-\alpha_m w_{m-1}}\quad (2\leqslant m\leqslant M-1)$$

$$w_1=\frac{\gamma_1}{\beta_1},\quad w_m=\frac{\gamma_m}{\beta_m-\alpha_m w_{m-1}}\quad (2\leqslant m\leqslant M-2)$$

$$U_{M-1}=g_{M-1},\quad U_m=g_m+w_m U_{m+1}\quad (1\leqslant m\leqslant M-2)$$

通常，第一步称为“追”的过程，第二步称为“赶”的过程，整个求解过程称为追赶法。可以论证，如果

(1) $\alpha_m>0\quad (m=2,3,\cdots,M-1)$

$\beta_m>0\quad (m=1,2,\cdots,M-1)$

$\gamma_m>0\quad (m=1,2,\cdots,M-2)$

(2) $\beta_m>\alpha_{m+1}+\gamma_{m-1}\quad (m=1,2,\cdots,M-1$；定义 $\gamma_0=\alpha_M=0)$

(3) $\beta_m>\alpha_m+\gamma_m\quad (m=1,2,\cdots,M-1$；定义 $\alpha_1=\gamma_{M-1}=0)$

则上述追赶过程是稳定的。

例 2.2　说明用 Crank - Nicolson 方法数值解如下定解问题的过程：

$$\begin{cases}\dfrac{\partial u}{\partial t}=\dfrac{\partial^2 u}{\partial x^2} & (0<x<1,0<t\leqslant T);\\ u|_{t=0}=\varphi(x) & (0\leqslant x\leqslant 1);\\ u(0,t)=\varphi_1(t),\quad u(1,t)=\varphi_2(t) & (0\leqslant t\leqslant T)\end{cases}$$

由前已知 Crank - Nicolson 格式为

$$(1+r)U_m^{n+1}-\frac{1}{2}r(U_{m+1}^{n+1}+U_{m-1}^{n+1})=(1-r)U_m^n+\frac{1}{2}r(U_{m+1}^n+U_{m-1}^n)$$

如果选择 $h=1/8$,，则 $M=8$，要解的方程组写成矩阵形式是

$$
\begin{bmatrix}
1+r & -\frac{1}{2}r & & & & & \\
-\frac{1}{2}r & 1+r & -\frac{1}{2}r & & & & \\
 & -\frac{1}{2}r & 1+r & -\frac{1}{2}r & & & \\
 & & -\frac{1}{2}r & 1+r & -\frac{1}{2}r & & \\
 & & & -\frac{1}{2}r & 1+r & -\frac{1}{2}r & \\
 & & & & -\frac{1}{2}r & 1+r & -\frac{1}{2}r \\
 & & & & & -\frac{1}{2}r & 1+r
\end{bmatrix}
\begin{bmatrix} U_1^{n+1} \\ U_2^{n+1} \\ U_3^{n+1} \\ U_4^{n+1} \\ U_5^{n+1} \\ U_6^{n+1} \\ U_7^{n+1} \end{bmatrix}
$$

$$
= \begin{bmatrix}
1-r & \frac{1}{2}r & & & & & \\
\frac{1}{2}r & 1-r & \frac{1}{2}r & & & & \\
 & \frac{1}{2}r & 1-r & \frac{1}{2}r & & & \\
 & & \frac{1}{2}r & 1-r & \frac{1}{2}r & & \\
 & & & \frac{1}{2}r & 1-r & \frac{1}{2}r & \\
 & & & & \frac{1}{2}r & 1-r & \frac{1}{2}r \\
 & & & & & \frac{1}{2}r & 1-r
\end{bmatrix}
\begin{bmatrix} U_1^{n} \\ U_2^{n} \\ U_3^{n} \\ U_4^{n} \\ U_5^{n} \\ U_6^{n} \\ U_7^{n} \end{bmatrix}
$$

$$
+ \begin{bmatrix}
\frac{1}{2}rU_0^n + \frac{1}{2}rU_0^{n+1} \\ 0 \\ 0 \\ 0 \\ 0 \\ 0 \\ \frac{1}{2}rU_8^n + \frac{1}{2}rU_8^{n+1}
\end{bmatrix}
\quad (n = 0,1,2,\cdots,N-1;N = [T/k])
\tag{2.52}
$$

相应于上述定解问题的差分方程组为

$$\begin{cases} \boldsymbol{A}_n\boldsymbol{U}^{n+1} = \boldsymbol{B}_n\boldsymbol{U}^n + \boldsymbol{e}_n \quad (n = 0,1,\cdots,N-1); \\ \boldsymbol{U}^0 = \boldsymbol{\varphi} \end{cases}$$

其中，$\boldsymbol{A}_n$ 和 $\boldsymbol{B}_n$ 为七阶方阵，$\boldsymbol{U}^{n+1}$，$\boldsymbol{U}^n$ 和 $\boldsymbol{e}_n$ 为列向量，它们的表达式从式(2.52)可知。因为在求第$(n+1)$层U_m^{n+1}时，$U_1^n,U_2^n,\cdots,U_7^n$已计算得，$U_0^n,U_8^n,U_0^{n+1},U_8^{n+1}$(它们在 $\boldsymbol{e}_n$ 中出现)由边值条件已知，故方程组右边已知，且

$$\alpha_m = \frac{1}{2}r > 0 \quad (m = 2,3,\cdots,7)$$

$$\beta_m = 1 + r > 0 \quad (m = 1,2,\cdots,7)$$

$$\gamma_m = \frac{1}{2}r > 0$$

又

$$\beta_m = 1 + r > \alpha_{m+1} + \gamma_{m-1}$$

$$\beta_m = 1 + r > \alpha_m + \gamma_m \quad (m = 1,\cdots,7)$$

因此可用追赶法求解方程组(2.52)，由方程组右边值及 $\alpha_m,\beta_m,\gamma_m$ 可求出 $g_1,\cdots,g_7,w_1,\cdots,w_7$，然后顺次，可求出 $U_7^{n+1},U_6^{n+1},\cdots,U_1^{n+1}$。

2.5 差分格式的稳定性和收敛性

2.5.1 问题的提出

我们先看一个数值例子，考虑初边值问题

$$\begin{cases} \dfrac{\partial u}{\partial t} = \dfrac{\partial^2 u}{\partial x^2} & (0 < x < \pi, 0 < t \leqslant T); \\ u|_{t=0} = \varphi(x) & (0 \leqslant x \leqslant \pi); \\ u|_{x=0} = u|_{x=\pi} = 0 & (0 < t \leqslant T) \end{cases} \tag{2.53}$$

其中

$$\varphi(x) = \begin{cases} x & \left(0 \leqslant x \leqslant \dfrac{\pi}{2}\right); \\ \pi - x & \left(\dfrac{\pi}{2} < x \leqslant \pi\right) \end{cases}$$

利用显式差分格式(2.29)，即

$$U_m^{n+1} = (1-2r)U_m^n + r(U_{m+1}^n + U_{m-1}^n)$$

式中，$n = 0,1,\cdots,N-1$；$N = [T/k]$；$m = 1,2,\cdots,M-1$。连同初值条件

$$U_m^0 = \varphi(mh) \quad (m = 1,2,\cdots,M-1)$$

边值条件

$$U_0^n = U_M^n = 0 \quad (n = 0,1,2,\cdots,N)$$

逐层解出结点处的 U 值。

现在对 $h=\pi/20$，取二种 k，使 $r=k/h^2=5/11$ 与 $5/9$。图 2.9 和图 2.10 中的曲线表示不同时刻微分方程的精确解，图中"·"表示差分方程的解。

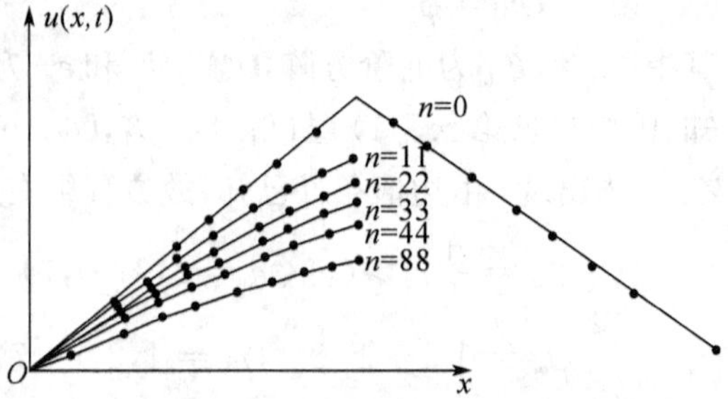

图 2.9　$r=5/11$ 利用显式差分格式(1.29)的解

图 2.9 所示 $r=k/h^2=5/11$ 时的计算结果是曲线自上而下依次为 $t_n=nk(n=0,11,22,33,44,88)$ 微分方程的精确解。黑点是用差分格式在 $r=5/11$ 时算出的相应各层上的近似值。二者符合得很好，由于对称性我们只给出一半图形。

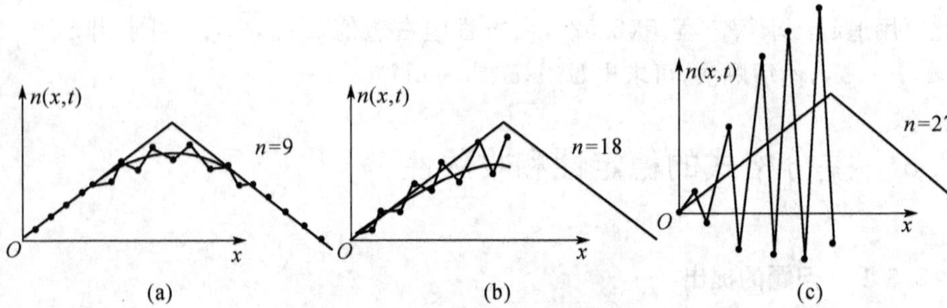

图 2.10　$r=5/9$ 利用显式差分格式(1.29)的解

图 2.10 是当 $r=5/9$ 时差分方程解和微分方程精确解的图示，黑点仍表示差分方程解，其中(a)，(b)，(c)分别为在 $t_n=nk(n=9,18,27)$ 时的计算结果。从图中看出，随着 n 的增大，差分方程的解越来越远离微分方程的解。

由此可见，r 值的不同，得出的结果有很大的差别，如 $r=5/11$ 的结果是可用的，但是 $r=5/9$ 时的结果就完全没有用。

当然上面各种情况所得的差分方程解是由计算机计算得到的，不可能是差分方程理论上的准确解 U_m^n，而是差分方程的近似解，我们用 $\widetilde{U}_m^n$ 表示。显然 U_m^n 与 $\widetilde{U}_m^n$ 之间存在着差别，差分方程的准确解 U_m^n 与微分方程的解 u_m^n 之间，如前所述也是有差别的。因而从计算机上解得的差分方程近似解 $\widetilde{U}_m^n$ 与微分方程解 u_m^n 之间的差别实质上包括两方面的差别，即

$$u_m^n-\widetilde{U}_m^n=(u_m^n-U_m^n)+(U_m^n-\widetilde{U}_m^n) \tag{2.54}$$

下面我们先研究上式右边第二项，即差分方程的理论解与计算机上解得的近似解之间的差别是随着 n 的增大而无限增加还是有所控制。如果这种差别是无限增加，则称差分格式不稳定，显然不稳定的格式是不能使用的，因为误差的无限增

加淹没了真解。上例中 $r=5/9$ 时就是差分方程不稳定的情况。从差分方程，比如格式(2.29)可知，在求第一层的差分方程解 U_m^1 时，用到第0层上的 U_m^0 值，也就是初始值。由于计算机存储数据为二进制数位的限制，U_m^0 不可能完全精确地存储在机器中，也就是计算 U_m^1 用到的是带有误差的初始值 $\widetilde{U}_m^0$。一般来说，在计算 U_m^1 时又出现了误差，因此 $\widetilde{U}_m^1-U_m^1$ 中包括了由于 $\widetilde{U}_m^0$ 参加运算而出现的误差，即初始误差的传递，以及本身计算过程中出现的误差。这样，在第 $(n+1)$ 时间层计算 U_m^{n+1} 时得到的 $\widetilde{U}_m^{n+1}$ 是由于前面的误差传递和本身计算中出现的误差引起的。下面我们给出研究差分格式稳定性的最直接的方法，就是在第0层的一个结点上给出一个误差 ε，然后研究这个误差的发展情况，即 ε-图方法。

2.5.2 ε-图方法

假定在固定的某个结点 $(m_0,0)$ 上引入一个误差 ε，即把 $U_{m_0}^0$ 改成了 $\widetilde{U}_{m_0}^0=U_{m_0}^0+\varepsilon$，而在这一层的其他结点上的初值还是 U_m^0，假定用带有误差的初值 $\widetilde{U}_{m_0}^0$ 按差分格式法去计算以后各排结点上的 U_m^n 值，且假定计算时没有引入其他误差，我们把得到的值记做 $\widetilde{U}_m^n$，这样 $\widetilde{U}_m^n$ 满足原来的差分格式。假如我们使用差分格式(2.29)，于是

$$\begin{cases}\widetilde{U}_m^{n+1}=(1-2r)\widetilde{U}_m^n+r(\widetilde{U}_{m+1}^n+\widetilde{U}_{m-1}^n)\\ \qquad\qquad (n=0,1,\cdots,N-1,\quad m=1,2,\cdots,M-1);\\ \widetilde{U}_m^0=\begin{cases}U_m^0 & (m\neq m_0),\\ U_m^0+\varepsilon & (m=m_0)\end{cases}\quad (m=1,2,\cdots,M-1);\\ \widetilde{U}_0^n=\widetilde{U}_M^n=0\quad (n=0,1,\cdots,N)\end{cases}$$

显然两解之差 $V_m^{n+1}=\widetilde{U}_m^{n+1}-U_m^{n+1}$ 满足

$$\begin{cases}V_m^{n+1}=(1-2r)V_m^n+r(V_{m+1}^n+V_{m-1}^n)\\ \qquad\qquad (n=0,1,\cdots,N-1,\quad m=1,2,\cdots,M-1); & (2.55)\\ V_m^0=\begin{cases}0 & (m\neq m_0),\\ \varepsilon & (m=m_0)\end{cases}\quad (m=1,2,\cdots,M-1); & (2.56)\\ V_0^n=V_M^n=0\quad (n=0,1,\cdots,N)\end{cases}$$

以下分析当 $r=\dfrac{1}{2}$ 和 $r=1$ 时 V_m^n 随着 n 增加而变化的情况。先看 $r=\dfrac{1}{2}$ 的情况，由式(2.55)得

$$V_m^{n+1}=\frac{1}{2}(V_{m+1}^n+V_{m-1}^n)$$

由此利用条件(2.56)即可算出 V_m^{n+1} 的值(见表2.3)。

表 2.3

$n \diagdown m$	m_0-5	m_0-4	m_0-3	m_0-2	m_0-1	m_0	m_0+1	m_0+2	m_0+3	m_0+4	m_0+5
5	$\dfrac{\varepsilon}{32}$	0	$\dfrac{5\varepsilon}{32}$	0	$\dfrac{10\varepsilon}{32}$	0	$\dfrac{10\varepsilon}{32}$	0	$\dfrac{5\varepsilon}{32}$	0	$\dfrac{\varepsilon}{32}$
4	0	$\dfrac{\varepsilon}{16}$	0	$\dfrac{4\varepsilon}{16}$	0	$\dfrac{6\varepsilon}{16}$	0	$\dfrac{4\varepsilon}{16}$	0	$\dfrac{\varepsilon}{16}$	0
3	0	0	$\dfrac{\varepsilon}{8}$	0	$\dfrac{3\varepsilon}{8}$	0	$\dfrac{3\varepsilon}{8}$	0	$\dfrac{\varepsilon}{8}$	0	0
2	0	0	0	$\dfrac{\varepsilon}{4}$	0	$\dfrac{2\varepsilon}{4}$	0	$\dfrac{\varepsilon}{4}$	0	0	0
1	0	0	0	0	$\dfrac{\varepsilon}{2}$	0	$\dfrac{\varepsilon}{2}$	0	0	0	0
0	0	0	0	0	0	ε	0	0	0	0	0

由表 2.3 可知,用显式差分格式 $(2.29)\left(r=\dfrac{1}{2}\right)$ 计算时,由初始数据的误差在以后各层所引起的误差是逐层减小的,这说明差分格式 (2.29) 当 $r=\dfrac{1}{2}$ 时是稳定的。

再看 $r=1$ 的情形,由 (2.55) 得
$$V_m^{n+1} = V_{m-1}^n - V_m^n + V_{m+1}^n$$
由此利用条件 (2.56) 即可算出 V_m^n 的值(见表 2.4)。

表 2.4

$n \diagdown m$	m_0-5	m_0-4	m_0-3	m_0-2	m_0-1	m_0	m_0+1	m_0+2	m_0+3	m_0+4	m_0+5
5	ε	-5ε	15ε	-30ε	45ε	-51ε	45ε	-30ε	15ε	-5ε	ε
4	0	ε	-4ε	10ε	-16ε	19ε	-16ε	10ε	-4ε	ε	0
3	0	0	ε	-3ε	6ε	-7ε	6ε	-3ε	ε	0	0
2	0	0	0	ε	-2ε	3ε	-2ε	ε	0	0	0
1	0	0	0	0	ε	$-\varepsilon$	ε	0	0	0	0
0	0	0	0	0	0	ε	0	0	0	0	0

由表 2.4 可知,用显式差分格式 $(2.29)(r=1)$ 计算时,由初始数据的误差所引起的误差在以后各层的计算中逐层迅速增大,以致不能控制,因此差分格式 (2.29) 在 $r=1$ 时是不稳定的。

用 ε-图方法讨论格式的稳定性能直观地看到差分格式是稳定的还是不稳定

的，它的缺点是必须先固定 r，然后再进行讨论。

2.5.3 稳定性定义、稳定性分析的矩阵方法

以下讨论求初边值问题

$$\begin{cases}\dfrac{\partial u}{\partial t}=\dfrac{\partial^2 u}{\partial x^2} & (0<x<1,0<t\leqslant T);\\ u(x,0)=\varphi(x) & (0\leqslant x\leqslant 1);\\ u(0,t)=\psi_1(t),\quad u(1,t)=\psi_2(t) & (0<t\leqslant T)\end{cases}$$

数值解的差分方程的稳定性问题。

如前所知，联系二个相邻时间层 $U_m^n,U_m^{n+1}(m=1,2,\cdots,M-1)$ 值的差分方程全体可以写成(如例 2.2)

$$\begin{cases}\boldsymbol{A}_n\boldsymbol{U}^{n+1}=\boldsymbol{B}_n\boldsymbol{U}^n+\boldsymbol{e}_n & \left(n=0,1,\cdots,N-1;N=\left[\dfrac{T}{k}\right]\right);\\ \boldsymbol{U}^0=\boldsymbol{\varphi}\end{cases}\tag{2.57}$$

其中

$$\boldsymbol{U}^{n+1}=\begin{bmatrix}U_1^{n+1}\\U_2^{n+1}\\ \vdots\\U_{M-1}^{n+1}\end{bmatrix},\quad \boldsymbol{U}^n=\begin{bmatrix}U_1^n\\U_2^n\\ \vdots\\U_{M-1}^n\end{bmatrix},\quad \boldsymbol{e}_n=\begin{bmatrix}e_1^n\\e_2^n\\ \vdots\\e_{M-1}^n\end{bmatrix}$$

为 $(M-1)$ 维列向量；$Mh=1$；$\boldsymbol{U}^n$ 为已知向量；$\boldsymbol{e}_n$ 为包括边值条件的向量；$\boldsymbol{A}_n,\boldsymbol{B}_n$ 为 $(M-1)$ 阶方阵，可以随 n 而改变。如果差分方程为显式，则对所有的 n，$\boldsymbol{A}_n=\boldsymbol{I}$；如果 $\boldsymbol{A}_n\neq\boldsymbol{I}$，$|\boldsymbol{A}_n|\neq 0$，则隐式格式可以写成显式形式

$$\begin{cases}\boldsymbol{U}^{n+1}=\boldsymbol{C}_n\boldsymbol{U}^n+\boldsymbol{A}_n^{-1}\boldsymbol{e}_n & (\boldsymbol{C}_n=\boldsymbol{A}_n^{-1}\boldsymbol{B}_n);\\ \boldsymbol{U}^0=\boldsymbol{\varphi}\end{cases}\tag{2.58}$$

设 $\boldsymbol{V}^0$ 是初始值引进的误差向量，而在边值以及其他各层计算中未引入其他任何误差。由于 $\boldsymbol{V}^0$ 的引入，差分方程的解为 $\widetilde{\boldsymbol{U}}^n$。为了弄清差分格式(2.58) 的稳定性条件，给出稳定性的定义：

对于任意给定的 $\varepsilon>0$，存在与 h,k 无关且依赖于 ε 的正数 δ，使当

$$\|\widetilde{\boldsymbol{U}}^0-\boldsymbol{U}^0\|=\|\boldsymbol{V}^0\|<\delta$$

时，对于任何的 $n(0\leqslant nk\leqslant T)$，差分格式得到的解 $\widetilde{\boldsymbol{U}}^n,\boldsymbol{U}^n$ 满足不等式

$$\|\widetilde{\boldsymbol{U}}^n-\boldsymbol{U}^n\|=\|\boldsymbol{V}^n\|<\varepsilon$$

则我们说差分格式是稳定的，其中 $\|\cdot\|$ 是某一向量范数。

下面简单地引进向量和矩阵的范数的定义。

设向量 $\boldsymbol{x}=(x_1,x_2,\cdots,x_n)^{\mathrm{T}}$，则常用的向量范数如下：

(1) $\|\boldsymbol{x}\|_2=\sqrt{|x_1|^2+|x_2|^2+\cdots+|x_n|^2}$；

(2) $\| \boldsymbol{x} \|_1 = |x_1| + |x_2| + \cdots + |x_n|$;

(3) $\| \boldsymbol{x} \|_\infty = \max\limits_{1 \leqslant i \leqslant n} |x_i|$。

它们分别称为 2－范数、1－范数和无穷范数，其中 2－范数亦称为欧氏范数。设矩阵 $\boldsymbol{A} = (a_{ij})_{n\times n}$，$a_{ij}$ 为 $\boldsymbol{A}$ 的元素，则相应的矩阵范数：

(1) $\| \boldsymbol{A} \|_2 = \sqrt{\lambda_1(\boldsymbol{A}^* \boldsymbol{A})}$，其中 $\boldsymbol{A}^* = \bar{\boldsymbol{A}}^{\mathrm{T}}$，为 $\boldsymbol{A}$ 的共轭转置矩阵，λ_1 为 $\boldsymbol{A}^* \boldsymbol{A}$ 的最大特征值；

(2) $\| \boldsymbol{A} \|_1 = \max\limits_{1 \leqslant j \leqslant n} \sum\limits_{i=1}^{n} |a_{ij}|$;

(3) $\| \boldsymbol{A} \|_\infty = \max\limits_{1 \leqslant j \leqslant n} \sum\limits_{j=1}^{n} |a_{ij}|$。

它们分别称为矩阵 $\boldsymbol{A}$ 的 2－范数、1－范数和无穷范数。显然对所有的范数都有

$$\rho(\boldsymbol{A}) \leqslant \| \boldsymbol{A} \|$$

其中 $\rho(\boldsymbol{A})$ 为矩阵 $\boldsymbol{A}$ 的谱半径，$\rho(\boldsymbol{A}) = \max\limits_{1 \leqslant i \leqslant n} |\lambda_i|$，$\lambda_i$ 为矩阵 $\boldsymbol{A}$ 的特征值。

上面定义的稳定性，由于只考虑初始值引进的误差的传播，称为差分格式关于初始值的稳定性。

因为 $\widetilde{\boldsymbol{U}}^n$ 满足如下方程

$$\begin{cases} \widetilde{\boldsymbol{U}}^{n+1} = \boldsymbol{C}_n \widetilde{\boldsymbol{U}}^n + \boldsymbol{A}_n^{-1} \boldsymbol{e}_n, \\ \widetilde{\boldsymbol{U}}^0 = \boldsymbol{\varphi} + \boldsymbol{V}^0 \end{cases} \quad (n = 0, 1, \cdots, N-1)$$

故

$$\boldsymbol{V}^{n+1} = \widetilde{\boldsymbol{U}}^{n+1} - \boldsymbol{U}^{n+1}$$

满足

$$\begin{cases} \boldsymbol{V}^{n+1} = \boldsymbol{C}_n \boldsymbol{V}^n \quad (n = 0, 1, \cdots, N-1); \\ \boldsymbol{V}^0 \text{ 为初始误差} \end{cases}$$

因此可推得

$$\boldsymbol{V}^{n+1} = \left(\prod_{i=0}^{n} \boldsymbol{C}_i\right) \boldsymbol{V}^0, \quad \| \boldsymbol{V}^{n+1} \| \leqslant \left\| \prod_{i=0}^{n} \boldsymbol{C}_i \right\| \| \boldsymbol{V}^0 \|$$

由此，如果存在一正常数 K，使在一定范数下满足

$$\left\| \prod_{i=0}^{n} \boldsymbol{C}_i \right\| \leqslant K \quad (0 \leqslant n \leqslant T/k) \tag{2.59}$$

则差分格式(2.57)，(2.58) 稳定。

通过对矩阵 $\boldsymbol{C}_i$ 的直接估计探求差分格式稳定性条件称为稳定性分析直接法(矩阵法)。解抛物型方程初边值问题的差分格式常利用矩阵法求得稳定性条件。

以下仅讨论差分方程系数不依赖于时间层数，即 $\boldsymbol{A}_i = \boldsymbol{A}$，$\boldsymbol{B}_i = \boldsymbol{B}$，故 $\boldsymbol{C}_i = \boldsymbol{A}^{-1}\boldsymbol{B} = \boldsymbol{C}$，差分方程为

$$\begin{cases} \boldsymbol{A}\boldsymbol{U}^{n+1} = \boldsymbol{B}\boldsymbol{U}^n + \boldsymbol{e}_n, \\ \boldsymbol{U}^0 = \boldsymbol{\varphi} \end{cases} \tag{2.60}$$

这时稳定性条件为存在常数 K，使

$$\| \boldsymbol{C}^n \| \leqslant K \quad (0 \leqslant n \leqslant T/k) \tag{2.61}$$

设 $\lambda_1, \lambda_2, \cdots, \lambda_{M-1}$ 为 $\boldsymbol{C}$ 的特征值，用 $\rho(\boldsymbol{C})$ 表示 $|\lambda_i|$ 的最大值，即 $\boldsymbol{C}$ 的谱半径，则有下面的定理。

定理 2.1　差分格式(2.60)稳定的必要条件是存在与 k 无关的常数 c_0，使矩阵 $\boldsymbol{C} = \boldsymbol{A}^{-1}\boldsymbol{B}$ 的谱半径满足

$$\rho(\boldsymbol{C}) \leqslant 1 + c_0 k \tag{2.62}$$

证　因为对所有 $n > 0$，有

$$\rho^n(\boldsymbol{C}) = \rho(\boldsymbol{C}^n) \leqslant \| \boldsymbol{C}^n \|$$

故若差分格式(2.60)稳定，则必有

$$\rho^n(\boldsymbol{C}) \leqslant K \quad (0 < n \leqslant T/k) \tag{2.63}$$

容易算出式(2.63)与式(2.62)是等价的。事实上，若式(2.62)成立，则

$$\rho^n(\boldsymbol{C}) \leqslant (1 + c_0 k)^n \leqslant (1 + c_0 k)^{\frac{T}{k}} \leqslant \mathrm{e}^{c_0 T} = K$$

反之，若式(2.63)成立，特别取 $(T-k)/k \leqslant n \leqslant T/k$，则

$$\begin{aligned} \rho(\boldsymbol{C}) &\leqslant K^{\frac{k}{T-k}} = \mathrm{e}^{\frac{k}{T-k}\ln K} \\ &= 1 + k\left(\frac{\ln K}{T-k}\right) + \frac{k^2}{2!}\left(\frac{\ln K}{T-k}\right)^2 + \cdots < 1 + c_0 k \end{aligned}$$

这里取

$$c_0 = \frac{\ln K}{T - k_0} \mathrm{e}^{\frac{k_0}{T-k_0}\ln K} \quad (0 < k < k_0)$$

证毕。

稳定性的必要条件(2.62)十分重要，且在很多情况下它也是充分条件。应用矩阵的欧几里德范数，则我们有以下定理。

定理 2.2　若 $\boldsymbol{A}$ 为正规范数，则 $\| \boldsymbol{A} \|_2 = \rho(\boldsymbol{A})$。

证明从略。仅指出，满足 $\boldsymbol{A}\boldsymbol{A}^* = \boldsymbol{A}^*\boldsymbol{A}$ 的矩阵 $\boldsymbol{A}$ 称为正规范数，$\boldsymbol{A}^*$ 为 $\boldsymbol{A}$ 的复共轭转置矩阵，即 $\boldsymbol{A}^* = \overline{\boldsymbol{A}}^{\mathrm{T}}$。显然，实对称矩阵为正规矩阵。

定理 2.3　若在差分格式(2.60)中，$\boldsymbol{C} = \boldsymbol{A}^{-1}\boldsymbol{B}$ 为正规矩阵，即其满足 $\boldsymbol{C}\boldsymbol{C}^* = \boldsymbol{C}^*\boldsymbol{C}$，则条件(2.62)是差分格式(2.60)按欧几里德范数稳定的充分条件。

证　当 $\boldsymbol{C}$ 为正规矩阵时，$\boldsymbol{C}^n$ 也是正规矩阵，而正规矩阵的欧几里德范数等于其谱半径，故有

$$\| \boldsymbol{C}^n \|_2 = \rho(\boldsymbol{C}^n) = \rho^n(\boldsymbol{C})$$

因而当式(2.63)成立时，则式(2.61)成立，差分格式稳定。又式(2.63)与(2.62)等价，从而式(2.62)是稳定的充分必要条件。证毕。

在用矩阵方法具体分析差分格式关于欧几里德范数稳定性之前，首先给出有关矩阵特征值计算的几个结论。

(1) M 阶三对角线方阵

$$\begin{bmatrix} a & b & & & & \\ c & a & b & & & \\ & c & a & b & & \\ & & \ddots & \ddots & \ddots & \\ & & & c & a & b \\ & & & & c & a \end{bmatrix}$$

的特征值为

$$\lambda_j = a + 2b\left(\frac{c}{b}\right)^{1/2} \cos(j\pi/(M+1)) \quad (j = 1, \cdots, M)$$

这里 a, b, c 可以是实数或复数。

以下令 $\boldsymbol{x}$ 是矩阵 $\boldsymbol{A}$ 的相应于特征值 λ 的特征向量，于是 $\boldsymbol{Ax} = \lambda \boldsymbol{x}$，因此 $\boldsymbol{A}(\boldsymbol{Ax}) = \lambda \boldsymbol{Ax} = \lambda^2 \boldsymbol{x}$，表示矩阵 $\boldsymbol{A}^2$ 对应于特征向量 $\boldsymbol{x}$ 的特征值 λ^2。相似的，有

$$\boldsymbol{A}^p \boldsymbol{x} = \lambda^p \boldsymbol{x} \quad (p = 3, 4, \cdots)$$

(2) 如果 $f(\boldsymbol{A}) = \alpha_p \boldsymbol{A}^p + \alpha_{p-1} \boldsymbol{A}^{p-1} + \cdots + \alpha_0 \boldsymbol{I}$ 是 $\boldsymbol{A}$ 的具有系数 $\alpha_p, \alpha_{p-1}, \cdots, \alpha_0$ 的多项式，于是

$$f(\boldsymbol{A})\boldsymbol{x} = (\alpha_p \lambda^p + \alpha_{p-1}\lambda^{p-1} + \cdots + \alpha_0)\boldsymbol{x} = f(\lambda)\boldsymbol{x}$$

表明 $f(\lambda)$ 为 $f(\boldsymbol{A})$ 的特征值，相应的特征向量为 $\boldsymbol{x}$。

(3) 设 $f_1(\boldsymbol{A}), f_2(\boldsymbol{A})$ 为 $\boldsymbol{A}$ 的多项式，$f_1(\boldsymbol{A})$ 非奇异，则 $f_2(\lambda)/f_1(\lambda)$ 为矩阵 $[f_1(\boldsymbol{A})]^{-1} f_2(\boldsymbol{A})$ 和 $f_2(\boldsymbol{A})[f_1(A)]^{-1}$ 的特征值，相应的特征向量为 $\boldsymbol{x}$。

现在转入对具体格式的稳定性分析。

(1) 古典式差分格式的稳定性

利用古典显式差分格式解定解问题(2.26)，(2.3)，(2.4)的相应差分方程组为

$$\begin{cases} U_m^{n+1} = (1-2r)U_m^n + r(U_{m+1}^n + U_{m-1}^n) & \begin{pmatrix} n = 0,1,\cdots,N-1, N = [T,k] \\ m = 1,2,\cdots,M-1, Mh = 1 \end{pmatrix}; \\ U_m^0 = \varphi(mh) & (m = 0,1,\cdots,M); \\ U_0^n = \psi_1(nk), \quad U_M^n = \psi_2(nk) & (n = 0,1,\cdots,N) \end{cases}$$

写成矩阵形式为

$$\begin{bmatrix} U_1^{n+1} \\ U_2^{n+1} \\ U_3^{n+1} \\ \vdots \\ U_{M-2}^{n+1} \\ U_{M-1}^{n+1} \end{bmatrix} = \begin{bmatrix} 1-2r & r & & & & \\ r & 1-2r & r & & & \\ & r & 1-2r & r & & \\ & & \ddots & \ddots & \ddots & \\ & & & r & 1-2r & r \\ & & & & r & 1-2r \end{bmatrix} \begin{bmatrix} U_1^n \\ U_2^n \\ U_3^n \\ \vdots \\ U_{M-2}^n \\ U_{M-1}^n \end{bmatrix}$$

$$+ \begin{bmatrix} rU_0^n \\ 0 \\ \vdots \\ 0 \\ rU_M^n \end{bmatrix} \quad (n = 0,1,\cdots,N-1)$$

$$\begin{bmatrix} U_1^0 \\ U_2^0 \\ \vdots \\ U_{M-2}^0 \\ U_{M-1}^0 \end{bmatrix} = \begin{bmatrix} \varphi(h) \\ \varphi(2h) \\ \vdots \\ \varphi((M-2)h) \\ \varphi((M-1)h) \end{bmatrix}$$

或者

$$\begin{cases} \boldsymbol{U}^{n+1} = \boldsymbol{C}\boldsymbol{U}^n + \boldsymbol{e}_n \quad (n = 0,1,\cdots,N-1); \\ \boldsymbol{U}^0 = \boldsymbol{\varphi} \end{cases} \tag{2.64}$$

显然,矩阵的特征值为

$$\lambda_j = 1-2r+2r\cos(j\pi h) = 1-4r\sin^2\frac{j\pi h}{2} \quad (j = 1,2,\cdots,M-1)$$

令 $r = k/h^2$ 为常数,因此为使 λ_j 满足式(2.62),即满足不等式

$$\left|1-4r\sin^2\frac{j\pi h}{2}\right| \leqslant 1$$

必须而且只须

$$r \leqslant \frac{1}{2} \tag{2.65}$$

由于$\boldsymbol{C}$是实对称矩阵,故由定理 2.3 可知式(2.65) 是古典显式差分格式(2.26) 稳定的充分必要条件。

(2) Crank-Nicolson 隐式分格式的稳定性

定解问题(2.26),(2.3),(2.4) 的 Crank-Nicolosn 的格式是

$$\begin{cases}(1+r)U_m^{n+1}-\frac{1}{2}r(U_{m+1}^{n+1}+U_{m-1}^{n+1})=(1-r)U_m^n+\frac{1}{2}r(U_{m+1}^n+U_{m-1}^n) \\ \qquad\qquad\qquad\qquad \begin{pmatrix}n=0,1,\cdots,N-1, & N=[T/k] \\ m=1,2,\cdots,M-1, & Mh=1\end{pmatrix}; \\ U_m^0=\varphi(mh) \qquad\qquad (m=0,1,\cdots,M); \\ U_0^n=\psi_1(nk),\quad U_M^n=\psi_2(nk) \quad (n=0,1,\cdots,N)\end{cases} \tag{2.66}$$

写出矩阵形式为

$$\begin{bmatrix}1+r & -\frac{1}{2}r & & & & \\ -\frac{1}{2}r & 1+r & -\frac{1}{2}r & & & \\ & -\frac{1}{2}r & 1+r & -\frac{1}{2}r & & \\ & & \ddots & \ddots & \ddots & \\ & & & -\frac{1}{2}r & 1+r & -\frac{1}{2}r \\ & & & & -\frac{1}{2}r & 1+r\end{bmatrix}\begin{bmatrix}U_1^{n+1} \\ U_2^{n+1} \\ U_3^{n+1} \\ \vdots \\ U_{M-2}^{n+1} \\ U_{M-1}^{n+1}\end{bmatrix}$$

$$=\begin{bmatrix}1-r & \frac{1}{2}r & & & & \\ \frac{1}{2}r & 1-r & \frac{1}{2}r & & & \\ & \frac{1}{2}r & 1-r & \frac{1}{2}r & & \\ & & \ddots & \ddots & \ddots & \\ & & & \frac{1}{2}r & 1-r & \frac{1}{2}r \\ & & & & \frac{1}{2}r & 1-r\end{bmatrix}\begin{bmatrix}U_1^n \\ U_2^n \\ U_3^n \\ \vdots \\ U_{M-2}^n \\ U_{M-1}^n\end{bmatrix}$$

$$+\begin{bmatrix}\frac{r}{2}U_0^{n+1}+\frac{r}{2}U_0^n \\ 0 \\ 0 \\ \vdots \\ 0 \\ \frac{r}{2}U_M^{n+1}+\frac{r}{2}U_M^n\end{bmatrix} \quad (n=0,1,\cdots,N-1)$$

$$\begin{bmatrix} U_1^0 \\ U_2^0 \\ U_3^0 \\ \vdots \\ U_{M-2}^0 \\ U_{M-1}^0 \end{bmatrix} = \begin{bmatrix} \varphi(h) \\ \varphi(2h) \\ \varphi(3h) \\ \vdots \\ \varphi((M-2)h) \\ \varphi((M-1)h) \end{bmatrix}$$

令

$$\boldsymbol{T}_{M-1} = \begin{bmatrix} -2 & 1 & & & & \\ 1 & -2 & 1 & & & \\ & 1 & -2 & 1 & & \\ & & \ddots & \ddots & \ddots & \\ & & & 1 & -2 & 1 \\ & & & & 1 & -2 \end{bmatrix} \tag{2.67}$$

这是$(M-1)$阶三对角线方阵，其特征值为

$$\lambda_j = -4\sin^2\left(\frac{j\pi}{2M}\right) \quad (j = 1,2,\cdots,M-1)$$

方程(2.66)写为

$$\begin{cases} (2\boldsymbol{I} - r\boldsymbol{T}_{M-1})\boldsymbol{U}^{n+1} = (2\boldsymbol{I} + r\boldsymbol{T}_{M-1})\boldsymbol{U}^n + \boldsymbol{e}_n, \\ \boldsymbol{U}^0 = \boldsymbol{\varphi} \end{cases}$$

于是

$$\boldsymbol{C} = (2\boldsymbol{I} - r\boldsymbol{T}_{M-1})^{-1}(2\boldsymbol{I} + r\boldsymbol{T}_{M-1})$$

矩阵$\boldsymbol{C}$的特征值为

$$\frac{2 - 4r\sin^2\left(\dfrac{j\pi}{2M}\right)}{2 + 4r\sin^2\left(\dfrac{j\pi}{2M}\right)} \quad (j = 1,\cdots,M-1)$$

很清楚，对所有的j和所有的$r = k/h^2$，上式的绝对值小于1，又因为矩阵$\boldsymbol{C}$是实对称矩阵，故由定理2.3可知Crank-Nicolson格式无条件稳定。

(3) 加权六点格式的稳定性

定解问题(2.26)，(2.3)，(2.4)的加权六点格式相应的差分问题是

$$\begin{cases} -\theta r U_{m+1}^{n+1} + (1+2\theta r)U_m^{n+1} - \theta r U_{m-1}^{n+1} = [1-2(1-\theta)r]U_m^n + (1-\theta)rU_{m+1}^n \\ \qquad + (1-\theta)rU_{m-1}^n \quad (m = 1,\cdots,M-1,\quad n = 0,1,\cdots,N-1); \\ U_m^0 = \varphi(mh) \qquad\qquad (m = 0,1,\cdots,M); \\ U_0^n = \psi_1(nk),\quad U_M^n = \psi_2(nk) \quad (n = 0,1,\cdots,N) \end{cases}$$

可以写为

$$\begin{cases}(\boldsymbol{I}-\theta r\boldsymbol{T}_{M-1})\boldsymbol{U}^{n+1}=[\boldsymbol{I}+(1-\theta)r\boldsymbol{T}_{M-1}]\boldsymbol{U}^n+\boldsymbol{e}_n \quad (n=0,1,\cdots,N-1);\\ \boldsymbol{U}^0=\boldsymbol{\varphi}\end{cases}$$

于是

$$\boldsymbol{C}=(\boldsymbol{I}-\theta r\boldsymbol{T}_{M-1})^{-1}[\boldsymbol{I}+(1-\theta)r\boldsymbol{T}_{M-1}]$$

其特征值为

$$\lambda_j=\frac{1-4r(1-\theta)\sin^2\left(\frac{j\pi}{2M}\right)}{1+4r\theta\sin^2\left(\frac{j\pi}{2M}\right)} \quad (j=1,\cdots,M-1)$$

现在研究 λ_j 在什么条件下其绝对值不大于 1，即

$$-1\leqslant\frac{1-4r(1-\theta)\sin^2\left(\frac{j\pi}{2M}\right)}{1+4r\theta\sin^2\left(\frac{j\pi}{2M}\right)}\leqslant 1$$

右边不等式

$$1-4r(1-\theta)\sin^2\left(\frac{j\pi}{2M}\right)\leqslant 1+4r\theta\sin^2\left(\frac{j\pi}{2M}\right)$$

对 $0\leqslant\theta\leqslant 1$ 和网格比 $r>0$ 都成立。左边不等式

$$-1-4r\theta\sin^2\left(\frac{j\pi}{2M}\right)\leqslant 1-4r(1-\theta)\sin^2\left(\frac{j\pi}{2M}\right)$$

即

$$2-4r\sin^2\left(\frac{j\pi}{2M}\right)\geqslant -8r\theta\sin^2\left(\frac{j\pi}{2M}\right)$$

或

$$2r(2\theta-1)\sin^2\left(\frac{j\pi}{2M}\right)\geqslant -1$$

若 $2\theta-1\geqslant 0$，对一切 $r>0$ 均成立。即当 $\frac{1}{2}\leqslant\theta\leqslant 1$ 时，不论 $r>0$ 如何，加权六点格式恒稳定。

若 $2\theta-1<0$，则上述不等式可改写为

$$2r(1-2\theta)\sin^2\left(\frac{j\pi}{2M}\right)\leqslant 1$$

欲此式成立，必须

$$2r(1-2\theta)\leqslant 1$$

所以当 $0\leqslant\theta<\frac{1}{2}$ 时，加权六点格式稳定的条件为

$$r\leqslant\frac{1}{2(1-2\theta)}$$

由此，关于加权六点格式的稳定性条件可以总结如下：

当 $1/2 \leqslant \theta \leqslant 1$ 时，r 无限制；当 $0 \leqslant \theta < \dfrac{1}{2}$ 时，有

$$r = k/h^2 \leqslant \frac{1}{2(1-2\theta)} \tag{2.68}$$

即当 $0 \leqslant \theta < 1/2$ 时加权六点格式为条件稳定，当 $1/2 \leqslant \theta \leqslant 1$ 时格式为无条件稳定。

(4) Richardson 格式 —— 一个完全不稳定的差分格式

热传导方程

$$\frac{\partial u}{\partial t} = \frac{\partial^2 u}{\partial x^2}$$

的 Richardson 格式是

$$\frac{U_m^{n+1} - U_m^{n-1}}{2k} = \frac{U_{m+1}^n - 2U_m^n + U_{m-1}^n}{h^2} \tag{2.69}$$

其截断误差阶为 $O(k^2 + h^2)$。

上述差分格式可改写为

$$U_m^{n+1} = U_m^{n-1} + 2r(U_{m+1}^n - 2U_m^n + U_{m-1}^n)$$

因此如图 2.11 所示，在点 (m,n) 上列方程时，要用到 $(m-1,n)$，$(m+1,n)$，$(m,n-1)$，$(m,n+1)$ 四个点。

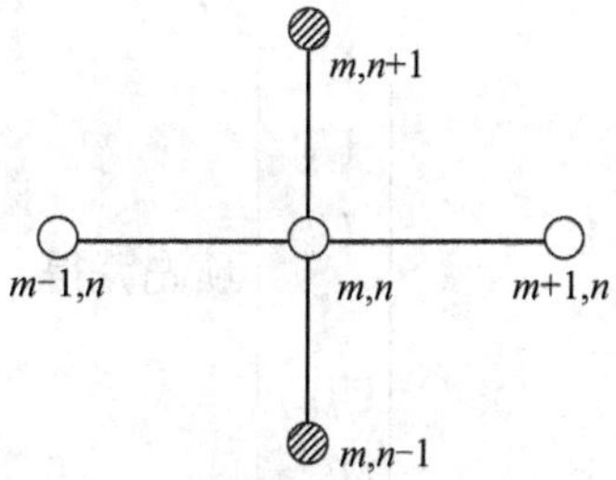

图 2.11

为了求第 $(n+1)$ 层结点的差分方程解，要用到第 $(n-1)$ 层结点和第 n 层结点上的 U 值，这种差分格式称为三层格式。为了利用三层格式进行计算，事先要求有第一层网格点上的值 U_m^1，才能逐层地计算。

下面讨论差分方程问题

$$\begin{cases} U_m^{n+1} = U_m^{n-1} + 2r(U_{m+1}^n - 2U_m^n + U_{m-1}^n) \\ \qquad (m = 1,\cdots,M-1, \quad n = 1,2,\cdots,N-1); \\ U_m^0 = \varphi(mh) \qquad (m = 0,1,\cdots,M); \\ U_0^n = \psi_1(nk), \quad U_M^n = \psi_2(nk) \quad (n = 0,1,\cdots,N) \end{cases}$$

的稳定性，为此写成矩阵形式

$$\begin{bmatrix} U_1^{n+1} \\ U_2^{n+1} \\ U_3^{n+1} \\ \vdots \\ U_{M-2}^{n+1} \\ U_{M-1}^{n+1} \end{bmatrix} = \begin{bmatrix} -4r & 2r & & & & \\ 2r & -4r & 2r & & & \\ & 2r & -4r & 2r & & \\ & & \ddots & \ddots & \ddots & \\ & & & 2r & -4r & 2r \\ & & & & 2r & -4r \end{bmatrix} \begin{bmatrix} U_1^n \\ U_2^n \\ U_3^n \\ \vdots \\ U_{M-2}^n \\ U_{M-1}^n \end{bmatrix}$$

$$+\begin{bmatrix}U_1^{n-1}\\U_2^{n-1}\\U_3^{n-1}\\\vdots\\U_{M-2}^{n-1}\\U_{M-1}^{n-1}\end{bmatrix}+\begin{bmatrix}2rU_0^n\\0\\0\\\vdots\\0\\2rU_M^n\end{bmatrix}\quad (n=1,2,\cdots,N-1)$$

$$\begin{bmatrix}U_1^0\\U_2^0\\U_3^0\\\vdots\\U_{M-2}^0\\U_{M-1}^0\end{bmatrix}=\begin{bmatrix}\varphi(h)\\\varphi(2h)\\\varphi(3h)\\\vdots\\\varphi((M-2)h)\\\varphi((M-1)h)\end{bmatrix}$$

$$\begin{bmatrix}U_1^1\\U_2^1\\U_3^1\\\vdots\\U_{M-2}^1\\U_{M-1}^1\end{bmatrix}\text{预先算得}$$

即

$$\begin{cases}\boldsymbol{U}^{n+1}=\boldsymbol{C}\boldsymbol{U}^n+\boldsymbol{U}^{n-1}+\boldsymbol{e}_n\quad (n=1,2,\cdots,N-1);\\\boldsymbol{U}^0=\boldsymbol{\varphi};\\\boldsymbol{U}^1\ \text{预先算得}\end{cases}$$

为了讨论稳定性,化三层格式为双层格式,令

$$\boldsymbol{W}^{n+1}=\begin{bmatrix}\boldsymbol{U}^{n+1}\\\boldsymbol{U}^n\end{bmatrix}$$

即

$$\begin{cases}\boldsymbol{W}^{n+1}=\begin{bmatrix}\boldsymbol{U}^{n+1}\\\boldsymbol{U}^n\end{bmatrix}=\begin{bmatrix}\boldsymbol{C}&\boldsymbol{I}\\\boldsymbol{I}&\boldsymbol{O}\end{bmatrix}\begin{bmatrix}\boldsymbol{U}^n\\\boldsymbol{U}^{n-1}\end{bmatrix}+\begin{bmatrix}\boldsymbol{e}_n\\\boldsymbol{O}\end{bmatrix}\quad (n=1,2,\cdots,N-1);\\\boldsymbol{W}^1=\begin{bmatrix}\boldsymbol{U}^1\\\boldsymbol{U}^0\end{bmatrix}\end{cases}$$

是双层格式,故可用矩阵法分析其稳定性。

由矩阵 $\boldsymbol{T}_{M-1}$ 的特征值可知矩阵 $\boldsymbol{C}$ 的特征值为

$$-8r\sin^2\left(\frac{j\pi}{2M}\right)\quad (j=1,2,\cdots,M-1)$$

而矩阵

$$H=\begin{bmatrix} C & I \\ I & O \end{bmatrix}$$

为矩阵 C 的复合矩阵，求它的特征值，可应用下面定理。

定理 2.4(Williamson 定理) 设矩阵 $A=(f_{ij}(B))$，其中 B 为给定的 n 阶矩阵，$f_{ij}(t)$ 为 t 的多项式，则 A 的特征值由矩阵族 $A_l=(f_{ij}(\lambda_l))(l=1,2,\cdots,n)$ 的所有特征值组成，其中 λ_l 为 B 的特征值。

由此 H 的特征值与矩阵族

$$\begin{bmatrix} -8r\sin^2\left(\dfrac{j\pi}{2M}\right) & 1 \\ 1 & 0 \end{bmatrix} \quad (j=1,2,\cdots,M-1)$$

的特征值相同，此矩阵族的特征方程为

$$\lambda^2+8\lambda r\sin^2\left(\frac{j\pi}{2M}\right)-1=0 \quad (j=1,2,\cdots,M-1)$$

其根为

$$\lambda_{1,2}^j=-4r\sin^2\left(\frac{j\pi}{2M}\right)\pm\sqrt{16r^2\sin^4\left(\frac{j\pi}{2M}\right)+1} \quad (j=1,2,\cdots,M-1)$$

显然

$$\max_j\max_{l=1,2}|\lambda_l^j|=\max_j\left|-4r\sin^2\left(\frac{j\pi}{2M}\right)-\sqrt{16r^2\sin^4\left(\frac{j\pi}{2M}\right)+1}\right|$$

因为当 h 充分小时，有

$$\sin\frac{(M-1)\pi}{2M}=\sin\left(\frac{\pi}{2}-\frac{\pi}{2M}\right)=\cos\left(\frac{\pi}{2}h\right)>\frac{1}{2}$$

从而

$$\max_l|\lambda_l^{M-1}|>r+\sqrt{r^2+1}>1+r$$

这样对任何步长比 r，Richardson 格式不满足稳定的必要条件，它对任何步长比 r 均不稳定。Richardson 格式在实际计算中不能应用。

应用矩阵方法对上面列举的差分格式的分析，所得结果可以综述如下：古典显式格式计算简单，但稳定性条件对步长比有限制；古典隐式格式、Crank-Nicolson 格式无条件稳定，对步长比没有任何限制，因此利用这种格式进行计算时可以把步长取得大一些，以减少计算工作量，但在每一时间层都需要解一线性代数方程组；而 Richardson 格式，不论步长比如何选取都是不稳定的，因此没有实用价值，但它正好说明了对差分格式进行理论分析的必要性。加权六点格式当 $0\leqslant\theta<1/2$ 时为条件稳定，而当 $1/2\leqslant\theta\leqslant1$ 时为无条件稳定。

2.5.4 Gerschgorin 定理及其在分析差分格式稳定性中的应用

如前所见，矩阵特征值的估算是判断差分格式稳定性的关键。现在给出二个有关特征值估算的基本定理。

定理 2.5（Gerschgorin 第一定理） 设 $\boldsymbol{A}=(a_{ij})$ 为任意 $n\times n$ 复矩阵，则其特征值的最大模不超过矩阵的沿着行（或列）的元素的模之和的最大者。

证 令 λ_i 是 $n\times n$ 矩阵 $\boldsymbol{A}$ 的特征值，$\boldsymbol{x}_i$ 是相应的特征向量，若

$$\boldsymbol{x}_i=(\xi_1,\xi_2,\cdots,\xi_n)^{\mathrm{T}}$$

则

$$\boldsymbol{A}\boldsymbol{x}_i=\lambda_i\boldsymbol{x}_i$$

或者

$$\begin{aligned}
a_{11}\xi_1+a_{12}\xi_2+\cdots+a_{1n}\xi_n&=\lambda_i\xi_1\\
a_{21}\xi_1+a_{22}\xi_2+\cdots+a_{2n}\xi_n&=\lambda_i\xi_2\\
&\vdots\\
a_{n1}\xi_1+a_{n2}\xi_2+\cdots+a_{nn}\xi_n&=\lambda_i\xi_n
\end{aligned}$$

设

$$|\xi_s|=\max_{1\leqslant j\leqslant n}(|\xi_j|)\quad(\xi_s\neq 0)$$

则

$$\lambda_i=a_{s1}\frac{\xi_1}{\xi_s}+a_{s2}\frac{\xi_2}{\xi_s}+\cdots+a_{sn}\frac{\xi_n}{\xi_s}\tag{2.70}$$

显然，上式中 s 和 i 有关，而

$$\left|\frac{\xi_j}{\xi_s}\right|\leqslant 1\quad(j=1,\cdots,n)$$

因此有

$$|\lambda_i|\leqslant|a_{s1}|+|a_{s2}|+\cdots+|a_{sn}|\leqslant\max_{1\leqslant i\leqslant n}\Big(\sum_{j=1}^{n}|a_{ij}|\Big)\quad(i=1,2,\cdots,n)$$

所以

$$\max_{1\leqslant i\leqslant n}|\lambda_i|\leqslant\max_{1\leqslant i\leqslant n}\Big(\sum_{j=1}^{n}|a_{ij}|\Big)$$

由于 $\boldsymbol{A}$ 的转置矩阵的特征值与 $\boldsymbol{A}$ 的特征值相同，则同样成立

$$\max_{1\leqslant i\leqslant n}|\lambda_i|\leqslant\max_{1\leqslant i\leqslant n}\Big(\sum_{j=1}^{n}|a_{ij}|\Big)$$

定理 2.6（Gerschgorin 圆盘定理或 Brauer 定理） 设 $\boldsymbol{A}=(a_{ij})$ 为任意 $n\times n$ 复矩阵，则 $\boldsymbol{A}$ 的特征值都在复平面上的 n 个圆

$$|z-a_{ss}|\leqslant R_s\quad(s=1,2,\cdots,n)$$

的和集内，其中

$$R_s = \sum_{\substack{j=1 \\ j\neq s}}^{n} |a_{sj}|$$

证 由式(2.70),得

$$\lambda_i = a_{s1}\left(\frac{\xi_1}{\xi_s}\right) + a_{s2}\left(\frac{\xi_2}{\xi_s}\right) + \cdots + a_{s,s-1}\left(\frac{\xi_{s-1}}{\xi_s}\right) + a_{ss} + a_{s,s+1}\left(\frac{\xi_{s+1}}{\xi_s}\right) + \cdots + a_{sn}\left(\frac{\xi_n}{\xi_s}\right)$$

因此

$$\begin{aligned}|\lambda_i - a_{ss}| &= \left| a_{s1}\left(\frac{\xi_1}{\xi_s}\right) + a_{s2}\left(\frac{\xi_2}{\xi_s}\right) + \cdots + a_{s,s-1}\left(\frac{\xi_{s-1}}{\xi_s}\right) \right. \\ &\quad \left. + a_{s,s+1}\left(\frac{\xi_{s+1}}{\xi_s}\right) + \cdots + a_{sn}\left(\frac{\xi_n}{\xi_s}\right) \right| \\ &\leqslant |a_{s1}| + |a_{s2}| + \cdots + |a_{s,s-1}| + |a_{s,s+1}| + \cdots + |a_{sn}| \\ &= \sum_{\substack{j=1 \\ j\neq s}}^{n} |a_{sj}| = R_s\end{aligned}$$

故 λ_i 在圆

$$|z - a_{ss}| \leqslant R_s$$

内,当然也在 n 个圆

$$|z - a_{ss}| \leqslant R_s \quad (s = 1,2,\cdots,n)$$

的和集内。

为了说明上述定理的应用,考虑 Crank-Nicolson 隐式差分格式(2.66)。如前,这时稳定性分析归结为计算矩阵 $\boldsymbol{C} = (2\boldsymbol{I} - r\boldsymbol{T}_{M-1})^{-1}(2\boldsymbol{I} + r\boldsymbol{T}_{M-1})$ 的特征值,由

$$\begin{aligned}\boldsymbol{C} &= (2\boldsymbol{I} - r\boldsymbol{T}_{M-1})^{-1}[4\boldsymbol{I} - (2\boldsymbol{I} - r\boldsymbol{T}_{M-1})] \\ &= 4(2\boldsymbol{I} - r\boldsymbol{T}_{M-1})^{-1} - \boldsymbol{I} \\ &= 4\boldsymbol{B}^{-1} - \boldsymbol{I}\end{aligned}$$

其中

$$\boldsymbol{B} = \begin{bmatrix} 2 & & & & & \\ & 2 & & & & \\ & & 2 & & & \\ & & & \ddots & & \\ & & & & 2 & \\ & & & & & 2 \end{bmatrix} - \begin{bmatrix} -2r & r & & & & \\ r & -2r & r & & & \\ & r & -2r & r & & \\ & & \ddots & \ddots & \ddots & \\ & & & r & -2r & r \\ & & & & r & -2r \end{bmatrix}$$

$$= \begin{bmatrix} 2+2r & -r & & & & \\ -r & 2+2r & -r & & & \\ & -r & 2+2r & -r & & \\ & & \ddots & \ddots & \ddots & \\ & & & -r & 2+2r & -r \\ & & & & -r & 2+2r \end{bmatrix}$$

如果$(4\boldsymbol{B}^{-1}-\boldsymbol{I})$的每一特征值的模不超过1,则格式将是稳定的。这相当于要求

$$\left|\frac{4}{\lambda}-1\right|\leqslant 1$$

其中,λ是$\boldsymbol{B}$的特征值为实数,上式等价于要求$\lambda\geqslant 2$。

对于矩阵$\boldsymbol{B}$,$a_{ss}=2+2r$,$\max\limits_{1\leqslant s\leqslant M-1}R_s=2r$,则由 Gerschgorin 圆盘定理,有

$$|\lambda-2-2r|\leqslant 2r$$

由此

$$2\leqslant\lambda\leqslant 2+4r$$

即对所有的步长比r值,$\lambda\geqslant 2$,这就说明了Crank-Nicolson差分格式的无条件稳定性。

下面再举一应用 Gerschgorin 圆盘定理的例子。

例 2.3 考虑热传导方程初边值问题

$$\begin{cases}\dfrac{\partial u}{\partial t}=\dfrac{\partial^2 u}{\partial x^2} & (0<x<1,t>0);\\ u\big|_{t=0}=\varphi(x) & (0<x<1);\\ \left(\dfrac{\partial u}{\partial x}-\alpha u\right)\bigg|_{x=0}=-\alpha v_1 & (t\geqslant 0);\\ \left(\dfrac{\partial u}{\partial x}+\beta u\right)\bigg|_{x=1}=\beta v_2 & (t\geqslant 0)\end{cases}$$

其中α,β,v_1,v_2是常数,$\alpha\geqslant 0,\beta\geqslant 0$。

这样的混合初边值问题,其边值条件也称为第三类边值条件。现在对微分方程使用古典显式差分格式

$$U_m^{n+1}=rU_{m-1}^n+(1-2r)U_m^n+rU_{m+1}^n$$

导数边值条件用中心差分逼近

$$\frac{U_1^n-U_{-1}^n}{2h}-\alpha U_0^n=-\alpha v_1$$

$$\frac{U_{M+1}^n-U_{M-1}^n}{2h}+\beta U_M^n=\beta v_2 \qquad (Mh=1)$$

或者

$$U_1^n=U_{-1}^n+2h\alpha(U_0^n-v_1)$$

$$U_{M+1}^n=U_{M-1}^n-2h\beta(U_M^n-v_2)$$

然后,可由

$$\begin{cases}U_0^{n+1}=rU_{-1}^n+(1-2r)U_0^n+rU_1^n,\\ U_1^n=U_{-1}^n+2h\alpha(U_0^n-v_1)\end{cases}$$

消去U_{-1}^n,得

$$U_0^{n+1}=[1-2r(1+\alpha h)]U_0^n+2rU_1^n+2r\alpha hv_1$$

同理,由

$$\begin{cases}U_M^{n+1}=rU_{M-1}^n+(1-2r)U_M^n+rU_{M+1}^n,\\ U_{M+1}^n=U_{M-1}^n-2h\beta(U_M^n-v_2)\end{cases}$$

消去 U_{M+1}^n,得

$$U_M^{n+1}=2rU_{M-1}^n+(1-2r-2rh\beta)U_M^n+2rh\beta v_2$$

因此,用矩阵形式写方程组,则有

$$\begin{bmatrix}U_0^{n+1}\\U_1^{n+1}\\U_2^{n+1}\\\vdots\\U_{M-1}^{n+1}\\U_M^{n+1}\end{bmatrix}=\begin{bmatrix}1-2r(1+\alpha h) & 2r & & & & \\ r & 1-2r & r & & & \\ & r & 1-2r & r & & \\ & & \ddots & \ddots & \ddots & \\ & & & r & 1-2r & r \\ & & & & 2r & 1-2r(1+h\beta)\end{bmatrix}$$

$$\cdot\begin{bmatrix}U_0^n\\U_1^n\\U_2^n\\\vdots\\U_{M-1}^n\\U_M^n\end{bmatrix}+\begin{bmatrix}2rh\alpha v_1\\0\\0\\\vdots\\0\\2rh\beta v_2\end{bmatrix}$$

为了研究差分格式的稳定性,我们估算矩阵 $\boldsymbol{C}$ 的特征值。令

$$\boldsymbol{C}=\begin{bmatrix}1-2r(1+\alpha h) & 2r & & & & \\ r & 1-2r & r & & & \\ & r & 1-2r & r & & \\ & & \ddots & \ddots & \ddots & \\ & & & r & 1-2r & r \\ & & & & 2r & 1-2r(1+h\beta)\end{bmatrix}$$

由 Gerschgorin 圆盘定理,则 $\boldsymbol{C}$ 的特征值位于复平面上圆集合

$$|z-[1-2r(1+\alpha h)]|\leqslant 2r$$

$$|z-(1-2r)|\leqslant 2r$$

$$|z-[1-2r(1+\beta h)]|\leqslant 2r$$

之中。由圆

$$|z-[1-2r(1+\alpha h)]|\leqslant 2r$$

则

$$|z|\leqslant\max\{|1-2r(2+\alpha h)|,|1-2r\alpha h|\}$$

为了差分格式的稳定性,由步长比 r 必须满足

$$|1-2r(2+\alpha h)|\leqslant 1$$

$$|1-2r\alpha h|\leqslant 1$$

从而得 r 必须满足

$$r\leqslant\frac{1}{2+\alpha h}$$

又由

$$|z-(1-2r)|\leqslant 2r$$

必须

$$r\leqslant\frac{1}{2}$$

由

$$|z-[1-2r(1+\beta h)]|\leqslant 2r$$

必须

$$r\leqslant\frac{1}{2+\beta h}$$

总结以上所得,为了使格式稳定,要求步长比 r 满足

$$\frac{k}{h^2}=r\leqslant\min\left\{\frac{1}{2+\alpha h},\frac{1}{2+\beta h}\right\}$$

2.5.5 稳定性分析的 Fourier 级数法(Von Neumann 方法)

这个方法在第二次世界大战期间由 Von Neumann 首先提出,在由 O'Brien Hyman 和 Kaplan 于 1951 年发表的论文中进行了详细的讨论。在有关差分格式稳定性研究中,它也许是使用得最为广泛的一种方法,由这个方法,我们可得到一系列差分格式稳定性的必要条件,在一定的条件下也可得到稳定性的充分条件。从理论上,此方法仅仅适用于线性、常系数差分格式,对线性、变系数差分格式使用该方法判别稳定性的研究最著名的有 Lax-Nirenberg 定理(1966)。Von Neumann 方法研究差分格式稳定性的实质就是在初始条件中引进用级数表示的误差,同时假定在差分方程求解过程中没有引入其他任何误差,来研究随着时间 t 的增长误差的发展情况。

首先假定微分方程是常系数的,因此差分方程也是常系数的。考虑两层常系数差分方程

$$\sum_{j\in N_1}a_jT_jU_m^{n+1}=\sum_{j\in N_0}b_jT_jU_m^n \tag{2.71}$$

这里 N_0,N_1 分别表示第 n 时间层和第 $(n+1)$ 时间层上足标 j 可以取值的集合。例

如，对古典显式差分格式(2.29)，$N_1=\{0\}$，$N_0=\{-1,0,1\}$，$a_0=1$，$b_{-1}=b_1=r$，$b_0=1-2r$；对Crank-Nicolson隐式差分格式(2.44)，$N_0=N_1=\{-1,0,1\}$，$a_0=1+r$，$a_1=a_{-1}=-\frac{1}{2}r$，$b_0=1-r$，$b_1=b_{-1}=\frac{1}{2}r$，T_j 为位移算子，$T_jU_m^n=U_{m+j}^n$。

考虑初边值问题，假定在初始条件中引进误差

$$V_m^0\quad(m=1,\cdots,M-1;Mh=1)$$

而在边值及以后的逐层计算中没有引进其他任何误差。因此，在结点(m,n)上差分方程的近似解 $\widetilde{U}_m^n$ 与其理论解 U_m^n 之差 V_m^n 满足下面的差分方程

$$\begin{cases}\sum_{j\in N_1}\alpha_jT_jV_m^{n+1}=\sum_{j\in N_0}b_jT_jV_m^n & (m=1,2,\cdots,M-1,\quad n=0,1,\cdots,N-1);\\ V_m^0\ \text{初始误差} & (m=1,2,\cdots,M-1);\\ V_0^n=V_M^n=0 & (n=0,1\cdots,N-1)\end{cases}\tag{2.72}$$

由此可解得逐个时间层结点(m,n)上的值V_m^n。固定n，可以用结点上的值定义一个在区间[0,1]上的函数$V^n(x)$，如$V^n(x)$可以定义为阶梯函数，它在$x_m-\frac{h}{2}<x\leqslant x_m+\frac{h}{2}$上取值为$V_m^n$。由边值条件$V_0^n=V_M^n$，则我们可以把$V^n(x)$周期延拓到整个实数轴上，这时差分方程(2.72)写成

$$\sum_{j\in N_1}a_jT_jV^{n+1}(x)=\sum_{j\in N_0}b_jT_jV^n(x)\tag{2.73}$$

将$V^n(x)$展开成Fourier系数，有

$$V^n(x)=\sum_{l=-\infty}^{+\infty}\xi_l^n\mathrm{e}^{\mathrm{i}2\pi lx}\quad(\mathrm{i}=\sqrt{-1})\tag{2.74}$$

由Parseval等式

$$\int_0^1|V^n(x)|^2\mathrm{d}x=\sum_{l=-\infty}^{+\infty}|\xi_l^n|^2\tag{2.75}$$

把经过延拓后的周期函数$V^n(x)$代入(2.73)，则

$$\sum_{j\in N_1}a_j\Big(\sum_{l=-\infty}^{+\infty}\xi_l^{n+1}\mathrm{e}^{\mathrm{i}2\pi l(x+jh)}\Big)=\sum_{j\in N_0}b_j\Big(\sum_{l=-\infty}^{+\infty}\xi_l^n\mathrm{e}^{\mathrm{i}2\pi l(x+jh)}\Big)$$

经过整理，有

$$\sum_{l=-\infty}^{+\infty}\Big(\sum_{j\in N_1}a_j\mathrm{e}^{\mathrm{i}2\pi jlh}\Big)\xi_l^{n+1}\mathrm{e}^{\mathrm{i}2\pi lx}=\sum_{l=-\infty}^{+\infty}\Big(\sum_{j\in N_0}b_j\mathrm{e}^{\mathrm{i}2\pi jlh}\Big)\xi_l^n\mathrm{e}^{\mathrm{i}2\pi lx}$$

由于

$$\int_0^1\mathrm{e}^{\mathrm{i}2\pi\mu x}\cdot\mathrm{e}^{-\mathrm{i}2\pi\nu x}\mathrm{d}x=\begin{cases}0 & (\mu\neq\nu);\\1 & (\mu=\nu)\end{cases}$$

则可导出

$$\Big(\sum_{j\in N_1} a_j e^{i2\pi jlh}\Big)\xi_l^{n+1} = \Big(\sum_{j\in N_0} b_j e^{i2\pi jlh}\Big)\xi_l^n \quad (l=0,\pm 1,\pm 2,\cdots) \tag{2.76}$$

令 $\beta = 2\pi l$,则

$$\xi_l^{n+1} = \Big(\sum_{j\in N_1} a_j e^{ij\beta h}\Big)^{-1}\Big(\sum_{j\in N_0} b_j e^{ij\beta h}\Big)\xi_l^n \tag{2.77}$$

记

$$G(\beta,k) = \Big(\sum_{j\in N_1} a_j e^{ij\beta h}\Big)^{-1}\Big(\sum_{j\in N_0} b_j e^{ij\beta h}\Big) \tag{2.78}$$

则

$$\xi_l^{n+1} = G(\beta,k)\xi_l^n \quad (l=0,\pm 1,\pm 2,\cdots) \tag{2.79}$$

我们称 $G(\beta,k)$ 为增长因子。反复利用式(2.79),则有

$$\xi_l^n = G^n(\beta,k)\xi_l^0 \tag{2.80}$$

且由式(2.75),则

$$\| \boldsymbol{V}^n(\boldsymbol{x}) \|_2 = \Big(\sum_{l=-\infty}^{+\infty} | G^n(\beta,k)\xi_l^0 |^2\Big)^{1/2}$$

因此差分方程(2.71) 按 L_2 范数稳定的充分必要条件是

$$| G^n(\beta,k) | \leqslant K \quad 对于\begin{cases} 0 < k < k_0, \\ 0 < nk \leqslant T, \\ 一切\,\beta \end{cases} \tag{2.81}$$

K 是一与 β,k 均无关的正常数。

显然条件(2.81) 等价于

$$| G(\beta,k) | \leqslant 1 + O(k) \quad 对于\begin{cases} 0 < k < k_0, \\ 一切\,\beta \end{cases} \tag{2.82}$$

这样一来,为了判别常系数差分格式的稳定性,只要按式(2.78) 算出增长因子 $G(\beta,k)$,然后求出使式(2.82) 成立的 k 与 h 所满足的条件即可。条件(2.82) 称为 Von Neumann 条件。

因此对于一个方程式情形,Von Neumann 条件是常系数双层差分格式稳定的充分必要条件。

上述方法也适用于研究 Cauchy 问题常系数差分格式的稳定性,在这种情形 $V^n(x)$ 定义在整个实轴上,但一般说来不具有周期性。此时只要将 $V^n(x)$ 展成 Fourier 积分形式,仍可得出 Von Neumann 条件是一个方程式情形差分格式稳定的充分必要条件。

实际计算中,$G(\beta,k)$ 非常容易求得,只要把

$$V_m^n = \xi_l^n e^{i\beta mh}$$

代入式(2.72)，消去公共因子后即可得式(2.78)，立刻算得 $G(\beta,k)$。

作为上面方法的应用，下面研究几个常用格式的稳定性。

(1) 古典显式差分格式

$$\begin{cases} U_m^{n+1} = rU_{m+1}^n + (1-2r)U_m^n + rU_{m-1}^n \\ \qquad (n=0,1,\cdots,N-1,\quad m=1,2,\cdots,M-1); \\ U_m^0 = \varphi(mh) \qquad\qquad (m=0,1,\cdots,M); \\ U_0^n = \psi_1(nk),\quad U_M^n = \psi_2(nk) \quad (n=0,1,\cdots,N) \end{cases}$$

则相应方程(2.72)为

$$V_m^{n+1} = rV_{m+1}^n + (1-2r)V_m^n + rV_{m-1}^n$$

令

$$V_m^n = \xi_l^n e^{i\beta mh}$$

则

$$\xi_l^{n+1} e^{i\beta mh} = r\xi_l^n e^{i\beta(m-1)h} + (1-2r)\xi_l^n e^{i\beta mh} + r\xi_l^n e^{i\beta(m+1)h}$$

消去 $e^{i\beta mh}$，得

$$\xi_l^{n+1} = [(1-2r) + r(e^{-i\beta h} + e^{i\beta h})]\xi_l^n$$

从而

$$G(\beta,k) = 1 - 2r(1-\cos\beta h) = 1 - 4r\sin^2\frac{\beta h}{2}$$

也可在式(2.78)中令 $a_0 = 1, b_{-1} = b_1 = r, b_0 = 1-2r$ 算出。

因此，若令 $r = k/h^2$（为常数），由上式推出当且仅当 $r \leqslant 1/2$ 时满足 Von Neumann 条件，即当 $r \leqslant 1/2$ 时差分格式稳定，与用矩阵法所得到的结论相同，但较矩阵法方便。

(2) Crank-Nicolosn 格式

由式(2.44)给出的差分格式，相应方程(2.72)为

$$(1+r)V_m^{n+1} - \frac{1}{2}r(V_{m+1}^{n+1} + V_{m-1}^{n+1}) = (1-r)V_m^n + \frac{1}{2}r(V_{m+1}^n + V_{m-1}^n)$$

令 $V_m^n = \xi_l^n e^{i\beta mh}$，则

$$\begin{aligned} &(1+r)\xi_l^{n+1} e^{i\beta mh} - \frac{1}{2}r[\xi_l^{n+1} e^{i\beta(m+1)h} + \xi_l^{n+1} e^{i\beta(m-1)h}] \\ &\quad = (1-r)\xi_l^n e^{i\beta mh} + \frac{1}{2}r[\xi_l^n e^{i\beta(m+1)h} + \xi_l^n e^{i\beta(m-1)h}] \end{aligned}$$

消去 $e^{i\beta mh}$，则

$$\left[1 + r - \frac{1}{2}r(e^{i\beta h} + e^{-i\beta h})\right]\xi_l^{n+1} = \left[1 - r + \frac{1}{2}r(e^{i\beta h} + e^{-i\beta h})\right]\xi_l^n$$

从而

$$G(\beta,k)=\frac{1-2r\sin^2\dfrac{\beta h}{2}}{1+2r\sin^2\dfrac{\beta h}{2}}$$

则对所有 $\beta, r=k/h^2$，上式绝对值小于 1，故 Crank-Nicolson 格式(2.44) 无条件稳定。

(3) 加权六点隐式格式

对由差分格式(2.46) 给出的加权六点隐格式，相应的增长因子为

$$G(\beta,k)=\frac{1-4r(1-\theta)\sin^2\dfrac{\beta h}{2}}{1+4r\theta\sin^2\dfrac{\beta h}{2}}$$

如果下列不等式

$$r(1-2\theta)\leqslant\frac{1}{2}$$

成立，则对所有的 βh，增长因子 $|G(\beta,k)|\leqslant 1$。因此，加权六点隐式格式的稳定性条件如下：

如果 $\theta=0$，则要求 $r\leqslant\frac{1}{2}$；

如果 $\theta<\frac{1}{2}$，则要求 $r<\frac{1}{2(1-2\theta)}$；

如果 $\theta\geqslant\frac{1}{2}$，则无条件稳定。

现在转入研究更为一般的情形，即方程组情形的差分格式的稳定性。

设差分格式为

$$\sum_{j\in N_1}\boldsymbol{A}_j\boldsymbol{T}_j\boldsymbol{U}_m^{n+1}=\sum_{j\in N_0}\boldsymbol{B}_j\boldsymbol{T}_j\boldsymbol{U}_m^n \tag{2.83}$$

其中，$\boldsymbol{A}_j$，$\boldsymbol{B}_j$ 为 s 阶方阵，$\boldsymbol{U}_m^{n+1}$，$\boldsymbol{U}_m^n$ 为 s 维列向量，且

$$\boldsymbol{U}_m^n=[U_{1m}^n\quad U_{2m}^n\quad\cdots\quad U_{sm}^n]^{\mathrm{T}}$$

完全类似前面一个方程式情形的有关增长因子求法的讨论，现在我们有

$$\boldsymbol{G}(\beta,k)=\Big(\sum_{j\in N_1}\boldsymbol{A}_j\mathrm{e}^{\mathrm{i}j\beta h}\Big)^{-1}\Big(\sum_{j\in N_0}\boldsymbol{B}_j\mathrm{e}^{\mathrm{i}j\beta h}\Big) \tag{2.84}$$

这时，$\boldsymbol{G}(\beta,k)$ 为 $s\times s$ 阶方阵，我们称为增长矩阵。因此，差分方程组按 L_2 范数稳定的充分必要条件为

$$\|\boldsymbol{G}^n(\beta,k)\|_2\leqslant K\quad\text{对于}\begin{cases}0<k<k_0,\\0<nk\leqslant T,\\\text{一切 }\beta\end{cases} \tag{2.85}$$

K 为与 k, β 均无关的常数。

显然，不等式(2.85) 成立的必要条件为

$$\rho(\boldsymbol{G}(\beta,k)) \leqslant 1 + O(k) \quad 对于\begin{cases} 0 < k < k_0, \\ 一切\ \beta \end{cases} \tag{2.86}$$

$\rho(\boldsymbol{G}(\beta,k))$ 表示 $\boldsymbol{G}(\beta,k)$ 的谱半径。式(2.86) 称为 Von Neumann 条件，它是差分方程(2.83) 稳定的必要条件。

进一步研究证明文献[1]，在 $\boldsymbol{G}(\beta,k)$ 满足一定条件时，Von Neumann 条件也是差分方程(2.83) 稳定的充分条件。

定理 2.7　Von Neumann 条件(2.86) 是线性常系数差分格式(2.83) 稳定的充分必要条件，如果下列条件之一满足：

(1) 增长矩阵 $\boldsymbol{G}(\beta,k)$ 是正规矩阵，即

$$\boldsymbol{G}^*\boldsymbol{G} = \boldsymbol{G}\boldsymbol{G}^* \quad (其中\ \boldsymbol{G}^* = \overline{\boldsymbol{G}}^{\mathrm{T}})$$

因此，对单个两层差分格式，Von Neumann 条件是稳定的充分必要条件。

(2) 存在一个与 k 无关的相似变换，它同时变换差分格式(2.83) 中所有矩阵 $\boldsymbol{A}_j(k)$, $\boldsymbol{B}_j(k)$ 成对角线形。

(3) $\boldsymbol{G}(\beta,k) = \hat{\boldsymbol{G}}(\omega)$, $\omega = \beta h$, $h = \sqrt{\dfrac{k}{r}}$（当双曲型方程时 $r = k/h$, $h = k/r$），对所有 $\omega \in \mathbf{R}$，下面 3 种情形之一成立：

① $\hat{\boldsymbol{G}}(\omega)$ 有 s 个不同的特征值；

② $\hat{\boldsymbol{G}}^{(\mu)}(\omega) = r_\mu \boldsymbol{I}$，对 $\mu = 0,1,\cdots,j-1$，$\hat{\boldsymbol{G}}^{(j)}(\omega)$ 有 s 个不同的特征值，这里 $\hat{\boldsymbol{G}}^{(\mu)}(\omega)(\mu = 0,1,\cdots,j)$ 表示矩阵 $\hat{\boldsymbol{G}}$ 对 ω 的 μ 阶导数；

③ $\rho(\hat{\boldsymbol{G}}(\omega)) < 1$。

例 2.4　研究逼近微分方程组初值问题

$$\begin{cases} \dfrac{\partial u}{\partial t} = -a\dfrac{\partial^2 v}{\partial x^2}, \\ \dfrac{\partial v}{\partial t} = a\dfrac{\partial^2 u}{\partial x^2} \end{cases} \quad (a \neq 0, -\infty < x < +\infty, 0 < t \leqslant T);$$
$$\begin{cases} u|_{t=0} = u_0(x), \\ v|_{t=0} = v_0(x) \end{cases} \quad (-\infty < x < +\infty)$$

的差分格式

$$\begin{aligned} \frac{U_m^{n+1} - U_m^n}{k} &= -a\frac{V_{m+1}^n - 2V_m^n + V_{m-1}^n}{h^2} \\ \frac{V_m^{n+1} - V_m^n}{k} &= a\frac{U_{m+1}^{n+1} - 2U_m^{n+1} + U_{m-1}^{n+1}}{h^2} \end{aligned} \tag{2.87}$$

的稳定性。

解 差分格式(2.87)可以用矩阵形式表示为

$$\begin{aligned}&-ar\boldsymbol{B}_1\boldsymbol{U}_{m+1}^{n+1}+(\boldsymbol{I}+2ar\boldsymbol{B}_1)\boldsymbol{U}_m^{n+1}-ar\boldsymbol{B}_1\boldsymbol{U}_{m-1}^{n+1}\\&\quad=ar\boldsymbol{B}_2\boldsymbol{U}_{m+1}^{n}+(\boldsymbol{I}-2ar\boldsymbol{B}_2)\boldsymbol{U}_m^{n}+ar\boldsymbol{B}_2\boldsymbol{U}_{m-1}^{n}\end{aligned} \tag{2.88}$$

其中 $\boldsymbol{B}_1=\begin{bmatrix}0&0\\1&0\end{bmatrix}$,$\boldsymbol{B}_2=\begin{bmatrix}0&-1\\0&0\end{bmatrix}$,$\boldsymbol{U}_m^n=\begin{bmatrix}U_m^n\\V_m^n\end{bmatrix}$,$r=k/h^2$。得增长矩阵为

$$\begin{aligned}\boldsymbol{G}(\beta,k)&=[\boldsymbol{I}+2ar\boldsymbol{B}_1(1-\cos\beta h)]^{-1}[\boldsymbol{I}-2ar\boldsymbol{B}_2(1-\cos\beta h)]\\&=\begin{bmatrix}1&4ar\sin^2\dfrac{\beta h}{2}\\-4ar\sin^2\dfrac{\beta h}{2}&1-16a^2r^2\sin^4\dfrac{\beta h}{2}\end{bmatrix}\end{aligned}$$

令 $\eta=16a^2r^2\sin^4\dfrac{\beta h}{2}$,$\boldsymbol{G}(\beta,k)$ 有特征值

$$\mu_{1,2}=1-\frac{1}{2}\eta\pm\left(\frac{1}{4}\eta^2-\eta\right)^{1/2}$$

因此,情况 1:$a^2r^2>1/4$,当$\dfrac{\beta h}{2}=\dfrac{\pi}{2}$ 时,则

$$\left|1-\frac{\eta}{2}-\sqrt{\frac{1}{4}\eta^2-\eta}\right|>1$$

差分格式不稳定。

情况 2:$a^2r^2<\dfrac{1}{4}$,则所有特征值有模为1。其中,当$\dfrac{\beta h}{2}\neq v\pi$($v$为整数),对每个$\dfrac{\beta h}{2}$有二个共轭复根;当$\dfrac{1}{2}\beta h=v\pi$ 时,则 $\boldsymbol{G}(\beta,k)=\hat{\boldsymbol{G}}(\beta h)=\boldsymbol{I}$,$\hat{\boldsymbol{G}}'(\beta h)=\boldsymbol{O}$,且

$$\hat{\boldsymbol{G}}''(\beta h)=\begin{bmatrix}0&2ar\\-2ar&0\end{bmatrix}$$

有二个不同的特征值。因此,差分格式稳定。

最后,我们给出表2.5,它列出了最简单的热传导方程$\dfrac{\partial u}{\partial t}=a\dfrac{\partial^2 u}{\partial x^2}(a>0)$的一系列差分格式的稳定性条件、截断误差等。

表 2.5 $\frac{\partial u}{\partial t}=a\frac{\partial^2 u}{\partial x^2}$($a$ 为常数且大于 0) 的有限差分逼近

1. 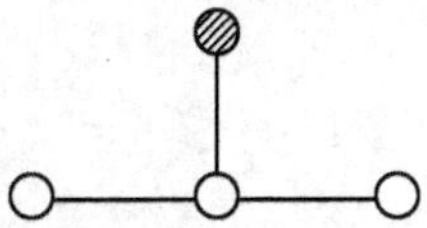

$$\frac{U_m^{n+1}-U_m^n}{k}=a\frac{(\delta^2U)_m^n}{h^2}$$

$E=O(k)+O(h^2)$

显式,如果 ak/h^2(为常数) $\leqslant 1/2$,稳定

2. 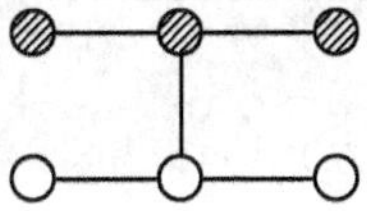

$$\frac{U_m^{n+1}-U_m^n}{k}=a\frac{(\delta^2U)_m^n+(\delta^2U)_m^{n+1}}{2h^2}$$

Crank-Nicolson(1947)

$E=O(k^2)+O(h^2)$

隐式,稳定

3. 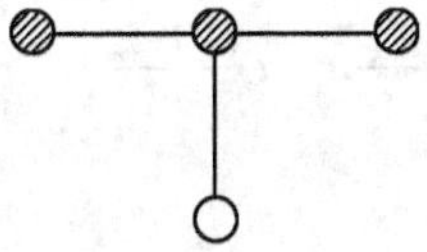

$$\frac{U_m^{n+1}-U_m^n}{k}=a\frac{(\delta^2U)_m^{n+1}}{h^2}$$

Laasonen(1949)

$E=O(k)+O(h^2)$

隐式,无条件稳定

4. 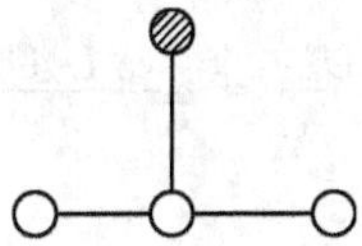

格式同 1,但 $ak/h^2=1/6$

$E=O(k^2)+O(h^4)$

此为 1 的特殊情况,稳定

5. 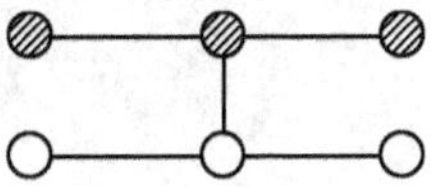

$$\frac{U_m^{n+1}-U_m^n}{k}=a\frac{\theta(\delta^2U)_m^{n+1}+(1-\theta)(\delta^2U)_m^n}{h^2}$$

这里 θ 为常数,$0\leqslant\theta\leqslant 1$

$E=O(k)+O(h^2)$

对 $0\leqslant\theta<\frac{1}{2}$,如 $\frac{ak}{h^2}$(为常数) $\leqslant\frac{1}{2-4\theta}$,稳定

对 $\frac{1}{2}\leqslant\theta\leqslant 1$,无条件稳定

情况 1—4 为其特殊情况

6. 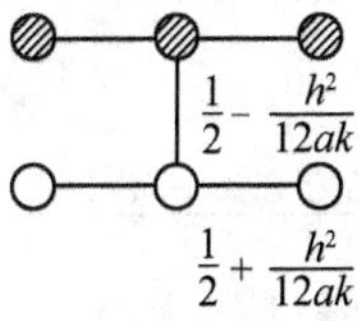

同 5,而 $\theta=\frac{1}{2}-\frac{h^2}{12ak}$

$E=O(k^2)+O(h^4)$,稳定

续表 2.5

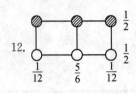

7. 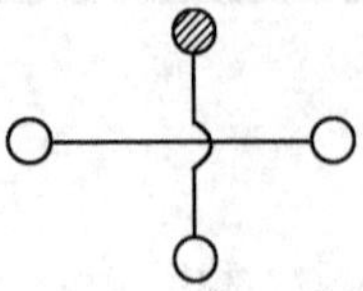	$\frac{U_m^{n+1}-U_m^{n-1}}{2k}=a\,\frac{(\delta^2 U)_m^n}{h^2}$ 恒不稳定
8. 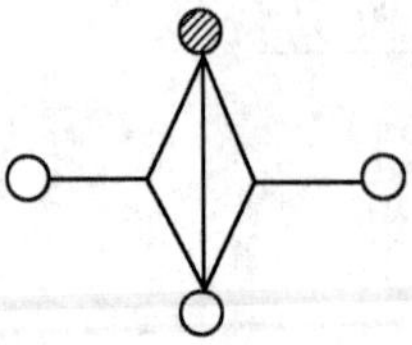	$\frac{U_m^{n+1}-U_m^{n-1}}{2k}=a\,\frac{U_{m+1}^n-U_m^{n+1}-U_m^{n-1}+U_{m-1}^n}{h^2}$ 且当 $k,h\to 0$ 时, $k/h\to 0$ $E=O(k^2)+O(h^2)+O[(k/h)^2]$ Du Fort-Frankel(1953) 显式,无条件稳定
9. 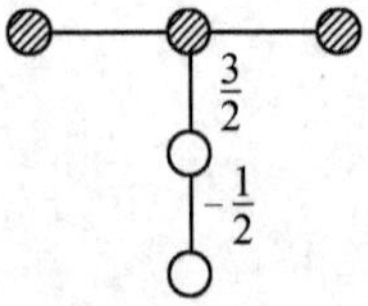	$\frac{3}{2}\,\frac{U_m^{n+1}-U_m^n}{k}-\frac{1}{2}\,\frac{U_m^n-U_m^{n-1}}{k}=a\,\frac{(\delta^2 U)_m^{n+1}}{h^2}$ $E=O(k^2)+O(h^2)$ 无条件稳定
10. 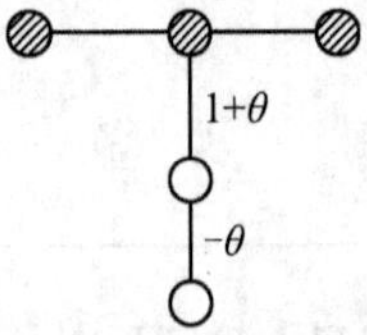	$(1+\theta)\,\frac{U_m^{n+1}-U_m^n}{k}-\theta\,\frac{U_m^n-U_m^{n-1}}{k}=a\,\frac{(\delta^2 U)U_m^{n+1}}{h^2}$ θ(为常数) $\geqslant 0$ $E=O(k)+O(h^2)$ 无条件稳定 3,9 为其特征情形, $E=O(k^2)+O(h^2)$
11. 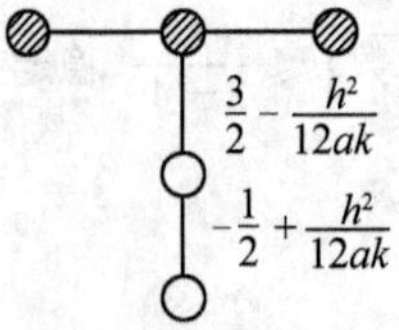	与 10 相同 $\theta=\frac{1}{2}-\frac{h^2}{12ak}$ $E=O(k^2)+O(h^4)$,无条件稳定
12. 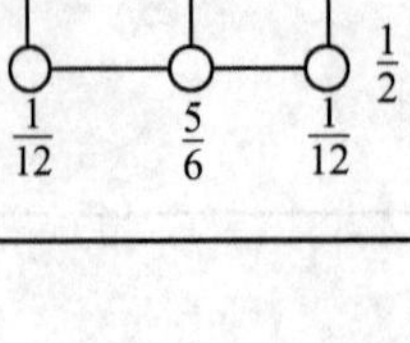	$\frac{1}{12}\,\frac{U_{m+1}^{n+1}-U_{m+1}^n}{k}+\frac{5}{6}\,\frac{U_m^{n+1}-U_m^n}{k}$ $+\frac{1}{12}\,\frac{U_{m-1}^{n+1}-U_{m-1}^n}{k}=a\,\frac{(\delta^2 U)_m^{n+1}+(\delta^2 U)_m^n}{2h^2}$ $E=O(k^2)+O(h^4)$,无条件稳定

续表 2.5

13. 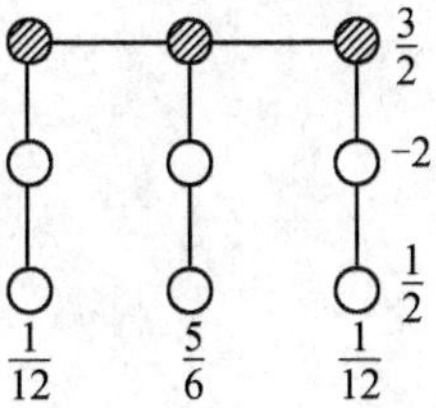	$\frac{1}{12}\frac{\frac{3}{2}U_{m+1}^{n+1}-2U_{m+1}^{n}+\frac{1}{2}U_{m+1}^{n-1}}{k}+\frac{5}{6}\frac{\frac{3}{2}U_{m}^{n+1}-2U_{m}^{n}+\frac{1}{2}U_{m}^{n-1}}{k}+\frac{1}{12}\frac{\frac{3}{2}U_{m-1}^{n+1}-2U_{m-1}^{n}+\frac{1}{2}U_{m-1}^{n-1}}{k}=a\frac{(\delta^2U)_m^{n+1}}{h^2}$ $E=O(k^2)+O(h^4)$ 无条件稳定
14. 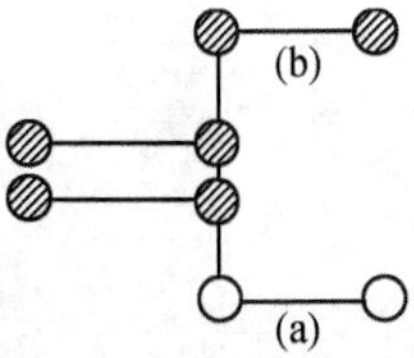	(a) $U_m^{n+1}-U_m^n=r(U_{m+1}^n-U_m^n-U_m^{n+1}+U_{m-1}^{n+1})$ (b) $U_m^{n+2}-U_m^{n+1}=r(U_{m+1}^{n+2}-U_m^{n+2}-U_m^{n+1}+U_m^{n-1})$ $r=ak/h^2$ Saul'ev(1957),见原著

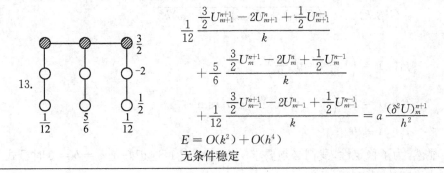

2.5.6　低阶项对稳定性的影响

至今,稳定性分析大都仅仅集中于热传导方程$\frac{\partial u}{\partial t}=\frac{\partial^2 u}{\partial x^2}$的差分格式。我们希望表明,如果在方程中加上诸如$\frac{\partial u}{\partial x}$,$u$等低阶项,因而在原差分格式中加上它们的差分近似,则这些附加的低阶项并不影响差分格式的稳定性,为此考虑抛物型方程

$$\frac{\partial u}{\partial t}=\frac{\partial^2 u}{\partial x^2}+a\frac{\partial u}{\partial x}+bu \tag{2.89}$$

其中a,b是常数。

采取最直截了当的显式差分逼近

$$\frac{U_m^{n+1}-U_m^n}{k}=\frac{U_{m+1}^n-2U_m^n+U_{m-1}^n}{h^2}+a\frac{U_{m+1}^n-U_{m-1}^n}{2h}+bU_m^n \tag{2.90}$$

截断误差阶为$O(k+h^2)$,该差分格式的增长因子$G(\beta,k)$为

$$G(\beta,k)=1-4r\sin^2\frac{\beta h}{2}+\mathrm{i}a\frac{k}{h}\sin\beta h+bk$$

$$|G(\beta,k)|=\sqrt{\left(1-4r\sin^2\frac{\beta h}{2}+bk\right)^2+a^2rk\sin^2\beta h}$$

$$=\sqrt{\left(1-4r\sin^2\frac{\beta h}{2}\right)^2+\left[2b\left(1-4r\sin^2\frac{\beta h}{2}\right)+a^2r\sin^2\beta h\right]k+b^2k^2}$$

令 $\omega=\beta h$，则

$$|G(\beta,k)|=\sqrt{f_0(\omega)+f_1(\omega)k+f_2(\omega)k^2}$$

其中

$$f_0(\omega)=\left(1-4r\sin^2\frac{\omega}{2}\right)^2$$

$$f_1(\omega)=2rb\left(1-4r\sin^2\frac{\omega}{2}\right)+a^2r\sin^2\omega$$

$$f_2(\omega)=b^2$$

显然，为了稳定性，我们必须要求 $|f_0(\omega)|\leqslant 1$，这正好是 $a=b=0$ 时显式差分格式稳定的充分必要条件

$$r\leqslant\frac{1}{2}$$

令

$$m_1=\max|f_1(\omega)|,\quad m_2=\max|f_2(\omega)|$$

这时，我们有

$$|G(\beta,k)|\leqslant\sqrt{1+m_1k+m_2k^2}=1+O(k)$$

格式(2.90) 稳定，它的稳定性条件与古典显式格式的稳定性条件相同。

更一般的，考虑如下的加权六点隐式差分格式

$$\frac{U_m^{n+1}-U_m^n}{k}=\frac{\theta(\delta^2U)^{n+1}+(1-\theta)(\delta^2U)_m^n}{h^2}+a\frac{U_{m+1}^n-U_{m-1}^n}{2h}+bU_m^n \tag{2.91}$$

完全类似地讨论，可知该格式的稳定性条件如下：

(1) 如果 $0\leqslant\theta<\frac{1}{2}$，$r\leqslant\frac{1}{2-4\theta}$；

(2) 如果 $\frac{1}{2}\leqslant\theta\leqslant 1$，无条件稳定。

与 $a=b=0$ 时的加权六点隐格式稳定性条件相同。

由此可见，在热传导方程(2.89) 中，低阶项的存在对相应的差分格式的稳定性没有影响。

2.5.7 差分格式的收敛性

第 2.5.1 小节中式(2.54) 给出了结点 (x,t) $(x=mh,t=nk)$ 处微分方程精确解 u_m^n 与差分方程近似解 $\widetilde{U}_m^n$ 之差的表达式

$$u_m^n-\widetilde{U}_m^n=(u_m^n-U_m^n)+(U_m^n-\widetilde{U}_m^n) \tag{2.54}$$

的稳定性问题，即上式右边第二项差分方程理论解与差分方程近似解之间的误差问题。如前所提出，为了使近似解与理论解非常接近，必须使用稳定的差分格式。收

敛性问题讨论式(2.54)中微分方程精确解 $u(x,t)$ 与差分方程理论解 U_m^n 之间的误差当 $h\to 0,k\to 0$(由 $x=mh,t=nk$,所以 $m,n\to+\infty$)时是否无限变小的问题,或者说当 $h\to 0,k\to 0$ 时,在一定范数意义下差分方程理论解 U_m^n 是否收敛于微分方程解 $u(x,t)$ 的问题。

本节就热传导方程初边值问题的最简单的显式差分格式讨论其收敛性问题。

第 2.2.1 小节中讨论古典显式格式的截断误差阶时给出 $z_m^n=u_m^n-U_m^n$ 满足方程(2.32),故有

$$\begin{cases} z_m^{n+1}=(1-2r)z_m^n+r(z_{m+1}^n+z_{m-1}^n)+kR_m^n \\ \qquad\qquad (m=1,2,\cdots,M-1,\quad n=0,1,\cdots,N-1); \\ z_m^0=0 \qquad (m=0,1,\cdots,M); \\ z_0^n=z_M^n=0 \quad (n=0,1,\cdots,N) \end{cases} \tag{2.92}$$

其中,R_m^n 是古典显式格式在点(m,n)处的逼近微分方程的截断误差(2.34)。

设初边值问题在区域 $\bar{\Omega}(0\leqslant x\leqslant 1,0\leqslant t\leqslant T)$ 内有连续偏导数$\dfrac{\partial^4 u}{\partial x^4},\dfrac{\partial^2 u}{\partial t^2}$,则存在常数 c_1,c_2,使

$$|R_m^n|\leqslant c_1 k+c_2 h^2$$

因此,由式(2.92)且假定 $r\leqslant\dfrac{1}{2}$,得

$$|z_m^{n+1}|\leqslant(1-2r)|z_m^n|+r|z_{m+1}^n|+r|z_{m-1}^n|+c_1k^2+c_2kh^2$$

$$\max_m|z_m^{n+1}|\leqslant(1-2r)\max_m|z_m^n|+r\max_m|z_{m+1}^n|$$
$$+r\max_m|z_{m-1}^n|+c_1k^2+c_2kh^2$$

$$\begin{aligned}\max_m|z_m^{n+1}|&\leqslant\max_m|z_m^n|+c_1k^2+c_2kh^2\\&\leqslant\max_m|z_m^{n-1}|+2c_1k^2+2c_2kh^2\\&\leqslant\cdots\end{aligned}$$

则有

$$\max_m|z_m^n|\leqslant nk(c_1k+c_2h^2)\leqslant T(c_1k+c_2h^2)$$

因此,在所考虑的区域 Ω 内的任一网格结点(m,n)上,都有

$$|u_m^n-U_m^n|\to 0\quad(k,h\to 0)$$

因此 $r\leqslant\dfrac{1}{2}$ 为古典显式格式(2.92)收敛的充分条件。

$\dfrac{\partial u}{\partial t}=\dfrac{\partial^2 u}{\partial x^2}$ 的其他差分格式也可以用与上面类似的方法讨论格式的收敛性,有结论:古典隐格式和Crank-Nicolson差分格式是无条件收敛的(即对 $r=k/h^2$ 的任何值,格式收敛)。有关差分格式收敛性的进一步讨论,我们将通过下一节建立的差分格式稳定性和收敛性关系进行。

2.5.8 相容逼近、Lax 等价性定理

利用差分方程解抛物型方程定解问题，差分方程的收敛性和稳定性是二个最基本的问题。当差分格式具有收敛性和稳定性时，就能保证用这样的格式在计算机上获得微分方程问题满意的近似解，而且当网格步长不断减小时，近似解越来越逼近精确解。因此，为了利用差分格式解微分方程问题，首先必须判断格式是否具有收敛性和稳定性。一般说来，讨论格式的收敛性问题是比较复杂的问题，而稳定性的讨论相对而言比较方便一些。因此探讨稳定性和收敛性关系问题，或者说当差分格式稳定时是否保证它也收敛的问题，一直是计算数学家们关心的问题。1953 年，P. D. Lax 提出了著名的 Lax 定理，对适当提出的线性初值问题，在一定意义下建立了稳定性和收敛性的等价性。

关于一个初值问题适当提出是指它的解存在、唯一，且连续依赖于初始数据。

下面给出差分方程对微分方程相容逼近的概念。前面已经给出了在结点 (m,n) 处差分格式截断误差 R_m^n，如对古典显式差分格式

$$R_m^n = \frac{u_m^{n+1} - (1-2r)u_m^n - r(u_{m+1}^n + u_{m-1}^n)}{k} - \left(\frac{\partial u}{\partial t} - \frac{\partial^2 u}{\partial x^2}\right)_m^n$$

其中 u 是微分方程的精确解。一般而言，令 $\mathscr{L}(u) = 0$ 表示偏微分方程，精确解为 u，而 $\mathscr{L}_h(U) = 0$ 表示逼近微分方程的差分方程，精确解为 U，则在网格结点 (m,n) 处截断误差 R_m^n 定义为

$$R_m^n = \mathscr{L}_h(u_m^n) - \mathscr{L}(u_m^n) \tag{2.93}$$

这时如果当 $k,h \to 0$ 时，对于充分光滑的函数 u，有

$$R_m^n \to 0 \tag{2.94}$$

则 $\mathscr{L}_h$ 是 $\mathscr{L}$ 的相容逼近。

古典显式格式、Crank-Nicolson 格式、Richardson 格式等都是热传导方程 (2.26) 的相容逼近。

定理 2.8（Lax 等价性定理） 给出一个适当提出的线性微分方程初值问题以及它的一个满足相容性条件的差分逼近，于是差分格式的稳定性便是收敛性的充分必要条件。

由此，讨论收敛性的问题就归结为讨论稳定性的问题，即如果格式相容、稳定，则收敛性便是自然的结论。

有关这部分内容的详细研究，读者可参阅文献[1] 和[2]。

2.6 非线性抛物型方程的差分解法举例

现在考虑非线性问题，目的在于说明解线性问题的思想方法在解非线性问题中的应用。

2.6.1　Richtmyer 线性方程

考虑非线性抛物型方程

$$\frac{\partial u}{\partial t}=\frac{\partial^2}{\partial x^2}(u^s)\quad (s(\text{正整数})\geqslant 2) \tag{2.95}$$

在文献[2]中，Richtmyer 用加权六点隐式差分格式

$$\frac{U_m^{n+1}-U_m^n}{k}=\frac{\theta}{h^2}\delta_x^2[(U^s)_m^{n+1}]+\frac{1-\theta}{h^2}\delta_x^2[(U^s)_m^n] \tag{2.96}$$

近似它。这里关于未知值 U_m^{n+1} 为非线性，Richtmyer 方法在于对格式线性化，即使格式关于未知值为线性。为此，应用

$$(U^s)_m^{n+1}-(U^s)_m^n\approx s(U^{s-1})_m^n(U_m^{n+1}-U_m^n)$$

$$\delta_x^2[(U^s)_m^{n+1}]\approx\delta_x^2(U^s)_m^n+\delta_x^2[(sU^{s-1})_m^n(U_m^{n+1}-U_m^n)]$$

则

$$\begin{aligned}\frac{U_m^{n+1}-U_m^n}{k}&=\frac{\theta}{h^2}\delta_x^2[(sU^{s-1})_m^n(U_m^{n+1}-U_m^n)]+\frac{1}{h^2}\delta_x^2[(U^s)_m^n](U_m^{n+1}-U_m^n)\\&\quad -sr\theta[(U^{s-1})_{m+1}^n(U_{m+1}^{n+1}-U_{m+1}^n)-2(U^{s-1})_m^n(U_m^{n+1}-U_m^n)\\&\quad +(U^{s-1})_{m-1}^n(U_{m-1}^{n+1}-U_{m-1}^n)]\\&=r[(U^s)_{m+1}^n-2(U^s)_m^n+(U^s)_{m-1}^n]\end{aligned} \tag{2.97}$$

格式关于$(U_{m+1}^{n+1}-U_{m+1}^n)$，$(U_m^{n+1}-U_m^n)$，$(U_{m-1}^{n+1}-U_{m-1}^n)$为线性。

令 $\omega_m^{n+1}=U_m^{n+1}-U_m^n$，则格式(2.97)可以写为

$$\begin{aligned}&-sr\theta(U^{s-1})_{m-1}^n\omega_{m-1}^{n+1}+[1+2sr\theta(U^{s-1})_m^n]\omega_m^{n+1}-sr\theta(U^{s-1})_{m+1}^n\omega_{m+1}^{n+1}\\&\quad =r[(U^s)_{m+1}^n-2(U^s)_m^n+(U^s)_{m-1}^n]\quad (m=1,2,\cdots,M-1)\end{aligned} \tag{2.98}$$

这是关于 ω_m^{n+1} 的线性方程组，由 U 的边值条件 U_0^{n+1}，U_0^n，U_M^{n+1}，U_M^n 得 ω 的边值条件为

$$\omega_0^{n+1}=U_0^{n+1}-U_0^n,\quad \omega_M^{n+1}=U_M^{n+1}-U_M^n \tag{2.99}$$

由格式(2.98)、边值条件(2.99)，连同初始条件 U_m^0，则可逐层解得 $\omega_m^n(m=1,2,\cdots,M-1;n=0,1,\cdots,N)$，由此解得 $U_m^n(m=1,2,\cdots,M-1;n=1,2,\cdots,N)$。

若令

$$\delta_x^2[(U^s)_m^{n+1}]=\delta_x^2(U^s)_m^n+s(U^{s-1})_m^n\delta_x^2(U_m^{n+1}-U_m^n)$$

则得差分格式

$$\begin{aligned}&-sr\theta(U^{s-1})_m^n\omega_{m-1}^{n+1}+[1+2sr\theta(U^{s-1})_m^n]\omega_m^{n+1}-sr\theta(U^{s-1})_m^n\omega_{m+1}^{n+1}\\&\quad =r[(U^s)_{m+1}^n-2(U^s)_m^n+(U^s)_{m-1}^n]\end{aligned} \tag{2.100}$$

进一步线性化，令

$$(U^s)_{m+1}^n=(U^s)_m^n+s(U^{s-1})_m^n(U_{m+1}^n-U_m^n)$$

$$(U^s)_{m-1}^n = (U^s)_m^n + s(U^{s-1})_m^n(U_{m-1}^n - U_m^n)$$

则又有差分格式

$$\begin{aligned}&-sr\theta(U^{s-1})_m^n\omega_{m-1}^{n+1} + [1+2sr\theta(U^{s-1})_m^n]\omega_m^{n+1} - sr\theta(U^{s-1})_m^n\omega_{m+1}^{n+1}\\&\quad = sr(U^{s-1})_m^n(U_{m+1}^n - 2U_m^n + U_{m-1}^n)\end{aligned} \tag{2.101}$$

如同格式(2.98)，格式(2.100)，(2.101) 关于 ω_m^{n+1}，ω_{m-1}^{n+1} 都是线性的。

下面研究差分格式的稳定性，由于它们不是常系数线性差分格式，应用 Von Neumann 方法分析稳定性时存在困难，为此考虑格式的所谓"局部稳定性"。

下面以格式(2.101) 为例说明局部稳定性的分析方法。

首先设格式(2.101) 中系数$(U^{s-1})_m^n$ 固定为常数，即不随 m,n 而变化(当然，这一点只能在局部意义下成立)。令 $s(U^{s-1})_m^n = a$，这时差分格式为

$$\begin{aligned}&-r\theta a(U_{m-1}^{n+1} - U_{m-1}^n) + (1+2ar\theta)(U_m^{n+1} - U_m^n) - r\theta a(U_{m+1}^{n+1} - U_{m+1}^n)\\&\quad = ra(U_{m+1}^n - 2U_m^n + U_{m-1}^n)\end{aligned} \tag{2.102}$$

由 Von Neumann 方法，有增长因子

$$G(\beta,k) = \frac{1-4(1-\theta)ar\sin^2\dfrac{\beta h}{2}}{1+4a\theta r\sin^2\dfrac{\beta h}{2}}$$

因此局部稳定性条件为

$$\begin{cases}\text{当 } 0\leqslant\theta<\dfrac{1}{2} \text{ 时}, ar\leqslant\dfrac{1}{2-4\theta};\\[2ex]\text{当 } \theta\geqslant\dfrac{1}{2} \text{ 时，无条件稳定}\end{cases} \tag{2.103}$$

由此，为了使差分格式(2.102) 稳定，步长比 $r = k/h^2$ 必须满足

$$\begin{cases}\text{当 } 0\leqslant\theta<\dfrac{1}{2} \text{ 时}, r\leqslant\dfrac{1}{2s(1-2\theta)\max\limits_{m,n}(U_m^n)^{s-1}};\\[2ex]\text{当 } \theta\geqslant\dfrac{1}{2} \text{ 时，无条件稳定}\end{cases} \tag{2.104}$$

可见，对于非线性问题的差分格式，其稳定性不仅依赖于差分方程的结构本身，而且也依赖于差分方程的解。

实用上，我们不可能一开始选择步长比 r，使之在全部计算过程中满足上述确定的稳定性条件，然而条件(2.104) 给出了从第 n 层到第$(n+1)$ 层选择时间步长 k(设 h 已选定) 的一个启发性法则，即先取 k，使

$$\begin{cases}\text{当 } 0\leqslant\theta<\dfrac{1}{2} \text{ 时}, k\leqslant\dfrac{h^2}{2s(1-2\theta)\max\limits_{m}(U_m^n)^{s-1}};\\[2ex]\text{当 } \theta\geqslant\dfrac{1}{2} \text{ 时，没有限制}\end{cases}$$

这正是我们在计算过程中应该遵循的原则。计算经验表明，如此选择步长计算结果是令人满意的。

2.6.2 Lees 三层差分格式

Lees 研究了非线性方程

$$\beta(u)\frac{\partial u}{\partial t}=\frac{\partial}{\partial x}\left(\alpha(u)\frac{\partial u}{\partial x}\right) \tag{2.105}$$

的差分解法，其中 $\alpha(u)>0,\beta(u)>0$。

为了差分格式的稳定性，最好利用隐式差分格式，然而这导致了解非线性方程组，这是相当麻烦的。Lees 推导了如下三层显式差分格式。

首先用中心差商代替导数，则

$$\beta(U_m^n)\left(\frac{U_m^{n+1}-U_m^{n-1}}{2k}\right)=\frac{1}{h}\left[\alpha(U_{m+\frac{1}{2}}^n)\frac{U_{m+1}^n-U_m^n}{h}-\alpha(U_{m-\frac{1}{2}}^n)\frac{U_m^n-U_{m-1}^n}{h}\right]$$

显见，格式对 $\beta=\alpha=1$ 恒不稳定。现在用

$$\frac{1}{3}(U_{m+1}^{n+1}+U_{m+1}^n+U_{m+1}^{n-1}),\quad \frac{1}{3}(U_m^{n+1}+U_m^n+U_m^{n-1}),\quad \frac{1}{3}(U_{m-1}^{n+1}+U_{m-1}^n+U_{m-1}^{n-1})$$

分别代替 $U_{m+1}^n,U_m^n,U_{m-1}^n$，为了避免计算 U 在$\left(m+\frac{1}{2},n\right),\left(m-\frac{1}{2},n\right)$点的值，令

$$\alpha(U_{m+\frac{1}{2}}^n)=\alpha\left(\frac{U_{m+1}^n+U_m^n}{2}\right)=\alpha_1,\quad \alpha(U_{m-\frac{1}{2}}^n)=\alpha\left(\frac{U_m^n+U_{m-1}^n}{2}\right)=\alpha_2$$

则可得如下三层显式差分格式

$$\begin{aligned}\beta(U_m^n)(U_m^{n+1}-U_m^{n-1})=&\frac{2}{3}r\{\alpha_1[(U_{m+1}^{n+1}-U_m^{n+1})+(U_{m+1}^n-U_m^n)\\&+(U_{m+1}^{n-1}-U_m^{n-1})]-\alpha_2[(U_m^{n+1}-U_{m-1}^{n+1})\\&+(U_m^n-U_{m-1}^n)+(U_m^{n-1}-U_{m-1}^{n-1})]\}\end{aligned} \tag{2.106}$$

对于未知数 U_m^{n+1}，这是一个线性差分格式。Lees 证明了这三层差分格式的稳定性及收敛性。

2.6.3 算例

假定

$$u=u(x-vt)\quad (v\text{ 为常数})$$

是微分方程

$$\frac{\partial u}{\partial t}=\frac{\partial^2 u^2}{\partial x^2}\quad (0<x<1)$$

的解。代入该式，并关于 $x-vt$ 积分，则 u 应满足

$$\frac{A}{v}\ln\left|u-\frac{A}{v}\right|+u=B-\frac{1}{2}v(x-vt)$$

其中 A,B 是常数。选择 $A=1,v=2,u(0,0)=1.5$，则 $B=u(0,0)=1.5$，方程特解 u 满足

$$(2u-3)+\ln\left|u-\frac{1}{2}\right|=2(2t-x)$$

对于给定的 x,t 值，u 可由上述方程用迭代法（比如 Newton-Raphson 方法）求出相应的值。因此，对于这样的特解，我们可以决定其初始条件如 $t=0,x=0,0.1,0.2,0.3,\cdots$ 处的 u 值，对边值条件 $x=0,x=1$ 处的 u 值也可类似地决定。结合这些初值及边值条件，用差分格式可求得差分方程解，与精确解在结点上的值比较，用以检验差分格式的解对微分方程的逼近程度，以揭示差分方程在解微分方程上的可用性。

表格 2.6 给出了利用 Richtmyer 线性化格式(2.101)$\left(\text{其中 }\theta=\frac{1}{2},s=2\right)$及利用 Lees 三层差分格式(2.106)($h=0.1,r=k/h^2=0.5$)，在 t 方向进行了 100 步计算后在结点处解得之值。从表可见，与精确解比较，小数点后四位有效数字完全一致。

表 2.6　$t=0.5$

x	微分方程解	Richtmyer 线性化法	Lees 三层差分格式解
0.1	2.149 703	2.149 768	2.149 701
0.3	1.997 951	1.997 944	1.997 948
0.5	1.849 962	1.849 957	1.849 958
0.7	1.706 244	1.706 237	1.706 240
0.9	1.567 391	1.567 387	1.567 389

2.7　二维抛物型方程的差分格式

2.7.1　二维抛物型方程显式差分格式

现在考虑二维抛物型方程

$$\frac{\partial u}{\partial t}=Lu \tag{2.107}$$

其中

$$L=\frac{\partial}{\partial x}\left(a_1(x,y,t)\frac{\partial}{\partial x}\right)+\frac{\partial}{\partial y}\left(a_2(x,y,t)\frac{\partial}{\partial y}\right)+b_1(x,y,t)\frac{\partial}{\partial x}$$

$$+b_2(x,y,t)\frac{\partial}{\partial y}+C(x,y,t)\quad(a_1>0,a_2>0;C\geqslant 0)$$

为了在 x,y,t 空间所研究的区域中用差分方法数值解微分方程(2.107)所对应的定解问题，剖分该区域得一网格区域(见图 2.12)，结点为(x_l,y_m,t_n)，其中 $x_l=lh,y_m=mh,t_n=nk$，这里 l,m,n 为整数，h 为 x 和 y 方向步长，k 是 t 方向步长，$l=m=n=0$ 所对应的结果点为原点。如同一维情形一样，设在(x_l,y_m,t_n)处满足差分方程的解为 $U_{l,m}^n$，而微分方程解为 $u_{l,m}^n$。

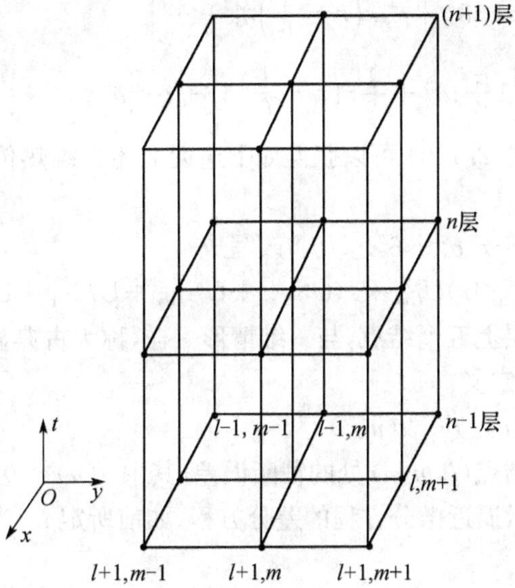

图 2.12

如果 L 与 t 无关，则有

$$u_{l,m}^{n+1}=\exp(kL)u_{l,m}^n \tag{2.108}$$

其中，L 中的微分算子$\frac{\partial}{\partial x},\frac{\partial}{\partial y}$用差分算子表达式代替，即

$$\frac{\partial}{\partial x}=\frac{2}{h}\operatorname{arsinh}\frac{\delta_x}{2},\quad \frac{\partial}{\partial y}=\frac{2}{h}\operatorname{arsinh}\frac{\delta_y}{2}$$

δ_x,δ_y 是中心差分算子，有

$$\delta_x u_{l,m}^n=u_{l+\frac{1}{2},m}^n-u_{l-\frac{1}{2},m}^n$$

$$\delta_y u_{l,m}^n=u_{l,m+\frac{1}{2}}^n-u_{l,m-\frac{1}{2}}^n$$

下面研究最简单的二维热传导方程

$$\frac{\partial u}{\partial t}=\frac{\partial^2 u}{\partial x^2}+\frac{\partial^2 u}{\partial y^2} \tag{2.109}$$

的差分逼近。

现在 $L=\frac{\partial^2}{\partial x^2}+\frac{\partial^2}{\partial y^2}=D_x^2+D_y^2$，其中 $D_x=\frac{\partial}{\partial x},D_y=\frac{\partial}{\partial y}$，则由式(2.108)和

式(2.109)，得

$$u_{l,m}^{n+1}=\exp(kD_x^2)\exp(kD_y^2)u_{l,m}^n$$

$$D_x^2=\frac{1}{h^2}\left(\delta_x^2-\frac{1}{12}\delta_x^4+\frac{1}{90}\delta_x^6+\cdots\right)$$

$$D_y^2=\frac{1}{h^2}\left(\delta_y^2-\frac{1}{12}\delta_y^4+\frac{1}{90}\delta_y^6+\cdots\right)$$

则

$$\begin{aligned}u_{l,m}^{n+1}=&\left[1+r\delta_x^2+\frac{1}{2}r\left(r-\frac{1}{6}\right)\delta_x^4+\cdots\right]\\&\cdot\left[1+r\delta_y^2+\frac{1}{2}r\left(r-\frac{1}{6}\right)\delta_y^4+\cdots\right]u_{l,m}^n\end{aligned}\tag{2.110}$$

其中，$r=k/h^2$。由式(2.110)可以获得如下逼近上述二维热传导方程的不同的显式差分格式。

(1) $U_{l,m}^{n+1}=[1+r(\delta_x^2+\delta_y^2)]U_{l,m}^n$，改写成

$$U_{l,m}^{n+1}=(1-4r)U_{l,m}^n+r(U_{l+1,m}^n+U_{l-1,m}^n+U_{l,m+1}^n+U_{l,m-1}^n)\tag{2.111}$$

这格式包括 n 时间层上五个结点，与一维情形一样，称为古典显式差分格式。

类似一维情形，定义

$$R_{l,m}^n=\mathscr{L}_h(u_{l,m}^n)-\mathscr{L}(u_{l,m}^n)$$

为差分格式在网格结点(l,m,n)处的截断误差，其中$\mathscr{L}(u)=0$为微分方程，精确解为u，$\mathscr{L}_h(U)=0$表示逼近微分方程的差分方程。如前所定义，当$h,k\to 0$，如对充分光滑的函数u，有

$$R_{l,m}^n\to 0$$

则 $\mathscr{L}_h$ 为 $\mathscr{L}$ 的相容逼近。

现在就二维热传导方程的古典显式格式(2.111)计算其截断误差，有

$$\begin{aligned}R_{l,m}^n=&\frac{u_{l,m}^{n+1}-u_{l,m}^n}{k}-\frac{u_{l+1,m}^n+u_{l-1,m}^n+u_{l,m+1}^n+u_{l,m-1}^n-4u_{l,m}^n}{h^2}\\&-\left[\frac{\partial u}{\partial t}-\left(\frac{\partial^2 u}{\partial x^2}+\frac{\partial^2 u}{\partial y^2}\right)\right]_m^n\end{aligned}$$

由 Taylor 展开式，明显可得

$$\begin{aligned}R_{l,m}^n=&\frac{k}{2}\left(\frac{\partial^2 u}{\partial t^2}\right)_{l,m}^n-\frac{h^2}{12}\left(\frac{\partial^4 u}{\partial x^4}\right)_{l,m}^n-\frac{h^2}{12}\left(\frac{\partial^4 u}{\partial y^4}\right)_{l,m}^n+\frac{k^2}{6}\left(\frac{\partial^3 u}{\partial t^3}\right)_{l,m}^n\\&-\frac{h^4}{360}\left(\frac{\partial^6 u}{\partial x^6}\right)_{l,m}^n-\frac{h^4}{360}\left(\frac{\partial^6 u}{\partial y^6}\right)_{l,m}^n+\cdots\end{aligned}$$

因此

$$R_{l,m}^n=O(k+h^2)$$

古典显式差分格式(2.111)为二维热传导方程(1.109)的相容逼近。

(2) $U_{l,m}^{n+1}=(1+r\delta_x^2)(1+r\delta_y^2)U_{l,m}^n$，或写成

$$U_{l,m}^{n+1}=(1-2r)^2U_{l,m}^n+(r-2r^2)(U_{l+1,m}^n+U_{l-1,m}^n+U_{l,m+1}^n+U_{l,m-1}^n)$$
$$+r^2(U_{l+1,m+1}^n+U_{l-1,m+1}^n+U_{l+1,m-1}^n+U_{l-1,m-1}^n) \qquad (2.112)$$

这格式包括了 n 时间层上九个结点。

显式差分格式具有非常容易计算的结点，适用于解纯初值问题。

如果问题是初边值问题，区域 $\bar{\Omega}$ 是 xy 平面中任意封闭区域，当 $\bar{\Omega}$ 为边平行于 x，y 轴的矩形，则区域内的结点可以应用格式(2.111)，(2.112)；但当 $\bar{\Omega}$ 为非矩形区域，则相邻于边界的内结点要特别处理。如图 2.13 中 $\bar{\Omega}$ 的边界曲线，相邻边界的内点 $P(x_l,y_m,t_n)$ 用下面方法建立差分方程。由

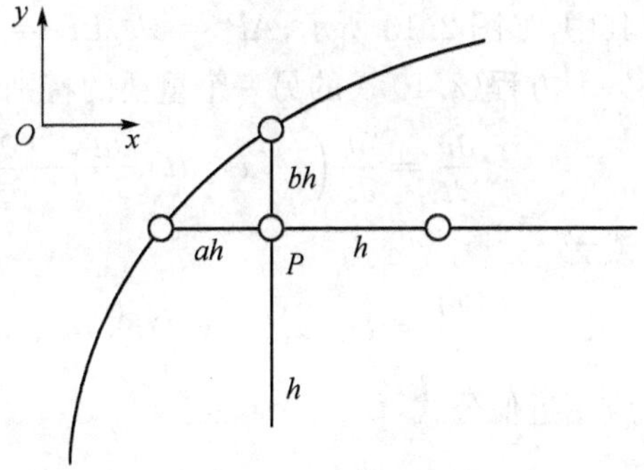

图 2.13

$$\left(\frac{\partial u}{\partial t}\right)_{l,m}^n\approx\frac{u_{l,m}^{n+1}-u_{l,m}^n}{k}$$

$$\left(\frac{\partial^2 u}{\partial x^2}\right)_{l,m}^n=\left(\frac{\partial}{\partial x}\left(\frac{\partial u}{\partial x}\right)\right)_{l,m}^n\approx\frac{\left(\frac{\partial u}{\partial x}\right)_{l+\frac{1}{2},m}^n-\left(\frac{\partial u}{\partial x}\right)_{l-\frac{a}{2},m}^n}{\frac{h}{2}+\frac{ah}{2}}$$

$$\approx\frac{\frac{u_{l+1,m}^n-u_{l,m}^n}{h}-\frac{u_{l,m}^n-u_{l-a,m}^n}{ah}}{\frac{1}{2}(a+1)h}$$

$$=\frac{2}{a(a+1)h^2}[au_{l+1,m}^n-(a+1)u_{l,m}^n+u_{l-a,m}^n]$$

$$\left(\frac{\partial^2 u}{\partial y^2}\right)_{l,m}^n=\left(\frac{\partial}{\partial y}\left(\frac{\partial u}{\partial y}\right)\right)_{l,m}^n\approx\frac{\left(\frac{\partial u}{\partial y}\right)_{l,m+\frac{b}{2}}^n-\left(\frac{\partial u}{\partial y}\right)_{l,m-\frac{1}{2}}^n}{\frac{h}{2}+\frac{bh}{2}}$$

$$\approx\frac{\frac{u_{l,m+b}^n-u_{l,m}^n}{bh}-\frac{u_{l,m}^n-u_{l,m-1}^n}{h}}{\frac{1}{2}(b+1)h}$$

$$\approx\frac{2}{b(b+1)h^2}[u_{l,m+b}^n-(b+1)u_{l,m}^n+bu_{l,m-1}^n]$$

代入方程(2.109)，把 $U_{l,m}^n$ 代换 $u_{l,m}^n$，则得

$$\frac{U_{l,m}^{n+1}-U_{l,m}^n}{k}=\frac{2}{a(a+1)h^2}[aU_{l+1,m}^n-(a+1)U_{l,m}^n+U_{l-a,m}^n]$$
$$+\frac{2}{b(b+1)h^2}[U_{l,m+b}^n-(b+1)U_{l,m}^n+bU_{l,m-1}^n]$$

即

$$U_{l,m}^{n+1}=\left[1-2r\left(\frac{1}{a}+\frac{1}{b}\right)\right]U_{l,m}^{n}+2r\left[\frac{1}{(a+1)}U_{l+1,m}^{n}+\frac{1}{a(a+1)}U_{l-a,m}^{n}\right]$$
$$+2r\left[\frac{1}{b(b+1)}U_{l,m+b}^{n}+\frac{1}{(b+1)}U_{l,m-1}^{n}\right] \tag{2.113}$$

其中，如图 2.13 所示，$AP=ah$，$BP=bh(0<a,b<1)$，$r=k/h^2$。

方程(2.107) 的另一个重要的特别情形是

$$\frac{\partial u}{\partial t}=\frac{\partial}{\partial x}\left(a_1(x,y,t)\frac{\partial u}{\partial x}\right)+\frac{\partial}{\partial y}\left(a_2(x,y,t)\frac{\partial u}{\partial y}\right) \tag{2.114}$$

或者

$$\frac{\partial u}{\partial t}=D_x(a_1(x,y,t)D_x)u+D_y(a_2(x,y,t)D_y)u$$

应用近似公式

$$D_x\approx\frac{1}{h}\delta_x,\quad D_y\approx\frac{1}{h}\delta_y$$

$$D_x(a_1(x,y,t)D_x)\approx\frac{1}{h^2}\delta_x(a_1(x,y,t)\delta_x)$$

$$D_y(a_2(x,y,t)D_y)\approx\frac{1}{h^2}\delta_y(a_2(x,y,t)\delta_y)$$

则可获得在(l,m,n) 点微分方程(2.114) 的逼近差分方程为

$$U_{l,m}^{n+1}=U_{l,m}^{n}+r[\delta_x((a_1)_{l,m}^{n}\delta_x)U_{l,m}^{n}+\delta_y((a_2)_{l,m}^{n}\delta_y)U_{l,m}^{n}]$$

其中

$$\delta_x((a_1)_{l,m}^{n}\delta_x)U_{l,m}^{n}=(a_1)_{l+\frac{1}{2},m}^{n}(U_{l+1,m}^{n}-U_{l,m}^{n})-(a_1)_{l-\frac{1}{2},m}^{n}(U_{l,m}^{n}-U_{l-1,m}^{n})$$
$$\delta_y((a_2)_{l,m}^{n}\delta_y)U_{l,m}^{n}=(a_2)_{l,m+\frac{1}{2}}^{n}(U_{l,m+1}^{n}-U_{l,m}^{n})-(a_2)_{l,m-\frac{1}{2}}^{n}(U_{l,m}^{n}-U_{l,m-1}^{n})$$

可写成

$$\begin{aligned}U_{l,m}^{n+1}=&\{1-r[(a_1)_{l+\frac{1}{2},m}^{n}+(a_1)_{l-\frac{1}{2},m}^{n}+(a_2)_{l,m+\frac{1}{2}}^{n}+(a_2)_{l,m-\frac{1}{2}}^{n}]\}U_{l,m}^{n}\\&+r[(a_1)_{l+\frac{1}{2},m}^{n}U_{l+1,m}^{n}+(a_1)_{l-\frac{1}{2},m}^{n}U_{l-1,m}^{n}\\&+(a_2)_{l,m+\frac{1}{2}}^{n}U_{l,m+1}^{n}+(a_2)_{l,m-\frac{1}{2}}^{n}U_{l,m-1}^{n}]\end{aligned} \tag{2.115}$$

方程包括 n 时间层上的五个结点，显然它是一个显式差分格式。

2.7.2 隐式差分格式

如同一维情形隐式差分格式的推导，首先将式(2.108) 写成

$$\exp(-\theta kL)u_{l,m}^{n+1}=\exp((1-\theta)kL)u_{l,m}^{n}\quad(0\leqslant\theta\leqslant1) \tag{2.116}$$

如前所述，上式 L 中的微分算子 D_x,D_y 用其差分算子表达式代替。现如

$$L=D_x^2+D_y^2$$

则式(2.116) 写成

$$\exp(-\theta kD_x^2)\exp(-\theta kD_y^2)u_{l,m}^{n+1}=\exp((1-\theta)kD_x^2)\exp((1-\theta)kD_y^2)u_{l,m}^{n}$$

代入近似表达式

$$D_x^2 \approx \frac{1}{h^2}\delta_x^2, \quad D_y^2 \approx \frac{1}{h^2}\delta_y^2$$

展开可导致如下隐式差分格式：

$$(1-\theta r\delta_x^2)(1-\theta r\delta_y^2)U_{l,m}^{n+1} = [1+(1-\theta)r\delta_x^2][1+(1-\theta)r\delta_y^2]u_{l,m}^n \tag{2.117}$$

(1) 令 $\theta=1$,有

$$(1-r\delta_x^2)(1-r\delta_y^2)U_{l,m}^{n+1} = U_{l,m}^n$$

去掉 $r^2\delta_x^2\delta_y^2U_{l,m}^{n+1}$ 项,则得

$$(1-r\delta_x^2-r\delta_y^2)U_{l,m}^{n+1} = U_{l,m}^n$$

或者写成

$$(1+4r)U_{l,m}^{n+1} - r(U_{l+1,m}^{n+1}+U_{l-1,m}^{n+1}+U_{l,m+1}^{n+1}+U_{l,m-1}^{n+1}) = U_{l,m}^m \tag{2.118}$$

这是古典隐式差分格式,易得其截断误差

$$R_{l,m}^n = O(k+h^2)$$

(2) 令 $\theta=\frac{1}{2}$,则得

$$\left(1-\frac{1}{2}r\delta_x^2\right)\left(1-\frac{1}{2}r\delta_y^2\right)U_{l,m}^{n+1} = \left(1+\frac{1}{2}r\delta_x^2\right)\left(1+\frac{1}{2}r\delta_y^2\right)U_{l,m}^n \tag{2.119}$$

展开该式,两边分别去掉项$\frac{1}{4}r^2\delta_x^2\delta_y^2U_{l,m}^{n+1}$ 和$\frac{1}{4}r^2\delta_x^2\delta_y^2U_{l,m}^n$,则有

$$\left(1-\frac{1}{2}r\delta_x^2-\frac{1}{2}r\delta_y^2\right)U_{l,m}^{n+1} = \left(1+\frac{1}{2}r\delta_x^2+\frac{1}{2}r\delta_y^2\right)U_{l,m}^n$$

这是二维热传导方程(2.109) 的 Crank-Nicolson 差分格式,也可写成

$$\begin{aligned}(1+2r)U_{l,m}^{n+1} &- \frac{1}{2}r(U_{l+1,m}^{n+1}+U_{l-1,m}^{n+1}+U_{l,m+1}^{m+1}+U_{l,m-1}^{n+1}) \\ &= (1-2r)U_{l,m}^n + \frac{1}{2}r(U_{l+1,m}^n+U_{l-1,m}^n+U_{l,m+1}^n+U_{l,m-1}^n)\end{aligned} \tag{2.120}$$

实际上,在偏微分方程(2.109) 中,令

$$\left(\frac{\partial u}{\partial t}\right)_{l,m}^{n+\frac{1}{2}} \approx \frac{u_{l,m}^{n+1}-u_{l,m}^n}{k}$$

$$\left(\frac{\partial^2 u}{\partial x^2}\right)_{l,m}^{n+\frac{1}{2}} \approx \frac{1}{2}\left(\frac{\delta_x^2u_{l,m}^n+\delta_x^2u_{l,m}^{n+1}}{h^2}\right)$$

$$\left(\frac{\partial^2 u}{\partial y^2}\right)_{l,m}^{n+\frac{1}{2}} \approx \frac{1}{2}\left(\frac{\delta_y^2u_{l,m}^n+\delta_y^2u_{l,m}^{n+1}}{h^2}\right)$$

就得到差分格式(2.120)。

利用 u 在$(x_l,y_m,t^{n+\frac{1}{2}})$ 的 Taylor 展开式,容易得到 Crank-Nicolson 差分格式的截断误差阶为 $O(k^2+h^2)$。

2.7.3 差分格式的稳定性分析

考虑如下热传导方程第一初边值问题

$$\begin{cases}\dfrac{\partial u}{\partial t}=\dfrac{\partial^2 u}{\partial x^2}+\dfrac{\partial^2 u}{\partial y^2} \\ \qquad ((x,y,t)\in\Omega,\Omega=\{(x,y,t)\mid 0<x,y<1,0<t<T\}); \\ u(x,y,0)=\varphi(x,y) \qquad (0\leqslant x,y\leqslant 1); \\ u(0,y,t)=\varphi_1(y,t),\quad u(1,y,t)=\varphi_2(y,t) \quad (0\leqslant y\leqslant 1,0\leqslant t\leqslant T); \\ u(x,0,t)=\omega_1(x,t),\quad u(x,1,t)=\omega_2(x,t) \quad (0\leqslant x\leqslant 1,0\leqslant t\leqslant T)\end{cases} \tag{2.121}$$

应用古典显式差分格式(2.111),则相应的差分方程组为

$$\begin{cases}U_{l,m}^{n+1}=(1-4r)U_{l,m}^n+r(U_{l+1,m}^n+U_{l-1,m}^n+U_{l,m+1}^n-U_{l,m-1}^n) \\ \qquad (n=0,1,\cdots,N-1,\quad l,m=1,2,\cdots,M-1); \\ U_{l,m}^0=\varphi(lh,mh) \qquad (l,m=0,1,\cdots,M-1); \\ U_{0,m}^n=\varphi_1(mh,nk),\quad U_{M,m}^n=\varphi_2(mh,nk) \\ \qquad (m=0,1,\cdots,M,\quad n=0,1,\cdots,N); \\ U_{l,0}^n=\omega_1(lh,nk),\quad U_{l,M}^n=\omega_2(lh,nk), \\ \qquad (l=0,1,\cdots,M,\quad n=0,1,\cdots,N)\end{cases}$$

为了研究其稳定性,设在初值 $U_{l,m}^0$ 上引进误差 $V_{l,m}^0$,而边值在计算中没有引入任何误差,且设差分方程组解的近似值为 $\widetilde{U}_{l,m}^n$,而 $V_{l,m}^n=\widetilde{U}_{l,m}^n-U_{l,m}^n$,则 $V_{l,m}^n$ 满足如下方程组:

$$\begin{cases}V_{l,m}^{n+1}=(1-4r)V_{l,m}^n+r(V_{l+1,m}^n+V_{l-1,m}^n+V_{l,m+1}^n+V_{l,m-1}^n) \\ \qquad (n=0,1,\cdots,N-1,\quad l,m=1,2,\cdots,M-1); \\ V_{l,m}^0\text{——初始误差}; \\ V_{0,m}^n=V_{M,m}^n=V_{l,0}^n=V_{l,M}^n=0\end{cases}$$

像一维情形一样,利用结点上的值 $V_{l,m}^n$ 定义整个二维区域 $0\leqslant x,y\leqslant 1$ 上函 $V^n(x,y)$,使之在结点上的值等于 $V_{l,m}^n$,并将 $V(x,y)$ 周期地延拓到整个空间,于是可以展开成二个变量的 Fourier 级数

$$V^n(x,y)=\sum_{l_1=-\infty}^{+\infty}\sum_{l_2=-\infty}^{+\infty}\xi_{l_1,l_2}^n e^{i2\pi(l_1x+l_2y)}$$

此时,Parseval 等式同样成立

$$\int_0^1\int_0^1 |V^n(x,y)|^2 dxdy=\sum_{l_1=-\infty}^{+\infty}\sum_{l_2=-\infty}^{+\infty}|\xi_{l_1,l_2}^n|^2$$

将 $V^n(x,y)$ 的 Fourier 级数表达式代入下式

$$V^{n+1}(x,y)=(1-4r)V^n(x,y)+r[V^n(x+h,y)+V^n(x-h,y)$$

$$+V^n(x,y+h)+V^n(x,y-h)]$$

则有

$$\sum_{l_1=-\infty}^{+\infty}\sum_{l_2=-\infty}^{+\infty}\xi_{l_1,l_2}^{n+1}\mathrm{e}^{\mathrm{i}2\pi(l_1x+l_2y)}=\sum_{l_1=-\infty}^{+\infty}\sum_{l_2=-\infty}^{+\infty}\xi_{l_1,l_2}^{n}\mathrm{e}^{\mathrm{i}2\pi(l_1x+l_2y)}[(1-4r)+r(\mathrm{e}^{\mathrm{i}2\pi l_1h}+\mathrm{e}^{-\mathrm{i}2\pi l_1h}+\mathrm{e}^{\mathrm{i}2\pi l_2h}+\mathrm{e}^{-\mathrm{i}2\pi l_2h})]$$

由

$$\int_0^1\int_0^1\mathrm{e}^{\mathrm{i}2\pi(l_1x+l_2y)}\mathrm{e}^{-\mathrm{i}2\pi(m_1x+m_2y)}\mathrm{d}x\mathrm{d}y=\begin{cases}0 & (l_1\neq m_1\text{ 或 }l_2\neq m_2);\\ 1 & (l_1=m_1,l_2=m_2)\end{cases}$$

可得

$$\xi_{l_1,l_2}^{n+1}=[(1-4r)+r(2\cos(2\pi l_1h)+2\cos(2\pi l_2h))]\xi_{l_1,l_2}^{n}$$

令

$$\beta_1=2\pi l_1,\quad \beta_2=2\pi l_2$$

则增长因子 $G(\beta_1,\beta_2,k)$ 由下式给出：

$$\begin{aligned}G(\beta_1,\beta_2,k)&=1-2r(1-\cos\beta_1h)-2r(1-\cos\beta_2h)\\&=1-4r\left(\sin^2\frac{\beta_1h}{2}+\sin^2\frac{\beta_2h}{2}\right)\end{aligned}$$

与一维情况完全相同的论证，得古典显式差分格式按 L_2 范数稳定的充分必要条件是

$$|G(\beta_1,\beta_2,k)|=\left|1-4r\left(\sin^2\frac{\beta_1h}{2}+\sin^2\frac{\beta_2h}{2}\right)\right|\leqslant 1$$

由此，古典显式差分格式稳定的充分必要条件为

$$r=k/h^2\leqslant 1/4 \tag{2.122}$$

从上面论证可知，为了研究二维抛物型方程第一边值问题的相应差分格式的稳定性，只需把

$$V_{l,m}^{n+1}=\xi_{l_1,l_2}^{n+1}\mathrm{e}^{\mathrm{i}(\beta_1lh+\beta_2mh)}$$

代入差分格式准确解 $U_{l,m}^{n+1}$ 与近似解 $\widetilde{U}_{l,m}^{n+1}$ 之差 $V_{l,m}^{n+1}$ 所满足的差分格式，实际上就是从原差分格式中求出增长因子 $G(\beta_1,\beta_2,k)$，有

$$\xi_{l_1,l_2}^{n+1}=G(\beta_1,\beta_2,k)\xi_{l_1,l_2}^{n}$$

则与一维抛物型方程第一边值问题的情形一样，Von Neumann 条件

$$|G(\beta_1,\beta_2,k)|\leqslant 1+O(k)$$

对一切 $0<k<k_0$ 及 β_1,β_2，是差分格式稳定的充分必要条件。

应当注意，如同一维情形，Von Neumann 方法分析稳定性仅适用于常系数线性差分方程，除第一初边值问题外也可对 Cauchy 问题使用。

下面讨论热传导方程第一初边值问题的古典隐式差分格式的隐定性。有

$$\begin{cases}(1+4r)U_{l,m}^{n+1}-r(U_{l+1,m}^{n+1}+U_{l-1,m}^{n+1}+U_{l,m+1}^{n+1}+U_{l,m-1}^{n+1})=U_{l,m}^{n} \\ \qquad (n=0,1,\cdots,N-1,\quad l,m=1,2,\cdots,M-1); \\ U_{l,m}^{0}=\varphi(lh,mh)\quad (l,m=0,1,\cdots,M); \\ U_{l,m}^{0}=\psi_1(mh,nk),\quad U_{M,m}^{n}=\psi_2(mh,nk) \\ \qquad (m=0,1,\cdots,M,\quad n=0,1,\cdots,N); \\ U_{l,0}^{n}=\omega_1(lh,nk),\quad U_{l,M}^{n}=\omega_2(lh,nk) \\ \qquad (l=0,1,\cdots,M,\quad n=0,1,\cdots,N)\end{cases}$$

令 $V_{l,m}^{n}=\widetilde{U}_{l,m}^{n}-U_{l,m}^{n}$ 为差分方程近似解与准确解之差，它满足

$$\begin{cases}(1+4r)V_{l,m}^{n+1}-r(V_{l+1,m}^{n+1}+V_{l-1,m}^{n+1}+V_{l,m+1}^{n+1}+V_{l,m-1}^{n+1})=V_{l,m}^{n} \\ \qquad (n=0,1,\cdots,N-1,\quad l,m=1,2,\cdots,M-1); \\ V_{l,m}^{0}\text{——初始误差}; \\ V_{0,m}^{0}=V_{M,m}^{n}=V_{l,0}^{n}=V_{l,M}^{n}=0\end{cases}$$

为了研究稳定性，令

$$V_{l,m}^{n}=\xi_{l_1,l_2}^{n}\,\mathrm{e}^{\mathrm{i}(\beta_1 lh+\beta_2 mh)}$$

代入上式得

$$\xi_{l_1,l_2}^{n+1}=\frac{1}{1+4r\left(\sin^2\dfrac{\beta_1 h}{2}+\sin^2\dfrac{\beta_2 h}{2}\right)}\xi_{l_1,l_2}^{n}$$

则增长因子 $G(\beta_1,\beta_2,k)$ 由下式决定，即

$$G(\beta_1,\beta_2,k)=\frac{1}{1+4r\left(\sin^2\dfrac{\beta_1 h}{2}+\sin^2\dfrac{\beta_2 h}{2}\right)}$$

对一切 β_1,β_2 及 $r>0$，显然有

$$|G(\beta_1,\beta_2,k)|\leqslant 1$$

所以古典隐式差分格式无条件稳定。

关于 Crank-Nicolson 格式(2.120)，完全类似，可推得增长因子为

$$G(\beta_1,\beta_2,k)=\frac{1-2r\sin^2\dfrac{\beta_1 h}{2}-2r\sin^2\dfrac{\beta_2 h}{2}}{1+2r\sin^2\dfrac{\beta_1 h}{2}+2r\sin^2\dfrac{\beta_2 h}{2}} \tag{2.123}$$

因此，对任何 $r>0$，有

$$|G(\beta_1,\beta_2,k)|\leqslant 1$$

Crank-Nicolson 格式无条件稳定。

2.8 交替方向的隐式差分格式(ADI 格式)

考虑二维问题(2.121)的差分解法，由前面推得的显式差分格式稳定性条件

发现，$r=k/h^2$ 要求满足的条件比一维情形更苛刻。事实上，n 维情形稳定性条件将是 $r=k/h^2\leqslant\frac{1}{2n}$。可见若 h 固定，则当维数愈高时，要求时间步长愈小，计算工作量愈大。因此，显式差分格式虽然具有计算相当简单的特点，但在解多维抛物型方程初边值问题中很少被应用。若以古典隐式差分格式(2.118) 或者 Crank-Nicolson 格式(2.120) 计算，由前知它们无条件稳定，因此在满足精确度的前提下，时间步长可以放大，这就大大减少了要计算的时间层数。但不幸的是，在每一时间层里需要解一个较复杂的 $(M-1)^2$ 个未知量的线性代数方程组，而不是如同一维情形只需解一个三对角形方程组，每一时间层解这样的线性方程组大大增加了计算工作量。如果说一维情形隐式差分格式优于显式差分格式，那么在多维情形，一般说来这个结论并不成立。因此对多维问题，构造每层计算量较小的无条件稳定格式一直是偏微分方程差分解法中的重要研究课题之一。

交替方向隐式差分格式，实质上就是为满足上述要求而构造的无条件稳定的差分格式，使每一时间层的计算分成几步进行，而每一步具有一维格式的计算非常简单的特点，因此每一时间层上仅需很少的计算工作量。

方程(2.109) 的古典显式差分格式

$$\frac{U_{l,m}^{n+1}-U_{l,m}^{n}}{k}=\frac{1}{h^2}(\delta_x^2+\delta_y^2)U_{l,m}^{n}$$

即 $\frac{\partial^2 u}{\partial x^2}\approx D_x^2 u,\frac{\partial^2 u}{\partial y^2}=D_y^2 u$ 均在第 n 层用中心差商代替。古典隐式差分格式

$$\frac{U_{l,m}^{n+1}-U_{l,m}^{n}}{k}=\frac{1}{h^2}(\delta_x^2+\delta_y^2)U_{l,m}^{n+1}$$

即 $D_x^2 u$ 和 $D_y^2 u$ 均在第 $(n+1)$ 层上用中心差商代替。

为了设计成一维隐式差分格式，Peaceman 和 Rachford 提出把从第 n 层到第 $(n+1)$ 层的计算分成二步进行。第一步从第 n 层到第 $\left(n+\frac{1}{2}\right)$ 层，这时 $D_x^2 u$ 用第 $\left(n+\frac{1}{2}\right)$ 层上的差商来代替，而 $D_y^2 u$ 用第 n 层上的差商代替；为了保持对称性，第二步从第 $\left(n+\frac{1}{2}\right)$ 层到第 $(n+1)$ 层，$D_x^2 u$ 用第 $\left(n+\frac{1}{2}\right)$ 层上的差商代替，而 $D_y^2 u$ 用第 $(n+1)$ 层上的差商代替。因此有

$$(1)\quad \frac{U_{l,m}^{*\,n+\frac{1}{2}}-U_{l,m}^{n}}{\frac{k}{2}}=\frac{1}{h^2}(\delta_x^2 U_{l,m}^{*\,n+\frac{1}{2}}+\delta_y^2 U_{l,m}^{n})\tag{2.124.1}$$

$$(2)\quad \frac{U_{l,m}^{n+1}-U_{l,m}^{*\,n+\frac{1}{2}}}{\frac{k}{2}}=\frac{1}{h^2}(\delta_x^2 U_{l,m}^{*\,n+\frac{1}{2}}+\delta_y^2 U_{l,m}^{n+1})\tag{2.124.2}$$

它也能写成

(1) $\left(1-\frac{r}{2}\delta_x^2\right)U_{l,m}^{*\,n+\frac{1}{2}}=\left(1+\frac{r}{2}\delta_y^2\right)U_{l,m}^n$ (2.125.1)

(2) $\left(1-\frac{r}{2}\delta_y^2\right)U_{l,m}^{n+1}=\left(1+\frac{r}{2}\delta_x^2\right)U_{l,m}^{*\,n+\frac{1}{2}}$ (2.125.2)

格式(2.124)(或者(2.125))称为 Peaceman-Rachford 交替方向隐式格式,显然从第 n 层到第 $(n+1)$ 层,P-R 格式分二步进行,每一步只需解具有三对角系数的线性方程组。由于第一步是在 x 方向为隐式格式,而第二步是在 y 方向为隐式格式,故称为交替方向隐式格式(ADI 格式)。(P-R)ADI 格式是由 Peaceman-Rachford 在 1995 年发表的。

以下研究P-R格式的逼近阶或者说对热传导方程(2.109)的相容性。为此,从格式(2.124)中消去中间值 $U_{l,m}^{*\,n+\frac{1}{2}}$,以获得一个连续第 n 时间层和第 $(n+1)$ 时间层的差分格式。将式(2.124.1)减去式(2.124.2),得

$$U_{l,m}^{*\,n+\frac{1}{2}}=\frac{1}{2}(U_{l,m}^{n+1}+U_{l,m}^n)-\frac{r}{4}\delta_y^2(U_{l,m}^{n+1}-U_{l,m}^n)$$

代入式(2.124.1)便有

$$U_{l,m}^{n+1}-U_{l,m}^n=\frac{r}{2}(\delta_x^2+\delta_y^2)(U_{l,m}^{n+1}+U_{l,m}^n)-\frac{r^2}{4}\delta_x^2\delta_y^2(U_{l,m}^{n+1}-U_{l,m}^n)$$

即

$$\left(1-\frac{r}{2}\delta_x^2\right)\left(1-\frac{r}{2}\delta_y^2\right)U_{l,m}^{n+1}=\left(1+\frac{r}{2}\delta_x^2\right)\left(1+\frac{r}{2}\delta_y^2\right)U_{l,m}^n$$

这就是第 2.7.2 小节中的差分格式(2.119),它是 Crank-Nicolson 差分格式两边分别加上扰动项 $\frac{1}{4}r^2\delta_x^2\delta_y^2U_{l,m}^{n+1}$ 和 $\frac{1}{4}r^2\delta_x^2\delta_y^2U_{l,m}^n$ 所得。

改写上式为

$$\left(1+\frac{1}{4}r^2\delta_x^2\delta_y^2\right)\frac{U_{l,m}^{n+1}-U_{l,m}^n}{k}=\frac{1}{h^2}(\delta_x^2+\delta_y^2)\frac{U_{l,m}^{n+1}+U_{l,m}^n}{2}$$

设 $u(x,y,t)$ 为微分方程的精确解,记 $u_{l,m}^n=u(lh,mh,nk)$,若 u 关于自变量充分可微,利用 Taylor 展开容易算出

$$\begin{aligned}R_{l,m}^{n+\frac{1}{2}}=&\left(1+\frac{1}{4}r^2\delta_x^2\delta_y^2\right)\frac{u_{l,m}^{n+1}-u_{l,m}^n}{k}-\frac{1}{h^2}(\delta_x^2+\delta_y^2)\frac{u_{l,m}^{n+1}+u_{l,m}^n}{2}\\&-\left[\frac{\partial u}{\partial t}-\frac{\partial^2u}{\partial x^2}-\frac{\partial^2u}{\partial y^2}\right]_{l,m}^{n+\frac{1}{2}}\\=&O(k^2+h^2)\end{aligned}$$

即 P-R 格式的截断误差阶为 $O(k^2+h^2)$,与 Crank-Nicolson 格式截断误差阶相同。

下面验证 P-R 格式的稳定性。根据 Von Neumann 方法,由式(2.119)立刻可得增长因子为

$$G(\beta_1,\beta_2,k)=\frac{\left(1-2r\sin^2\frac{\beta_1h}{2}\right)\left(1-2r\sin^2\frac{\beta_2h}{2}\right)}{\left(1+2r\sin^2\frac{\beta_1h}{2}\right)\left(1+2r\sin^2\frac{\beta_2h}{2}\right)}$$

显见,对任何 $r>0$,有

$$|G(\beta_1,\beta_2,k)|\leqslant 1$$

因此 Paceman-Rachford 交替方向隐式格式无条件稳定。最后,我们可以预测 P-R 格式对三个空间变量问题,即三维问题的推广是不可能的。因为它不能像二维 P-R 格式那样有对称形式的增长因子,无条件稳定性不再成立。

Douglas 和 Rachford 在 1956 年提出了另一个交替方向隐式差分格式,即 Douglas-Rachford 格式。D-R 格式是第一个能被推广到三维情形的交替方向隐式格式,二维 D-R 格式为

$$\frac{U_{l,m}^{*n+1}-U_{l,m}}{k}=\frac{U_{l+1,m}^{*n+1}-2U_{l,m}^{*n+1}+U_{l-1,m}^{*n+1}}{h^2}+\frac{U_{l,m+1}^{n}-2U_{l,m}^{n}+U_{l,m-1}^{n}}{h^2}$$

$$\frac{U_{l,m}^{n+1}-U_{l,m}^{*n+1}}{k}=\frac{U_{l,m+1}^{n+1}-2U_{l,m}^{n+1}+U_{l,m-1}^{n+1}}{h^2}-\frac{U_{l,m+1}^{n}-2U_{l,m}^{n}+U_{l,m-1}^{n}}{h^2}$$

或者

$$(1-r\delta_x^2)U_{l,m}^{*n+1}=(1+r\delta_y^2)U_{l,m}^{n} \tag{2.126.1}$$

$$(1-r\delta_y^2)U_{l,m}^{n+1}=U_{l,m}^{*n+1}-r\delta_y^2U_{l,m}^{n} \tag{2.126.2}$$

消去 $U_{l,m}^{*n+1}$,则有

$$(1-r\delta_x^2)(1-r\delta_y^2)U_{l,m}^{n+1}=(1+r^2\delta_x^2\delta_y^2)U_{l,m}^{n}$$

格式的截断误差阶为 $O(k+h^2)$,这是一个九点差分格式,可算得 D-R 格式的增长因子为

$$G_{DR}=\frac{1+16r^2\sin^2\frac{\beta_1h}{2}\sin^2\frac{\beta_2h}{2}}{\left(1+4r\sin^2\frac{\beta_1h}{2}\right)\left(1+4r\sin^2\frac{\beta_2h}{2}\right)}$$

显然 $G_{DR}\leqslant 1$,故 Douglas-Rachford 格式无条件稳定。

Douglas 在 1962 年提出了一个高阶精度 ADI 格式(D 格式)

$$\frac{U_{l,m}^{*n+1}-U_{l,m}^{n}}{k}=\frac{1}{2}\frac{\delta_x^2(U_{l,m}^{*n+1}+U_{l,m}^{n})}{h^2}+\frac{\delta_y^2U_{l,m}^{n}}{h^2}$$

$$\frac{U_{l,m}^{n+1}-U_{l,m}^{n}}{k}=\frac{1}{2}\frac{\delta_x^2(U_{l,m}^{*n+1}+U_{l,m}^{n})}{h^2}+\frac{1}{2}\frac{\delta_y^2(U_{l,m}^{n+1}+U_{l,m}^{n})}{h^2}$$

或

$$\left(1-\frac{r}{2}\delta_x^2\right)U_{l,m}^{*n+1}=\left[\left(1+\frac{r}{2}\delta_x^2\right)+r\delta_y^2\right]U_{l,m}^{n} \tag{2.127.1}$$

$$\left(1-\frac{r}{2}\delta_y^2\right)U_{l,m}^{n+1}=U_{l,m}^{*n+1}-\frac{r}{2}\delta_y^2U_{l,m}^{n} \tag{2.127.2}$$

消去 $U_{l,m}^{*n+1}$,则有

$$\left(1-\frac{r}{2}\delta_x^2\right)\left(1-\frac{r}{2}\delta_y^2\right)(U_{l,m}^{n+1}-U_{l,m}^{n})=r(\delta_x^2+\delta_y^2)U_{l,m}^{n}$$

格式的截断误差阶为 $O(k^2+h^2)$,且无条件稳定。

Mitchell 和 Fairweather 在 1964 年也推导了一个高精度 ADI 差分格式，称为 Mitchell-Fairweather 格式，即有

$$\left[1-\frac{1}{2}\left(r-\frac{1}{6}\right)\delta_x^2\right]U_{l,m}^{*\,n+1}=\left[1+\frac{1}{2}\left(r+\frac{1}{6}\right)\delta_y^2\right]U_{l,m}^{n} \tag{2.128.1}$$

$$\left[1-\frac{1}{2}\left(r-\frac{1}{6}\right)\delta_y^2\right]U_{l,m}^{n+1}=\left[1+\frac{1}{2}\left(r+\frac{1}{6}\right)\delta_x^2\right]U_{l,m}^{*\,n+1} \tag{2.128.2}$$

消去中间变量 $U_{l,m}^{*\,n+1}$，则有

$$\left[1-\frac{1}{2}\left(r-\frac{1}{6}\right)\delta_x^2\right]\left[1-\frac{1}{2}\left(r-\frac{1}{6}\right)\delta_y^2\right]U_{l,m}^{n+1}$$
$$=\left[1+\frac{1}{2}\left(r+\frac{1}{6}\right)\delta_x^2\right]\left[1+\frac{1}{2}\left(r+\frac{1}{6}\right)\delta_y^2\right]U_{l,m}^{n}$$

截断误差阶为 $O(k^2+h^4)$，因此 M-F 格式较之 P-R 格式和 D-R 格式为好。如果在 M-F 格式中令 $r=\frac{1}{6}$，格式为显式；如果在 M-F 格式中取 $r=\frac{1}{2\sqrt{5}}$，则可进一步提高截断误差阶。

从式(1.128) 不难计算出 M-F 格式的增长因子为

$$G_{\mathrm{MF}}=\frac{\left[2\left(r+\frac{1}{6}\right)\sin^2\frac{\beta_2 h}{2}-1\right]\left[2\left(r+\frac{1}{6}\right)\sin^2\frac{\beta_1 h}{2}-1\right]}{\left[2\left(r-\frac{1}{6}\right)\sin^2\frac{\beta_2 h}{2}+1\right]\left[2\left(r-\frac{1}{6}\right)\sin^2\frac{\beta_1 h}{2}+1\right]}$$

对所有 r，有

$$|G_{\mathrm{MF}}|\leqslant 1$$

M-F 交替方向隐格式无条件稳定。

为了利用隐式交替方向差分格式解初边值问题，除了 $U_{l,m}^{n}$ 的边值外，还需给出 $U_{l,m}^{*\,n+\frac{1}{2}}$，$U_{l,m}^{*\,n+1}$ 等的边值条件。对此，我们有

对 P-R 格式

$$\begin{cases}U_{0,m}^{*\,n+\frac{1}{2}}=\frac{1}{2}[\psi_1(mh,(n+1)k)+\psi_1(mh,nk)]\\ \qquad -\frac{r}{4}\delta_y^2[\psi_1(mh,(n+1)k)-\psi_1(mh,nk)],\\ U_{M,m}^{*\,n+\frac{1}{2}}=\frac{1}{2}[\psi_2(mh,(n+1)k)+\psi_2(mh,nk)]\\ \qquad -\frac{r}{4}\delta_y^2[\psi_2(mh,(n+1)k)-\psi_2(mh,nk)]\end{cases} \tag{2.129}$$

其中，$m=1,2,\cdots,M-1$；$n=0,1,\cdots,N-1$。

对 D-R 格式

$$\begin{cases}U_{0,m}^{*\,n+1}=r\delta_y^2\psi_1(mh,nk)+(1-r\delta_y^2)\psi_1(mh,(n+1)k),\\ U_{M,m}^{*\,n+1}=r\delta_y^2\psi_2(mh,nk)+(1-r\delta_y^2)\psi_2(mh,(n+1)k)\end{cases} \tag{2.130}$$

其中，$m=1,2,\cdots,M-1$；$n=0,1,2,\cdots,N-1$。

对 D 格式

$$\begin{cases} U_{0,m}^{*\,n+1} = \left(1-\dfrac{1}{2}r\delta_y^2\right)\psi_1(mh,(n+1)k)+\dfrac{1}{2}r\delta_y^2\psi_1(mh,nk), \\ U_{M,m}^{*\,n+1} = \left(1-\dfrac{1}{2}r\delta_y^2\right)\psi_2(mh,(n+1)k)+\dfrac{1}{2}r\delta_y^2\psi_2(mh,nk) \end{cases} \tag{2.131}$$

其中，$m=1,2,\cdots,N-1$；$n=0,1,\cdots,N-1$。

对 M－F 格式

$$\begin{cases} U_{0,m}^{*\,n+1} = \dfrac{r+\frac{1}{6}}{2r}\left[1+\dfrac{1}{2}\left(r+\dfrac{1}{6}\right)\delta_y^2\right]\psi_1(mh,nk) \\ \qquad\qquad + \dfrac{r-\frac{1}{6}}{2r}\left[1-\dfrac{1}{2}\left(r-\dfrac{1}{6}\right)\delta_y^2\right]\psi_1(mh,(n-1)k), \\ U_{M,m}^{*\,n+1} = \dfrac{r+\frac{1}{6}}{2r}\left[1+\dfrac{1}{2}\left(r+\dfrac{1}{6}\right)\delta_y^2\right]\psi_2(mh,nk) \\ \qquad\qquad + \dfrac{r-\frac{1}{6}}{2r}\left[1-\dfrac{1}{2}\left(r-\dfrac{1}{6}\right)\delta_y^2\right]\psi_2(mh,(n-1)k) \end{cases} \tag{2.132}$$

其中，$m=1,2,\cdots,M-1$；$n=0,1,\cdots,N-1$。

最后，对二维变系数抛物型方程

$$\frac{\partial u}{\partial t}=\frac{\partial}{\partial t}\left(a(x,y)\frac{\partial u}{\partial x}\right)+\frac{\partial}{\partial y}\left(b(x,y)\frac{\partial u}{\partial y}\right) \tag{2.133}$$

给出其 ADI 差分格式，以 P－R 格式为例，我们有

$$\begin{cases} \left[1-\dfrac{r}{2}\delta_x(a\delta_x)\right]U_{l,m}^{*\,n+\frac{1}{2}} = \left[1+\dfrac{r}{2}\delta_y(b\delta_y)\right]U_{l,m}^{n}, \\ \left[1-\dfrac{r}{2}\delta_y(b\delta_y)\right]U_{l,m}^{n+1} = \left[1+\dfrac{r}{2}\delta_x(a\delta_x)\right]U_{l,m}^{*\,n+\frac{1}{2}} \end{cases} \tag{2.134}$$

中间变量 $U_{l,m}^{*\,n+\frac{1}{2}}$ 应满足的边值条件为

$$\begin{cases} U_{0,m}^{*\,n+\frac{1}{2}} = \dfrac{1}{2}\left[1+\dfrac{r}{2}\delta_y(b\delta_y)\right]\psi_1(mh,nk) \\ \qquad\qquad + \dfrac{1}{2}\left[1-\dfrac{r}{2}\delta_y(b\delta_y)\right]\psi_1(mh,(n+1)k), \\ U_{M,m}^{*\,n+\frac{1}{2}} = \dfrac{1}{2}\left[1+\dfrac{r}{2}\delta_y(b\delta_y)\right]\psi_2(mh,nk) \\ \qquad\qquad + \dfrac{1}{2}\left[1-\dfrac{r}{2}\delta_y(b\delta_y)\right]\psi_2(mh,(n+1)k) \end{cases} \tag{2.135}$$

其中，$m=1,2,\cdots,M-1$；$n=0,1,\cdots,N-1$。

习　题　2

1. 用古典显式差分格式计算抛物型方程

$$\frac{\partial u}{\partial t}=\frac{\partial^2 u}{\partial x^2}\quad (0<x<1)$$

满足初始条件

$$u|_{t=0}=\sin\pi x\quad (0\leqslant x\leqslant 1)$$

和边界条件

$$u|_{x=0}=u|_{x=1}=0\quad (t>0)$$

的近似解，$\Delta x=h=0.1, r=0.1$，并与解析解

$$u=\mathrm{e}^{-\pi^2 t}\sin\pi x$$

进行比较($t=0.005$)。

2. 用 Crank-Nicolson 差分格式计算上题的初边值问题在 $t=0.1, 0.2$ 处的解，$\Delta t=k=0.1, \Delta x=h=0.1$。

3. 用古典显式差分格式给出下列初边值问题

$$\begin{cases}\dfrac{\partial u}{\partial t}-\dfrac{\partial^2 u}{\partial x^2}=0 & (0<x<1, t>0);\\ u|_{t=0}=1 & (0<x<1);\\ u(0,t)=0,\quad u_x(1,t)=0 & (t>0)\end{cases}$$

的近似解，其中，离散边界条件为

$$U_0^n=0$$

$$U_{M+1}^n=U_{M-1}^n\quad (Mh=1)$$

4. 考虑抛物型方程的初边值问题

$$\begin{cases}\dfrac{\partial u}{\partial t}=\alpha\dfrac{\partial^2 u}{\partial x^2}-\beta u & (0<x<1, t>0, \alpha, \beta>0);\\ u|_{t=0}=f(x) & (0\leqslant x\leqslant 1);\\ u|_{x=0}=g_1(t),\quad u|_{x=1}=g_2(t) & (t>0)\end{cases}$$

用显式差分格式

$$\frac{1}{k}(U_m^{n+1}-U_m^n)=\frac{\alpha}{h^2}\delta_x^2 U_m^n-\beta U_m^n\quad (m=0,1,\cdots,M-1; Mh=1; n=0,1,\cdots)$$

逼近方程，试用矩阵方法分析格式的稳定性。

5. 考虑抛物型方程初边值问题

$$\begin{cases}\dfrac{\partial u}{\partial t}=\alpha\dfrac{\partial^2 u}{\partial x^2}-\beta u & (a>0, 0<x<1, t>0);\\ u|_{t=0}=f(x) & (0\leqslant x\leqslant 1);\\ u|_{x=0}=g_1(t),\quad u|_{x=1}=g_2(t) & (t>0)\end{cases}$$

用古典隐式差分格式逼近微分方程：

(1) 给出差分格式截断误差阶；

(2) 用矩阵方法分析差分格式的稳定性。

6. 考虑微分方程

$$\frac{\partial u}{\partial t}=\mathrm{i}\omega\frac{\partial^2 u}{\partial x^2}\quad(\mathrm{i}=\sqrt{-1},\omega\text{ 为实常数})$$

的显式差分格式

$$\frac{U_m^{n+1}-U_m^n}{k}=\mathrm{i}\omega\frac{U_{m+1}^n-2U_m^n+U_{m-1}^n}{h^2}$$

的稳定性。

7. 给出逼近方程

$$\frac{\partial u}{\partial t}=\frac{\partial^2 u}{\partial x^2}$$

的三层差分格式

$$(1+\theta)\frac{U_m^{n+1}-U_m^n}{k}-\theta\frac{U_m^n-U_m^{n-1}}{k}=\frac{U_{m+1}^{n+1}-2U_m^{n+1}+U_{m-1}^{n+1}}{h^2}$$

研究其稳定性

8. 研究抛物型方程组

$$\begin{cases}\dfrac{\partial u}{\partial t}=-\alpha\dfrac{\partial^2 v}{\partial x^2},\\[2mm]\dfrac{\partial v}{\partial t}=\alpha\dfrac{\partial^2 u}{\partial x^2}\end{cases}$$

的差分格式

$$\begin{cases}\dfrac{U_m^{n+1}-U_m^n}{k}=-\dfrac{a}{2}\left(\dfrac{V_{m+1}^n-2V_m^n+V_{m-1}^n}{h^2}+\dfrac{V_{m+1}^{n+1}-2V_m^{n+1}+V_{m-1}^{n+1}}{h^2}\right),\\[2mm]\dfrac{V_m^{n+1}-V_m^n}{k}=\dfrac{a}{2}\left(\dfrac{U_{m+1}^{n+1}-2U_m^{n+1}+U_{m-1}^{n+1}}{h^2}+\dfrac{U_{m+1}^n-2U_m^n+U_{m-1}^n}{h^2}\right)\end{cases}$$

的稳定性。

9. 研究抛物型方程

$$\frac{\partial u}{\partial t}=\frac{\partial^2 u}{\partial x^2}+\frac{\partial^2 u}{\partial y^2}+cu\quad(c\text{ 是常数})$$

的差分格式

$$U_{l,m}^{n+1}=[1+r(\delta_x^2+\delta_y^2)+crh^2]U_{l,m}^n \tag{1}$$

和

$$[1-crh^2-r(\delta_x^2+\delta_y^2)]U_{l,m}^{n+1}=U_{l,m}^n \tag{2}$$

的稳定性$\left(\text{其中 } r=\dfrac{k}{h^2}\right)$。

10. 抛物型方程

$$\frac{\partial u}{\partial t}=\frac{\partial^2 u}{\partial x^2}+\frac{\partial^2 u}{\partial y^2}+cu \quad (c\text{ 是常数})$$

的 Peaceman-Rachford ADI 格式为

$$\begin{cases}\dfrac{U_{l,m}^{*n+\frac{1}{2}}-U_{l,m}^{n}}{k/2}=\dfrac{1}{h^2}(\delta_x^2 U_{l,m}^{*n+\frac{1}{2}}+\delta_y^2 U_{l,m}^{n})+cU_{l,m}^{*n+\frac{1}{2}}\\ \dfrac{U_{l,m}^{n+1}-U_{l,m}^{*n+\frac{1}{2}}}{k/2}=\dfrac{1}{h^2}(\delta_x^2 U_{l,m}^{*n+\frac{1}{2}}+\delta_y^2 U_{l,m}^{n+1})+cU_{l,m}^{n+1}\end{cases}$$

试建立 $U_{l,m}^{n+1}$ 与 $U_{l,m}^{n}$ 的关系式，并分析其稳定性。

3 椭圆型方程的差分方法

设 Ω 是 xy 平面中的具有边界 $\partial\Omega$ 的一个有界区域，本章考虑如下椭圆型方程的差分解法：

$$a(x,y)\frac{\partial^2 u}{\partial x^2}+2b(x,y)\frac{\partial^2 u}{\partial x\partial y}+c(x,y)\frac{\partial^2 u}{\partial y^2}=d\left(x,y,u,\frac{\partial u}{\partial x},\frac{\partial u}{\partial y}\right) \quad (3.1)$$

其中，系数 $a(x,y)$，$b(x,y)$，$c(x,y)$ 满足

$$b^2-ac<0 \quad ((x,y)\in\Omega) \quad (3.2)$$

对应方程(3.1)的定解问题有下面三类。

(1) 第一边值问题，或称 Dirichlet 问题

$$\begin{cases}\text{方程(3.1)} & ((x,y)\in\Omega);\\ u=f(x,y) & ((x,y)\in\partial\Omega)\end{cases}$$

(2) 第二边值问题，或称 Neumann 问题

$$\begin{cases}\text{方程(3.1)} & ((x,y)\in\Omega);\\ \dfrac{\partial u}{\partial n}=g(x,y) & ((x,y)\in\partial\Omega)\end{cases}$$

(3) 第三边值问题，或称 Robin 问题

$$\begin{cases}\text{方程(3.1)} & ((x,y)\in\Omega);\\ \alpha(x,y)u+\beta(x,y)\dfrac{\partial u}{\partial n}=\gamma(x,y) & ((x,y)\in\partial\Omega)\end{cases}$$

其中 $\alpha(x,y)$，$\beta(x,y)>0$。

3.1 正方形区域中的 Laplace 方程 Dirichlet 边值问题的差分模拟

为了说明如何应用差分方法解椭圆型方程，我们考虑方程(3.1)的如下简单形式：

$$\frac{\partial^2 u}{\partial x^2}+\frac{\partial^2 u}{\partial y^2}=0 \quad ((x,y)\in\Omega) \quad (3.3)$$

众所周知，它称为 Laplace 方程。

设 Ω 为正方形区域，$0<x<1$，$0<y<1$，要求方程(3.3)满足 Dirichlet 边值

条件

$$u(x,y)=f(x,y)\quad ((x,y)\in\partial\Omega) \tag{3.4}$$

的解，为些正方形区域用两组分别平行于坐标轴的直线

$$x_l=lh,\quad y_m=mh$$

所构成的网格来覆盖。如前，网格中两组平行线的交点为结点，步长为 h。如果 $Mh=1$，于是正方形内部结点数为$(M-1)^2$。

我们构造(lh,mh)(简写成(l,m)) 处微分方程的差分逼近，为此对微分方程解 $u(x,y)$ 在结点处进行 Taylor 展开，我们有

$$u_{l+1,m}=\left(u+h\frac{\partial u}{\partial x}+\frac{1}{2}h^2\frac{\partial^2 u}{\partial x^2}+\frac{1}{6}h^3\frac{\partial^3 u}{\partial x^3}+\frac{1}{24}h^4\frac{\partial^4 u}{\partial x^4}+\cdots\right)_{l,m}$$

$$u_{l-1,m}=\left(u-h\frac{\partial u}{\partial x}+\frac{1}{2}h^2\frac{\partial^2 u}{\partial x^2}-\frac{1}{6}h^3\frac{\partial^3 u}{\partial x^3}+\frac{1}{24}h^4\frac{\partial^4 u}{\partial x^4}+\cdots\right)_{l,m}$$

则

$$u_{l+1,m}+u_{l-1,m}-2u_{l,m}=\left(h^2\frac{\partial^2 u}{\partial x^2}+\frac{1}{12}h^4\frac{\partial^4 u}{\partial x^4}+\cdots\right)_{l,m}$$

类似的，我们有

$$u_{l,m+1}+u_{l,m-1}-2u_{l,m}=\left(h^2\frac{\partial^2 u}{\partial y^2}+\frac{1}{12}h^4\frac{\partial^4 u}{\partial y^4}+\cdots\right)_{l,m}$$

于是

$$\begin{aligned}&(u_{l+1,m}+u_{l-1,m}+u_{l,m+1}+u_{l,m-1}-4u_{l,m})/h^2\\&\quad=\left(\frac{\partial^2 u}{\partial x^2}+\frac{\partial^2 u}{\partial y^2}\right)_{l,m}+\frac{1}{12}h^2\left(\frac{\partial^4 u}{\partial x^4}+\frac{\partial^4 u}{\partial y^4}\right)_{l,m}+\cdots\end{aligned} \tag{3.5}$$

因此 Laplace 方程的五点差分格式为

$$\frac{1}{h^2}(U_{l+1,m}+U_{l-1,m}+U_{l,m+1}+U_{l,m-1}-4U_{l,m})=0 \tag{3.6}$$

它具有截断误差

$$\frac{1}{12}h^2\left(\frac{\partial^4 u}{\partial x^4}+\frac{\partial^4 u}{\partial y^4}\right)_{l,m}+\cdots$$

这里$U_{l,m}$ 表示差分方程在(l,m)处的解。显然，截断误差的主要部分仅当解$u(x,y)\in C^{4,4}$(u 有关于 x,y 直到四阶的连续导数) 时有意义，截断误差阶是 $O(h^2)$。

我们引进记号 $\diamondsuit$，有

$$\diamondsuit U_{l,m}=\frac{1}{h^2}(U_{l+1,m}+U_{l-1,m}+U_{l,m+1}+U_{l,m-1}-4U_{l,m}) \tag{3.7}$$

因此差分方程(3.6) 即为 $\diamondsuit U_{l,m}=0$。

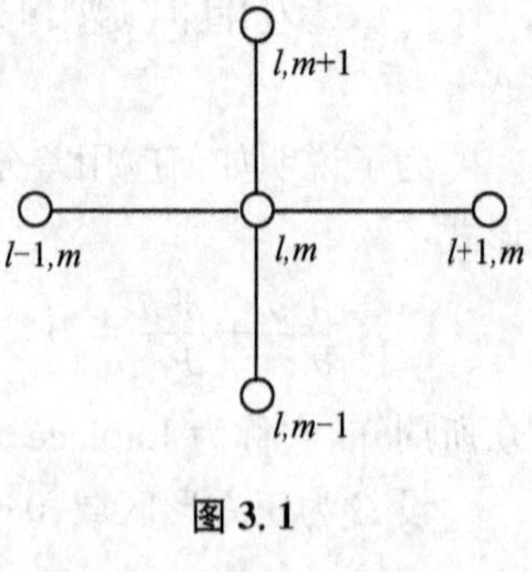

图 3.1

如图 3.1 所示，在区域 Ω 的每一内部结点(l,m)

上($l=1,\cdots,M-1;m=1,\cdots,M-1$) 建立差分方程，由此在区域$\Omega$内部$(M-1)^2$个结点上有$(M-1)^2$ 个方程，即

$$\Diamond U_{l,m}=0 \quad (l,m=1,\cdots,M-1) \tag{3.8}$$

定义向量

$$\boldsymbol{U}=[U_{1,1},U_{2,1},\cdots,U_{M-1,1};U_{1,2},U_{2,2},\cdots,U_{M-1,2};U_{1,M-1},U_{2,M-1},\cdots,U_{M-1,M-1}]^{\mathrm{T}}$$

这里上角 T 表示转置。定义了向量$\boldsymbol{U}$，也就是对$(M-1)^2$ 个未知量给定了一个次序，这里采用的次序是结点的自然次序。本章如不加特别说明，都采用这种自然次序排列结点上的未知函数值。由这种次序，单位正方形中的内部结点上的$(M-1)^2$个线性方程(3.8) 写成矩阵形式为

$$\boldsymbol{AU}=\boldsymbol{K} \tag{3.9}$$

其中，$\boldsymbol{A}$ 是$(M-1)^2$ 阶方阵，有

$$\boldsymbol{A}=\begin{bmatrix} \boldsymbol{B} & -\boldsymbol{I} & & & & \\ -\boldsymbol{I} & \boldsymbol{B} & -\boldsymbol{I} & & & \\ & -\boldsymbol{I} & \boldsymbol{B} & -\boldsymbol{I} & & \\ & & \ddots & \ddots & \ddots & \\ & & & -\boldsymbol{I} & \boldsymbol{B} & -\boldsymbol{I} \\ & & & & -\boldsymbol{I} & \boldsymbol{B} \end{bmatrix}$$

$\boldsymbol{I}$ 是$(M-1)$ 阶单位方阵；$\boldsymbol{B}$ 是$(M-1)$ 阶方阵，有

$$\boldsymbol{B}=\begin{bmatrix} 4 & -1 & & & & \\ -1 & 4 & -1 & & & \\ & -1 & 4 & -1 & & \\ & & \ddots & \ddots & \ddots & \\ & & & -1 & 4 & -1 \\ & & & & -1 & 4 \end{bmatrix}$$

向量$\boldsymbol{K}$ 的元素由在正方形周界的结点上的边值$f(x,y)$ 决定。

关于方程组(3.9) 的解法，我们准备在第3.8 节中详细讨论。在这以前，我们先给出一般的边值条件、区域和更一般的椭圆型方程的差分模拟。

当 Laplace 方程(3.3) 定义在矩形区域上而不是正方形区域上时，则一般而言，x 和 y 方向的步长分别取为h 和k。

3.2 Neumann 边值问题的差分模拟

现在我们考虑 Laplace 方程 Neumann 边值问题，即

$$\begin{cases}\dfrac{\partial^2 u}{\partial x^2}+\dfrac{\partial^2 u}{\partial y^2}=0 \quad ((x,y)\in\Omega,\Omega=\{(x,y)\mid 0<x<1,0<y<1\});\\ \left.\dfrac{\partial u}{\partial n}\right|_{\partial\Omega}=g(x,y)\end{cases}\tag{3.10}$$

式中，$\left.\dfrac{\partial u}{\partial n}\right|_{\partial\Omega}$ 表示函数 u 沿着边界的外法线方向导数。在正方形的四个顶点上法向没有定义，事实上 $g(x,y)$ 在那里将不连续，以后将取平均值作为不连续点上值的定义。

Neumann 边值问题(3.10) 的解存在，仅当

$$\int_{\partial\Omega}g(x,y)\mathrm{d}l=0\tag{3.11}$$

且除了一个任意常数外，解唯一。因为容易看到，如果 $u(x,y)$ 是式(3.10) 的解，于是 $u(x,y)+C$(C 是一个任意常数) 也是其解。为了唯一性，需要规定 $u(x,y)$ 在区域中某一点上的值。

下面讨论 Neumann 问题(3.10) 的差分模拟。如前，先在区域 Ω 中给定一个正方形网格区域，步长为 h，$Mh=1$，于是必须决定解的结点为$(M+1)^2$ 个，结点上差分方程的解为 $U_{l,m}(0\leqslant l,m\leqslant M)$。

在内点上，Laplace 方程由差分方程(3.6) 代替

$$\frac{1}{h^2}(\delta_x^2+\delta_y^2)U_{l,m}=0\tag{3.12}$$

在 $x=0$ 上的导数边值条件的差分模拟为

$$\frac{1}{2h}(U_{-1,m}-U_{l,m})=g_{0,m}\quad(m=1,2,\cdots,M-1)\tag{3.13}$$

这里，$g_{0,m}=g(0,mh)$。在 $x=1,y=0,y=1$ 上的边值条件有相似的差分表达式，为了消去式(3.13) 中的 $U_{-1,m}$，可在式(3.12) 中令 $l=0$，于是

$$(\delta_x^2+\delta_y^2)U_{0,m}=0$$

即

$$U_{-1,m}=2U_{0,m}-U_{1,m}-U_{0,m-1}+2U_{0,m}-U_{0,m+1}$$

代入式(3.13)，则

$$4U_{0,m}-2U_{1,m}-U_{0,m-1}-U_{0,m+1}=2hg_{0,m}\quad(m=1,\cdots,M-1)\tag{3.14}$$

同理，在 $x=1,y=0,y=1$ 时分别有

$$4U_{M,m}-2U_{M-1,m}-U_{M,m-1}-U_{M,m+1}=2hg_{M,m}\quad(m=1,\cdots,M-1)\tag{3.15}$$

$$4U_{l,0}-2U_{l,1}-U_{l-1,0}-U_{l+1,0}=2hg_{l,0}\quad(l=1,\cdots,M-1)\tag{3.16}$$

$$4U_{l,M}-2U_{l,M-1}-U_{l-1,M}-U_{l+1,M}=2hg_{l,M}\quad(l=1,\cdots,M-1)\tag{3.17}$$

在四个顶点$(0,0)$,$(0,M)$,$(M,0)$,(M,M)上,有

$$4U_{0,0}-2U_{1,0}-2U_{0,1}=4hg_{0,0}$$
$$4U_{0,M}-2U_{1,M}-2U_{0,M-1}=4hg_{0,M}$$
$$4U_{M,0}-2U_{M,1}-2U_{M-1,0}=4hg_{M,0}$$
$$4U_{M,M}-2U_{M-1,M}-2U_{M,M-1}=4hg_{M,M}$$

由此,正方形区域$0\leqslant x,y\leqslant 1$的$(M+1)^2$个结点上差分方程解$U_{l,m}(l,m=1,\cdots,M)$满足线性方程组

$$\boldsymbol{AU}=2h\boldsymbol{g}\tag{3.18}$$

这里,$\boldsymbol{A}$是$(M+1)^2$阶方阵,有

$$\boldsymbol{A}=\begin{bmatrix}\boldsymbol{B} & -2\boldsymbol{I} & & & & \\ -\boldsymbol{I} & \boldsymbol{B} & -\boldsymbol{I} & & & \\ & -\boldsymbol{I} & \boldsymbol{B} & -\boldsymbol{I} & & \\ & & \ddots & \ddots & \ddots & \\ & & & -\boldsymbol{I} & \boldsymbol{B} & -\boldsymbol{I} \\ & & & & -2\boldsymbol{I} & \boldsymbol{B}\end{bmatrix}$$

其中,$\boldsymbol{I}$是$(M+1)$阶单位方阵;$\boldsymbol{B}$是如下的$(M+1)$阶方阵,即

$$\boldsymbol{B}=\begin{bmatrix}4 & -2 & & & & \\ -1 & 4 & -1 & & & \\ & -1 & 4 & -1 & & \\ & & \ddots & \ddots & \ddots & \\ & & & -1 & 4 & -1 \\ & & & & -2 & 4\end{bmatrix}$$

方程组(3.18)中的向量$\boldsymbol{U}$和$\boldsymbol{g}$由以下给出:

$$\boldsymbol{U}=[U_{0,0},U_{1,0},\cdots,U_{M,0};U_{0,1},U_{1,1},\cdots,U_{M,1};\cdots;U_{0,M},U_{1,M},\cdots,U_{M,M}]^{\mathrm{T}}$$
$$\boldsymbol{g}=[2g_{0,0},g_{1,0},\cdots,g_{M-1,0},2g_{M,0};g_{0,1},0,\cdots,0,g_{M,1};\cdots;$$
$$g_{0,M-1},0,\cdots,0,g_{M,M-1};2g_{0,M},g_{1,M},\cdots,g_{M-1,M},2g_{M,M}]^{\mathrm{T}}$$
$$g_{l,m}=g(lh,mh)$$

与Dirichlet问题相反,方程组(3.18)中的系数矩阵$\boldsymbol{A}$是奇异矩阵。这可以说明如下,即对每个分量为1的向量$\boldsymbol{V}$显然满足$\boldsymbol{AV}=\boldsymbol{0}$。对方程(3.18),如解$\boldsymbol{U}$存在,$\boldsymbol{g}$必然是$\boldsymbol{A}$的列向量的线性组合。现在,对任何数量$c$,$\boldsymbol{U}+c\boldsymbol{V}$也是解,这对应于有关微分方程Neumann问题解的叙述。

例3.1 在单位正方形区域Ω上解Laplace方程Neumann问题

$$\begin{cases}\dfrac{\partial^2 u}{\partial x^2}+\dfrac{\partial^2 u}{\partial y^2}=0\quad(0\leqslant x,y\leqslant 1);\\ \left.\dfrac{\partial u}{\partial n}\right|_{\partial\Omega}=g(x,y)\end{cases}$$

解 令 $h=1/2$,应用图 3.2 中结点次序,则方程(3.18)为

$$\begin{bmatrix} 4 & -2 & 0 & -2 & 0 & 0 & 0 & 0 & 0 \\ -1 & 4 & -1 & 0 & -2 & 0 & 0 & 0 & 0 \\ 0 & -2 & 4 & 0 & 0 & -2 & 0 & 0 & 0 \\ -1 & 0 & 0 & 4 & -2 & 0 & -1 & 0 & 0 \\ 0 & -1 & 0 & -1 & 4 & -1 & 0 & -1 & 0 \\ 0 & 0 & -1 & 0 & -2 & 4 & 0 & 0 & -1 \\ 0 & 0 & 0 & -2 & 0 & 0 & 4 & -2 & 0 \\ 0 & 0 & 0 & 0 & -2 & 0 & -1 & 4 & -1 \\ 0 & 0 & 0 & 0 & 0 & -2 & 0 & -2 & 4 \end{bmatrix} \begin{bmatrix} U_1 \\ U_2 \\ U_3 \\ U_4 \\ U_5 \\ U_6 \\ U_7 \\ U_8 \\ U_9 \end{bmatrix} = 2h \begin{bmatrix} 2g_1 \\ g_2 \\ 2g_3 \\ g_4 \\ 0 \\ g_6 \\ 2g_7 \\ g_8 \\ 2g_9 \end{bmatrix} \tag{3.19}$$

或写成

$$\boldsymbol{AU} = 2h\boldsymbol{g}$$

显然,$\boldsymbol{A}$ 是一奇异矩阵。

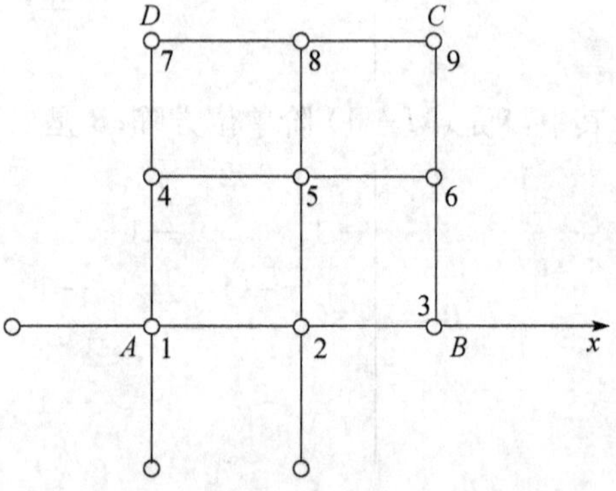

图 3.2

注意到当九个方程分别用 $\frac{1}{4},\frac{1}{2},\frac{1}{4},\frac{1}{2},1,\frac{1}{2},\frac{1}{4},\frac{1}{2},\frac{1}{4}$ 相乘,则得系数矩阵为对称矩阵,若把这九个方程相加,则

$$\sum_{\substack{i=1 \\ i\neq 5}}^{9} g_i = 0 \tag{3.20}$$

故方程(3.19)解存在仅当(3.20)成立,否则方程组不相容。

由条件(3.11)知

$$\int_{\partial\Omega} g(x,y)\,\mathrm{d}l = 0$$

而由复化梯形规则知

$$\int_{\partial\Omega} g(x,y)\,\mathrm{d}l \approx h\sum_{\substack{i=1 \\ i\neq 5}}^{9} g_i$$

可见,即使 $\sum\limits_{\substack{i=1 \\ i\neq 5}}^{9} g_i = 0$ 不能满足,也可期望 $\sum\limits_{\substack{i=1 \\ i\neq 5}}^{9} g_i$ 相当小,因此有理由令一分量,比如 U_9 为某一任意常数,然后由方程(3.19)的前八个方程解出 $U_1,U_2,\cdots,U_8$。

3.3 混合边值条件

现在讨论如下定解问题的差分模拟，即在 xy 平面上的某区域 Ω 中，未知函数 u 满足 Laplace 方程，边界 $\partial\Omega$ 分成若干弧段，要求 u 在每一弧段上满足不同类型的边界条件。

例如，求解如下定解问题：

$$\begin{cases} \dfrac{\partial^2 u}{\partial x^2}+\dfrac{\partial^2 u}{\partial y^2}=0 & ((x,y)\in\Omega,\Omega=\{(x,y)\mid 0<x,y<1\}); \\ \dfrac{\partial u}{\partial x}-p(y)u=f_0(y) & (x=0,0\leqslant y\leqslant 1); \\ \dfrac{\partial u}{\partial y}-q(x)u=f_1(x) & (y=0,0\leqslant x\leqslant 1); \\ u=g(x,y) & \begin{pmatrix} x=1,0\leqslant y\leqslant 1 \\ y=1,0\leqslant x\leqslant 1 \end{pmatrix} \end{cases} \tag{3.21}$$

其中 p,q,f_0,f_1,g 是给定的函数。

显然在 $x=0(0\leqslant y\leqslant 1),y=0(0\leqslant x\leqslant 1)$ 上，u 满足 Robins 条件，而在 $x=1(0\leqslant y\leqslant 1),y=1(0\leqslant x\leqslant 1)$ 上，u 满足 Dirichlet 条件。

为了给出定解问题(3.21)的差分模拟，用平行于 x 轴和 y 轴的直线构成的网格覆盖区域 Ω，$x_l=lh,y_m=mh,l,m=0,1,\cdots,M,Mh=1$，由逼近 Laplace 方程的五点差分格式(3.12)

$$\frac{1}{h^2}(\delta_x^2+\delta_y^2)U_{l,m}=0$$

给出区域 Ω 内函数 u 在结点 (lh,mh) 的近似值 U_{lm} 所满足的差分方程。

对于在 $x=0$ 上的结点 $(0,mh)$，应用边值条件

$$\frac{\partial u}{\partial x}-p(y)u=f_0(y)$$

的差分模拟和五点差分公式(3.12)，即

$$U_{-1,m}+U_{1,m}+U_{0,m+1}+U_{0,m-1}-4U_{0,m}=0$$

$$(U_{1,m}-U_{-1,m})/(2h)-p_mU_{0,m}=f_{0,m}\quad (p_m=p(mh),f_{0,m}=f_0(mh))$$

消去 $U_{-1,m}$，得

$$2U_{1,m}+U_{0,m+1}+U_{0,m-1}-(4+2hp_m)U_{0,m}=2hf_{0,m}\quad (m=1,2,\cdots,M-1) \tag{3.22}$$

它不包括闭区域 $\bar{\Omega}=\Omega\cup\partial\Omega$ 外的结点。

相似的对于 $y=0$ 上的结点 $(lh,0)$，我们有

$$2U_{l,1}+U_{l+1,0}+U_{l-1,0}-(4+2hq_l)U_{l,0}=2hf_{1,l}\quad(l=1,2,\cdots,M-1)\tag{3.23}$$

其中，$q_l=q(lh)$，$f_{1,l}=f_1(lh)$。在原点(0,0)上，两边值条件相遇，则

$$U_{-1,0}+U_{1,0}+U_{0,-1}+U_{0,1}-4U_{0,0}=0$$

$$U_{1,0}-U_{-1,0}-2hp_0U_{0,0}=2hf_{0,0}$$

$$U_{0,1}-U_{0,-1}-2hq_0U_{0,0}=2hf_{1,0}$$

消去$U_{-1,0}$，$U_{0,-1}$得

$$2U_{1,0}+2U_{0,1}-(4+2hp_0+2hq_0)U_{0,0}=2h(f_{0,0}+f_{1,0})\tag{3.24}$$

下面把所有差分方程汇集成矩阵形式，并且对$l=0$和$m=0$上成立的方程(3.22)，(3.23)用1/2乘之，对$l=m=0$上的方程(3.24)用1/4乘之。令

$$\boldsymbol{U}=[U_{0,0},U_{1,0},\cdots,U_{M-1,0};U_{0,1},\cdots,U_{M-1,1};\cdots,U_{0,M-1},\cdots,U_{M-1,M-1}]^{\mathrm{T}}$$

于是$\boldsymbol{U}$满足方程

$$\boldsymbol{AU}=h\boldsymbol{g}\tag{3.25}$$

这里矩阵$\boldsymbol{A}$对称，为M^2阶方阵，即

$$\boldsymbol{A}=\begin{bmatrix}\boldsymbol{E}_0 & \boldsymbol{K} & & & & \\ \boldsymbol{K} & \boldsymbol{E}_1 & \boldsymbol{K} & & & \\ & \boldsymbol{K} & \boldsymbol{E}_2 & \boldsymbol{K} & & \\ & & \ddots & \ddots & \ddots & \\ & & & \boldsymbol{K} & \boldsymbol{E}_{M-2} & \boldsymbol{K} \\ & & & & \boldsymbol{K} & \boldsymbol{E}_{M-1}\end{bmatrix}$$

其中，$\boldsymbol{E}_0,\boldsymbol{E}_1,\cdots,\boldsymbol{E}_{M-1},\boldsymbol{K}$是$M$阶方阵，且

$$\boldsymbol{E}_0=$$

$$\begin{bmatrix}-\left[1+\frac{1}{2}h(p_0+q_0)\right] & \frac{1}{2} & & & & \\ \frac{1}{2} & -(2+hq_1) & \frac{1}{2} & & & \\ & \frac{1}{2} & -(2+hq_2) & \frac{1}{2} & & \\ & & \ddots & \ddots & \ddots & \\ & & & \frac{1}{2} & -(2+hq_{M-2}) & \frac{1}{2} \\ & & & & \frac{1}{2} & -(2+hq_{M-1})\end{bmatrix}$$

$$\boldsymbol{E}_m=\begin{bmatrix}-(2+p_m) & 1 & & & & \\ 1 & -4 & 1 & & & \\ & 1 & -4 & 1 & & \\ & & \ddots & \ddots & \ddots & \\ & & & 1 & -4 & 1 \\ & & & & 1 & -4\end{bmatrix}\quad(m=1,2,\cdots,M-1)$$

$$K = \begin{bmatrix} \frac{1}{2} & & & \\ & 1 & & \\ & & \ddots & \\ & & & 1 \end{bmatrix}$$

而 $\boldsymbol{g}$ 依赖于函数 f_0, f_1 和 g 在边界结点上的值。

3.4　非矩形区域

当区域 Ω 为具有边平行于网格线的矩形，则在所有区域内部结点上可以采用同样的差分格式逼近椭圆型问题。当 Ω 是非矩形区域，则在如图 3.3 所示的邻接边界的内部结点 (l,m) 上需采取特别的处理方法。

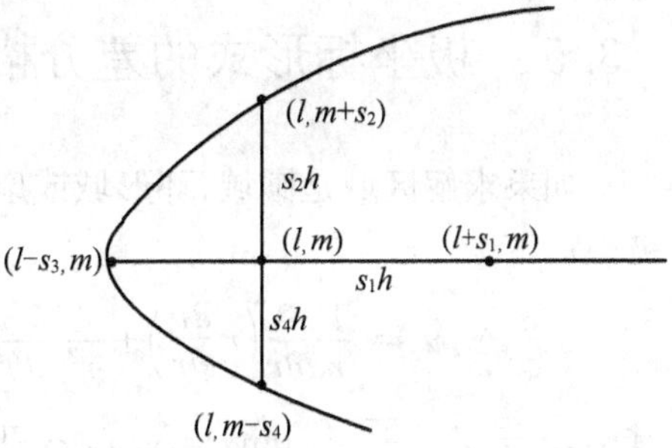

图 3.3

由关于解 u 在结点 (l,m) 上的 Taylor 展开可得

$$u_{l+s_1,m} = \left[u + s_1 h \frac{\partial u}{\partial x} + \frac{1}{2} s_1^2 h^2 \frac{\partial^2 u}{\partial x^2} + O(h^3)\right]_{l,m}$$

$$u_{l,m+s_2} = \left[u + s_2 h \frac{\partial u}{\partial y} + \frac{1}{2} s_2^2 h^2 \frac{\partial^2 u}{\partial y^2} + O(h^3)\right]_{l,m}$$

$$u_{l-s_3,m} = \left[u - s_3 h \frac{\partial u}{\partial x} + \frac{1}{2} s_3^2 h^2 \frac{\partial^2 u}{\partial x^2} + O(h^3)\right]_{l,m}$$

$$u_{l,m-s_4} = \left[u - s_4 h \frac{\partial u}{\partial y} + \frac{1}{2} s_4^2 h^2 \frac{\partial^2 u}{\partial y^2} + O(h^3)\right]_{l,m}$$

为了获得 Laplace 方程的差分逼近，在上面四个式子中消去一阶偏导数 $\frac{\partial u}{\partial x}, \frac{\partial u}{\partial y}$ 项，则分别给出

$$\left.\frac{\partial^2 u}{\partial x^2}\right|_{l,m} = \frac{\frac{2}{h^2}\{s_3(u_{l+s_1,m} - u_{l,m}) + s_1(u_{l-s_3,m} - u_{l,m})\}}{[s_1 s_3(s_1 + s_3)]} + O(h)$$

$$\left.\frac{\partial^2 u}{\partial y^2}\right|_{l,m} = \frac{\frac{2}{h^2}\{s_4(u_{l,m+s_2} - u_{l,m}) + s_2(u_{l,m-s_4} - u_{l,m})\}}{[s_2 s_4(s_2 + s_4)]} + O(h)$$

因此，Laplace 方程的五点差分格式为

$$\frac{1}{h^2}(\beta_1 U_{l+s_1,m} + \beta_2 U_{l,m+s_2} + \beta_3 U_{l-s_3,m} + \beta_4 U_{l,m-s_4} - \beta_0 U_{l,m}) = 0 \qquad (3.26)$$

其中

$$\beta_1 = \frac{2}{[(s_1+s_3)s_1]}, \quad \beta_2 = \frac{2}{[(s_2+s_4)s_2]}$$

$$\beta_3 = \frac{2}{[(s_1+s_3)s_3]}, \quad \beta_4 = \frac{2}{[(s_2+s_4)s_4]}$$

$$\beta_0 = \beta_1 + \beta_2 + \beta_3 + \beta_4$$

显然,当 $s_1 = s_2 = s_3 = s_4 = 1$ 时,式(3.26) 化为五点差分格式(3.6)。

3.5 极坐标形式的差分格式

如果求解区域是圆域、环形域或扇形域,采用极坐标是方便的。Poisson 方程在极坐标下为

$$\Delta_{r,\theta}u = \frac{1}{r}\frac{\partial}{\partial r}\left(r\frac{\partial u}{\partial r}\right) + \frac{1}{r^2}\frac{\partial^2 u}{\partial \theta^2} = -f(r,\theta) \tag{3.27}$$

其中,$r = \sqrt{x^2+y^2}$, $\tan\theta = y/x$, xy 平面映射为 $r\theta$ 平面上的半条形区域$\{0 \leqslant r < \infty, 0 \leqslant \theta \leqslant 2\pi\}$。方程(3.27) 的系数当 $r = 0$ 时具有奇异性,因此为了选出我们感兴趣的解,需补充附加条件,这时有

$$\lim_{r\to 0} r\frac{\partial u}{\partial r} = 0 \tag{3.28}$$

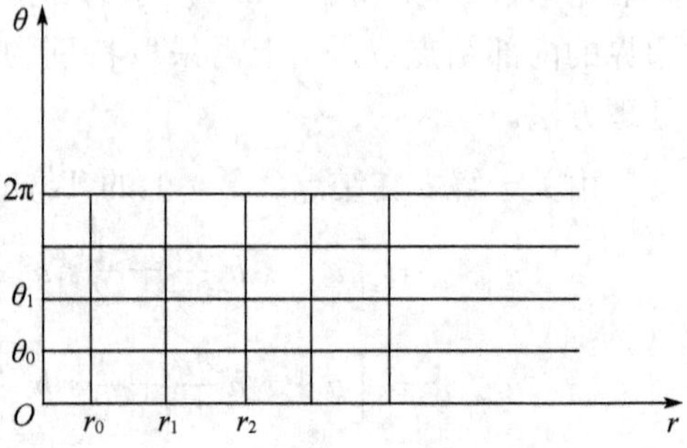

图 3.4

因此,除了方程(3.27) 外,我们还需要逼近条件(3.28)。为了建立差分方程,在半条形区域中引进网格(如图 3.4 所示),即

$$\Omega_h = \{(r_l,\theta_m) \mid l = 0,1,\cdots; m = 0,1,\cdots,M-1\}$$

其中

$$r_l = (l+0.5)h_r, \quad \theta_m = mh_\theta$$

h_r, h_θ 分别为 r 和 θ 方向的步长,$h_r > 0$, $h_\theta > 2\pi/M$, M 为正整数。

显然,从网格点中除去了 $r=0$ 的点,使我们摆脱了当 $r=0$ 时逼近方程的必要性,但是产生了当 $r = h_r/2$ 时逼近方程(3.27) 的问题。现在先对$(r_l,\theta_m)(l>0)$ 给出差分方程。

用中心差商代替方程中的导数,且设 $u_{l,m} = u(r_l,\theta_m)$,则有

$$\left[\frac{1}{r}\frac{\partial}{\partial r}\left(r\frac{\partial u}{\partial r}\right)\right]_{l,m} \approx \left[\frac{1}{r}\frac{1}{h_r}\delta_r\left(r\frac{1}{h_r}\delta_r(u)\right)\right]_{l,m}$$

$$= \frac{1}{r_l}\frac{1}{h_r^2}[\delta_r(r\delta_r(u))]_{l,m}$$

$$= \frac{1}{r_l} \frac{r_{l+1/2}(\delta_r u)_{l+1/2,m} - r_{l-1/2}(\delta_r u)_{l-1/2,m}}{h_r^2}$$

$$= \frac{r_{l+1/2}(u_{l+1,m} - u_{l,m}) - r_{l-1/2}(u_{l,m} - u_{l-1,m})}{r_l h_r^2}$$

$$\left(\frac{1}{r^2}\frac{\partial^2 u}{\partial \theta^2}\right)_{l,m} = \frac{1}{r_l^2}\frac{u_{l,m+1} - 2u_{l,m} + u_{l,m-1}}{h_\theta^2}$$

由此对 $l \geqslant 1$，得差分方程

$$\begin{aligned} &\frac{1}{r_l}\frac{r_{l+1/2}U_{l+1,m} - (r_{l+1/2} + r_{l-1/2})U_{l,m} + r_{l-1/2}U_{l-1,m}}{h_r^2} \\ &\quad + \frac{1}{r_l^2}\frac{U_{l,m+1} - 2U_{l,m} + U_{l,m-1}}{h_\theta^2} = -f(r_l, \theta_m) \end{aligned} \tag{3.29}$$

问题在于推导点(r_0, θ_m)的差分方程，我们利用积分插值法推导之。以 r 乘方程(3.27)两边，并对 r 由 ε 到 h_r 积分，对 θ 由 $\theta_{m-1/2}$ 到 $\theta_{m+1/2}$ 积分，然后令 $\varepsilon \to 0$，由条件(3.28)，得

$$\begin{aligned} &h_r \int_{\theta_{m-1/2}}^{\theta_{m+1/2}} \frac{\partial}{\partial r} u(h_r, \theta) \mathrm{d}\theta + \int_0^{h_r} \frac{1}{r}\left[\frac{\partial}{\partial \theta}u(r, \theta_{m+1/2}) - \frac{\partial}{\partial \theta}u(r, \theta_{m-1/2})\right]\mathrm{d}r \\ &\quad = -\int_0^{h_r} r\mathrm{d}r \int_{\theta_{m-1/2}}^{\theta_{m+1/2}} f(r, \theta)\mathrm{d}\theta \end{aligned}$$

用中矩形公式代替上述积分，则

$$\begin{aligned} &h_r h_\theta \frac{\partial}{\partial r}u(h_r, \theta_m) + 2\left[\frac{\partial}{\partial \theta}u\left(\frac{h_r}{2}, \theta_{m+1/2}\right) - \frac{\partial}{\partial \theta}u\left(\frac{h_r}{2}, \theta_{m-1/2}\right)\right] \\ &\quad \approx -\frac{1}{2}h_r^2 h_\theta f\left(\frac{h_r}{2}, \theta_m\right) \end{aligned}$$

再用中心差商代替微商，就得出点(r_0, θ_m)的差分方程

$$h_r h_\theta \frac{U_{1,m} - U_{0,m}}{h_r} + 2\frac{U_{0,m+1} - 2U_{0,m} + U_{0,m-1}}{h_\theta} = -\frac{1}{2}h_r^2 h_\theta f_{0,m}$$

或者

$$\frac{2}{h_r}\frac{U_{1,m} - U_{0,m}}{h_r} + \frac{4}{h_r^2}\frac{U_{0,m+1} - 2U_{0,m} + U_{0,m-1}}{h_\theta^2} = -f_{0,m} \tag{3.30}$$

联结式(3.29)和(3.30)便获得了极坐标形式下的泊松方程的差分近似。

3.6 矩形区域上的 Poisson 方程的五点差分逼近的敛速分析

考虑泊松方程的第一边值问题

$$\begin{cases} \dfrac{\partial^2 u}{\partial x^2} + \dfrac{\partial^2 u}{\partial y^2} = -f(x, y) & ((x, y) \in \Omega); \\ u(x, y) = g(x, y) & ((x, y) \in \partial\Omega) \end{cases} \tag{3.31}$$

设区域 $\Omega = \{(x, y) \mid 0 < x < 1, 0 < y < 1\}$，$\Omega$ 中的网格点集合为 Ω_h，而

$$\Omega_h = \{(x_l, y_m) \mid x_l = lh, y_m = mh; l, m = 1, 2, \cdots, M-1\}$$

边界上网格点集合为 $\partial\Omega_h$，而

$$\bar{\Omega} = \Omega \cup \partial\Omega, \quad \bar{\Omega}_h = \Omega_h \cup \partial\Omega_h$$

网格点 (x_l, y_m)（记为 (l,m)）$\in \Omega_h$ 上的五点差分逼近是

$$\frac{1}{h^2}(U_{l+1,m} + U_{l-1,m} + U_{l,m+1} + U_{l,m-1} - 4U_{l,m}) = -f_{l,m}$$

写成

$$LU_{l,m} = -f_{l,m} \quad (f_{l,m} = f(x_l, y_m), (l,m) \in \Omega_h) \tag{3.32}$$

在边界网格点 (l,m) 上 $U_{l,m}$ 满足边值条件

$$U_{l,m} = g_{l,m} \quad (g_{l,m} = g(x_l, y_m), (l,m) \in \partial\Omega_h) \tag{3.33}$$

为了讨论差分方程解 $U_{l,m}$ 与微分方程解 $u(x_l, y_m)$ 之间的逼近程度，令

$$e_{l,m} = u_{l,m} - U_{l,m}$$

于是

$$Le_{l,m} = Lu_{l,m} - LU_{l,m} = Lu_{l,m} + f_{l,m} = T_{l,m}$$

由 Taylor 展开，设 $u \in C^{4,4}(\bar{\Omega})$，于是

$$T_{l,m} = \frac{1}{12}h^2\left\{\left(\frac{\partial^4 u}{\partial x^4}\right)_{\xi, y_m} + \left(\frac{\partial^4 u}{\partial y^4}\right)_{x_l, \eta}\right\}$$

其中 $x_l - h < \xi < x_l + h, y_m - h < \eta < y_m + h$。令

$$M_4 = \max\left\{\max_{\Omega}\left|\frac{\partial^4 u}{\partial x^4}\right|, \max_{\Omega}\left|\frac{\partial^4 u}{\partial y^4}\right|\right\}$$

于是

$$\max_{\Omega_h} | T_{l,m} | \leqslant \frac{1}{6}h^2 M_4$$

因此

$$\max_{\Omega_h} | Le_{l,m} | = \max_{\Omega_h} | T_{l,m} | \leqslant \frac{1}{6}h^2 M_4 \tag{3.34}$$

为了估计 $\max\limits_{\Omega_h} | e_{l,m} |$，下面建立它和 $\max\limits_{\Omega_h} | Le_{l,m} |$ 之间的关系。

定理 3.1 如果 V 是定义在矩形区域 $0 \leqslant x \leqslant 1, 0 \leqslant y \leqslant 1$ 上的网格点集 $\bar{\Omega}_h = \Omega_h \cup \partial\Omega_h$ 上的函数，则有

$$\max_{\Omega_h} | V | \leqslant \max_{\partial\Omega_h} | V | + \frac{1}{2}\max_{\Omega_h} | LV |$$

其中

$$LV_{l,m} = \frac{1}{h^2}(V_{l+1,m} + V_{l-1,m} + V_{l,m+1} + V_{l,m-1} - 4V_{l,m})$$

为了证明这个定理，我们先给出下面的定理，即所谓差分方程的极值原理。

定理 3.2（极值原理） 假设

(1) $V_{l,m}$ 为定义在网格点区域 $\bar{\Omega}_h = \Omega_h \cup \partial\Omega_h$ 上的一组值；

(2) $V_{l,m}$ 不恒为常数，$(l,m) \in \bar{\Omega}_h$；

(3) $LV_{l,m} \geqslant 0, (l,m) \in \Omega_h$。

则 $V_{l,m}$ 不可能在内部结点即 Ω_h 上达到最大值。同样，如果 $LV_{l,m} \leqslant 0$，则 $V_{l,m}$ 不可能在 Ω_h 上达到最小值。

证　用反证法。假设 $V_{l,m}$ 在 Ω_h 中某点，比如 (l_0, m_0) 上达到最大，设有 $\overline{M}$，使

$$\overline{M} = \max_{\Omega_h} V_{l,m} = V_{l_0,m_0}$$

因为 $V_{l,m}$ 不恒为常数，不妨假定在 (l_0, m_0) 相邻的结点 (l,m) 上 $V_{l,m} < \overline{M}$，因此

$$\begin{aligned} LV_{l_0,m_0} &= \frac{1}{h^2}(V_{l_0+1,m_0} + V_{l_0-1,m_0} + V_{l_0,m_0+1} + V_{l_0,m_0-1} - 4V_{l_0,m_0}) \\ &< \frac{1}{h^2}(\overline{M} + \overline{M} + \overline{M} + \overline{M} - 4\overline{M}) = 0 \end{aligned}$$

这与假设矛盾。所以 $V_{l,m}$ 不可能在 Ω_h 内部取最大值。

类似的，可证明定理的后一部分结论。

现在证明定理 3.1。

定义函数 $\varphi_{l,m}$，有

$$\varphi_{l,m} = \frac{1}{4}(x_l^2 + y_m^2) = \frac{1}{4}(l^2 + m^2)h^2 \quad ((l,m) \in \bar{\Omega}_h)$$

显然

$$0 \leqslant \varphi_{l,m} \leqslant \frac{1}{4}(M^2 + M^2)h^2 = \frac{1}{2} \quad (Mh = 1, (l,m) \in \bar{\Omega}_h)$$

又

$$\begin{aligned} L\varphi_{l,m} &= \frac{1}{4}[(l+1)^2 + m^2 + (l-1)^2 + m^2 + l^2 + (m+1)^2 + l^2 \\ &\quad + (m-1)^2 - 4l^2 - 4m^2] \\ &= 1 \quad ((l,m) \in \Omega_h) \end{aligned}$$

设

$$N = \max_{\Omega_h} | LV_{l,m} |$$

且令

$$W^+ = V + N\varphi, \quad W^- = -V + N\varphi$$

于是

$$LW_{l,m}^+ = LV_{l,m} + N, \quad LW_{l,m}^- = -LV_{l,m} + N \quad ((l,m) \in \Omega_h)$$

于是由 N 的定义

$$LW_{l,m}^{\pm} \geqslant 0$$

由极值原理

$$\max_{\Omega_h} W^{\pm}_{l,m} \leqslant \max_{\partial\Omega_h} W^{\pm}_{l,m}$$

因此

$$\begin{aligned}\max_{\Omega_h} W^{\pm}_{l,m} &\leqslant \max_{\partial\Omega_h}(\pm V_{lm} + N\varphi_{l,m}) \\ &\leqslant \max_{\partial\Omega_h}(\pm V_{l,m}) + N\max_{\partial\Omega_h}\varphi_{l,m} \\ &\leqslant \max_{\partial\Omega_h}(\pm V_{l,m}) + \frac{1}{2}N\end{aligned}$$

因为

$$W^{\pm}_{l,m} = \pm V_{l,m} + N\varphi_{l,m} \quad (N\varphi_{l,m} \geqslant 0)$$

则

$$\pm V_{l,m} \leqslant W^{\pm}_{l,m} \quad ((l,m) \in \bar{\Omega}_h)$$

因此

$$\max_{\Omega_h}(\pm V_{l,m}) \leqslant \max_{\Omega_h}(W^{\pm}_{l,m}) \leqslant \max_{\partial\Omega_h}(\pm V_{l,m}) + \frac{1}{2}N$$

即

$$\max_{\Omega_h} | V_{l,m} | \leqslant \max_{\partial\Omega_h} | V_{l,m} | + \frac{1}{2}\max_{\Omega_h} | LV_{l,m} |$$

定理 3.1 证毕。

应用定理 3.1 的结论，则差分方程解与微分方程解之差 $e_{l,m}$ 满足

$$\max_{\Omega_h} | e_{l,m} | \leqslant \max_{\partial\Omega_h} | e_{l,m} | + \frac{1}{2}\max_{\Omega_h} | Le_{l,m} |$$

在边界网格点 $\partial\Omega_h$ 上 $U_{l,m} = u_{l,m} = g_{l,m}$，于是由式(3.34) 得到

$$\max_{\Omega_h} | e_{l,m} | \leqslant \frac{1}{12}h^2 M_4 \tag{3.35}$$

这是非常有用的结果，它证明当网距 $h \to 0$ 时差分方程解收敛到微分方程解。式(3.35) 是敛速估计，我们有下面的定理。

定理 3.3 若 Poisson 方程的第一边值问题(3.31) 的解 $u(x,y) \in C^{4,4}(\bar{\Omega})$，则五点差分公式(3.32)，(3.33) 的解一致收敛到 $u(x,y)$，且有敛速估计

$$\max_{\Omega_h} | u(x_l, y_m) - U_{l,m} | \leqslant \frac{1}{12}M_4 h^2$$

其中 M_4 为与 h 无关的常数，定义如前。

3.7 一般二阶线性椭圆型方程差分逼近及其性质研究

考虑线性椭圆型方程第一边值问题

$$\begin{cases} a(x,y)\dfrac{\partial^2 u}{\partial x^2}+c(x,y)\dfrac{\partial^2 u}{\partial y^2}+d(x,y)\dfrac{\partial u}{\partial x}+e(x,y)\dfrac{\partial u}{\partial y} \\ \quad +f(x,y)u=g(x,y) \quad ((x,y)\in\Omega), \\ u(x,y)|_{\partial\Omega}=\varphi(x,y) \end{cases} \tag{3.36}$$

其中$\Omega=\{(x,y)\mid 0<x<\alpha,0<y<\beta\}$。设在区域$\Omega$上$a(x,y)$，$c(x,y)$，$d(x,y)$，$e(x,y)$，$f(x,y)$，$g(x,y)$为连续函数，且满足$a(x,y)>0$，$c(x,y)>0$，$f(x,y)\leqslant 0$。

类似于前面的讨论，作两族平行于坐标轴的直线

$$x_l=lh,\quad y_m=mh$$

其中$l=0,1,\cdots,L$，且$L=\dfrac{a}{h}$；$m=0,1,\cdots,M$，且$M=\dfrac{\beta}{h}$。组成网格区域(如图3.5所示)。

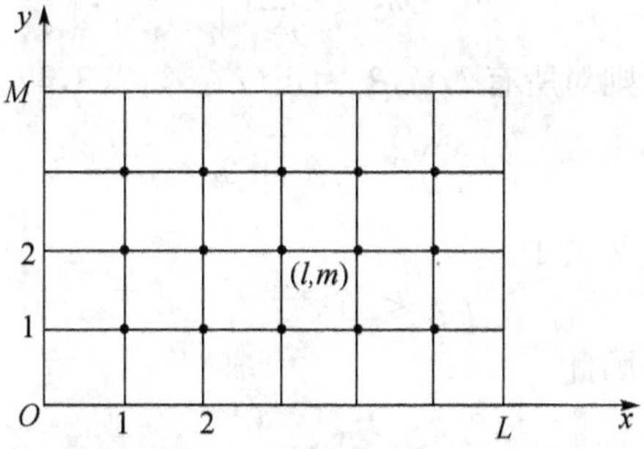

图 3.5

在网格结点(l,m) $(l=1,2,\cdots,L-1;m=1,2,\cdots,M-1)$上，我们分别用如下中心差商代替一阶导数和二阶导数，即

$$\left(\frac{\partial u}{\partial x}\right)_{(l,m)}\approx\frac{u_{l+1,m}-u_{l-1,m}}{2h}$$

$$\left(\frac{\partial u}{\partial y}\right)_{(l,m)}\approx\frac{u_{l,m+1}-u_{l,m-1}}{2h}$$

$$\left(\frac{\partial^2 u}{\partial x^2}\right)_{(l,m)}\approx\frac{u_{l+1,m}-2u_{l,m}+u_{l-1,m}}{h^2}$$

$$\left(\frac{\partial^2 u}{\partial y^2}\right)_{(l,m)}\approx\frac{u_{l,m+1}-2u_{l,m}+u_{l,m-1}}{h^2}$$

代入微分方程(3.36)，则有差分格式

$$a_{l,m}\frac{U_{l+1,m}-2U_{l,m}+U_{l-1,m}}{h^2}+c_{l,m}\frac{U_{l,m+1}-2U_{l,m}+U_{l,m-1}}{h^2}$$
$$+d_{l,m}\frac{U_{l+1,m}-U_{l-1,m}}{2h}+e_{l,m}\frac{U_{l,m+1}-U_{l,m-1}}{2h}+f_{l,m}U_{l,m}=g_{l,m}$$

其中

$$a_{l,m}=a(lh,mh),\quad c_{l,m}=c(lh,mh)$$
$$d_{l,m}=d(lh,mh),\quad e_{l,m}=e(lh,mh)$$
$$f_{l,m}=f(lh,mh),\quad g_{l,m}=g(lh,mh)$$

经整理，则有

$$\beta_1U_{l+1,m}+\beta_2U_{l-1,m}+\beta_3U_{l,m+1}+\beta_4U_{l,m-1}-\beta_0U_{l,m}=h^2g_{l,m} \tag{3.37}$$

其中

$$\beta_1 = a_{l,m} + \frac{1}{2}hd_{l,m}, \quad \beta_2 = a_{l,m} - \frac{1}{2}hd_{l,m}$$

$$\beta_3 = c_{l,m} + \frac{1}{2}he_{l,m}, \quad \beta_4 = c_{l,m} - \frac{1}{2}he_{l,m}$$

$$\beta_0 = 2\left(a_{l,m} + c_{l,m} - \frac{1}{2}h^2 f_{l,m}\right)$$

显然，如果适当选取 h，使其满足

$$0 < h < \min_{l,m}\left(\frac{2a_{l,m}}{|d_{l,m}|}, \frac{2c_{l,m}}{|e_{l,m}|}\right) \tag{3.38}$$

则对所有 l,m,β_i 为正($i = 1,2,3,4$)。因为

$$\sum_{i=1}^{4}\beta_i = \beta_1 + \beta_2 + \beta_3 + \beta_4 = 2(a_{l,m} + c_{l,m})$$

又由于

$$f_{l,m} \leqslant 0$$

因此

$$\beta_0 \geqslant \sum_{i=1}^{4}\beta_i \tag{3.39}$$

如图 3.5 所示，在矩形域 Ω 内有 $\mu = (L-1)\times(M-1)$ 个网格点，我们按自然次序排列网格点上的未知函数值，令

$$U = [U_{1,1}, U_{2,1}, \cdots, U_{L-1,1}; U_{1,2}, U_{2,2}, \cdots, U_{L-1,2}; \cdots; U_{1,M-1}, \cdots, U_{L-1,M-1}]^{\mathrm{T}}$$

则在区域 Ω 的内部结点上将 $\mu = (L-1)\times(M-1)$ 个差分方程写成如下矩阵形式

$$\boldsymbol{AU} = \boldsymbol{K} \tag{3.40}$$

其中，$\boldsymbol{A}$ 为 μ 阶方阵，$\boldsymbol{K}$ 是 μ 维列向量，其元素由边值条件及方程(3.37)的非齐次项 $h^2 g_{l,m}$ 构成。有

$$\boldsymbol{A} = \begin{bmatrix} \boldsymbol{B}_1 & \boldsymbol{B}_1^{(3)} & & & & \\ \boldsymbol{B}_2^{(4)} & \boldsymbol{B}_2 & \boldsymbol{B}_2^{(3)} & & & \\ & \boldsymbol{B}_3^{(4)} & \boldsymbol{B}_2 & \boldsymbol{B}_3^{(3)} & & \\ & & \ddots & \ddots & \ddots & \\ & & & \boldsymbol{B}_{M-2}^{(4)} & \boldsymbol{B}_{M-2} & \boldsymbol{B}_{M-2}^{(3)} \\ & & & & \boldsymbol{B}_{M-1}^{(4)} & \boldsymbol{B}_{M-1} \end{bmatrix}$$

其中

$$\boldsymbol{B}_i = \begin{bmatrix} (\beta_0)_{1,i} & (-\beta_1)_{1,i} & & & & \\ (-\beta_2)_{2,i} & (\beta_0)_{2,i} & (-\beta_1)_{2,i} & & & \\ & (-\beta_2)_{3,i} & (\beta_0)_{3,i} & (-\beta_1)_{3,i} & & \\ & & \ddots & \ddots & \ddots & \\ & & & (-\beta_2)_{L-2,i} & (\beta_0)_{L-2,i} & (-\beta_1)_{L-2,i} \\ & & & & (-\beta_2)_{L-1,i} & (\beta_0)_{L-1,i} \end{bmatrix}$$

$(i=1,2,\cdots,M-1)$

$$\boldsymbol{B}_i^{(3)}=\begin{bmatrix}(-\beta_3)_{1,i} & & & \\ & (-\beta_3)_{2,i} & & \\ & & \ddots & \\ & & & (-\beta_3)_{L-1,i}\end{bmatrix}\quad(i=1,2,\cdots,M-2)$$

$$\boldsymbol{B}_i^{(4)}=\begin{bmatrix}(-\beta_4)_{1,i} & & & \\ & (-\beta_4)_{2,i} & & \\ & & \ddots & \\ & & & (-\beta_4)_{L-1,i}\end{bmatrix}\quad(i=1,2,\cdots,M-1)$$

$$(\beta_0)_{v,i}=\beta_0(vh,ih)\quad(v=1,2,\cdots,L-1;i=1,2,\cdots,M-1)$$
$$(-\beta_1)_{v,i}=-\beta_1(vh,ih)\quad(v=1,2,\cdots,L-2;i=1,2,\cdots,M-1)$$
$$(-\beta_2)_{v,i}=-\beta_2(vh,ih)\quad(v=1,2,\cdots,L-1;i=1,2,\cdots,M-1)$$
$$(-\beta_3)_{v,i}=-\beta_3(vh,ih)\quad(v=1,2,\cdots,L-1;i=1,2,\cdots,M-2)$$
$$(-\beta_4)_{v,i}=-\beta_4(vh,ih)\quad(v=1,2,\cdots,L-1;i=1,2,\cdots,M-1)$$

记 $\boldsymbol{A}=(\alpha_{ij})_{\mu\times\mu}$，显然它具有如下特征：

(1) 矩阵 **A** 中零元素占绝大多数，非零元素则很少，即为稀疏矩阵；

(2) 矩阵 **A** 为 $(M-1)$ 维块三对角矩阵（或简称块状三对角矩阵）；

(3) 矩阵 **A** 的主对角线元素为 β_0，非对角线元素为 $-\beta_i(i=1,2,3,4)$，当椭圆型方程(3.36)中 $a(x,y),c(x,y)$ 为常数，$d(x,y)=e(x,y)=0$ 时，矩阵 **A** 为对称矩阵；

(4) $\alpha_{i,i}>0,\alpha_{i,j}\leqslant 0,i\neq j$；

(5) $\alpha_{i,i}\geqslant\sum\limits_{\substack{j=1\\ j\neq i}}^{\mu}|\alpha_{i,j}|$，且对某一 i 成立严格不等式；

(6) **A** 是不可约矩阵。

性质(5)的第一部分显然从方程组(3.40)立刻得到，而后一部分只要通过检查一个与边界结点相邻的网格内点（如网格点(1,1)）的差分方程就知道了。具有性质(5)的矩阵 **A** 称为具有对角优势，如果对任何 i 均有严格不等式成立，则称 **A** 具有严格对角优势。

根据：① 具有严格对角优势的矩阵是非奇异的；② 具有对角优势的不可约矩阵是非奇异的；③ 具有对角优势和正的对角元的不可约对称矩阵的特征值全是正数，即为对称正定阵，则我们得到

$$\boldsymbol{AU}=\boldsymbol{K}$$

存在唯一解。

例 3.2　考虑 Laplace 方程第一边值问题

$$\begin{cases} \dfrac{\partial^2 u}{\partial x^2}+\dfrac{\partial^2 u}{\partial y^2}=0 \quad ((x,y)\in\Omega); \\ u|_{\partial\Omega}=f(x,y) \quad ((x,y)\in\partial\Omega) \end{cases}$$

这里 $\Omega=\{(x,y)\mid 0<x<1,0<y<1\}$。采用步长为 1/4 的正方形网格，差分公式为

$$-U_{l+1,m}-U_{l-1,m}-U_{l,m+1}$$
$$-U_{l,m-1}+4U_{l,m}=0$$

结点编号如图 3.6 所示，则按前法所得方程组

$$\boldsymbol{AU}=\boldsymbol{K}$$

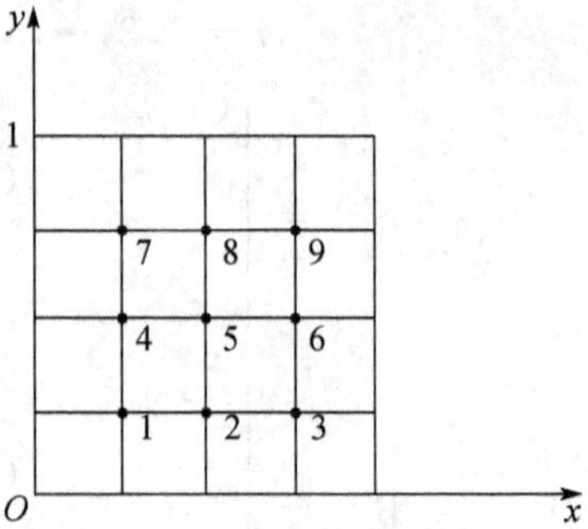

图 3.6

的系数矩阵为

$$\mathbf{A}=\begin{bmatrix} 4 & -1 & 0 & -1 & 0 & 0 & 0 & 0 & 0 \\ -1 & 4 & -1 & 0 & -1 & 0 & 0 & 0 & 0 \\ 0 & -1 & 4 & 0 & 0 & -1 & 0 & 0 & 0 \\ -1 & 0 & 0 & 4 & -1 & 0 & -1 & 0 & 0 \\ 0 & -1 & 0 & -1 & 4 & -1 & 0 & -1 & 0 \\ 0 & 0 & -1 & 0 & -1 & 4 & 0 & 0 & -1 \\ 0 & 0 & 0 & -1 & 0 & 0 & 4 & -1 & 0 \\ 0 & 0 & 0 & 0 & -1 & 0 & -1 & 4 & -1 \\ 0 & 0 & 0 & 0 & 0 & -1 & 0 & -1 & 4 \end{bmatrix}$$

这是一个对称、不可约对角占优矩阵，对角元为正，因此它非奇异，且为对称正定阵。

例 3.3　考虑椭圆型方程第一边值问题

$$\begin{cases} (x+1)\dfrac{\partial^2 u}{\partial x^2}+(y^2+1)\dfrac{\partial^2 u}{\partial y^2}-u=1 \\ \qquad ((x,y)\in\Omega,\Omega=\{(x,y)\mid 0<x<1,0<y<1\}); \\ u(0,y)=y, \quad u(1,y)=y^2 \quad (1\leqslant y\leqslant 1); \\ u(x,0)=0, \quad u(x,1)=1 \quad (0\leqslant x\leqslant 1) \end{cases}$$

这时 $a(x,y)=x+1,c(x,y)=y^2+1,f(x,y)=-1,g(x,y)=1,d=e=0$。采用步长为 $h=1/3$ 的正方形网格，因此有四个网格内点（如图 3.7 所示）。

差分格式为

$$-\beta_1U_{l+1,m}-\beta_2U_{l-1,m}-\beta_3U_{l,m+1}$$
$$-\beta_4U_{l,m-1}+\beta_0U_{l,m}=h^2$$

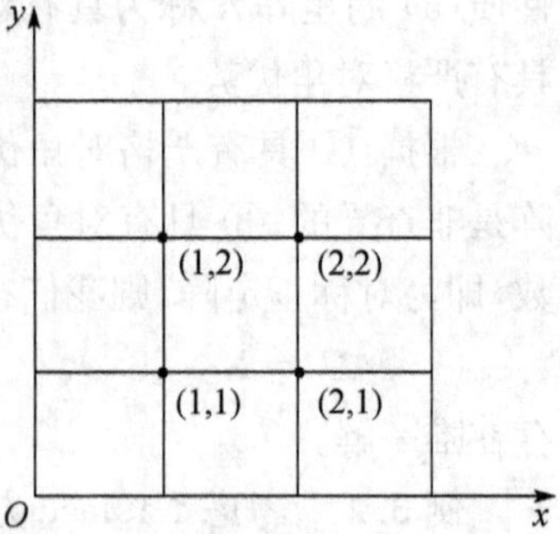

图 3.7

上式中

$$\beta_i = (\beta_i)_{l,m} \quad (i = 0,1,2,3,4)$$

$$\beta_1 = a_{l,m} = lh + 1 = \frac{l+3}{3}$$

$$\beta_2 = a_{l,m} = lh + 1 = \frac{l+3}{3}$$

$$\beta_3 = c_{l,m} = (mh)^2 + 1 = \frac{m^2+9}{9}$$

$$\beta_4 = c_{l,m} = (mh)^2 + 1 = \frac{m^2+9}{9}$$

$$\beta_0 = 2\left(a_{l,m} + c_{l,m} + \frac{1}{2}h^2\right) = 2\left(\frac{l+3}{3} + \frac{m^2+9}{9} + \frac{1}{18}\right)$$

则得四阶线性方程组

$$\boldsymbol{AU} = \boldsymbol{K}$$

其中

$$U = [U_{1,1}, U_{2,1}, U_{1,2}, U_{2,2}]^{\mathrm{T}}$$

系数矩阵

$$\boldsymbol{A} = \begin{bmatrix} (\beta_0)_{1,1} & -(\beta_1)_{1,1} & -(\beta_3)_{1,1} & 0 \\ -(\beta_2)_{2,1} & (\beta_0)_{2,1} & 0 & -(\beta_3)_{2,1} \\ -(\beta_4)_{1,2} & 0 & (\beta_0)_{1,2} & -(\beta_1)_{1,2} \\ 0 & -(\beta_4)_{2,2} & -(\beta_2)_{2,2} & (\beta_0)_{2,2} \end{bmatrix}$$

经具体计算，得

$$\boldsymbol{A} = \begin{bmatrix} 5 & -\frac{4}{3} & -\frac{10}{9} & 0 \\ -\frac{5}{3} & \frac{17}{3} & 0 & -\frac{10}{9} \\ -\frac{13}{9} & 0 & \frac{17}{3} & -\frac{4}{3} \\ 0 & -\frac{13}{9} & -\frac{5}{3} & \frac{19}{3} \end{bmatrix}$$

A 为严格对角优势，且为非对称矩阵。

例 3.4 自伴线性椭圆型方程第一边值问题

$$\begin{cases} (a(x,y)u_x)_x + (c(x,y)u_y)_y + f(x,y)u = g(x,y) \\ \quad ((x,y) \in \Omega, \Omega = \{(x,y) \mid 0 < x < 1, 0 < y < 1\}, a > 0, c > 0, f \leqslant 0); \\ u(x,y)|_{\partial\Omega} = \varphi(x,y) \quad ((x,y) \in \partial\Omega) \end{cases}$$

用中心差商近似导数，则

$$(au_x)_x|_{l,m} \approx \frac{1}{h}\left(a_{l+1/2,m}\frac{u_{l+1,m} - u_{l,m}}{h} - a_{l-1/2,m}\frac{u_{l,m} - u_{l-1,m}}{h}\right)$$

$$(cu_y)_y|_{l,m} \approx \frac{1}{h}\left(c_{l,m+1/2}\frac{u_{l,m+1} - u_{l,m}}{h} - c_{l,m-1/2}\frac{u_{l,m} - u_{l,m-1}}{h}\right)$$

差分方程为

$$a_{l+1/2,m}\frac{U_{l+1,m}-U_{l,m}}{h^2}-a_{l-1/2,m}\frac{U_{l,m}-U_{l-1,m}}{h^2}$$
$$+c_{l,m+1/2}\frac{U_{l,m+1}-U_{l,m}}{h^2}-c_{l,m-1/2}\frac{U_{l,m}-U_{l,m-1}}{h^2}+f_{l,m}U_{l,m}=g_{l,m}$$

即

$$a_{l+1/2,m}U_{l+1,m}+a_{l-1/2,m}U_{l-1,m}+c_{l,m+1/2}U_{l,m+1}+c_{l,m-1/2}U_{l,m-1}$$
$$-(a_{l+1/2,m}+a_{l-1/2,m}+c_{l+1/2,m}+c_{l-1/2,m}-h^2 f_{l,m})U_{l,m}=h^2 g_{l,m}$$

令

$$\beta_{l,m}=a_{l+1/2,m}+a_{l-1/2,m}+c_{l+1/2,m}+c_{l-1/2,m}-h^2 f_{l,m}$$

格式可写为

$$-a_{l+1/2,m}U_{l+1,m}-a_{l-1/2,m}U_{l-1,m}-c_{l,m+1/2}U_{l,m+1}$$
$$-c_{l,m-1/2}U_{l,m-1}+\beta_{l,m}U_{l,m}=-h^2 g_{l,m}$$

网格区域如图 3.7 所示，则系数矩阵 $\mathbf{A}$ 为

$$\begin{bmatrix} \beta_{1,1} & -a_{3/2,1} & -c_{1,3/2} & 0 \\ -a_{3/2,1} & \beta_{2,1} & 0 & -c_{2,3/2} \\ -c_{1,3/2} & 0 & \beta_{1,2} & -a_{3/2,2} \\ 0 & -c_{2,3/2} & -a_{3/2,2} & \beta_{2,2} \end{bmatrix}$$

它是对角优势、不可约对称矩阵。

例 3.5 考虑区域 Ω 中椭圆型方程

$$a(x,y)\frac{\partial^2 u}{\partial x^2}+2b(x,y)\frac{\partial^2 u}{\partial x\partial y}+c(x,y)\frac{\partial^2 u}{\partial y^2}=0 \tag{3.41}$$

其中 $a(x,y)>0,c(x,y)>0,ac-b^2>0,(x,y)\in\Omega$。为了建立差分格式，在 Ω 中覆盖一正方形网格区域，步长为 h，在区域内点 (l,m) 上，有

$$\left(\frac{\partial^2 u}{\partial x^2}\right)_{l,m}\approx\frac{u_{l+1,m}-2u_{l,m}+u_{l-1,m}}{h^2}$$

$$\left(\frac{\partial^2 u}{\partial y^2}\right)_{l,m}\approx\frac{u_{l,m+1}-2u_{l,m}+u_{l,m-1}}{h^2}$$

而混合偏导数 $\frac{\partial^2 u}{\partial x\partial y}$ 一开始用下式

$$\frac{1}{h^2}[\alpha_1(u_{l+1,m+1}+u_{l,m}-u_{l,m+1}-u_{l+1,m})+\alpha_2(u_{l,m+1}+u_{l-1,m}-u_{l-1,m+1}-u_{l,m})$$
$$+\alpha_3(u_{l,m}+u_{l-1,m-1}-u_{l-1,m}-u_{l,m-1})+\alpha_4(u_{l+1,m}+u_{l,m-1}-u_{l,m}-u_{l+1,m-1})] \tag{3.42}$$

代替。这里 $\alpha_1+\alpha_2+\alpha_3+\alpha_4=1$。

在 (l,m) 点上进行 Taylor 展开，则

$$\frac{1}{h^2}(u_{l+1,m+1}+u_{l,m}-u_{l,m+1}-u_{l+1,m})$$
$$=\left(\frac{\partial^2 u}{\partial x\partial y}\right)_{(l,m)}+\frac{1}{2}h\left(\frac{\partial^3 u}{\partial x^2\partial y}+\frac{\partial^3 u}{\partial x\partial y^2}\right)_{(l,m)}+\cdots$$
$$\frac{1}{h^2}(u_{l,m+1}+u_{l-1,m}-u_{l-1,m+1}-u_{l,m})$$
$$=\left(\frac{\partial^2 u}{\partial x\partial y}\right)_{(l,m)}+\frac{1}{2}h\left(-\frac{\partial^3 u}{\partial x^2\partial y}+\frac{\partial^3 u}{\partial x\partial y^2}\right)_{(l,m)}+\cdots$$
$$\frac{1}{h^2}(u_{l,m}+u_{l-1,m-1}-u_{l-1,m}-u_{l,m-1})$$
$$=\left(\frac{\partial^2 u}{\partial x\partial y}\right)_{(l,m)}+\frac{1}{2}h\left(-\frac{\partial^3 u}{\partial x^2\partial y}-\frac{\partial^3 u}{\partial x\partial y^2}\right)_{(l,m)}+\cdots$$
$$\frac{1}{h^2}(u_{l+1,m}+u_{l,m-1}-u_{l,m}-u_{l+1,m-1})$$
$$=\left(\frac{\partial^2 u}{\partial x\partial y}\right)_{(l,m)}+\frac{1}{2}h\left(\frac{\partial^3 u}{\partial x^2\partial y}-\frac{\partial^3 u}{\partial x\partial y^2}\right)_{(l,m)}+\cdots$$

由此,式(3.42)为

$$\frac{\partial^2 u}{\partial x\partial y}+\frac{1}{2}h(\alpha_1-\alpha_2-\alpha_3+\alpha_4)\frac{\partial^3 u}{\partial x^2\partial y}+\frac{1}{2}h(\alpha_1+\alpha_2-\alpha_3-\alpha_4)\frac{\partial^3 u}{\partial x\partial y^2}+\cdots$$

如果

$$\begin{cases}(\alpha_1-\alpha_3)-(\alpha_2-\alpha_4)=0,\\(\alpha_1-\alpha_3)+(\alpha_2-\alpha_4)=0\end{cases}\tag{3.43}$$

则$\frac{\partial^3 u}{\partial x^2\partial y}$,$\frac{\partial^3 u}{\partial x\partial y^2}$项消失,因此选择 $\alpha_1,\alpha_2,\alpha_3,\alpha_4$ 满足式(3.43),于是逼近微分方程(3.41)的差分方程能具有截断误差阶 $O(h^2)$,这时差分方程为

$$\begin{aligned}&a_{l,m}\frac{1}{h^2}(U_{l+1,m}-2U_{l,m}+U_{l-1,m})+2b_{l,m}\frac{1}{h^2}[\alpha_1(U_{l+1,m+1}+U_{l,m}-U_{l,m+1}\\&\quad-U_{l+1,m})+\alpha_2(U_{l,m+1}+U_{l-1,m}-U_{l-1,m+1}-U_{l,m})\\&\quad+\alpha_3(U_{l,m}+U_{l-1,m-1}-U_{l-1,m}-U_{l,m-1})+\alpha_4(U_{l+1,m}+U_{l,m-1}-U_{l,m}-U_{l+1,m-1})]\\&\quad+c_{l,m}\frac{1}{h^2}(U_{l,m+1}-2U_{l,m}+U_{l,m-1})=0\end{aligned}$$

$$\begin{aligned}&2[a_{l,m}+c_{l,m}+b_{l,m}(-\alpha_1+\alpha_2-\alpha_3+\alpha_4)]U_{l,m}\\&\quad=[a_{l,m}+2b_{l,m}(\alpha_4-\alpha_1)]U_{l+1,m}+[c_{l,m}+2b_{l,m}(\alpha_2-\alpha_1)]U_{l,m+1}\\&\qquad+[a_{l,m}+2b_{l,m}(\alpha_2-\alpha_3)]U_{l-1,m}+[c_{l,m}+2b_{l,m}(\alpha_4-\alpha_3)]U_{l,m-1}\\&\qquad+2b_{l,m}\alpha_1U_{l+1,m+1}-2b_{l,m}\alpha_2U_{l-1,m+1}+2b_{l,m}\alpha_3U_{l-1,m-1}-2b_{l,m}\alpha_4U_{l+1,m-1}\end{aligned}$$

令

$$\beta_0 = 2[a_{l,m} + c_{l,m} + b_{l,m}(-\alpha_1 + \alpha_2 - \alpha_3 + \alpha_4)]$$
$$\beta_1 = a_{l,m} + 2b_{l,m}(\alpha_4 - \alpha_1), \quad \beta_2 = a_{l,m} + 2b_{l,m}(\alpha_2 - \alpha_3)$$
$$\beta_3 = c_{l,m} + 2b_{l,m}(\alpha_2 - \alpha_1), \quad \beta_4 = c_{l,m} + 2b_{l,m}(\alpha_4 - \alpha_3)$$
$$\beta_5 = 2b_{l,m}\alpha_1, \quad \beta_6 = -2b_{l,m}\alpha_4, \quad \beta_7 = -2b_{l,m}\alpha_2, \quad \beta_8 = 2b_{l,m}\alpha_3$$

格式为

$$\beta_1 U_{l+1,m} + \beta_2 U_{l-1,m} + \beta_3 U_{l,m+1} + \beta_4 U_{l,m-1} + \beta_5 U_{l+1,m+1} + \beta_6 U_{l+1,m-1} + \beta_7 U_{l-1,m+1} + \beta_8 U_{l-1,m-1} - \beta_0 U_{l,m} = 0$$

(1) 若 $b_{l,m} > 0$,则选择

$$\alpha_1 = \alpha_3 = \frac{1}{2}, \quad \alpha_2 = \alpha_4 = 0$$

这时

$$\beta_0 = 2(a_{l,m} + c_{l,m} - b_{l,m})$$
$$\beta_1 = \beta_2 = a_{l,m} - b_{l,m}, \quad \beta_3 = \beta_4 = c_{l,m} - b_{l,m}$$
$$\beta_5 = \beta_8 = b_{l,m}, \quad \beta_6 = \beta_7 = 0$$

差分方程为

$$\beta_1 U_{l+1,m} + \beta_2 U_{l-1,m} + \beta_3 U_{l,m+1} + \beta_4 U_{l,m-1} + \beta_5 U_{l+1,m+1} + \beta_8 U_{l-1,m-1} - \beta_0 U_{l,m} = 0 \tag{3.44.1}$$

显然,若 $0 < b_{l,m} < \min(a_{l,m}, c_{l,m})$,则式(3.44.1)中 β_i 都为正。

(2) 若 $b_{l,m} < 0$,可令 $\alpha_1 = \alpha_3 = 0, \alpha_2 = \alpha_4 = \frac{1}{2}$,则

$$\begin{cases} \beta_0 = 2(a_{l,m} + c_{l,m} + b_{l,m}), \\ \beta_1 = \beta_2 = a_{l,m} + b_{l,m}, \\ \beta_3 = \beta_4 = c_{l,m} + b_{l,m}, \\ \beta_6 = \beta_7 = -b_{l,m}, \\ \beta_5 = \beta_8 = 0 \end{cases}$$

差分方程为

$$\beta_1 U_{l+1,m} + \beta_2 U_{l-1,m} + \beta_3 U_{l,m+1} + \beta_4 U_{l,m-1} + \beta_6 U_{l+1,m-1} + \beta_7 U_{l-1,m+1} - \beta_0 U_{l,m} = 0 \tag{3.44.2}$$

如果 $0 < -b_{l,m} < \min(a_{l,m}, c_{l,m})$,则格式(3.44.2)中 β_i 都为正。

上面就不同情况在各结点上列出了差分方程,设结点按自然次序排列,联立它们得到线性代数方程组

$$\boldsymbol{AU} = \boldsymbol{K}$$

其中,$\boldsymbol{A}$ 为不可约对角优势矩阵。

3.8 椭圆型差分方程的迭代解法

我们已经看到,利用差分方法解椭圆型方程边值问题归结为解大型线性代数

方程组的问题。众所周知，线性代数方程组的解法有直接法和迭代法两种，直到 20 世纪 60 年代初，迭代法一直是解椭圆型差分方程的主要方法，这是因为差分格式产生的大型线性代数方程组的系数矩阵中非零元素占的比例小，分布很有规律性，迭代法程序实现比较简单，迭代过程还能自动校正计算过程的偶然误差，要求计算机的存储量相对较少。然而在 1968 年，由 Gustavson 等的研究表明，对系数矩阵为稀疏矩阵的情况，直接法也非常有用。尽管如此，迭代法仍旧是解椭圆型差分方程极为重要的方法，我们从现在起着重论述它们。

3.8.1　迭代法的基本理论

给定线性代数方程组

$$\boldsymbol{Ax} = \boldsymbol{b} \tag{3.45}$$

其中，$\boldsymbol{A}$ 是 N 阶非奇异矩阵，$\boldsymbol{x}$，$\boldsymbol{b}$ 均为 N 维列向量。解方程组(3.45) 的迭代法就是首先选择 $\boldsymbol{x}^{(0)}$ 作为解的一个初始猜测，然后由一定的迭代公式，对初始猜测不断进行修正，得到逐次近似 $\boldsymbol{x}^{(1)},\boldsymbol{x}^{(2)},\cdots,\boldsymbol{x}^{(n)},\cdots$，一直到与解 $\boldsymbol{x} = \boldsymbol{A}^{-1}\boldsymbol{b}$ 充分接近为止。

改写方程组(3.45) 为

$$\boldsymbol{x} = \boldsymbol{Gx} + \boldsymbol{c} \tag{3.46}$$

据此建立迭代公式

$$\boldsymbol{x}^{(n+1)} = \boldsymbol{Gx}^{(n)} + \boldsymbol{c} \quad (n = 0,1,\cdots) \tag{3.47}$$

$\boldsymbol{x}^{(0)}$ 为初始近似，$\boldsymbol{G}$ 为迭代矩阵。

若由迭代公式(3.47) 得到的序列 $\{\boldsymbol{x}^{(n)}\}$ 收敛，即

$$\lim_{n\to\infty}\boldsymbol{x}^{(n)} = \boldsymbol{x}^*$$

则有

$$\boldsymbol{x}^* = \boldsymbol{Gx}^* + \boldsymbol{c} \tag{3.48}$$

因此极限 $\boldsymbol{x}^*$ 便是所求之解。

为了讨论迭代格式(3.47) 的收敛性，引进误差向量

$$\boldsymbol{e}^{(n)} = \boldsymbol{x}^{(n)} - \boldsymbol{x}^* \quad (n = 0,1,\cdots) \tag{3.49}$$

将式(3.47) 和(3.48) 相减，则误差向量 $\boldsymbol{e}^{(n)}$ 满足

$$\begin{cases} \boldsymbol{e}^{(n+1)} = \boldsymbol{Ge}^{(n)} & (n = 0,1,\cdots); \\ \boldsymbol{e}^{0} \text{——初始误差向量} \end{cases} \tag{3.50}$$

因此有

$$\boldsymbol{e}^{(n+1)} = \boldsymbol{G}^{n+1}\boldsymbol{e}^{(0)} \quad (n = 0,1,\cdots) \tag{3.51}$$

为了使由式(3.47) 规定的迭代法对任意的初始向量 $\boldsymbol{x}^{(0)}$ 都收敛，由式(3.51) 确定的误差向量 $\boldsymbol{e}^{(n)}$ 应对任何初始误差 $\boldsymbol{e}^{(0)}$ 都收敛于 $\boldsymbol{0}$，于是便有迭代格式(3.47) 对任意 $\boldsymbol{x}^{(0)}$ 都收敛的充分必要条件为

$$\lim_{n\to\infty}\boldsymbol{G}^n = \boldsymbol{0} \tag{3.52}$$

线性代数证明了如果 $\boldsymbol{G}$ 是 N 阶矩阵，则 $\lim\limits_{n\to\infty}\boldsymbol{G}^n = \boldsymbol{0}$ 的充分必要条件为

$$\rho(\boldsymbol{G}) < 1 \tag{3.53}$$

因此有下面的定理。

定理 3.4 解方程组(3.45)的迭代格式(3.47)对任意右端 $\boldsymbol{c}$ 及任意初始向量 $\boldsymbol{x}^{(0)}$ 收敛的充分必要条件为 $\rho(\boldsymbol{G}) < 1$。

然而 $\rho(\boldsymbol{G}) < 1$ 这个条件很难检验，已知矩阵的谱半径不超过任何一种范数，从而有迭代格式(3.47)收敛的充分条件(见下面的推论)。

推论 3.1 若迭代矩阵 $\boldsymbol{G}$ 的某一范数 $\|\boldsymbol{G}\| < 1$，则迭代法(3.47)收敛。

因为

$$\|\boldsymbol{G}\|_1 = \max_j \sum_{i=1}^N |G_{i,j}|$$

$$\|\boldsymbol{G}\|_\infty = \max_i \sum_{j=1}^N |G_{i,j}|$$

$$\|\boldsymbol{G}\|_F = \left(\sum_{i,j=1}^N |G_{i,j}|^2\right)^{1/2} \quad (\|\boldsymbol{G}\|_F \text{ 为 Frobenius 范数})$$

都能很方便地用矩阵 $\boldsymbol{G}$ 的元素表示，因此用它们作为迭代收敛的判别标准是很方便的。

下面考虑收敛速度。由

$$\boldsymbol{e}^{(n+1)} = \boldsymbol{G}\boldsymbol{e}^{(n)} \quad (n = 0,1,\cdots)$$

设迭代矩阵 $\boldsymbol{G}$ 有 N 个线性无关的特征向量 $\boldsymbol{v}_s$，它们分别对应于特征值 λ_s，且

$$|\lambda_1| > |\lambda_2| \geqslant \cdots \geqslant |\lambda_N|$$

由

$$\boldsymbol{e}^{(0)} = \sum_{s=1}^N c_s \boldsymbol{v}_s$$

$$\boldsymbol{e}^{(1)} = \boldsymbol{G}\boldsymbol{e}^{(0)} = \sum_{s=1}^N c_s \boldsymbol{G}\boldsymbol{v}_s = \sum_{s=1}^N c_s \lambda_s \boldsymbol{v}_s$$

$$\boldsymbol{e}^{(2)} = \boldsymbol{G}\boldsymbol{e}^{(1)} = \sum_{s=1}^N c_s \lambda_s^2 \boldsymbol{v}_s$$

$$\vdots$$

$$\boldsymbol{e}^{(n)} = \boldsymbol{G}\boldsymbol{e}^{(n-1)} = \boldsymbol{G}\sum_{s=1}^N c_s \lambda_s^{n-1} \boldsymbol{v}_s = \sum_{s=1}^N c_s \lambda_s^n \boldsymbol{v}_s$$

$$= \lambda_1^n \left[c_1 \boldsymbol{v}_1 + \left(\frac{\lambda_2}{\lambda_1}\right)^n c_2 \boldsymbol{v}_2 + \cdots + \left(\frac{\lambda_N}{\lambda_1}\right)^n c_N \boldsymbol{v}_N \right]$$

对于相当大的 n，则有

$$\boldsymbol{e}^{(n)} \approx \lambda_1^n c_1 \boldsymbol{v}_1$$

相似地有

$$e^{(n+1)} \approx \lambda_1^{n+1} c_1 v_1$$

设

$$e^{(n)} = (e_1^{(n)}, e_2^{(n)}, \cdots, e_N^{(n)})^{\mathrm{T}}$$

则

$$\left| \frac{e_i^{(n+1)}}{e_i^{(n)}} \right| \approx | \lambda_1 | = \rho(G)$$

$\rho(G)$ 越小，则误差减少越迅速，$\rho(G)$ 的大小决定了迭代收敛的快慢。

由 $e^{(n+1)} \approx \lambda_1 e^{(n)}$ 可知

$$e^{(n+p)} \approx \lambda_1 e^{(n+p-1)} \approx \cdots \approx \lambda_1^p e^{(n)} \quad (p = 1, 2, \cdots)$$

比如，我们要求误差 $e^{(n+p)}$ 的大小减少为原来误差 $e^{(n)}$ 的 10^{-q}，则至少需要的迭代次数可由下法求得，即

$$| \lambda_1^p | = (\rho(G))^p \leqslant 10^{-q} \quad (\rho(G) < 1)$$

因此

$$p \geqslant \frac{q}{-\lg\rho(G)} \tag{3.54}$$

或

$$p \geqslant \frac{q}{-\lg\rho(G)} = \frac{q\ln 10}{-\ln\rho(G)} \tag{3.55}$$

因此 $\rho(G)$ 越小，则 $-\ln\rho(G)$ 越大，要求迭代次数越少，收敛得越快；$\rho(G)$ 越大，则 $-\ln\rho(G)$ 越小，要求迭代次数越多，收敛得越慢。故 $-\ln\rho(G)$ 反映了收敛的快慢，但它仅仅反映当迭代次数趋于无穷大时迭代法式(3.47)的渐近性态，因此定义其为迭代法的渐近收敛速度 $R(G)$，即

$$R(G) = -\ln\rho(G) \tag{3.56}$$

$1/(R(G))$ 也可看成为使初始误差减少到原来的 $1/e$ 倍所需的最少迭代次数。

3.8.2 Jacobi 迭代和 Gauss-Seidel 迭代

给定 $Ax = b$，几个最著名的古典迭代方法是建立在矩阵 A 的如下形式分解的基础上的，即

$$A = D - L - R \tag{3.57}$$

其中，D 是对角矩阵；L 是严格下三角矩阵；R 是严格上三角矩阵。即

$$A = \begin{bmatrix} a_{11} & \cdots & a_{1N} \\ \vdots & & \vdots \\ a_{N1} & \cdots & a_{NN} \end{bmatrix}$$

$$\boldsymbol{D}=\begin{bmatrix} a_{11} & & & \\ & a_{22} & & \\ & & \ddots & \\ & & & a_{NN} \end{bmatrix} \tag{3.58.1}$$

$$\boldsymbol{L}=-\begin{bmatrix} 0 & & & \\ a_{21} & & & \\ \vdots & & \ddots & \\ a_{N1} & \cdots & a_{N,N-1} & 0 \end{bmatrix} \tag{3.58.2}$$

$$\boldsymbol{R}=-\begin{bmatrix} 0 & a_{12} & \cdots & a_{1N} \\ & \ddots & & \vdots \\ & & & a_{N-1,N} \\ & & & 0 \end{bmatrix} \tag{3.58.3}$$

方程组写成

$$(\boldsymbol{D}-\boldsymbol{L}-\boldsymbol{R})\boldsymbol{x}=\boldsymbol{b}$$

$$\boldsymbol{D}\boldsymbol{x}=(\boldsymbol{L}+\boldsymbol{R})\boldsymbol{x}+\boldsymbol{b}$$

假定 $a_{ii}\neq 0(i=1,2,\cdots,N)$，Jacobi 迭代格式为

$$\boldsymbol{D}\boldsymbol{x}^{(n+1)}=(\boldsymbol{L}+\boldsymbol{R})\boldsymbol{x}^{(n)}+\boldsymbol{b}$$

或者

$$\boldsymbol{x}^{(n+1)}=\boldsymbol{D}^{-1}(\boldsymbol{L}+\boldsymbol{R})\boldsymbol{x}^{(n)}+\boldsymbol{D}^{-1}\boldsymbol{b}$$

$\boldsymbol{D}^{-1}(\boldsymbol{L}+\boldsymbol{R})$ 称为对应于系数矩阵 $\boldsymbol{A}$ 的 Jacobi 迭代矩阵。

Jacobi 迭代格式写成分量形式为

$$\begin{cases} x_1^{(n+1)}=-\dfrac{1}{a_{11}}(a_{12}x_2^{(n)}+a_{13}x_3^{(n)}+\cdots+a_{1N}x_N^{(n)})+\dfrac{b_1}{a_{11}}, \\ x_2^{(n+1)}=-\dfrac{1}{a_{22}}(a_{21}x_1^{(n)}+a_{23}x_3^{(n)}+\cdots+a_{2N}x_N^{(n)})+\dfrac{b_2}{a_{22}}, \\ \quad\vdots \\ x_i^{(n+1)}=-\dfrac{1}{a_{ii}}(a_{i1}x_1^{(n)}+\cdots+a_{i,i-1}x_{i-1}^{(n)}+a_{i,i+1}x_{i+1}^{(n)}+\cdots+a_{iN}x_N^{(n)})+\dfrac{b_i}{a_{ii}}, \\ \quad\vdots \\ x_N^{(n+1)}=-\dfrac{1}{a_{NN}}(a_{N1}x_1^{(n)}+a_{N2}x_2^{(n)}+\cdots+a_{N,N-1}x_{N-1}^{(n)})+\dfrac{b_N}{a_{NN}} \end{cases} \tag{3.59}$$

Jacobi 迭代过程中，虽然在计算 $x_i^{(n+1)}$ 之前，$x_1^{(n+1)},x_2^{(n+1)},\cdots,x_{i-1}^{(n+1)}$ 都已经计算好了，但是在计算 $x_i^{(n+1)}$ 时仍旧用 $x_1^{(n)},x_2^{(n)},\cdots,x_{i-1}^{(n)}$，现在改用 $x_j^{(n+1)}$ 代替 $x_j^{(n)}(j=1,2,\cdots,i-1)$，则式(3.59) 成为如下迭代格式：

$$\begin{cases} x_1^{(n+1)} = -\dfrac{1}{a_{11}}(a_{12}x_2^{(n)} + a_{13}x_3^{(n)} + \cdots + a_{1N}x_N^{(n)}) + \dfrac{b_1}{a_{11}}, \\ x_2^{(n+1)} = -\dfrac{1}{a_{22}}(a_{21}x_1^{(n+1)} + a_{23}x_3^{(n)} + \cdots + a_{2N}x_N^{(n)}) + \dfrac{b_2}{a_{22}}, \\ \vdots \\ x_i^{(n+1)} = -\dfrac{1}{a_{ii}}(a_{i1}x_1^{(n+1)} + \cdots + a_{i,i-1}x_{i-1}^{(n+1)} + a_{i,i+1}x_{i+1}^{(n)} + \cdots + a_{iN}x_N^{(n)}) + \dfrac{b_i}{a_{ii}}, \\ \vdots \\ x_N^{(n+1)} = -\dfrac{1}{a_{NN}}(a_{N1}x_1^{(n+1)} + \cdots + a_{N,N-1}x_{N-1}^{(n+1)}) + \dfrac{b_N}{a_{NN}} \end{cases} \tag{3.60}$$

或

$$x_i^{(n+1)} = -\frac{1}{a_{ii}}\left(\sum_{j=1}^{i-1} a_{ij}x_j^{(n+1)} + \sum_{j=i+1}^{N} a_{ij}x_j^{(n)}\right) + \frac{b_i}{a_{ii}} \quad (i = 1,2,\cdots,N)$$

这种格式称为方程组的 Gauss-Seidel 迭代法，或 G-S 方法，写成矩阵形式，即

$$\boldsymbol{D}\boldsymbol{x}^{(n+1)} = \boldsymbol{L}\boldsymbol{x}^{(n+1)} + \boldsymbol{R}\boldsymbol{x}^{(n)} + \boldsymbol{b}$$

或者

$$\boldsymbol{x}^{n+1} = (\boldsymbol{D} - \boldsymbol{L})^{-1}\boldsymbol{R}\boldsymbol{x}^{(n)} + (\boldsymbol{D} - \boldsymbol{L})^{-1}\boldsymbol{b} \tag{3.61}$$

$(\boldsymbol{D} - \boldsymbol{L})^{-1}\boldsymbol{R}$ 是 Gauss-Seidel 迭代矩阵，记为 $\boldsymbol{G}_{\text{G-S}}$。

由 Jacobi 迭代和 Gauss-Seidel 迭代矩阵的表达式及定理 3.4，我们有下面的推论。

推论 3.2 Jacobi 迭代收敛的充要条件为

$$\rho(\boldsymbol{D}^{-1}(\boldsymbol{L} + \boldsymbol{R})) < 1$$

推论 3.3 Jacobi 迭代收敛的充分条件为

$$\| \boldsymbol{G}_J \|_1 = \max_j \sum_{\substack{i=1 \\ i \neq j}}^{N} \left| \frac{a_{ij}}{a_{ii}} \right| < 1$$

$$\| \boldsymbol{G}_J \|_\infty = \max_i \sum_{\substack{j=1 \\ i \neq j}}^{N} \left| \frac{a_{ij}}{a_{ii}} \right| < 1$$

或

$$\| \boldsymbol{G}_J \|_F^2 = \sum_{i=1}^{N} \sum_{\substack{j=1 \\ j \neq i}}^{N} \left(\frac{a_{ij}}{a_{ii}} \right)^2 < 1$$

故当矩阵 $\boldsymbol{A}$ 为严格对角优势时，Jacobi 迭代收敛。

推论 3.4 G -S 迭代收敛的充要条件为

$$\rho((\boldsymbol{D} - \boldsymbol{L})^{-1}\boldsymbol{R}) < 1 \tag{3.62}$$

还可证明：

(1) 若 $\boldsymbol{A}$ 是严格对角优势矩阵，则 G -S 迭代收敛；

(2) 若 **A** 是不可约对角优势的矩阵，则 Jacobi 迭代和 G -S 迭代收敛；

(3) 若矩阵 **A** 对称正定，则 G -S 迭代收敛。

3.8.3 椭圆型方程差分格式的 Jacobi 迭代和 Gauss-Seidel 迭代收敛速度计算举例

第 3.7 节讨论了一般二阶线性椭圆型方程的五点差分格式，即

$$\beta_1 U_{l+1,m} + \beta_2 U_{l-1,m} + \beta_3 U_{l,m+1} + \beta_4 U_{l,m-1} - \beta_0 U_{l,m} = h^2 g_{l,m} \tag{3.37}$$

因此 Jacobi 迭代格式为

$$U_{l,m}^{(n+1)} = \frac{1}{\beta_0}(\beta_1 U_{l+1,m}^{(n)} + \beta_2 U_{l-1,m}^{(n)} + \beta_3 U_{l,m+1}^{(n)} + \beta_4 U_{l,m-1}^{(n)} - h^2 g_{l,m}) \tag{3.63}$$

关于 Gauss-Seidel 迭代格式，应考虑到结点排列次序。如果结点按自然次序排列，即结点排列按自左至右、自下而上的次序排列，这时 Gauss-Seidel 迭代格式为

$$U_{l,m}^{(n+1)} = \frac{1}{\beta_0}(\beta_1 U_{l+1,m}^{(n)} + \beta_2 U_{l-1,m}^{(n+1)} + \beta_3 U_{l,m+1}^{(n)} + \beta_4 U_{l,m-1}^{(n+1)} - h^2 g_{l,m}) \tag{3.64}$$

如果结点按如图 3.8 所示的次序排列，图中把结点分成 G_1 和 G_2 两组，G_1 是偶对点(即 $l+m$ 为偶数) 的集合，图中用"•" 表示；G_2 为奇对点(即 $l+m$ 为奇数) 的集合，图中用"$*$" 表示。又在同一组中按自左而右、自下而上的次序排列，因此现在结点排列次序为

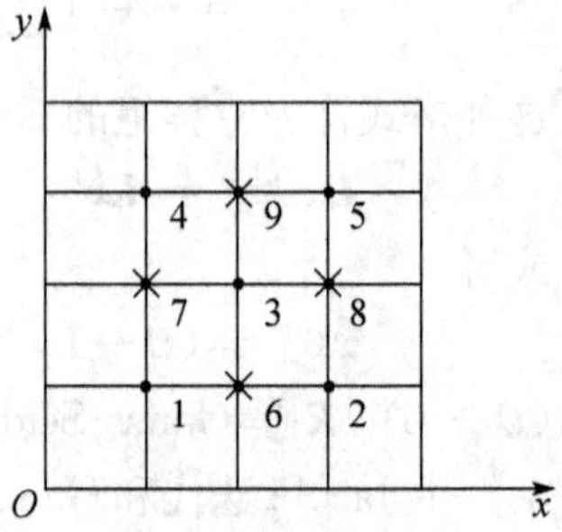

图 3.8

$$(1,1),(3,1),(2,2),(1,3),(3,3),(2,1),(1,2),(3,2),(2,3)$$

前四个点属于 G_1，后四个点属于 G_2，为此 Gauss-Seidel 迭代格式如下：

如果$(l+m)$ 为偶数，则

$$U_{l,m}^{(n+1)} = \frac{1}{\beta_0}(\beta_1 U_{l+1,m}^{(n)} + \beta_2 U_{l-1,m}^{(n)} + \beta_3 U_{l,m+1}^{(n)} + \beta_4 U_{l,m-1}^{(n)} - h^2 g_{l,m}) \tag{3.65.1}$$

如果$(l+m)$ 为奇数，则

$$U_{l,m}^{(n+1)} = \frac{1}{\beta_0}(\beta_1 U_{l+1,m}^{(n+1)} + \beta_2 U_{l-1,m}^{(n+1)} + \beta_3 U_{l,m+1}^{(n+1)} + \beta_4 U_{l,m-1}^{(n+1)} - h^2 g_{l,m}) \tag{3.65.2}$$

下面就模型问题比较 Jacobi 迭代和 Gauss-Seidel 迭代的收敛速度。

考虑模型问题

$$\begin{cases} \dfrac{\partial^2 u}{\partial x^2} + \dfrac{\partial^2 u}{\partial y^2} = 0 & ((x,y) \in \Omega, \Omega = \{(x,y) \mid 0 < x < 1, 0 < y < 1\}); \\ u|_{\partial\Omega} = f(x,y) & ((x,y) \in \partial\Omega) \end{cases} \tag{3.66}$$

采用步长为 $h = 1/M$ 的正方形网格，结点编号次序为自然次序，这时五点差分公式可写为

$$\begin{cases}-U_{l+1,m}-U_{l-1,m}-U_{l,m+1}-U_{l,m-1}+4U_{l,m}=0 \\ \qquad\qquad (l,m=1,2,\cdots,M-1); \\ U_{0,m}=f_{0,m}; \\ U_{M,m}=f_{M,m}; \qquad (l,m=0,1,\cdots,M) \\ U_{l,0}=f_{l,0}; \\ U_{l,M}=f_{l,M}\end{cases} \tag{3.67}$$

写成矩阵形式,有

$$\boldsymbol{AU}=\boldsymbol{K}$$

其中

$$\boldsymbol{U}=[U_{1,1},U_{2,1},\cdots,U_{M-1,1};U_{1,2},\cdots,U_{M-1,2};\cdots;U_{1,M-1},\cdots,U_{M-1,M-1}]^{\mathrm{T}}$$

$$\boldsymbol{A}=\begin{bmatrix}\boldsymbol{B} & -\boldsymbol{I} & & & & \\ -\boldsymbol{I} & \boldsymbol{B} & -\boldsymbol{I} & & & \\ & -\boldsymbol{I} & \boldsymbol{B} & -\boldsymbol{I} & & \\ & & \ddots & \ddots & \ddots & \\ & & & -\boldsymbol{I} & \boldsymbol{B} & -\boldsymbol{I} \\ & & & & -\boldsymbol{I} & \boldsymbol{B}\end{bmatrix}$$

$$\boldsymbol{B}=\begin{bmatrix}4 & -1 & & & & \\ -1 & 4 & -1 & & & \\ & -1 & 4 & -1 & & \\ & & \ddots & \ddots & \ddots & \\ & & & -1 & 4 & -1 \\ & & & & -1 & 4\end{bmatrix}$$

A 是不可约对角占优矩阵。由前给出的判别 Jacobi 迭代和 G -S 迭代收敛的充分条件可知,现在 Jacobi 迭代和 G -S 迭代收敛,为了比较收敛速度,就必须计算 $\rho(\boldsymbol{G}_{\mathrm{J}})$ 和 $\rho(\boldsymbol{G}_{\mathrm{GS}})$。

首先,我们计算 $\rho(\boldsymbol{G}_{\mathrm{J}})$,为此必须计算 $\boldsymbol{G}_{\mathrm{J}}$ 的特征值 λ_{J},它为 $\det(\boldsymbol{D}^{-1}\boldsymbol{L}+\boldsymbol{D}^{-1}\boldsymbol{R}-\lambda\boldsymbol{I})$ 的根,设相应的特征向量为 **V**,则

$$\boldsymbol{G}_{\mathrm{J}}\boldsymbol{V}=\lambda_{\mathrm{J}}\boldsymbol{V}$$

其中

$$\boldsymbol{V}=(V_{1,1},V_{2,1},\cdots,V_{M-1,1};V_{1,2},\cdots,V_{M-1,2};\cdots;V_{1,M-1},\cdots,V_{M-1,M-1})^{\mathrm{T}}$$

$$\boldsymbol{G}_{\mathrm{J}}=\boldsymbol{D}^{-1}(\boldsymbol{L}+\boldsymbol{R})$$

因此有相应的差分方程边值问题(即在齐次边界条件下求非零解)

$$\begin{cases}\dfrac{1}{4}(V_{l+1,m}+V_{l-1,m}+V_{l,m+1}+V_{l,m-1})=\lambda_{\mathrm{J}}V_{l,m} & (l,m=1,2,\cdots,M-1); \\ V_{0,m}=V_{M,m}=V_{l,0}=V_{l,M}=0 & (l,m=0,1,\cdots,M)\end{cases}$$

用分离变量法求解 $V_{l,m}$,设

$$V_{l,m}=X(l)Y(m)$$

因此

$$\begin{cases}\frac{1}{4}[X(l+1)Y(m)+X(l-1)Y(m)+X(l)Y(m+1)+X(l)Y(m-1)] \\ \quad =\lambda_J X(l)Y(m)\quad (l,m=1,\cdots,M-1); \\ X(0)=X(M)=Y(0)=Y(M)=0\end{cases}$$

用 $X(l)Y(m)$ 除方程两边并整理，得

$$4\lambda_J-\frac{X(l+1)}{X(l)}-\frac{X(l-1)}{X(l)}=\frac{Y(m+1)}{Y(m)}+\frac{Y(m-1)}{Y(m)}$$

因为左端与 m 无关，右端与 l 无关，故可设等于一个与 l,m 无关的常数 $2r$，即有

$$4\lambda_J-\frac{X(l+1)}{X(l)}-\frac{X(l-1)}{X(l)}=2r$$

$$\frac{Y(m+1)}{Y(m)}+\frac{Y(m-1)}{Y(m)}=2r$$

由此得 $X(l)$ 和 $Y(m)$ 满足的方程组

$$\begin{cases}Y(m+1)-2rY(m)+Y(m-1)=0, \\ Y(0)=Y(M)=0\end{cases}\tag{3.68}$$

和

$$\begin{cases}X(l+1)+2(r-2\lambda_J)X(l)+X(l-1)=0, \\ X(0)=X(M)=0\end{cases}\tag{3.69}$$

先研究问题(3.68)的解，设 $Y(m)=s^m$，则

$$s^2-2rs+1=0$$

有两个根

$$s=r\pm\sqrt{r^2-1}$$

则

$$Y(m)=c_1(r+\sqrt{r^2-1})^m+c_2(r-\sqrt{r^2-1})^m$$

由 $Y(0)=Y(M)=0$ 知

$$c_1+c_2=0$$

$$c_1(r+\sqrt{r^2-1})^M+c_2(r-\sqrt{r^2-1})^M=0$$

因此有

$$(r+\sqrt{r^2-1})^M=(r-\sqrt{r^2-1})^M$$

$$\left(\frac{r+\sqrt{r^2-1}}{r-\sqrt{r^2-1}}\right)^M=1$$

即

$$(r+\sqrt{r^2-1})^{2M}=1$$

取

$$r_k + \sqrt{r_k^2 - 1} = e^{\frac{ik\pi}{M}} \quad (k = 1,2,\cdots,M-1)$$

则

$$r_k - \sqrt{r_k^2 - 1} = e^{\frac{-ik\pi}{M}}, \quad r_k = \cos\frac{k\pi}{M} \quad (k = 1,2,\cdots,M-1)$$

于是

$$\begin{aligned} Y(m) &= c_1[(r_k + \sqrt{r_k^2 - 1})^m - (r_k - \sqrt{r_k^2 - 1})^m] \\ &= c_1(e^{\frac{imk\pi}{M}} - e^{\frac{-imk\pi}{M}}) \\ &= 2ic_1 \sin\frac{mk\pi}{M} \qquad (k = 1,2,\cdots,M-1; m = 1,2,\cdots,M-1) \end{aligned}$$

类似的，解问题(3.69)，对于固定的k，有

$$\begin{cases} X(l+1) + 2(r_k - 2\lambda_J)X(l) + X(l-1) = 0, \\ X(0) = X(M) = 0 \end{cases}$$

设$X(l) = t^l$，则特征方程为

$$t^2 + 2(r_k - 2\lambda_J)t + 1 = 0$$

有两个根

$$t = -(r_k - 2\lambda_J) \pm \sqrt{(r_k - 2\lambda_J)^2 - 1}$$

$$\begin{aligned} X(l) &= c_3[-(r_k - 2\lambda_J) + \sqrt{(r_k - 2\lambda_J)^2 - 1}]^l \\ &\quad + c_4[-(r_k - 2\lambda_J) - \sqrt{(r_k - 2\lambda_J)^2 - 1}]^l \end{aligned}$$

由$X(0) = X(M) = 0$得

$$\begin{cases} -(r_k - 2\lambda_J) + \sqrt{(r_k - 2\lambda_J)^2 - 1} = e^{\frac{ip\pi}{M}}, \\ -(r_k - 2\lambda_J) - \sqrt{(r_k - 2\lambda_J)^2 - 1} = e^{-\frac{ip\pi}{M}} \end{cases} \quad (p = 1,2,\cdots,M-1)$$

则

$$X(l) = 2ic_3 \sin\frac{lp\pi}{M}, \quad -r_k + 2\lambda_J = \cos\frac{p\pi}{M} \quad (p = 1,2,\cdots,M-1)$$

由

$$r_k = \cos\frac{k\pi}{M}$$

得

$$\begin{aligned} (\lambda_J)_{p,k} &= \frac{1}{2}\left(\cos\frac{p\pi}{M} + \cos\frac{k\pi}{M}\right) \\ &= \frac{1}{2}(\cos p\pi h + \cos k\pi h) \quad (p,k = 1,2,\cdots,M-1) \end{aligned} \tag{3.70}$$

对应于$(\lambda_J)_{p,k}$的特征向量为

$$\boldsymbol{V}^{(p,k)} = (V_{1,1}^{(p,k)}, V_{2,1}^{(p,k)}, \cdots, V_{M-1,1}^{(p,k)}; \cdots; V_{1,M-1}^{(p,k)}, \cdots, V_{M-1,M-1}^{(p,k)})^{\mathrm{T}}$$

其中

$$V_{l,m}^{(p,k)} = \sin\frac{lp\pi}{M}\sin\frac{mk\pi}{M} \quad (l,m = 1,2,\cdots,M-1) \tag{3.71}$$

由 Jacobi 迭代矩阵的特征值表达式(3.70) 知道

$$\rho(\boldsymbol{G}_{\mathrm{J}}) = \frac{1}{2}(\cos\pi h + \cos\pi h) = \cos\pi h$$

由于 G -S 迭代是松弛迭代法当松弛因子 $\omega = 1$ 的特殊情况，关于松弛迭代矩阵的特征值，下一节我们将要详细讨论，这里给出 $\omega = 1$ 时的松弛迭代矩阵特征值，也即 G -S 迭代矩阵的特征值表达式

$$\lambda_{\mathrm{GS}} = \lambda_{\mathrm{J}}^2 \tag{3.72}$$

因此

$$\rho(\boldsymbol{G}_{\mathrm{GS}}) = [\rho(\boldsymbol{G}_{\mathrm{J}})]^2 \tag{3.73}$$

由迭代收敛速度

$$R(\boldsymbol{G}) = -\ln\rho(\boldsymbol{G})$$

所以 Jacobi 迭代收敛速度为

$$R(\boldsymbol{G}_{\mathrm{J}}) = -\ln\cos\pi h$$

由于

$$\cos\pi h \approx 1 - \frac{\pi^2 h^2}{2} + O(h^4)$$

因此

$$R(\boldsymbol{G}_{\mathrm{J}}) \approx \frac{\pi^2 h^2}{2}$$

由式(3.73) 知 Gauss-Seidel 迭代收敛速度为

$$R(\boldsymbol{G}_{\mathrm{GS}}) = 2R(\boldsymbol{G}_{\mathrm{J}}) = \pi^2 h^2$$

可见 G -S 迭代的收敛速度是 Jacobi 迭代收敛速度的二倍。

3.8.4 超松弛迭代法

矩形区域上的 Laplace 方程边值问题的五点差分格式得出的方程组，Jacobi 迭代和 G -S 迭代都收敛。如前分析，当方程组阶数较高时收敛速度变得很慢，为此有必要发展新的方法，而逐次超松弛迭代法(Successive Over-Relaxation Method，简称 SOR 方法) 就是为了提高收敛速度，由 Young 及 Frankel 于 1950 年提出的。由于 SOR 迭代过程非常简单，却大大提高了收敛速度。特别是 Young 深入研究了这种方法对于差分方法的应用，对具有性质(A) 的矩阵建立了完整的理论，因此 SOR 方法已成为解差分方程的重要方法之一。

3.8.4.1 逐次超松弛迭代法

解线性代数方程组

$$\sum_{j=1}^{N} a_{ij} x_j = b_i \quad (i = 1,2,\cdots,N) \tag{3.74}$$

其中，$a_{ii} \neq 0 (i = 1,2,\cdots,N)$ 的逐次松弛格式如下：

第一步计算中间变量 $\tilde{x}_i^{(n+1)}$，有

$$\tilde{x}_i^{(n+1)} = \left(b_i - \sum_{j=1}^{i-1} a_{ij} x_j^{(n+1)} - \sum_{j=i+1}^{N} a_{ij} x_j^{(n)}\right) / a_{ii} \tag{3.75.1}$$

第二步由 $x_i^{(n)}$，$\tilde{x}_i^{(n+1)}$ 加权平均计算 $x_i^{(n+1)}$，有

$$x_i^{(n+1)} = x_i^{(n)} + \omega(\tilde{x}_i^{(n+1)} - x_i^{(n)}) \quad (x_i^{(n+1)} = \omega \tilde{x}_i^{(n+1)} + (1-\omega) x_i^{(n)}) \tag{3.75.2}$$

这里 ω(限于实数) 称为松弛因子(当 $\omega > 1$ 称为超松弛因子，当 $\omega < 1$ 称为低松弛因子)。当 $\omega = 1$，SOR 迭代就是 G -S 迭代。

在式(3.75.1) 和(3.75.2) 中消去中间变量 $\tilde{x}_i^{(n+1)}$，有

$$x_i^{(n+1)} = (1-\omega) x_i^{(n)} + \omega\left(-\sum_{j=1}^{i-1} a_{ij} x_j^{(n+1)} - \sum_{j=i+1}^{N} a_{ij} x_j^{(n)} + b_i\right) / a_{ii} \quad (i = 1,2,\cdots,N) \tag{3.76}$$

用矩阵形式表示，有

$$\boldsymbol{x}^{(n+1)} = (1-\omega)\boldsymbol{x}^{(n)} + \omega \boldsymbol{D}^{-1}(\boldsymbol{L}\boldsymbol{x}^{(n+1)} + \boldsymbol{R}\boldsymbol{x}^{(n)} + \boldsymbol{b}) \tag{3.77}$$

其中，$\boldsymbol{D},\boldsymbol{L},\boldsymbol{R}$ 由式(3.56)，(3.57)，(3.58) 给定。由式(3.77) 可得

$$\boldsymbol{x}^{(n+1)} = (\boldsymbol{I} - \omega \boldsymbol{D}^{-1}\boldsymbol{L})^{-1}((1-\omega)\boldsymbol{I} + \omega \boldsymbol{D}^{-1}\boldsymbol{R})\boldsymbol{x}^{(n)} + (\boldsymbol{I} - \omega \boldsymbol{D}^{-1}\boldsymbol{L})^{-1}\omega \boldsymbol{D}^{-1}\boldsymbol{b} \tag{3.78}$$

记

$$\boldsymbol{L}_\omega = (\boldsymbol{D} - \omega \boldsymbol{L})^{-1}((1-\omega)\boldsymbol{D} + \omega \boldsymbol{R}) \tag{3.79}$$

则

$$\boldsymbol{x}^{(n+1)} = \boldsymbol{L}_\omega \boldsymbol{x}^{(n)} + \omega(\boldsymbol{D} - \omega \boldsymbol{L})^{-1}\boldsymbol{b} \tag{3.80}$$

式中，$\boldsymbol{L}_\omega$ 是 SOR 方法的迭代矩阵。显然有下面的定理。

定理 3.5　SOR 方法收敛的充要条件为 $\rho(\boldsymbol{L}_\omega) < 1$，即方程

$$\det\{(1-\omega)\boldsymbol{D} + \omega \boldsymbol{R} - (\boldsymbol{D} - \omega \boldsymbol{L})\eta\} = 0 \tag{3.81}$$

的所有根 η 按模小于 1。

定理 3.6　对所有 ω 成立

$$\rho(\boldsymbol{L}_\omega) \geqslant |\omega - 1| \tag{3.82}$$

因此，SOR 方法收敛的必要条件为 $0 < \omega < 2$。

证

$$\begin{aligned} \det \boldsymbol{L}_\omega &= \det((\boldsymbol{D} - \omega \boldsymbol{L})^{-1}((1-\omega)\boldsymbol{D} + \omega \boldsymbol{R})) \\ &= \det((\boldsymbol{I} - \omega \boldsymbol{D}^{-1}\boldsymbol{L})^{-1}((1-\omega)\boldsymbol{I} + \omega \boldsymbol{D}^{-1}\boldsymbol{R})) \\ &= \det(\boldsymbol{I} - \omega \boldsymbol{D}^{-1}\boldsymbol{L})^{-1}\det((1-\omega)\boldsymbol{I} + \omega \boldsymbol{D}^{-1}\boldsymbol{R}) \\ &= (1-\omega)^N \end{aligned}$$

这说明矩阵 $\boldsymbol{L}_\omega$ 的所有特征值之积等于 $(1-\omega)^N$，因此式(3.82)成立，等号仅当 $\boldsymbol{L}_\omega$ 的所有特征值的模都相等时成立。

若 SOR 方法收敛，必须 $\rho(\boldsymbol{L}_\omega)<1$，也即 $|\omega-1|<1$，ω 取实数，则 ω 必须满足 $0<\omega<2$。

可以证明，如 $\boldsymbol{A}$ 是对称正定矩阵，条件 $0<\omega<2$ 还是 SOR 方法收敛的充分条件。

3.8.4.2 相容次序、性质(A)和最佳松弛因子的确定

SOR 方法研究的核心就是如何选取最佳松弛因子 ω_{opt}，使 $\rho(\boldsymbol{L}_{\omega_{\text{opt}}})=\min\limits_{\omega}\rho(\boldsymbol{L}_\omega)$，这样选取的 ω_{opt} 作为迭代参数能尽可能地提高收敛速度。至今，对一般线性方程组还没有计算 ω_{opt} 的公式，但是对于许多由偏微分方程差分格式得到的线性方程组由其系数矩阵的特殊结构，根据 Young 建立的最佳松弛因子理论，ω_{opt} 能够计算出来。

定义 3.1 若存在排列阵 $\boldsymbol{\Pi}$，使得 $\boldsymbol{\Pi A \Pi}^{\mathrm{T}}$ 具有块三对角表示，即

$$\begin{bmatrix} \boldsymbol{D}_1 & \boldsymbol{F}_1 & & & & \\ \boldsymbol{E}_1 & \boldsymbol{D}_2 & \boldsymbol{F}_2 & & & \\ & \boldsymbol{E}_2 & \boldsymbol{D}_3 & \boldsymbol{F}_3 & & \\ & & \ddots & \ddots & \ddots & \\ & & & \boldsymbol{E}_{m-2} & \boldsymbol{D}_{m-1} & \boldsymbol{F}_{m-1} \\ & & & & \boldsymbol{E}_{m-1} & \boldsymbol{D}_m \end{bmatrix} \tag{3.83}$$

其中 $m\geqslant 2$，$\boldsymbol{D}_i(i=1,2,\cdots,m)$ 为对角矩阵，它们不一定同阶，则称矩阵 $\boldsymbol{A}$ 具有性质(A)。

若矩阵 $\boldsymbol{A}$ 具有性质(A)，则存在许多不同的排列矩阵以及许多不同的三对角表示。

定义 3.2 若 $a_{ij}\neq 0$(或 $a_{ji}\neq 0$)，称 x_i,x_j 为成对分量；反之，若 $a_{ij}=0$(或 $a_{ji}=0$)，则称 x_i,x_j 为不成对分量。

假定用第 i 个方程迭代计算第 i 个分量 x_i，若 $a_{ij}\neq 0$，则在第 i 个方程中 x_i,x_j 同时出现，因此迭代过程中先迭代计算 x_i 或先迭代计算 x_j，对当前 x_i 的计算结果有影响。若 $a_{ij}=0$，则 x_i,x_j 不同时出现，x_i,x_j 迭代计算的先后对 x_i 的计算结果没有影响。

设矩阵 $\boldsymbol{A}$ 具有性质(A)，并有块三对角表示(3.83)，用 s_k 表示对应于式(3.83)中 $\boldsymbol{D}_k$ 块的分量 x_i 的集合。

定义 3.3 若按次序 $\sigma:\{\sigma(1),\sigma(2),\cdots,\sigma(N)\}$($\sigma(1),\sigma(2),\cdots,\sigma(N)$ 是自然数 $1,2,\cdots,N$ 的某种排列)进行迭代计算时，总保持 s_{k-1} 中分量比 s_k 中分量先迭代计算，则称次序 σ 与 $\boldsymbol{A}$ 的三对角表示(3.83)是相容的。

显然，与三对角表示(3.83)相容的最自然次序是先迭代计算 s_1 的分量，再迭

代计算 s_2 的分量……。当然同一 s_j 的分量迭代次序的先后对计算结果没有影响，事实上它们都是不成对分量。

例 3.6　考虑正方形区域内 Laplace 方程的 Dirichlet 问题，采用五点差分公式求解，得线性方程组

$$\boldsymbol{AU}=\boldsymbol{b}$$

如图 3.9 所示，取 $l+m=k+1(k=1,2,\cdots,5)$ 的分量 $U_{l,m}$ 归入 s_k，则

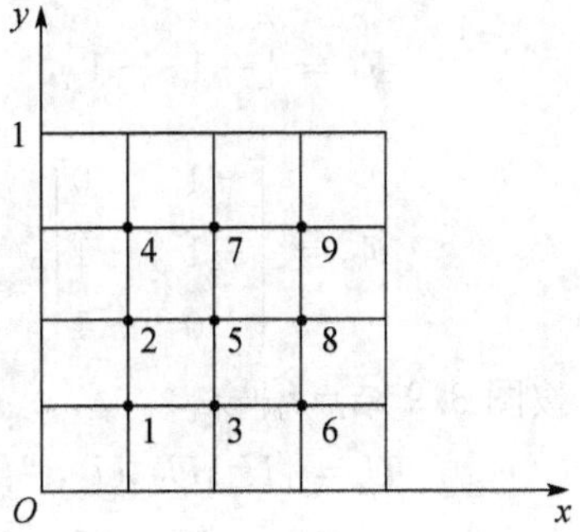

图 3.9

$$s_1:\{U_{1,1}\}$$
$$s_2:\{U_{1,2},U_{2,1}\}$$
$$s_3:\{U_{1,3},U_{2,2},U_{3,1}\}$$
$$s_4:\{U_{2,3},U_{3,2}\}$$
$$s_5:\{U_{3,3}\}$$

矩阵 $\boldsymbol{A}$ 具有三对角表示，具有性质(A)：

$$\boldsymbol{A}=\begin{bmatrix} 4 & -1 & -1 & & & & & & \\ -1 & 4 & 0 & -1 & -1 & 0 & & & \\ -1 & 0 & 4 & 0 & -1 & -1 & & & \\ & -1 & 0 & 4 & 0 & 0 & -1 & 0 & \\ & -1 & -1 & 0 & 4 & 0 & -1 & -1 & \\ & 0 & -1 & 0 & 0 & 4 & 0 & -1 & \\ & & & -1 & -1 & 0 & 4 & 0 & -1 \\ & & & 0 & -1 & -1 & 0 & 4 & -1 \\ & & & & & & -1 & -1 & 4 \end{bmatrix} \tag{3.84}$$

$$\boldsymbol{D}_1=[4],\quad \boldsymbol{D}_2=\begin{bmatrix}4 & 0\\0 & 4\end{bmatrix},\quad \boldsymbol{D}_3=\begin{bmatrix}4 & 0 & 0\\0 & 4 & 0\\0 & 0 & 4\end{bmatrix}$$

$$\boldsymbol{D}_4=\begin{bmatrix}4 & 0\\0 & 4\end{bmatrix},\quad \boldsymbol{D}_5=[4]$$

$$\boldsymbol{E}_1=\begin{bmatrix}-1\\-1\end{bmatrix},\quad \boldsymbol{E}_2=\begin{bmatrix}-1 & 0\\-1 & -1\\0 & -1\end{bmatrix}$$

$$\boldsymbol{E}_3=\begin{bmatrix}-1 & -1 & 0\\ 0 & -1 & -1\end{bmatrix},\quad \boldsymbol{E}_4=[-1,-1]$$

$$\boldsymbol{F}_1=[-1,-1],\quad \boldsymbol{F}_2=\begin{bmatrix}-1 & -1 & 0\\ 0 & -1 & -1\end{bmatrix}$$

$$\boldsymbol{F}_3=\begin{bmatrix}-1 & 0\\ -1 & -1\\ 0 & -1\end{bmatrix},\quad \boldsymbol{F}_4=\begin{bmatrix}-1\\ -1\end{bmatrix}$$

按图 3.9 结点编号：

$$\boldsymbol{U}=[U_1,U_2,U_3,U_4,U_5,U_6,U_7,U_8,U_9]^{\mathrm{T}}$$

$$(\boldsymbol{U}=[U_{1,1},U_{1,2},U_{2,1},U_{1,3},U_{2,2},U_{3,1},U_{2,3},U_{3,2},U_{3,3}]^{\mathrm{T}})$$

与三对角表示(3.84)相容的次序是

$$\{1,2,3,4,5,6,7,8,9\}$$

或者

$$\{1,3,2,4,5,6,7,8,9\}$$

$$\{1,3,2,5,4,6,7,8,9\}$$

$$\vdots$$

按与 **A** 相容的次序进行超松弛迭代的格式为

$$\begin{aligned}\widetilde{U}_{l,m}^{(n+1)}&=\frac{1}{4}(U_{l-1,m}^{(n+1)}+U_{l,m-1}^{(n+1)}\\ &\quad+U_{l+1,m}^{(n)}+U_{l,m+1}^{(n)})\\ U_{l,m}^{(n+1)}&=\omega\widetilde{U}_{l,m}^{(n+1)}+(1-\omega)U_{l,m}^{(n)}\end{aligned}\tag{3.85}$$

$$(l,m=1,2,3)$$

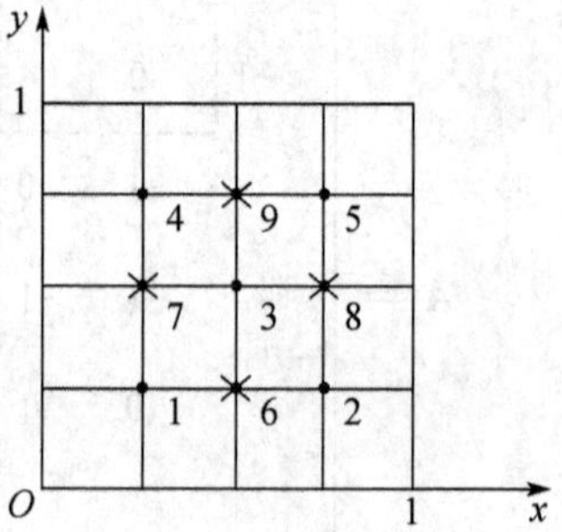

图 3.10

如依图 3.10 所示次序排列结点，即把 $U_{l,m}$ 分成 s_1 和 s_2 两组，s_1：$\{U_{l,m}\mid l+m$ 为偶数$\}$，s_2：$\{U_{l,m}\mid l+m$ 为奇数$\}$，这时系数矩阵具有块三对角表示

$$\boldsymbol{A}=\left[\begin{array}{ccccc|cccc}4&0&0&0&0&-1&-1&0&0\\0&4&0&0&0&-1&0&-1&0\\0&0&4&0&0&-1&-1&-1&-1\\0&0&0&4&0&0&-1&0&-1\\0&0&0&0&4&0&0&-1&-1\\ \hline -1&-1&-1&0&0&4&0&0&0\\-1&0&-1&-1&0&0&4&0&0\\0&-1&-1&0&-1&0&0&4&0\\0&0&-1&-1&-1&0&0&0&4\end{array}\right]\tag{3.86}$$

$$\boldsymbol{D}_1=\begin{bmatrix}4&0&0&0&0\\0&4&0&0&0\\0&0&4&0&0\\0&0&0&4&0\\0&0&0&0&4\end{bmatrix},\quad \boldsymbol{D}_2=\begin{bmatrix}4&0&0&0\\0&4&0&0\\0&0&4&0\\0&0&0&4\end{bmatrix}$$

$$\boldsymbol{E}_1=\begin{bmatrix}-1&-1&-1&0&0\\-1&0&-1&-1&0\\0&-1&-1&0&-1\\0&0&-1&-1&-1\end{bmatrix}$$

$$\boldsymbol{F}_1=\begin{bmatrix}-1&-1&0&0\\-1&0&-1&0\\-1&-1&-1&-1\\0&-1&0&-1\\0&0&-1&-1\end{bmatrix}$$

与块三对角表示(3.86)相容的次序为

$$\{1,2,3,4,5,6,7,8,9\}$$
$$\{1,3,4,5,2,8,9,7,6\}$$
$$\{1,2,3,5,4,6,9,8,7\}$$
$$\vdots$$

定理 3.7 设 $\boldsymbol{A}$ 具有块三对角表示，即

$$\boldsymbol{A}=\begin{bmatrix}\boldsymbol{D}_1&\boldsymbol{F}_1&&&&\\\boldsymbol{E}_1&\boldsymbol{D}_2&\boldsymbol{F}_2&&&\\&\boldsymbol{E}_2&\boldsymbol{D}_3&\boldsymbol{F}_3&&\\&&\ddots&\ddots&\ddots&\\&&&\boldsymbol{E}_{m-2}&\boldsymbol{D}_{m-1}&\boldsymbol{F}_{m-1}\\&&&&\boldsymbol{E}_{m-1}&\boldsymbol{D}_m\end{bmatrix}\tag{3.83}$$

定义矩阵

$$\boldsymbol{A}(\alpha)=\boldsymbol{D}-\alpha\boldsymbol{L}-\alpha^{-1}\boldsymbol{R}\quad(\alpha\neq 0)$$

其中

$$\boldsymbol{D}=\begin{bmatrix}\boldsymbol{D}_1&&&\\&\boldsymbol{D}_2&&\\&&\ddots&\\&&&\boldsymbol{D}_m\end{bmatrix}\tag{3.87}$$

$$-\boldsymbol{L}=\begin{bmatrix}\boldsymbol{0} & & & \\ \boldsymbol{E}_1 & \boldsymbol{0} & & \\ & \ddots & \ddots & \\ & & \boldsymbol{E}_{m-1} & \boldsymbol{0}\end{bmatrix} \tag{3.88}$$

$$-\boldsymbol{R}=\begin{bmatrix}\boldsymbol{0} & \boldsymbol{F}_1 & & \\ & \ddots & \ddots & \\ & & \boldsymbol{0} & \boldsymbol{F}_{m-1} \\ & & & \boldsymbol{0}\end{bmatrix} \tag{3.89}$$

则

$$\det\boldsymbol{A}(\alpha)=\det\boldsymbol{A} \tag{3.90}$$

证 令

$$\boldsymbol{C}=\begin{bmatrix}\boldsymbol{I}_1 & & & & \\ & \alpha\boldsymbol{I}_2 & & & \\ & & \alpha^2\boldsymbol{I}_3 & & \\ & & & \ddots & \\ & & & & \alpha^{m-1}\boldsymbol{I}_m\end{bmatrix}$$

$\boldsymbol{I}_1,\boldsymbol{I}_2,\cdots,\boldsymbol{I}_m$ 分别与 $\boldsymbol{D}_1,\boldsymbol{D}_2,\cdots,\boldsymbol{D}_m$ 同阶，于是

$$\boldsymbol{C}^{-1}=\begin{bmatrix}\boldsymbol{I}_1 & & & & \\ & \alpha^{-1}\boldsymbol{I}_2 & & & \\ & & \alpha^{-2}\boldsymbol{I}_3 & & \\ & & & \ddots & \\ & & & & \alpha^{1-m}\boldsymbol{I}_m\end{bmatrix}$$

从而

$$\boldsymbol{CAC}^{-1}=\begin{bmatrix}\boldsymbol{D}_1 & \alpha^{-1}\boldsymbol{F} & & & & \\ \alpha\boldsymbol{E}_1 & \boldsymbol{D}_2 & \alpha^{-1}\boldsymbol{F}_2 & & & \\ & \alpha\boldsymbol{E}_2 & \boldsymbol{D}_3 & \alpha^{-1}\boldsymbol{F}_3 & & \\ & & \ddots & \ddots & \ddots & \\ & & & \alpha\boldsymbol{E}_{m-2} & \boldsymbol{D}_{m-1} & \alpha^{-1}\boldsymbol{F}_{m-1} \\ & & & & \alpha\boldsymbol{E}_{m-1} & \boldsymbol{D}_m\end{bmatrix}$$

$$=\boldsymbol{D}-\alpha\boldsymbol{L}-\alpha^{-1}\boldsymbol{R}=\boldsymbol{A}(\alpha)$$

因此

$$\det\boldsymbol{A}(\alpha)=\det\boldsymbol{C}\det\boldsymbol{A}\det\boldsymbol{C}^{-1}=\det\boldsymbol{A}$$

若方程组(3.74)的系数矩阵具有性质(A)，且已有块三对角表示(3.83)，计算次序与式(3.83)相容，由式(3.79)，逐次超松弛迭代矩阵的特征多项式为

$$Q(\eta) = \det\{(\boldsymbol{D} - \omega \boldsymbol{L})^{-1}[(1-\omega)\boldsymbol{D} + \omega \boldsymbol{R} - (\boldsymbol{D} - \omega \boldsymbol{L})\eta]\} \tag{3.91}$$

令 $\boldsymbol{L} = \boldsymbol{DE}, \boldsymbol{R} = \boldsymbol{DF}$，则

$$\begin{aligned} Q(\eta) &= \det\{(1-\omega)\boldsymbol{I} + \omega \boldsymbol{F} - (\boldsymbol{I} - \omega \boldsymbol{E})\eta\} \\ &= \det\{(1-\omega-\eta)\boldsymbol{I} + \omega \boldsymbol{F} + \omega\eta \boldsymbol{E}\} \\ &= (-1)^N \det\{(\eta+\omega-1)\boldsymbol{I} - \omega\eta \boldsymbol{E} - \omega \boldsymbol{F}\} \end{aligned}$$

考虑到矩阵 $(\eta+\omega-1)\boldsymbol{I} - \omega\eta \boldsymbol{E} - \omega \boldsymbol{F}$ 是具有块三对角表示的矩阵，应用定理3.7，取 $\alpha = \eta^{-1/2}$，则有

$$\begin{aligned} Q(\eta) &= (-1)^N \det\{(\eta+\omega-1)\boldsymbol{I} - \omega\eta^{1/2} \boldsymbol{E} - \eta^{1/2}\omega \boldsymbol{F}\} \\ &= (-1)^N \omega^N \eta^{N/2} \det\{\omega^{-1}\eta^{-1/2}(\eta+\omega-1)\boldsymbol{I} - \boldsymbol{E} - \boldsymbol{F}\} \end{aligned}$$

记

$$P(\mu) = \det(\mu \boldsymbol{I} - \boldsymbol{E} - \boldsymbol{F})$$

则

$$Q(\eta) = (-1)^N \omega^N \eta^{N/2} P(\omega^{-1}\eta^{-1/2}(\eta+\omega-1)) \tag{3.92}$$

因此当 $\eta \neq 0$，η 为 SOR 迭代矩阵的特征值，当且仅当 $\mu = \omega^{-1}\eta^{-1/2}(\eta+\omega-1)$ 时，μ 为 Jacobi 迭代矩阵的特征值。这样，我们建立了逐次超松弛迭代矩阵的特征值 η 和 Jacobi 迭代矩阵特征值的关系

$$\omega^{-1}\eta^{-1/2}(\eta+\omega-1) = \mu \tag{3.93}$$

或者

$$(\eta+\omega-1)^2 = \eta\omega^2\mu^2 \tag{3.94}$$

这就是 Young 建立的重要关系式。

Young 的结果可叙述如下：若系数矩阵具有性质(A)，当未知数按相容次序排列时，超松弛法特征值与 Jacobi 迭代特征值满足关系式(3.93)，(3.94)。

关系式(3.93) 可写成关于 $\eta^{1/2}$ 的二次方程，即

$$(\eta^{1/2})^2 - \mu\omega\eta^{1/2} + (\omega-1) = 0 \tag{3.95}$$

以下假定 Jacobi 迭代矩阵特征值为实数，则这时式(3.95) 为 $\eta^{1/2}$ 的实系数二次方程，其根 $\eta_1^{1/2}, \eta_2^{1/2}$ 的模小于1的充要条件为 $0 < \omega < 2, |\mu| < 1$。为此，若系数矩阵具有性质(A)，未知数按相容次序排列，Jacobi 迭代矩阵特征值全为实数，则 $\rho(\boldsymbol{L}_\omega) < 1$ 的充要条件为 $0 < \omega < 2, |\mu| < 1$。

我们的目的在于求出最佳松弛因子 ω_{opt}，使

$$\rho(\boldsymbol{L}_{\omega_{\text{opt}}}) = \min_\omega \rho(\boldsymbol{L}_\omega)$$

这相当于求 ω，使式(3.95) 的根的绝对值的最大值达到最小。

解式(3.95) 得

$$\eta^{1/2} = \frac{\omega\mu}{2} \pm \sqrt{\frac{\omega^2\mu^2}{4} - (\omega-1)} \tag{3.96}$$

对每一 μ，当 $(\omega-1)>\dfrac{\omega^2\mu^2}{4}$ 时，式(3.95)只有复根，其模为 $(\omega-1)^{1/2}$，随着 ω 的增加而增加；当 $(\omega-1)<\dfrac{\omega^2\mu^2}{4}$，式(3.95)有二个相异实根，其最大模为

$$\max|\eta^{1/2}|=\frac{1}{2}\omega|\mu|+\sqrt{\frac{\omega^2\mu^2}{4}-\omega+1}<1 \tag{3.97}$$

$$\frac{\mathrm{d}}{\mathrm{d}\omega}(\max|\eta^{1/2}|)=\frac{|\mu|\left(\sqrt{\dfrac{\omega^2\mu^2}{4}-\omega+1}+\dfrac{\omega|\mu|}{2}\right)-1}{\sqrt{\dfrac{\omega^2\mu^2}{4}-\omega+1}}<0$$

因此最大模为 ω 的单调下降函数，随着 ω 的增加而下降，故当 $\omega-1=(1/4)\omega^2\mu^2$ 即 $\omega=\dfrac{2}{1+\sqrt{1-\mu^2}}$ 时，对于每个 $|\mu|<1$，$\max|\eta^{1/2}|$ 达到极小，这时

$$\max|\eta^{1/2}|=\frac{1}{2}\omega|\mu|=(\omega-1)^{1/2} \tag{3.98}$$

$$\max|\eta|=\omega-1=\frac{2}{1+\sqrt{1-\mu^2}}-1=\frac{1-\sqrt{1-\mu^2}}{1+\sqrt{1-\mu^2}} \tag{3.99}$$

又 $\max|\eta|$ 随着 $|\mu|$ 的增加而增加，$|\mu|$ 最大时 $\max|\eta|$ 取最大，因此

$$\rho(\boldsymbol{L}_{\omega_{\text{opt}}})=\min\rho(\boldsymbol{L}_\omega)=\omega_{\text{opt}}-1$$

$$\omega_{\text{opt}}=\frac{2}{1+\sqrt{1-[\rho(\boldsymbol{G}_{\text{J}})]^2}} \tag{3.100}$$

$$\rho(\boldsymbol{L}_{\omega_{\text{opt}}})=\frac{1-\sqrt{1-[\rho(\boldsymbol{G}_{\text{J}})]^2}}{1+\sqrt{1-[\rho(\boldsymbol{G}_{\text{J}})]^2}} \tag{3.101}$$

这就建立了由 Jacobi 迭代矩阵的谱半径计算最佳松弛因子和 SOR 迭代矩阵谱半径的公式。由

$$\rho(\boldsymbol{L}_\omega)=\begin{cases}\omega-1 & (\omega_{\text{opt}}\leqslant\omega<2);\\ \left[\dfrac{1}{2}\omega\rho(\boldsymbol{G}_{\text{J}})+\sqrt{\dfrac{\omega^2[\rho(\boldsymbol{G}_{\text{J}})]^2}{4}-\omega+1}\right]^2 & (0<\omega<\omega_{\text{opt}})\end{cases} \tag{3.102}$$

可画出图 3.11。

注意到在 ω_{opt} 左边，ω 偏离 ω_{opt} 很小，$\rho(\boldsymbol{L}_\omega)$ 变化很大；而当 $\omega>\omega_{\text{opt}}$，$\rho(\boldsymbol{L}_\omega)$ 是 ω 的线性函数，且斜率为1，变化缓慢。因此实际计算时，近似的最佳松弛因子选取比 ω_{opt} 较大一些的。

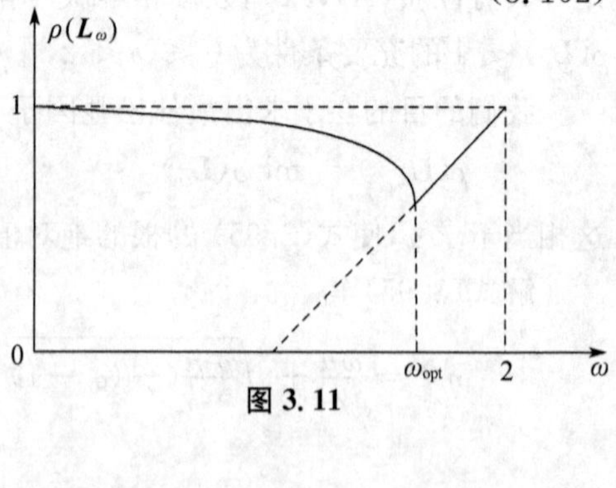

图 3.11

3.8.4.3　收敛速度

由 $\rho(\boldsymbol{L}_{\omega_{\text{opt}}})$ 可计算出最佳 SOR 迭代的收敛速度

$$R(\boldsymbol{L}_{\omega_{\text{opt}}}) = -\ln\rho(\boldsymbol{L}_{\omega_{\text{opt}}}) \tag{3.103}$$

第 3.8.3 小节给出了模型问题(3.66)五点差分格式(3.67)的 Jacobi 迭代矩阵的谱半径

$$\rho(\boldsymbol{G}_{\text{J}}) = \cos\pi h$$

这时超松弛迭代最佳松弛因子为

$$\omega_{\text{opt}} = \frac{2}{1+\sqrt{1-[\rho(\boldsymbol{G}_{\text{J}})]^2}} = \frac{2}{1+\sin\pi h} \tag{3.104}$$

而

$$\rho(\boldsymbol{L}_{\omega_{\text{opt}}}) = \omega_{\text{opt}} - 1 = \frac{1-\sin\pi h}{1+\sin\pi h} = 1 - 2\pi h + O(h^2) \tag{3.105}$$

$$R(\boldsymbol{L}_{\omega_{\text{opt}}}) = -\ln\rho(\boldsymbol{L}_{\omega_{\text{opt}}}) \approx 2\pi h \tag{3.106}$$

表 3.1 给出了对应于不同 h 的 $\rho(\boldsymbol{G}_{\text{J}})$，$\rho(\boldsymbol{G}_{\text{GS}})$，$\omega_{\text{opt}}$，$\rho(\boldsymbol{L}_{\omega_{\text{opt}}})$ 的值。

表 3.1

h	$\rho(\boldsymbol{G}_{\text{J}})$	$\rho(\boldsymbol{G}_{\text{GS}})$	ω_{opt}	$\rho(\boldsymbol{L}_{\omega_{\text{opt}}})$
1/8	0.923 88	0.853 55	1.446 5	0.446 46
1/16	0.980 79	0.961 94	1.673 5	0.673 51
1/32	0.995 19	0.990 39	1.821 5	0.821 47
1/64	0.998 80	0.997 59	1.906 5	0.906 50
1/128	0.999 70	0.999 40	1.952 1	0.952 09
1/256	0.999 30	0.999 85	1.975 8	0.975 75

表 3.2

h	n(GS)	n(SOR)	n(GS)/n(SOR)
1/8	45	9	5
1/16	179	18	10
1/32	717	35	20
1/64	2 867	70	41
1/128	11 467	140	82
1/256	45 869	281	163

当 $\omega = \omega_{\text{opt}}$，逐次超松弛法的收敛速度由式(3.106)给出，故与 h 同阶。已知 $R(\boldsymbol{G}_{\text{J}}) \approx \frac{1}{2}\pi^2 h^2$，因此 $R(\boldsymbol{L}_{\omega_{\text{opt}}}) \approx \left(\frac{4}{\pi h}\right) R(\boldsymbol{G}_{\text{J}})$，最佳松弛迭代的收敛速度为 Jacobi 迭代的收敛速度的 $\frac{4}{\pi h}$ 倍，最佳松弛迭代较之 Jacobi 迭代和 G-S 迭代收敛速度得以很大提高。举例说，为了使迭代后的误差降低为原始误差的 10^{-3}，要求迭代次数为

$$n(J) = \frac{6\ln 10}{\pi^2 h^2},\quad n(\text{G-S}) = \frac{3\ln 10}{\pi^2 h^2},\quad n(\text{SOR}) = \frac{3\ln 10}{2\pi h}$$

因此有

$$\frac{n(\text{G-S})}{n(\text{SOR})} = \frac{2}{\pi h}$$

上面的表 3.2 给出了对应于不同的 h,为降低迭代误差为原始误差的 10^{-3} 所要求迭代的次数,充分显示了 SOR 法的优越性。

上面介绍的是逐次点松弛迭代,有关线性松弛迭代可参阅 Varga(1962) 的著作等。

3.9 多重网格法简介

我们已详细介绍了求解椭圆型差分格式的雅可比迭代法、高斯-塞得尔迭代法和超松弛迭代法。显然,适当地选取 ω_{opt},超松弛迭代法大大提高了收敛速度。近年来,随着线性代数方程组数值计算法研究工作的发展,关于椭圆型差分方程边值问题已建立了许多更加有效的数值方法,特别是预处理共轭梯度法、交替方向迭代法、多重网格法等都已得到了广泛的应用。限于篇幅,本节仅对多重网格法作一简单介绍。

多重网格法(Multigrid Method,简称 MG 法) 的基本思想,早在 20 世纪 60 年代就由前苏联数学家提出。70 年代中期,以色列数学家 A. Brandt 教授对它进行全面的、创造性的研究,提出了一些新的观点,使 MG 方法得到了飞速发展和广泛的应用,目前它已越来越受到科学计算工作者的重视,被广泛应用于求解线性和非线性偏微分方程问题,研究工作方兴未艾。与其他迭代法相比,MG 方法的最大优点是它的计算工作量与未知量总数同阶(见表 3.3),因此它能成千上万倍地减少计算工作量,大大地加快了收敛速度。

表 3.3 与其他迭代法计算工作量对比表(N^d $(d = 2,3)$ 为 d 维问题未知数总数)

维数	方法			
	雅可比迭代法	高斯-塞得尔迭代法	超松弛迭代法	多重网格法
二维问题	$O(N^4)$	$O(N^4)$	$O(N^3)$	$O(N^2)$
三维问题	$O(N^5)$	$O(N^5)$	$O(N^4)$	$O(N^3)$

3.9.1 一个简单的例子、MG 方法基本思想

利用迭代法(如雅可比迭代法) 求解椭圆型方程边值问题,观察计算机输出的逐次迭代出来的近似解人们发现一个现象,即开始几次迭代近似解的有效数字变化很大,随着迭代次数的增加近似解有效数字的变化越来越小,收敛速度越来越慢。这样为了达到一定精度,迭代的次数非常大。计算数学家对这一现象进行了深入的分析研究,找出了迭代过程后一阶段收敛变慢的症结所在,从而提出了克服这一缺陷的方法,即多重网格法。

以最简单的情况为例,给出常微分方程两点边值问题

$$\begin{cases} -\dfrac{\mathrm{d}^2 u}{\mathrm{d}x^2} = f(x) \quad (x \in \Omega = (0,1)); \\ u|_{x=0} = 0; \\ u|_{x=1} = 0 \end{cases} \tag{3.107}$$

对区域 $\Omega = (0,1)$ 进行 N 等分，令 $h = \dfrac{1}{N}$，得一维网格区域

$$\Omega_j = \{x_j = jh \mid j = 1,2,\cdots,N-1\}$$

利用三点中心差分逼近，则得差分格式

$$\begin{cases} -\dfrac{u_{h,j+1} - 2u_{h,j} + u_{h,j-1}}{h^2} = f_j \quad (f_j = f(jh), \quad j = 1,2,\cdots,N-1); \\ u_{h,0} = u_{h,N} = 0 \end{cases} \tag{3.108}$$

$u_{h,j}$ 为差分方程解。写成矩阵形式，有

$$\begin{bmatrix} 2 & -1 & & & & \\ -1 & 2 & -1 & & & \\ & -1 & 2 & -1 & & \\ & & \ddots & \ddots & \ddots & \\ & & & -1 & 2 & -1 \\ & & & & -1 & 2 \end{bmatrix} \begin{bmatrix} u_{h,1} \\ u_{h,2} \\ \vdots \\ u_{h,N-2} \\ u_{h,N-1} \end{bmatrix} = h^2 \begin{bmatrix} f_1 \\ f_2 \\ \vdots \\ f_{N-2} \\ f_{N-1} \end{bmatrix}$$

利用如下松弛格式求解。

第一步，用雅可比迭代法计算 $\tilde{\boldsymbol{u}}_h^{(n+1)}$，有

$$-u_{h,j+1}^{(n)} + 2\tilde{u}_{h,j}^{(n+1)} - u_{h,j-1}^{(n)} = h^2 f_j \quad (j = 1,2,\cdots,N-1)$$

第二步，利用松弛因子 ω 计算 $\boldsymbol{u}_h^{(n+1)}$，有

$$u_{h,j}^{(n+1)} = u_{h,j}^{(n)} + \omega(\tilde{u}_{h,j}^{(n+1)} - u_{h,j}^{(n)}) \quad (j = 1,2,\cdots,N-1)$$

为了研究近似解对精确解的收敛过程，上述迭代过程用矩阵形式表示为

$$\boldsymbol{u}_h^{(n+1)} = \boldsymbol{G}\boldsymbol{u}_h^{(n)} + \frac{\omega h^2}{2}\boldsymbol{f}_h \tag{3.109}$$

其中

$$\boldsymbol{G} = \begin{bmatrix} 1-\omega & \frac{\omega}{2} & & & & \\ \frac{\omega}{2} & 1-\omega & \frac{\omega}{2} & & & \\ & \frac{\omega}{2} & 1-\omega & \frac{\omega}{2} & & \\ & & \ddots & \ddots & \ddots & \\ & & & \frac{\omega}{2} & 1-\omega & \frac{\omega}{2} \\ & & & & \frac{\omega}{2} & 1-\omega \end{bmatrix} \quad \text{（迭代矩阵）}$$

$$\boldsymbol{u}_h^{(n)}=[u_{h,1}^{(n)},u_{h,2}^{(n)},\cdots,u_{h,N-1}^{(n)}],\quad \boldsymbol{f}_h=[f_1,f_2,\cdots,f_{N-1}]^{\mathrm{T}}$$

给定初始向量 $\boldsymbol{u}_h^{(0)}$，则由式(3.109)计算一系列近似向量 $\boldsymbol{u}_h^{(1)},\boldsymbol{u}_h^{(2)},\cdots$。设式(3.108)的精确解为 $\boldsymbol{u}_h^*$，则 $\boldsymbol{u}_h^*=\boldsymbol{G}\boldsymbol{u}_h^*+\frac{\omega h^2}{2}\boldsymbol{f}_h$。

令 $\boldsymbol{e}^{(n)}=\boldsymbol{u}_h^{(n)}-\boldsymbol{u}_h^*$，则 $\boldsymbol{e}^{(n)}$ 满足

$$\begin{cases}\boldsymbol{e}^{(n+1)}=\boldsymbol{G}\boldsymbol{e}^{(n)},\\ \boldsymbol{e}^{(0)}\text{——初始误差向量}\end{cases}$$

容易计算 $\boldsymbol{G}$ 的特征值 $\lambda_k=1-2\omega\sin^2\frac{k\pi}{2N}(k=1,2,\cdots,N-1)$，相应的特征向量

$$\boldsymbol{v}_k=\left[\sin\frac{k\pi}{N},\sin\frac{2k\pi}{N},\cdots,\sin\frac{(N-1)k\pi}{N}\right]^{\mathrm{T}}\quad(k=1,2,\cdots,N-1)$$

设 $\boldsymbol{e}^{(0)}=c_1\boldsymbol{v}_1+c_2\boldsymbol{v}_2+\cdots+c_{N-1}\boldsymbol{v}_{N-1}(c_1,c_2,\cdots,c_{N-1}$ 为常数)，则

$$\boldsymbol{e}^{(n)}=c_1\lambda_1^n\boldsymbol{v}_1+c_2\lambda_2^n\boldsymbol{v}_2+\cdots+c_{N-1}\lambda_{N-1}^n\boldsymbol{v}_{N-1}$$

为了收敛性，对所有选取的 ω，我们要求 $|\lambda_k|<1(k=1,2,\cdots,N-1)$，则随着 n 的无限增大，$\boldsymbol{e}^{(n)}$ 无限变小，$\boldsymbol{u}_h^{(n)}$ 向精确解 $\boldsymbol{u}_h^*$ 收敛。再对 $\boldsymbol{e}^{(n)}$ 中所含分量

$$\{c_k\lambda_k^n\boldsymbol{v}_k\mid k=1,2,\cdots,N-1\}$$

分别进行考察，它们模变小的快慢由相应的 $|\lambda_k^n|$ 变小的快慢决定。

例如，令 $\omega=\frac{2}{3},N=10,|\lambda_k|=1-\frac{4}{3}\sin^2\frac{k\pi}{20}$，对 $k=1,2,\cdots,9$，我们有图3.12，因此

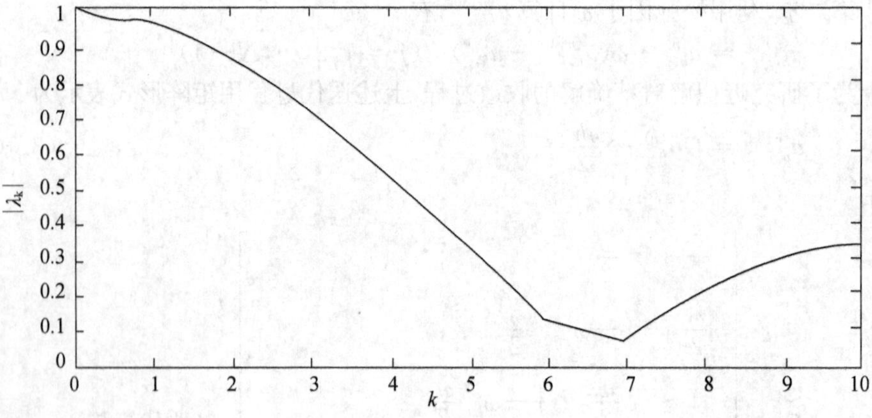

图 3.12

对 $\frac{N}{2}\leqslant k\leqslant N-1$，有 $|\lambda_k(\omega)|=\left|1-\frac{4}{3}\sin^2\frac{k\pi}{20}\right|\leqslant\frac{1}{3}$；

对 $1\leqslant k\leqslant\frac{N}{2}$，有 $|\lambda_k(\omega)|=\left|1-\frac{4}{3}\sin^2\frac{\pi}{20}\right|=1-O(h^2)$。

很清楚,对初始误差向量 $\boldsymbol{e}^{(0)}$ 中包括 $\boldsymbol{v}_k\left(\dfrac{N}{2}\leqslant k\leqslant N-1\right)$ 的量,每进行一次迭代,至少减少为原来向量的 1/3,迭代二次,则减少为原来向量的 1/9。我们称 $\boldsymbol{v}_{\frac{N}{2}}$,$\boldsymbol{v}_{\frac{N}{2}+1},\cdots,\boldsymbol{v}_{N-1}$ 为误差向量中的高频摆动分量,1/3 为衰减因子。随着迭代次数的增加,高频摆动误差分量很快地消失且高频分量的衰减因子 1/3 不依赖于 h,而低频误差分量 $\boldsymbol{v}_1,\boldsymbol{v}_2,\cdots,\boldsymbol{v}_{\frac{N}{2}-1}$ 的共同衰减因子 $\max\limits_k|\lambda_k(\omega)|=1-O(h^2)$,当 $h\to 0$ 时收敛于 1,显然这些分量使 Jacobi 松弛迭代的收敛性随着网格变细而恶化。可见对误差向量 $\boldsymbol{e}^{(n)}$ 中的高频误差分量迭代使其迅速减少,而整个迭代的缓慢收敛性完全是由于低频误差分量引起的。这就回答了本节一开始提出的问题。

由于经过迭代以后初始误差向量中的高频误差部分很快地消失,故 $\boldsymbol{e}^{(n)}$ 较之 $\boldsymbol{e}^{(0)}$ 光滑,因此也称迭代法为"光滑迭代",如何有效地消去低频误差分量是提高收敛速度的关键所在。考虑到细网格上的低频误差分量可以看成为粗网格上的"高频"误差分量,这就启示人们构造粗网格以有效地消去光滑误差分量。这种构造粗网格(网格尺寸从 $h\to 2h$),在粗网格上构造新的迭代法以磨光相对于粗网格上的"高频"误差分量来实现加速迭代的方法就是二重网格法。下一节我们详细论述。

3.9.2　二重网格法、V 循环

多重网格法的逻辑如下:

(1) 相对于网格尺寸误差可以划分为高频摆动分量和低频光滑分量;

(2) 设计某种特殊的迭代法消去高频摆动误差分量;

(3) 用粗网格修正消去细网格上顽固的光滑分量。

考虑求解一般离散区域 Ω_h 上的代数方程 $\boldsymbol{L}_h\boldsymbol{u}_h=\boldsymbol{f}_h$,最简单的二重网格迭代法可以用下面四个步骤来描述。

第一步,在细网格 Ω_h 上用松弛迭代求解(以 $\boldsymbol{u}_h^{(0)}$ 为初始值)

$$\boldsymbol{L}_h\boldsymbol{u}_h=\boldsymbol{f}_h \tag{3.110}$$

迭代 v_1 步,得 $\boldsymbol{u}_h^{(v_1)}$,计算残量 $\boldsymbol{r}_h^{(v_1)}=\boldsymbol{f}_h-\boldsymbol{L}_h\boldsymbol{u}_h^{(v_1)}$,这时式(3.110)的精确解 $\boldsymbol{u}_h$ 与近似解 $\boldsymbol{u}_h^{(v_1)}$ 的误差 $\boldsymbol{e}_h^{(v_1)}=\boldsymbol{u}_h-\boldsymbol{u}_h^{(v_1)}$ 满足的方程为

$$\boldsymbol{L}_h\boldsymbol{e}_h^{(v_1)}=\boldsymbol{L}_h(\boldsymbol{u}_h-\boldsymbol{u}_h^{(v_1)})=\boldsymbol{r}_h^{(v_1)} \tag{3.111}$$

这是与式(3.110)类似的方程,如用迭代法求得 $\boldsymbol{e}_h^{(v_1)}$ 的近似值 $\tilde{\boldsymbol{e}}_h^{(v_1)}$,则 $\boldsymbol{u}_h^{(v_1)}+\tilde{\boldsymbol{e}}_h^{(v_1)}$ 就是 $\boldsymbol{u}_h$ 的较之 $\boldsymbol{u}_h^{(v_1)}$ 更为精确的近似值。

考虑到误差向量 $\boldsymbol{e}_h^{(v_1)}=\boldsymbol{u}_h-\boldsymbol{u}_h^{(v_1)}$ 是一个比较光滑的网格函数,我们将在粗网格 $H=2h$ 上求解。

第二步,在粗网格 $H=2h$ 上求解 $\boldsymbol{e}_h^{(v_1)}$。令 $\boldsymbol{e}_{2h}^{(v_1)}$ 满足

$$\boldsymbol{L}_{2h}\boldsymbol{e}_{2h}^{(v_1)} = \boldsymbol{r}_{2h}^{(v_1)} \tag{3.112}$$

这里 $\boldsymbol{r}_{2h}^{(v_1)}$ 是 $\boldsymbol{r}_h^{(v_1)}$ 在 Ω_{2h} 网格上的合理映射，为此引进限制映射 $\boldsymbol{I}_h^{2h}$，有

$$\boldsymbol{r}_{2h}^{(v_1)} = \boldsymbol{I}_h^{2h}\boldsymbol{r}_h^{(v_1)} \tag{3.113}$$

一维情形，我们通常可取二种形式的限制映射：

(1) 平凡限制映射，此时 $\boldsymbol{r}_{2h}^{(v_1)} = \boldsymbol{I}_h^{2h}\boldsymbol{r}_h^{(v_1)}$，取 $\boldsymbol{r}_{2h,j}^{(v_1)} = \boldsymbol{r}_{h,2j}^{(v_1)}\left(j = 1,2,\cdots,\dfrac{N}{2}-1\right)$。

(2) 取 $\boldsymbol{I}_h^{2h}$ 为 $\left(\dfrac{N}{2}-1\right)\times(N-1)$ 矩阵，即

$$\boldsymbol{I}_h^{2h} = \frac{1}{4}\begin{bmatrix} 1 & 2 & 1 & & & & \\ & & 1 & 2 & 1 & & \\ & & & \ddots & \ddots & \ddots & \\ & & & & 1 & 2 & 1 \end{bmatrix}$$

此时 Ω_{2h} 上的粗网格函数 $\boldsymbol{r}_{2h}^{(v_1)}$ 被表示为 Ω_h 上的细网格函数 $\boldsymbol{r}_h^{(v_1)}$ 的加权平均 $\boldsymbol{r}_{2h,j}^{(v_1)} = \dfrac{1}{4}[\boldsymbol{r}_{h,2j-1}^{(v_1)} + 2\boldsymbol{r}_{h,2j}^{(v_1)} + \boldsymbol{r}_{h,2j+1}^{(v_1)}]$，这里 $\boldsymbol{r}_{2h,j}^{(v_1)}$ 为网格上 Ω_{2h} 上第 j 个分量。由限制映射得到 $\boldsymbol{r}_{2h}^{(v_1)}$ 后，在粗网格 Ω_{2h} 上精确求解 $\boldsymbol{L}_{2h}\boldsymbol{e}_{2h}^{(v_1)} = \boldsymbol{r}_{2h}^{(v_1)}$。把 $\boldsymbol{e}_{2h}^{(v_1)}$ 作为 $\boldsymbol{e}_h^{(v_1)}$ 的一个逼近，但 $\boldsymbol{e}_{2h}^{(v_1)}$ 仅仅在粗网格 Ω_{2h} 上定义，因此利用延拓映射 $\boldsymbol{I}_{2h}^h$，把粗网格上的值映射到细网格 Ω_h 上去，$\tilde{\boldsymbol{e}}_h^{(v_1)} = \boldsymbol{I}_{2h}^h\boldsymbol{e}_{2h}^{(v_1)}$，这里 $\boldsymbol{I}_{2h}^h$ 描述了由粗网格到细网格的插值算子。

设

$$\tilde{\boldsymbol{e}}_{h,j}^{(v_1)} = \begin{cases} \boldsymbol{e}_{2h,\frac{j}{2}}^{(v_1)} & (j\text{ 为偶数})\text{；} \\ \dfrac{1}{2}\left(\boldsymbol{e}_{2h,\frac{j-1}{2}}^{(v_1)} + \boldsymbol{e}_{2h,\frac{j+1}{2}}^{(v_1)}\right) & (j\text{ 为奇数}) \end{cases}$$

取 $\boldsymbol{e}_{2h,0}^{(v_1)} = \boldsymbol{e}_{2h,\frac{N}{2}}^{(v_1)} = 0$，则延拓映射可以用矩阵表示为 $(N-1)\times\left(\dfrac{N}{2}-1\right)$ 矩阵，即

$$\boldsymbol{I}_{2h}^h = \frac{1}{2}\begin{bmatrix} 1 & & & \\ 2 & & & \\ 1 & 1 & & \\ & 2 & & \\ & 1 & \vdots & \\ & & \vdots & 1 \\ & & & 2 \\ & & & 1 \end{bmatrix}$$

第三步，如前，$\boldsymbol{e}_h^{(v_1)} = \boldsymbol{u}_h - \boldsymbol{u}_h^{(v_1)}$，前面用 $\tilde{\boldsymbol{e}}_h^{(v_1)}$ 作为 $\boldsymbol{e}_h^{(v_1)}$ 的近似，取

$$\tilde{\boldsymbol{u}}_h^{(v_1)} = \boldsymbol{u}_h^{(v_1)} + \tilde{\boldsymbol{e}}_h^{(v_1)}$$

作为 $\boldsymbol{u}_h$ 的一个较之 $\boldsymbol{u}_h^{(v_1)}$ 好的近似。

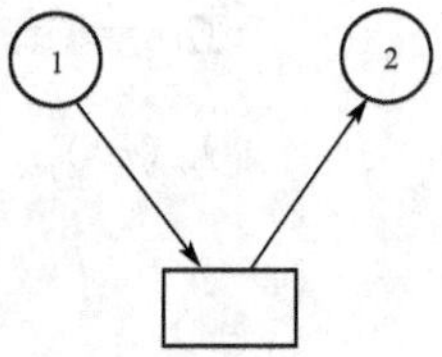

图 3.13

第四步，以新的近似值 $\bar{\boldsymbol{u}}_h^{(v_1)}$ 为初始值，再在细网格上对 $\boldsymbol{L}_h\boldsymbol{u}_h=\boldsymbol{f}_h$ 用松弛法迭代 v_2 次，得到 $\boldsymbol{u}_h^{(v_2)}$ 为 $\boldsymbol{u}_h$ 新的近似值，这样就完成了一次二重网格循环。如图 3.13 所示，其中“①”表示在细网格 Ω_h 上用松弛迭代法进行 v_1 次光滑迭代；“↘”表示用限制映射 $\boldsymbol{I}_h^{2h}$；“▭”表示在粗网格 Ω_{2h} 上求出精确解；“↗”表示用延拓映射 $\boldsymbol{I}_{2h}^h$；“②”表示在 Ω_h 上以 $\boldsymbol{u}_h^{(v_1)}+\tilde{\boldsymbol{e}}_h^{(v_1)}$ 为初始值进行 v_2 次循环。

把以上四个步骤用算子表示，则前三个步骤求得

$$\bar{\boldsymbol{u}}_h^{(v_1)}=\boldsymbol{u}_h^{(v_1)}+\boldsymbol{I}_{2h}^h\boldsymbol{L}_{2h}^{-1}\boldsymbol{I}_h^{2h}\boldsymbol{L}_h(\boldsymbol{u}_h-\boldsymbol{u}_h^{(v_1)}) \tag{3.114}$$

然后以此为初始值再在 Ω_h 作松弛迭代 v_2 次得 $\boldsymbol{u}_h^{v_2}$，称式(3.114)为粗网格校正。这就是一个二重网格迭代，它由细网格 Ω_h 上 $\boldsymbol{u}_h$ 的初始猜测利用 v_1 次松弛迭代得 $\boldsymbol{u}_h^{(v_1)}$，然后经过粗网格修正得 $\bar{\boldsymbol{u}}_h^{(v_1)}$，最后在细网格上以 $\bar{\boldsymbol{u}}_h^{(v_1)}$ 为初始值 v_2 次松弛迭代得 $\boldsymbol{u}_h^{v_2}$，就完成了一次二重网格循环。如果从 $\boldsymbol{u}^{(0)}$ 由二重网格法得到 $\boldsymbol{u}^{(1)}=\boldsymbol{u}_h^{(v_2)}$ 尚不满足精度要求，则可以 $\boldsymbol{u}^{(1)}$ 为初始值再作一次二重网格循环得 $\boldsymbol{u}^{(2)}$。如此进行下去，一直到满足精度为止。

3.9.3 多重网格法

一般情况，$\boldsymbol{L}_h\boldsymbol{u}_h=\boldsymbol{f}_h$ 对应的方程组的阶数相当高，因此粗网格即 $H=2h$ 上要解的方程组阶数还是非常高，那么可以再次使用二重网格法求解，即用 $H=4h$。如图 3.14 所示，即嵌套使用二重网格，这样就得到一个三重网格法。类似这样推导下去即可得到一个多重网格法(如图 3.15 所示)，称为 V 循环。

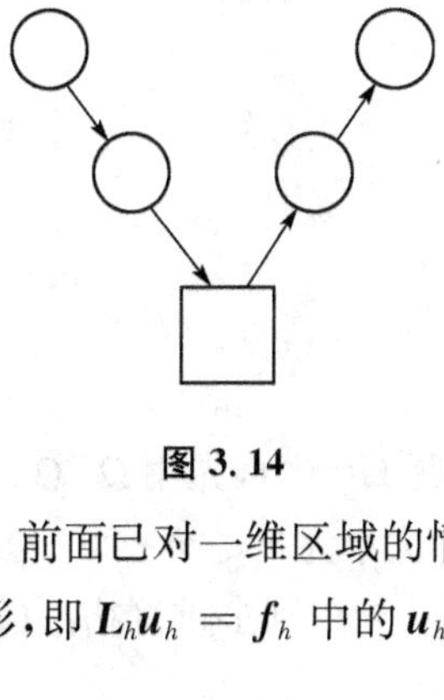

图 3.14

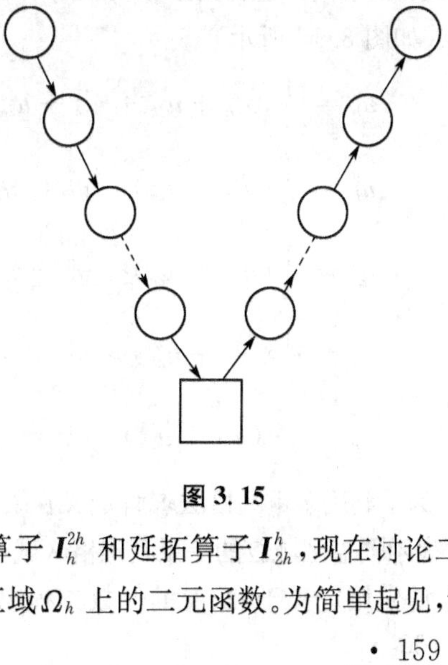

图 3.15

前面已对一维区域的情况给出了限制算子 $\boldsymbol{I}_h^{2h}$ 和延拓算子 $\boldsymbol{I}_{2h}^h$，现在讨论二维情形，即 $\boldsymbol{L}_h\boldsymbol{u}_h=\boldsymbol{f}_h$ 中的 $\boldsymbol{u}_h$ 是定义在平面区域 Ω_h 上的二元函数。为简单起见，设

$$\Omega_h = \{x_i = ih, y_j = jh \mid i, j = 1, 2, \cdots, N-1\}$$

$$\begin{aligned}\boldsymbol{L}_h(u^h)_{j,k} &= \frac{-u_{j+1,k} - u_{j-1,k} - u_{j,k+1} - u_{j,k-1} + 4u_{j,k}}{h^2} \\ &= f_{j,k}^h \quad (j, k = 1, 2, \cdots, N-1)\end{aligned}$$

$u_{j,0}, u_{j,N}, u_{0,k}, u_{N,k}$ 为边界条件。这时限制映射 $\boldsymbol{I}_h^{2h}$ 的定义如下：

（1）平凡限制映射　可类似于一维情形定义，$(\boldsymbol{I}_h^{2h} u_h)(x, y) = u_h(x, y)$，即在与细网格点相重合的粗网格上的点上函数值就取细网格点上的值。

（2）九点限制映射（也称加权平均映射）　为简单起见，粗网格点仍取其在细网格中的编号。图 3.16 中点 1,3,5,11,13,21,23,25 为粗网格点，则九点限制映射 $\boldsymbol{I}_h^{2h}$ 表示为

$$\boldsymbol{I}_h^{2h} = \frac{1}{16}\begin{bmatrix} 1 & 2 & 1 \\ 2 & 4 & 2 \\ 1 & 2 & 1 \end{bmatrix}$$

其定义为，如

$$u_{2h}^{13} = \frac{1}{16}(4u_h^{13} + 2u_h^{12} + 2u_h^{14} + 2u_h^{8} + 2u_h^{18} + u_h^{7} + u_h^{9} + u_h^{17} + u_h^{19})$$

粗网格上的值定义为细网格 $\boldsymbol{u}$ 值的加权平均。

插值映射 $\boldsymbol{I}_{2h}^h$ 定义为

$$\boldsymbol{I}_{2h}^h = \frac{1}{4}\begin{bmatrix} 1 & 2 & 1 \\ 2 & 4 & 2 \\ 1 & 2 & 1 \end{bmatrix}$$

其表示粗网格点值按权系数分配给临近的网格点（如图 3.16 所示）

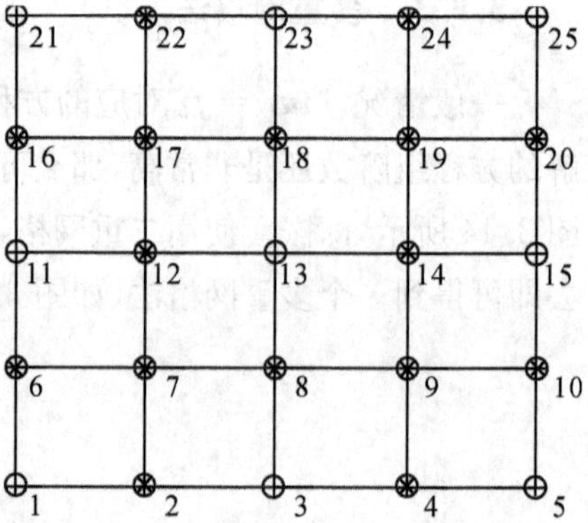

图 3.16

$$u_h^7 = \frac{1}{4}(u_{2h}^1 + u_{2h}^3 + u_{2h}^{11} + u_{2h}^{13})$$

$$u_h^8 = \frac{1}{2}(u_{2h}^3 + u_{2h}^{13}) \quad u_h^1 = u_{2h}^1$$

$$u_h^6 = \frac{1}{2}(u_{2h}^1 + u_{2h}^{11}) \quad u_h^3 = u_{2h}^3$$

$$u_h^2 = \frac{1}{2}(u_{2h}^1 + u_{2h}^3) \quad u_h^{11} = u_{2h}^{11}$$

$$u_h^{12} = \frac{1}{2}(u_{2h}^{11} + u_{2h}^{13}) \quad u_h^{13} = u_{2h}^{13}$$

为了利用多重网格法求解定义在 Ω 上的微分方程问题 $\boldsymbol{Lu} = \boldsymbol{f}$，先用 $\Omega_h, \Omega_{2h}, \cdots, \Omega_{2^n h}$ 表示覆盖区域 Ω 的一系列网格区域，相对应的网格尺寸大小为 $h < 2h < \cdots < 2^n h$。

首先用定义于 Ω_h 上的代数方程组 $\boldsymbol{L}_h \boldsymbol{u}_h = \boldsymbol{f}$ 逼近 $\boldsymbol{Lu} = \boldsymbol{f}$，则多重网格法（$V$ 循

环) 的计算步骤如下:

① 给定初值 $\boldsymbol{u}_h^{(0)}$ 在最细一层网格 Ω_h 上对 $\boldsymbol{L}_h\boldsymbol{u}_h=\boldsymbol{f}_h$ 作 v_1 次松弛迭代(雅可比迭代、高斯-塞得尔迭代、超松驰迭代等) 得到近似值,记为

$$\boldsymbol{u}_h^{(v_1)}=\mathrm{relax}^{v_1}(\boldsymbol{u}_h^{(0)},\boldsymbol{L}_h,\boldsymbol{f}_h)$$

② 计算细网格 Ω_h 上 $\boldsymbol{u}_h^{(v_1)}$ 的残量 $\boldsymbol{r}_h^{(v_1)}=\boldsymbol{f}_h-\boldsymbol{L}_h\boldsymbol{u}_h^{(v_1)}$。

③ 将残量限制到下一层粗网格 Ω_{2h} 上,限制映射为 $\boldsymbol{I}_h^{2h}$,$\boldsymbol{f}_{2h}=\boldsymbol{I}_h^{2h}\boldsymbol{r}_h^{(v_1)}$,对方程 $\boldsymbol{L}_{2h}\boldsymbol{e}_{2h}=\boldsymbol{f}_{2h}$ 作 v_1 次松弛迭代得到近似值 $\boldsymbol{e}_{2h}^{(v_1)}$,$\boldsymbol{e}_{2h}^{(v_1)}=\mathrm{relax}^{v_1}(\boldsymbol{O},\boldsymbol{L}_{2h},\boldsymbol{f}_{2h})$。

④ 计算 Ω_{2h} 上 $\boldsymbol{e}_{2h}^{(v_1)}$ 的残量 $\boldsymbol{r}_{2h}^{(v_1)}=\boldsymbol{f}_{2h}-\boldsymbol{L}_{2h}\boldsymbol{e}_{2h}^{(v_1)}$。

⑤ 将残量限制到下一层粗网格 Ω_{4h} 上,限制映射为 $\boldsymbol{I}_{2h}^{4h}$,$\boldsymbol{f}_{4h}=\boldsymbol{I}_{2h}^{4h}\boldsymbol{r}_{2h}^{(v_1)}$,对方程 $\boldsymbol{L}_{4h}\boldsymbol{e}_{4h}=\boldsymbol{f}_{4h}$ 作 v_1 次松弛迭代得到近似值 $\boldsymbol{e}_{4h}^{(v_1)}$,$\boldsymbol{e}_{4h}^{(v_1)}=\mathrm{relax}^{v_1}(\boldsymbol{O},\boldsymbol{L}_{4h},\boldsymbol{f}_{4h})$。类似地一直进行到 $\Omega_{2^{n-1}h}$ 上,计算出近似值 $\boldsymbol{e}_{2^{n-1}h}^{(v_1)}$,$\boldsymbol{e}_{2^{n-1}h}^{(v_1)}=\mathrm{relax}^{v_1}(\boldsymbol{O},\boldsymbol{L}_{2^{n-1}h},\boldsymbol{f}_{2^{n-1}h})$。

⑥ 计算在网格 $\Omega_{2^{n-1}h}$ 上的残量 $\boldsymbol{r}_{2^{n-1}h}^{(v_1)}=\boldsymbol{f}_{2^{n-1}h}-\boldsymbol{L}_{2^{n-1}h}\boldsymbol{e}_{2^{n-1}h}^{(v_1)}$。

⑦ 将残量限制到最粗一层粗网格 Ω_{2^nh} 上,限制映射为 $\boldsymbol{I}_{2^{n-1}h}^{2^nh}$,$\boldsymbol{f}_{2^nh}=\boldsymbol{I}_{2^{n-1}h}^{2^nh}\boldsymbol{r}_{2^{n-1}h}^{(v_1)}$,由于 Ω_{2^nh} 为最粗网格,故进行精确求解 $\boldsymbol{L}_{2^nh}\boldsymbol{e}_{2^nh}=\boldsymbol{f}_{2^nh}$,则得 $\boldsymbol{e}_{2^nh}=\boldsymbol{L}_{2^nh}^{-1}\boldsymbol{f}_{2^nh}$。

⑧ 利用 $\boldsymbol{e}_{2^nh}$ 修正 $\boldsymbol{e}_{2^{n-1}h}^{(v_1)}$,为此从 $\boldsymbol{G}_{2^nh}$ 到 $\boldsymbol{G}_{2^{n-1}h}$ 利用延拓映射 $\boldsymbol{I}_{2^nh}^{2^{n-1}h}$,得 $\boldsymbol{e}_{2^{n-1}h}^{(v_1)}$ 的修正 $\tilde{\boldsymbol{e}}_{2^{n-1}h}$,$\tilde{\boldsymbol{e}}_{2^{n-1}h}=\boldsymbol{e}_{2^{n-1}h}^{(v_1)}+\boldsymbol{I}_{2^nh}^{2^{n-1}}\boldsymbol{e}_{2^nh}$。

⑨ 以 $\tilde{\boldsymbol{e}}_{2^{n-1}h}$ 为初始值在 $\Omega_{2^{n-1}h}$ 上进行 v_2 次松弛迭代,得

$$\boldsymbol{e}_{2^{n-1}h}^{(v_2)}=\mathrm{relax}^{v_2}(\tilde{\boldsymbol{e}}_{2^{n-1}h},\boldsymbol{L}_{2^{n-1}h},\boldsymbol{f}_{2^{n-1}h})$$

⑩ 利用 $\boldsymbol{e}_{2^{n-1}h}^{(v_2)}$ 修正 $\boldsymbol{e}_{2^{n-2}h}^{(v_1)}$,为此从 $\boldsymbol{G}_{2^{n-1}h}$ 到 $\boldsymbol{G}_{2^{n-2}h}$ 利用延拓映射 $\boldsymbol{I}_{2^{n-1}h}^{2^{n-2}h}$,得

$$\tilde{\boldsymbol{e}}_{2^{n-2}h}=\boldsymbol{e}_{2^{n-2}h}^{(v_1)}+\boldsymbol{I}_{2^{n-1}h}^{2^{n-2}h}\boldsymbol{e}_{2^{n-1}h}^{(v_2)}$$

⑪ 以 $\tilde{\boldsymbol{e}}_{2^{n-2}h}$ 为初始值,在 $\Omega_{2^{n-2}h}$ 上进行 v_2 次松弛迭代,得

$$\boldsymbol{e}_{2^{n-2}h}^{(v_2)}=\mathrm{relax}^{v_2}(\tilde{\boldsymbol{e}}_{2^{n-2}h},\boldsymbol{L}_{2^{n-2}h},\boldsymbol{f}_{2^{n-2}h})$$

类似以上步骤,一直到求得

$$\boldsymbol{e}_{2h}^{(v_2)}=\mathrm{relax}^{v_2}(\tilde{\boldsymbol{e}}_{2h},\boldsymbol{L}_{2h},\boldsymbol{f}_{2h})$$

⑫ 利用 $\boldsymbol{e}_{2h}^{(v_2)}$ 修正 $\boldsymbol{u}_h^{(v_1)}$,为此利用延拓映射 $\boldsymbol{I}_{2h}^h$,得 $\tilde{\boldsymbol{u}}_h=\boldsymbol{u}_h^{(v_1)}+\boldsymbol{I}_{2h}^h\boldsymbol{e}_{2h}^{(v_2)}$。

⑬ 以 $\tilde{\boldsymbol{u}}_h$ 为初始值在最细网格 Ω_h 上进行 v_2 次松弛迭代,得

$$\boldsymbol{u}_h^{(v_2)}=\mathrm{relax}^{v_2}(\tilde{\boldsymbol{u}}_h,\boldsymbol{L}_h,\boldsymbol{f}_h)$$

这样就完成了一次多重网格 V 循环(如图 3.17 所示)。我们以 $\boldsymbol{u}_h^{(v_2)}$ 为 $\boldsymbol{L}_h\boldsymbol{u}_h=\boldsymbol{f}_h$ 的近似值。

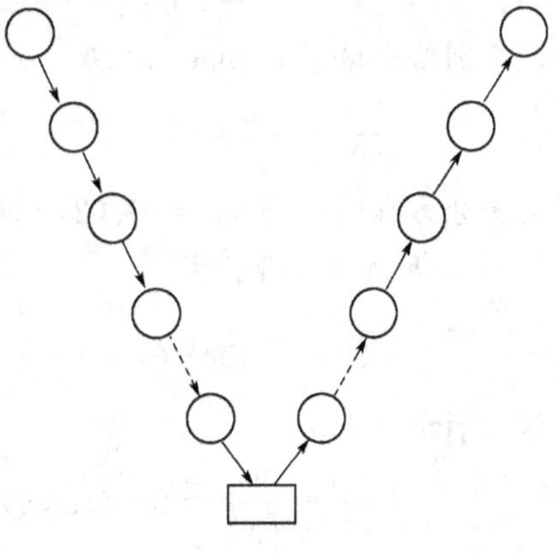

图 3.17

前面介绍了 V 型多重网格循环，一般来说，当粗网格上误差未能很好地消除时，我们必须考虑采用 W 循环（如图 3.18 所示）。

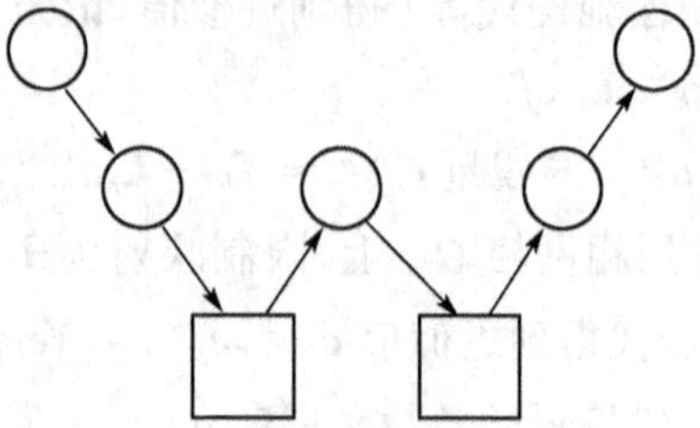

(a)三层

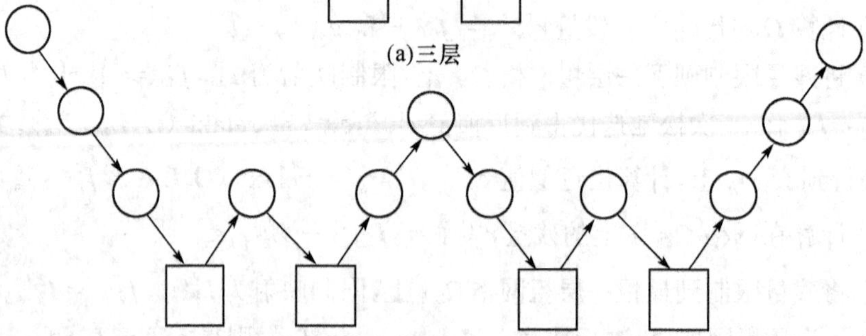

(b)四层

图 3.18

关于多重网格法的详细分析，读者可参阅文献[18]。

习　题　3

1. 定义差分算子 $\square$ 和 $\diamondplus$ 为

$$\square U_{l,m}=\frac{1}{2h^2}(U_{l+1,m+1}+U_{l+1,m-1}+U_{l-1,m+1}+U_{l-1,m-1}-4U_{l,m})$$

$$\diamondplus U_{l,m}=\frac{1}{6h^2}[U_{l+1,m+1}+U_{l+1,m-1}+U_{l-1,m+1}+U_{l-1,m-1}+4(U_{l+1,m}+U_{l-1,m}+U_{l,m+1}+U_{l,m-1})-20U_{l,m}]$$

试分别给出逼近 Laplace 方程

$$\frac{\partial^2 u}{\partial x^2}+\frac{\partial^2 u}{\partial y^2}=0$$

的差分方程(1) $\square U_{l,m}=0$；(2) $\diamondplus U_{l,m}=0$ 的截断误差阶。

2. 用五点差分格式

$$\Diamond U_{l,m}=\frac{1}{h^2}(U_{l+1,m}+U_{l-1,m}+U_{l,m+1}+U_{l,m-1}-4U_{l,m})=0$$

解 Dirichlet 问题

$$\begin{cases}\dfrac{\partial^2 u}{\partial x^2}+\dfrac{\partial^2 u}{\partial y^2}=0 \quad ((x,y)\in\Omega,\Omega=\{(x,y)\mid 0<x,y<1\});\\ u|_{\partial\Omega}=\ln[(x+1)^2+y^2]\end{cases}$$

取 $\Delta x=\Delta y=\dfrac{1}{3}$。

3. 用五点差分格式

$$\Diamond U_{l,m}=\frac{1}{h^2}(U_{l+1,m}+U_{l-1,m}+U_{l,m+1}+U_{l,m-1}-4U_{l,m})=0$$

解 Robins 问题

$$\begin{cases}\dfrac{\partial^2 u}{\partial x^2}+\dfrac{\partial^2 u}{\partial y^2}=0 & ((x,y)\in\Omega,\Omega=\{(x,y)\mid 0<x<1,0<y<1\});\\ u_x-u=1+y & (x=0,0\leqslant y\leqslant 1);\\ u_x+u=2-y & (x=1,0\leqslant y\leqslant 1);\\ u_y-u=-1-x & (y=0,0\leqslant x\leqslant 1);\\ u_y+u=-2+x & (y=1,0\leqslant x\leqslant 1)\end{cases}$$

取 $\Delta x=\Delta y=h=\dfrac{1}{4}$。

4. 设 u 满足 Dirichlet 问题

$$\begin{cases}\dfrac{\partial^2 u}{\partial x^2}+\dfrac{\partial^2 u}{\partial y^2}=0 & ((x,y)\in\Omega,\Omega=\{(x,y)\mid 0<x<a,0<y<b\});\\ u|_{\partial\Omega}=f(x,y)\end{cases}$$

(1) 表明在区域网格结点 $(l,m)(x_i=lh,l=1,\cdots,p-1,ph=a,y_m=mh,m=1,2,\cdots,q-1,qh=b)$ 上用五点差分格 $\Diamond U_{l,m}=0$ 近似所得离散方程的系数矩阵可以写成

$$\boldsymbol{A}=\begin{bmatrix}\boldsymbol{B} & \boldsymbol{I} & & & \\ \boldsymbol{I} & \boldsymbol{B} & \boldsymbol{I} & & \\ & \ddots & \ddots & \ddots & \\ & & \boldsymbol{I} & \boldsymbol{B} & \boldsymbol{I}\\ & & & \boldsymbol{I} & \boldsymbol{B}\end{bmatrix}$$

的形式，其中

$$\boldsymbol{B}=\begin{bmatrix}-4 & 1 & & & \\ 1 & -4 & 1 & & \\ & \ddots & \ddots & \ddots & \\ & & 1 & -4 & 1\\ & & & 1 & -4\end{bmatrix}$$

为 $(p-1)$ 阶方阵。

(2) 试证明 $\boldsymbol{A}$ 的特征值为

$$\lambda_{l,m}=-4+2\left(\cos\frac{l\pi}{p}+\cos\frac{m\pi}{q}\right)\quad(l=1,2,\cdots,p-1;m=1,2,\cdots,q-1)$$

(3) 证明相应 Jacobi 迭代矩阵的谱半径为

$$\frac{1}{2}\left(\cos\frac{\pi}{p}+\cos\frac{\pi}{q}\right)$$

5. 证明线性代数方程组

$$\begin{cases}x_1+2x_2-2x_3=1,\\x_1+x_2+x_3=3,\\2x_1+2x_2+x_3=5\end{cases}$$

的 Jacobi 迭代收敛,Gauss-Seidel 迭代发散。

6. 证明线性代数方程组

$$\begin{cases}5x_1+3x_2+4x_3=12,\\3x_1+6x_2+4x_3=13,\\4x_1+4x_2+5x_3=13\end{cases}$$

的 Gauss-Seidel 迭代收敛,Jacobi 迭代发散。

7. 试就方程组

$$\begin{cases}4x_1+x_2=-1,\\x_1+6x_2+2x_3=0,\\2x_2+4x_3=0\end{cases}$$

比较 Jacobi 迭代、Gauss-Seidel 迭代和 SOR 迭代($\omega=1.8$) 的收敛性。

8. 利用五点差分格式 $\Diamond U_{l,m}=0$ 近似 Dirichlet 问题

$$\begin{cases}\dfrac{\partial^2 u}{\partial x^2}+\dfrac{\partial^2 u}{\partial y^2}=0 & (0<x<4,0<y<3);\\ u|_{x=0}=y(3-y), & \\ u|_{x=4}=0 & (0\leqslant y\leqslant 3);\\ u|_{y=0}=\sin\dfrac{\pi}{4}x, & \\ u|_{y=3}=0 & (0\leqslant x\leqslant 4)\end{cases}$$

取步长为 1,试用 Jacobi 迭代、Gauss-Seidel 迭代和 SOR 迭代求解。

9. 设 Diricht 问题为

$$\begin{cases}\dfrac{\partial^2 u}{\partial x^2}+\dfrac{\partial^2 u}{\partial y^2}=0 & (0<x<4,0<y<4);\\ u|_{x=0}=u|_{y=0}=0; & \\ u|_{y=4}=x^3 & (0\leqslant x\leqslant 4);\\ u|_{x=4}=f(y) & (f(y)\text{ 为 }0\leqslant y\leqslant 4\text{ 上的 }y\text{ 的线性连续函数})\end{cases}$$

取网格点 $x_l=l,y_m=m,l,m=0,1,2,3,4$。

(1) 利用五点差分格式 $\Diamond U_{l,m}=0$,写出求解结点上的 $U_{l,m}$ 值$(l,m=1,2,3)$的线性代数方程组;

(2) 用 SOR 法求解所得方程组。

10. 编制 V 循环求解正方形区域上椭圆型方程边值问题的程序,并对第2题进行数值试验。

11. 设

$$A=\begin{bmatrix} a_{11} & a_{12} & 0 & a_{14} & 0 \\ a_{21} & a_{22} & a_{23} & 0 & a_{25} \\ 0 & a_{32} & a_{33} & 0 & 0 \\ a_{41} & 0 & 0 & a_{44} & a_{45} \\ 0 & a_{52} & 0 & a_{54} & a_{55} \end{bmatrix}$$

试证明:存在排列矩阵 $\boldsymbol{P}$,使

$$\boldsymbol{P}^{\mathrm{T}}\boldsymbol{A}\boldsymbol{P}=\begin{bmatrix} \boldsymbol{D}_1 & \boldsymbol{C}_1 & \boldsymbol{0} \\ \boldsymbol{B}_1 & \boldsymbol{D}_2 & \boldsymbol{C}_2 \\ \boldsymbol{0} & \boldsymbol{B}_2 & \boldsymbol{D}_3 \end{bmatrix}$$

其中,$\boldsymbol{D}_i(i=1,2,3)$ 为对角阵。

4 双曲型方程的差分方法

本章,我们主要致力于二个自变量双曲型方程数值解法的研究,由于一阶拟线性双曲型方程组在流体力学中的重要性,其数值解法被加以特别的重视。

4.1 一阶拟线性双曲线方程的特征线法

4.1.1 一阶线性方程、特征线及 Cauchy 问题的解法

为了说清特征方法的基本思想,先从最简单的一阶线性方程开始,即考虑

$$a(x,y)\frac{\partial u}{\partial x}+b(x,y)\frac{\partial u}{\partial y}=c(x,y) \tag{4.1}$$

与常数分方程作比较,方程(4.1) 的复杂之处在于它包含了二个方向的微商,那么是否可以将式(4.1) 左边也化成沿一方向的微商呢?根据二元函数方向微商的一般公式,显然,如果我们引进由下述方向场决定的曲线

$$a(x,y)\mathrm{d}y-b(x,y)\mathrm{d}x=0 \tag{4.2}$$

则沿这条曲线有

$$a(x,y)\frac{\partial u}{\partial x}+b(x,y)\frac{\partial u}{\partial y}=b(x,y)\left(\frac{\partial u}{\partial y}+\frac{\partial u}{\partial x}\frac{\mathrm{d}x}{\mathrm{d}y}\right)=b(x,y)\frac{\mathrm{d}u}{\mathrm{d}y}$$

因而方程(4.1) 沿此曲线即成为包含一个方向微商的常微分方程

$$b(x,y)\frac{\mathrm{d}u}{\mathrm{d}y}=c(x,y) \tag{4.3}$$

这样就可以引用常微分方程来求解了。

例如,求解 Cauchy 问题

$$\begin{cases}\text{方程(4.1)},\\ u|_{\Gamma}=u_0(x,y)\quad(\Gamma: x=x(t),y=y(t),t_0\leqslant t\leqslant t_1)\end{cases}$$

在 Γ 上任取一点 (x_0,y_0),过此点由方程(4.2) 可画出唯一 的一条曲线 c_0(如图 4.1 所示)。c_0 的方程设为 $x=x(y)$,将此关系式代入(4.3),就得一常微分方程初值问题。解此问题就得到 u 在 c_0 上的值,过 Γ 上每一点都这么做,就求得了上例 Cauchy 问题之解。

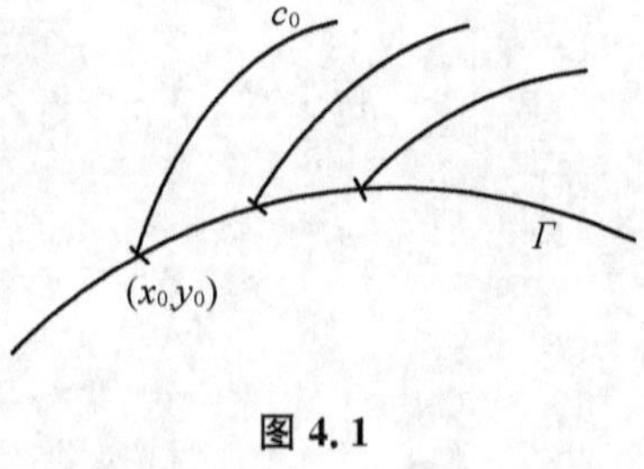

图 4.1

上述解法中，由方程(4.2)决定的曲线显然起着重要的作用。沿着这条曲线，偏微分方程(4.1)的求解问题转化为解一常微分方程。具有上述特点的曲线即称为特征线。方程(4.2)即是特征线所满足的微分方程。由

$$\frac{\mathrm{d}y}{\mathrm{d}x}=\frac{b(x,y)}{a(x,y)} \tag{4.4}$$

定义的方向称为特征方向。未知函数 $u(x,y)$ 沿着特征线所满足的方程(4.3)称为原方程的特征关系。而 Cauchy 问题的适定性要求初始曲线 Γ 处处不与特征方向相切。

例 4.1　考虑定解问题

$$\begin{cases} y\dfrac{\partial u}{\partial x}+\dfrac{\partial u}{\partial y}=2, \\ u|_{\Gamma}=u_0(x) \qquad (\Gamma:0\leqslant x\leqslant 1, y=0) \end{cases}$$

特征曲线的方程是

$$y\mathrm{d}y-\mathrm{d}x=0$$

则得

$$x=\frac{1}{2}y^2+A \quad (A\text{ 是常数})$$

通过 $R(x_R,0)$ 的特征线为

$$x=\frac{1}{2}y^2+x_R$$

或

$$y^2=2(x-x_R)$$

由式(4.3)可知沿着特征线，u 满足常微分方程

$$2\mathrm{d}y-\mathrm{d}u=0$$

即

$$u=2y+B \quad (B\text{ 是常数})$$

因为在 $x=x_R, y=0$ 上 $u=u_0(x_R)$，所以

$$u=2y+u_0(x_R)$$

为沿着特征曲线 $y^2=2(x-x_R)$ 的解。

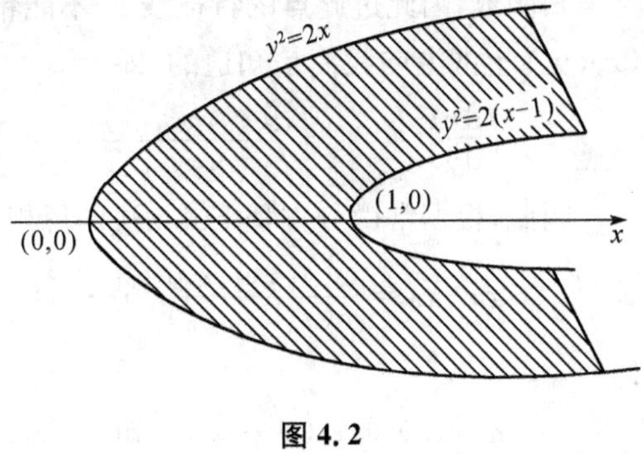

图 4.2

将 $x_R=x-\frac{1}{2}y^2$ 代入解的表达式，则得在图 4.2 阴影区域中定解问题的解为

$$u=2y+u_0\left(x-\frac{1}{2}y^2\right)$$

4.1.2 一阶拟线性方程 Cauchy 问题的特征线法

考虑一阶拟线性方程的 Cauchy 问题

$$\begin{cases} a(x,y,u)\dfrac{\partial u}{\partial x}+b(x,y,u)\dfrac{\partial u}{\partial y}=c(x,y,u), \\ u|_{\Gamma}=u_0(x,y) \end{cases} \tag{4.5}$$

曲线 Γ,如同线性情形的 Cauchy 问题,其上给定初始函数,称为初始曲线。Cauchy 问题的适定性要求曲线 Γ 的方向处处不与特征方向相切。

类似于前面的讨论,特征方向为

$$\frac{\mathrm{d}y}{\mathrm{d}x}=\frac{b(x,y,u)}{a(x,y,u)} \tag{4.6}$$

特征线方程为

$$a(x,y,u)\mathrm{d}y-b(x,y,u)\mathrm{d}x=0 \tag{4.7.1}$$

特征关系为

$$a(x,y,u)\mathrm{d}u-c(x,y,u)\mathrm{d}x=0 \tag{4.8.1}$$

这里,与线性情形最大的不同之处在于,式(4.7.1),(4.8.1) 中的系数 a,b,c 都包含了未知函数 u,而 u 却是我们所要求解的。因此对拟线性情形,特征线事实上无法像线性情形那样预先画出来,因而上面线性情形的利用特征线求解的方法就不能完全精确地用到这里来。刚才我们已从方程(4.5) 出发,推得方程(4.7.1) 和(4.8.1)。下面从方程(4.7.1) 和(4.8.1) 出发,给出 Cauchy 问题的近似解法。

在初始曲线 Γ 上任意取一点(x_0,y_0),其上设 u 值为 u_0,由于方程(4.7.1) 中 u 是未知函数,因此过此点的特征线 c_0 不能精确画出,但由于 u_0 已知,因此 c_0 在点(x_0,y_0) 上的方向我们是知道的,即

$$\left(\frac{\mathrm{d}x}{\mathrm{d}y}\right)_{(x_0,y_0)}=\frac{a(x_0,y_0,u_0)}{b(x_0,y_0,u_0)}$$

因此,根据常微分方程 Euler 法的思想,对于(x_0,y_0) 附近的点,c_0 可用折线

$$x-x_0=\frac{a(x_0,y_0,u_0)}{b(x_0,y_0,u_0)}(y-y_0)$$

即

$$a(x_0,y_0,u_0)(y-y_0)-b(x_0,y_0,u_0)(x-x_0)=0 \tag{4.7.2}$$

来代替,在这段折线上式(4.7.1) 应该近似地成立。对常微分方程(4.8.1),再用 Euler 法化成近似关系

$$a(x_0,y_0,u_0)(u-u_0)-c(x_0,y_0,u_0)(x-x_0)=0 \tag{4.8.2}$$

这样,就把式(4.7.1),(4.8.1) 化成近似的差分关系式(4.7.2),(4.8.2),它们确

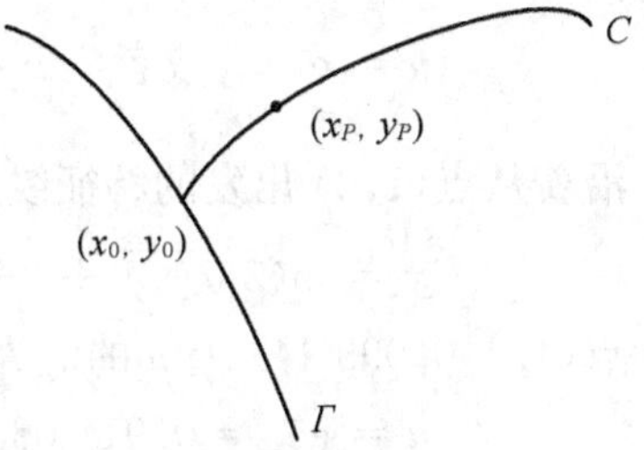

图 4.3

定沿这段折线上 x,y,u 之间的关系。我们可以先取定 x_P(如图 4.3 所示),且(x_P-x_0) 充分小,代入式(4.7.2),求出对应的 $y_P^{(1)}$,再把 $x=x_P,y=y_P^{(1)}$ 代入式(4.8.2),解得($x_P,y_P^{(1)}$) 上 u 的近似值 $u_P^{(1)}$,把所求得的点($x_P,y_P^{(1)}$) 作为过点(x_0,y_0) 的特征线上的点(x_P,y_P) 的近似,而 $u_P^{(1)}$ 作为点(x_P,y_P) 上方程解 u_P 的近似。也即假定 x_P 已知,于是 $y_P^{(1)},u_P^{(1)}$ 满足方程

$$a(x_0,y_0,u_0)(y_P^{(1)}-y_0)=b(x_0,y_0,u_0)(x_P-x_0) \tag{4.9.1}$$

$$a(x_0,y_0,u_0)(u_P^{(1)}-u_0)=c(x_0,y_0,u_0)(x_P-x_0) \tag{4.9.2}$$

为了提高近似解的精度,方程(4.9) 中的系数 a,b,c 可用它们在点(x_0,y_0) 和($x_P,y_P^{(1)}$) 上的值的平均值代替,即

$$\begin{aligned}&\frac{1}{2}[a(x_0,y_0,u_0)+a(x_P,y_P^{(1)},u_P^{(1)})](y_P^{(2)}-y_0)\\&\quad=\frac{1}{2}[b(x_0,y_0,u_0)+b(x_P,y_P^{(1)},u_P^{(1)})](x_P-x_0)\end{aligned} \tag{4.10.1}$$

$$\begin{aligned}&\frac{1}{2}[a(x_0,y_0,u_0)+a(x_P,y_P^{(1)},u_P^{(1)})](u_P^{(2)}-u_0)\\&\quad=\frac{1}{2}[c(x_0,y_0,u_0)+c(x_P,y_P^{(1)},u_P^{(1)})](x_P-x_0)\end{aligned} \tag{4.10.2}$$

式(4.9),(4.10) 实际上为解方程(4.7.1),(4.8.1) 的预报-校正格式,用上述方法解得的 $y_P^{(2)}$ 和 $u_P^{(2)}$ 作为特征线上点(x_P,y_P) 的纵坐标 y_P 和解 u_P 的进一步近似。

上面的过程重复地进行,就迭代出 y_P,u_P 的一系列近似值 $y_P^{(3)},u_P^{(3)},\cdots$,迭代过程一直到相邻两次迭代所得值之差小于某一指定的适当小的正数为止。

例 4.2　求 Cauchy 问题

$$\begin{cases}\sqrt{x}\dfrac{\partial u}{\partial x}+u\dfrac{\partial u}{\partial y}=-u^2,\\ u|_\Gamma=1\quad(\Gamma:y=0,0<x<\infty)\end{cases}$$

的解。

解　由式(4.7.1),(4.8.1),沿着特征线我们有

$$\sqrt{x}\,\mathrm{d}y-u\mathrm{d}x=0$$

$$-u^2\mathrm{d}y-u\mathrm{d}u=0$$

因此,从点($x_R,0$) 出发的特征线方程是

$$y=\ln(2\sqrt{x}+1-2\sqrt{x_R})$$

沿着该特征线方程的解为

$$u = e^{-y} \quad 或者 \quad u = \frac{1}{2\sqrt{x} + 1 - 2\sqrt{x_R}}$$

沿着从点(1,0) 出发的特征线上 $x = 1.1$ 相应的点的 y 值为

$$y = \ln(2\sqrt{1.1} + 1 - 2) = 0.093\ 14$$

点(1.1,0.093 14) 上 u 的值为

$$u = e^{-y} = 0.911\ 065\ 9$$

下面用近似解法求解。

由式(4.9),这时 $x_0 = 1, y_0 = 0, u_0 = 1, x_P = 1.1$,于是有

$$\sqrt{1}(y_P^{(1)} - 0) = 1.1 - 1$$

$$\sqrt{1}(u_P^{(1)} - 1) = -1(1.1 - 1)$$

则

$$y_P^{(1)} = 0.1, \quad u_P^{(1)} = 0.9$$

由式(4.10),得

$$\frac{1}{2}(1 + \sqrt{1.1})(y_P^{(2)} - 0) = \frac{1}{2}(1 + 0.9)(1.1 - 1)$$

$$\frac{1}{2}(1 + \sqrt{1.1})(u_P^{(2)} - 1) = -\frac{1}{2}(1 + 0.81)(1.1 - 1)$$

解得

$$y_P^{(2)} = 0.092\ 736\ 8, \quad u_P^{(2)} = 0.911\ 656$$

4.2 一阶拟线性双曲型方程组的特征线法

4.2.1 一阶拟线性双曲型方程组、特征、正规形式

考虑一阶拟线性双曲型方程组

$$L_i(u) = \sum_{j=1}^{\mu} a_{ij} \frac{\partial u_j}{\partial x} + \sum_{j=1}^{\mu} b_{ij} \frac{\partial u_j}{\partial y} = c_i \quad (i = 1, 2, \cdots, \mu)$$

其中 a_{ij}, b_{ij}, c_i 都是 $x, y, u_1, \cdots, u_\mu$ 的(μ+2)元光滑函数。如果 a_{ij}, b_{ij}, c_i 仅是 x, y 的函数,则方程组为线性的。

实际问题中我们会遇到许多这样形式的方程组,特别是在流体力学中,其基本方程组就是一阶拟线性偏微分方程组。拟线性双曲型方程组的数值解法一直是计算数学、计算流体力学等领域中的主要研究课题,这里仅作初步研究,深入的讨论可参阅文献[2] 和[3]。

方程组中,用 $\boldsymbol{u}$ 表示分量为未知函数 $u_1, u_2, \cdots, u_\mu$ 的(列) 向量,且为了与实用一致起见,y 用时间变量 t 表示,于是我们可用矩阵记号写出该方程组为

$$L(\boldsymbol{u})=\boldsymbol{B}\frac{\partial \boldsymbol{u}}{\partial t}+\boldsymbol{A}\frac{\partial \boldsymbol{u}}{\partial x}=\boldsymbol{c}$$

其中

$$\boldsymbol{A}=(a_{ij})_{\mu\times\mu},\quad \boldsymbol{B}=(b_{ij})_{\mu\times\mu},\quad \boldsymbol{c}=(c_1,c_2,\cdots,c_\mu)^{\mathrm{T}}$$

假定矩阵$\boldsymbol{B}$可逆，不失一般性，可以认为$\boldsymbol{B}=\boldsymbol{I}$(单位矩阵)，从而考虑下列形式的方程组

$$\frac{\partial \boldsymbol{u}}{\partial t}+\boldsymbol{A}\frac{\partial \boldsymbol{u}}{\partial \boldsymbol{x}}=\boldsymbol{c} \tag{4.11}$$

这样的方程组中，矩阵$\boldsymbol{A}$的特征值与特征向量扮演了一个基本的角色。

定义 4.1　在xt平面的区域Ω中，方程组(4.11)称为双曲线，如果在Ω中每一点上μ阶矩阵$\boldsymbol{A}$的μ个特征值$\lambda_1,\lambda_2,\cdots,\lambda_\mu$全都是实数，对应的右特征向量$\boldsymbol{r}_1,\boldsymbol{r}_2,\cdots,\boldsymbol{r}_\mu$线性无关，亦即存在非奇异矩阵$\boldsymbol{R}$，使

$$\boldsymbol{\Lambda}=\boldsymbol{R}^{-1}\boldsymbol{A}\boldsymbol{R}=\begin{bmatrix}\lambda_1 & & & \\ & \lambda_2 & & \\ & & \ddots & \\ & & & \lambda_\mu\end{bmatrix}$$

其中，$\lambda_i(i=1,2,\cdots,\mu)$为实数。

显然，拟线性双曲型方程组的特征值不仅依赖于方程本身及所考虑的区域，而且也依赖于解$\boldsymbol{u}(x,t)$。

当矩阵$\boldsymbol{A}$的特征值为相异实数，方程组称为严格双曲型，在科学技术中它有着广泛的应用，空气动力学、河渠不稳定流、非线性弹性力学及松散介质力学中都会遇到这类方程组。

以下假定一阶拟性线性方程组(4.11)为双曲型方程组，我们将其化为正规形式。

方程两边乘矩阵$\boldsymbol{S}=\boldsymbol{R}^{-1}$，则

$$\boldsymbol{S}\frac{\partial \boldsymbol{u}}{\partial t}+\boldsymbol{S}\boldsymbol{A}\frac{\partial \boldsymbol{u}}{\partial x}=\boldsymbol{S}\boldsymbol{c}$$

由$\boldsymbol{S}\boldsymbol{A}=\boldsymbol{\Lambda}\boldsymbol{S}$，则上式化为

$$\boldsymbol{S}\frac{\partial \boldsymbol{u}}{\partial t}+\boldsymbol{\Lambda}\boldsymbol{S}\frac{\partial \boldsymbol{u}}{\partial x}=\boldsymbol{S}\boldsymbol{c}$$

其中

$$\boldsymbol{S}=\begin{bmatrix}S_{11} & S_{12} & \cdots & S_{1\mu}\\ S_{21} & S_{22} & \cdots & S_{2\mu}\\ \vdots & & \vdots & \\ S_{\mu1} & S_{\mu2} & \cdots & S_{\mu\mu}\end{bmatrix}=\begin{bmatrix}\boldsymbol{S}_1\\ \boldsymbol{S}_2\\ \vdots\\ \boldsymbol{S}_\mu\end{bmatrix}$$

行向量$\boldsymbol{S}_1,\boldsymbol{S}_2,\cdots,\boldsymbol{S}_\mu$为$\boldsymbol{A}$的分别对应于$\lambda_1,\lambda_2,\cdots,\lambda_\mu$的左特征向量。

记 $\boldsymbol{Sc} = \tilde{\boldsymbol{c}}$，于是方程组可写成

$$\sum_{j}^{\mu} \boldsymbol{S}_{ij}\left(\frac{\partial \boldsymbol{u}_j}{\partial \boldsymbol{t}} + \boldsymbol{\lambda}_i \frac{\partial \boldsymbol{u}_j}{\partial \boldsymbol{x}}\right) = \tilde{\boldsymbol{c}}_i \quad (i = 1, 2, \cdots, \mu) \tag{4.12}$$

引入 μ 个方向

$$\mathrm{d}\boldsymbol{t} : \mathrm{d}\boldsymbol{x} = 1 : \boldsymbol{\lambda}_i$$

或方向 $\boldsymbol{\tau}_i$：

$$\frac{\mathrm{d}\boldsymbol{x}}{\mathrm{d}\boldsymbol{t}} = \boldsymbol{\lambda}_i \quad (i = 1, 2, \cdots, \mu) \tag{4.13}$$

则沿 $\boldsymbol{\tau}_i$，有

$$\frac{\partial \boldsymbol{\mu}_j}{\partial \boldsymbol{t}} + \boldsymbol{\lambda}_i \frac{\partial \boldsymbol{u}_j}{\partial \boldsymbol{x}} = \left(\frac{\mathrm{d}\boldsymbol{u}_j}{\mathrm{d}\boldsymbol{t}}\right)_{\tau_i}$$

从而式(4.11)或(4.12)可以写成常微分方程组

$$\sum_{j}^{\mu} \boldsymbol{S}_{ij}\left(\frac{\mathrm{d}\boldsymbol{u}_j}{\mathrm{d}\boldsymbol{t}}\right)_{\tau_i} = \tilde{\boldsymbol{c}}_i \quad (i = 1, 2, \cdots, \mu) \tag{4.14}$$

式(4.12)为微分方程组(4.11)的正规形式。

对于给定的 $\boldsymbol{u} = \boldsymbol{u}(x, t)$，由式(4.13)确定的 μ 个方向称为特征方向；同时也确定 μ 族曲线，称为特征曲线，简称特征。沿每一特征，方程组(4.11)可写成常微分方程组(4.14)，称为原方程的特征关系。过每一点 (x, t) 有 μ 个特征方向，即有 μ 条特征。如果方程组(4.11)是线性或半线性，则特征或特征方向与 $\boldsymbol{u}$ 无关；否则与 $\boldsymbol{u}$ 有关。所以对于拟线性方程组，所谓特征，总是相对给定的函数 $u(\boldsymbol{u})$ 而言，在特征上成立的特征关系(4.14)乃是利用特征研究双曲线方程组的基础。

4.2.2 举例

例 4.3 最简单的波动方程

$$\frac{\partial^2 u}{\partial t^2} - \frac{\partial^2 u}{\partial x^2} = 0$$

等价于一阶方程组

$$\begin{cases} \dfrac{\partial u_1}{\partial t} - \dfrac{\partial u_2}{\partial x} = 0, \\[2ex] \dfrac{\partial u_2}{\partial t} - \dfrac{\partial u_1}{\partial x} = 0 \end{cases}$$

写成矩阵形式为

$$\frac{\partial}{\partial t}\begin{bmatrix} u_1 \\ u_2 \end{bmatrix} + \begin{bmatrix} 0 & -1 \\ -1 & 0 \end{bmatrix} \frac{\partial}{\partial x}\begin{bmatrix} u_1 \\ u_2 \end{bmatrix} = \begin{bmatrix} 0 \\ 0 \end{bmatrix}$$

$$\boldsymbol{A} = \begin{bmatrix} 0 & -1 \\ -1 & 0 \end{bmatrix}, \quad \boldsymbol{c} = \begin{bmatrix} 0 \\ 0 \end{bmatrix}$$

$\boldsymbol{A}$ 的特征值为 $\lambda_1 = 1, \lambda_2 = -1$，相应的左特征向量为 $\boldsymbol{s}_1 = (1, -1), \boldsymbol{s}_2 = (1, 1)$，特

征方向为

$$\frac{\mathrm{d}x}{\mathrm{d}t}=\pm 1$$

从而特征是两族直线

$$x-t=c_1,\quad x+t=c_2$$

方程组的正规形式是

$$\begin{cases}\left(\dfrac{\partial u^1}{\partial t}+\dfrac{\partial u^1}{\partial x}\right)-\left(\dfrac{\partial u^2}{\partial t}+\dfrac{\partial u^2}{\partial x}\right)=0,\\ \left(\dfrac{\partial u^1}{\partial t}-\dfrac{\partial u^1}{\partial x}\right)+\left(\dfrac{\partial u^2}{\partial t}-\dfrac{\partial u^2}{\partial x}\right)=0\end{cases}$$

例 4.4　一维不定常等熵流动问题。

在 Euler 坐标下，描写一维不定常等熵流动的微分方程是

$$\begin{cases}\dfrac{\partial \rho}{\partial t}+u\dfrac{\partial \rho}{\partial x}+\rho\dfrac{\partial u}{\partial x}=0,\\ \dfrac{\partial u}{\partial t}+u\dfrac{\partial u}{\partial x}+\dfrac{a^2}{\rho}\dfrac{\partial \rho}{\partial x}=0\end{cases}$$

这里 u 是速度，ρ 是密度，$a=a(\rho)$ 是声速。于是用矩阵形式，方程可写成

$$\frac{\partial}{\partial t}\begin{bmatrix}\rho\\ u\end{bmatrix}+\begin{bmatrix}u & \rho\\ \dfrac{a^2}{\rho} & u\end{bmatrix}\frac{\partial}{\partial x}\begin{bmatrix}\rho\\ u\end{bmatrix}=\begin{bmatrix}0\\ 0\end{bmatrix}$$

$$\mathbf{A}=\begin{bmatrix}u & \rho\\ \dfrac{a^2}{\rho} & u\end{bmatrix}$$

$\mathbf{A}$ 有二个互异的特征值 $\lambda_1=u+a,\lambda_2=u-a$，所以方程组是双曲型，特征方向为

$$\frac{\mathrm{d}x}{\mathrm{d}t}=u\pm a$$

$\mathbf{A}$ 的左特征向量为

$$\boldsymbol{s}_1=\left(1,\frac{\rho}{a}\right),\quad \boldsymbol{s}_2=\left(1,-\frac{\rho}{a}\right)$$

方程组的正规形式为

$$\begin{cases}\dfrac{\partial \rho}{\partial t}+(u+a)\dfrac{\partial \rho}{\partial x}+\dfrac{\rho}{a}\left[\dfrac{\partial u}{\partial t}+(u+a)\dfrac{\partial u}{\partial x}\right]=0,\\ \dfrac{\partial \rho}{\partial t}+(u-a)\dfrac{\partial \rho}{\partial x}-\dfrac{\rho}{a}\left[\dfrac{\partial u}{\partial t}+(u-a)\dfrac{\partial u}{\partial x}\right]=0\end{cases}$$

例 4.5　不定常一维非等熵流问题。

在不定常一维非等熵流中，速度 $u(x,t)$、压力 $p(x,t)$ 和比熵 $s(x,t)$ 满足方程组

$$\begin{cases}\dfrac{\partial u}{\partial t}+u\dfrac{\partial u}{\partial x}+\dfrac{1}{\rho}\dfrac{\partial p}{\partial x}=0,\\ \dfrac{\partial p}{\partial t}+u\dfrac{\partial p}{\partial x}+\rho a^2\dfrac{\partial u}{\partial x}=0,\\ \dfrac{\partial s}{\partial t}+u\dfrac{\partial s}{\partial x}=0\end{cases}$$

写成矩阵形式为

$$\frac{\partial}{\partial t}\begin{bmatrix}u\\p\\s\end{bmatrix}+\begin{bmatrix}u & \dfrac{1}{\rho} & 0\\ \rho a^2 & u & 0\\ 0 & 0 & u\end{bmatrix}\frac{\partial}{\partial x}\begin{bmatrix}u\\p\\s\end{bmatrix}=\begin{bmatrix}0\\0\\0\end{bmatrix}$$

$$\boldsymbol{A}=\begin{bmatrix}u & \dfrac{1}{\rho} & 0\\ \rho a^2 & u & 0\\ 0 & 0 & u\end{bmatrix},\quad \boldsymbol{c}=\begin{bmatrix}0\\0\\0\end{bmatrix}$$

由

$$\begin{vmatrix}u-\lambda & \dfrac{1}{\rho} & 0\\ \rho a^2 & u-\lambda & 0\\ 0 & 0 & u-\lambda\end{vmatrix}=0$$

解得特征值

$$\lambda_1=u+a,\quad \lambda_2=u-a,\quad \lambda_3=u$$

方程组是双曲型,特征方向为

$$\frac{\mathrm{d}x}{\mathrm{d}t}=u+a,\quad \frac{\mathrm{d}x}{\mathrm{d}t}=u-a,\quad \frac{\mathrm{d}x}{\mathrm{d}t}=u$$

A 的左特征向量为

$$\boldsymbol{s}_1=(\rho a,1,0),\quad \boldsymbol{s}_2=(-\rho a,1,0),\quad \boldsymbol{s}_3=(0,0,1)$$

方程组的正规形式是

$$\begin{cases}\rho a\left[\dfrac{\partial u}{\partial t}+(u+a)\dfrac{\partial u}{\partial x}\right]+\left[\dfrac{\partial p}{\partial t}+(u+a)\dfrac{\partial p}{\partial x}\right]=0,\\ -\rho a\left[\dfrac{\partial u}{\partial t}+(u-a)\dfrac{\partial u}{\partial x}\right]+\left[\dfrac{\partial p}{\partial t}+(u-a)\dfrac{\partial p}{\partial x}\right]=0,\\ \dfrac{\partial s}{\partial t}+u\dfrac{\partial s}{\partial x}=0\end{cases}$$

4.2.3 两个未知函数情形的特征线法

两个未知函数情形的一阶拟线性双曲型方程的一般形式为

$$\begin{cases} a_1 \dfrac{\partial u}{\partial x} + b_1 \dfrac{\partial u}{\partial t} + c_1 \dfrac{\partial v}{\partial x} + d_1 \dfrac{\partial v}{\partial t} = f_1, \\ a_2 \dfrac{\partial u}{\partial x} + b_2 \dfrac{\partial u}{\partial t} + c_2 \dfrac{\partial v}{\partial x} + d_2 \dfrac{\partial v}{\partial t} = f_2 \end{cases} \tag{4.15}$$

其中 $a_1, a_2, b_1, b_2, c_1, c_2, d_1, d_2, f_1, f_2$ 为 x, t, u, v 的函数。

写成矩阵形式为

$$\begin{bmatrix} a_1 & c_1 \\ a_2 & c_2 \end{bmatrix} \frac{\partial}{\partial x} \begin{bmatrix} u \\ v \end{bmatrix} + \begin{bmatrix} b_1 & d_1 \\ b_2 & d_2 \end{bmatrix} \frac{\partial}{\partial t} \begin{bmatrix} u \\ v \end{bmatrix} = \begin{bmatrix} f_1 \\ f_2 \end{bmatrix} \tag{4.16}$$

方程组可写成

$$\frac{\partial}{\partial t} \begin{bmatrix} u \\ v \end{bmatrix} + \begin{bmatrix} a_{11} & a_{12} \\ a_{21} & a_{22} \end{bmatrix} \frac{\partial}{\partial x} \begin{bmatrix} u \\ v \end{bmatrix} = \begin{bmatrix} c_1 \\ c_2 \end{bmatrix} \tag{4.17}$$

其中

$$\boldsymbol{A} = \begin{bmatrix} a_{11} & a_{12} \\ a_{21} & a_{22} \end{bmatrix} = \begin{bmatrix} b_1 & d_1 \\ b_2 & d_2 \end{bmatrix}^{-1} \begin{bmatrix} a_1 & c_1 \\ a_2 & c_2 \end{bmatrix}$$

$$\boldsymbol{c} = \begin{bmatrix} c_1 \\ c_2 \end{bmatrix} = \begin{bmatrix} b_1 & d_1 \\ b_2 & d_2 \end{bmatrix}^{-1} \begin{bmatrix} f_1 \\ f_2 \end{bmatrix}$$

由方程组的双曲型性，方程(4.17)可写成正规形式

$$\begin{cases} s_{11}\left(\dfrac{\partial u}{\partial t} + \lambda_1 \dfrac{\partial u}{\partial x}\right) + s_{12}\left(\dfrac{\partial v}{\partial t} + \lambda_1 \dfrac{\partial v}{\partial x}\right) = \tilde{c}_1, \\ s_{21}\left(\dfrac{\partial u}{\partial t} + \lambda_2 \dfrac{\partial u}{\partial x}\right) + s_{22}\left(\dfrac{\partial v}{\partial t} + \lambda_2 \dfrac{\partial v}{\partial x}\right) = \tilde{c}_2 \end{cases} \tag{4.18}$$

特征线方程为

$$\begin{aligned} &\tau_1: \quad \frac{\mathrm{d}x}{\mathrm{d}t} = \lambda_1 \quad (\lambda_1 \text{ 族特征线}) \\ &\tau_2: \quad \frac{\mathrm{d}x}{\mathrm{d}t} = \lambda_2 \quad (\lambda_2 \text{ 族特征线}) \end{aligned} \tag{4.19}$$

设 $\lambda_1 > \lambda_2$，(s_{11}, s_{12})，(s_{21}, s_{22}) 分别是矩阵 $\boldsymbol{A}$ 对应于 λ_1, λ_2 的左特征向量，如同式(4.14)，我们有

$$\begin{cases} s_{11}\mathrm{d}u + s_{12}\mathrm{d}v = \tilde{c}_1 \mathrm{d}t \quad (\text{沿着 } \lambda_1 \text{ 族特征})； \\ s_{21}\mathrm{d}u + s_{22}\mathrm{d}v = \tilde{c}_2 \mathrm{d}t \quad (\text{沿着 } \lambda_2 \text{ 族特征}) \end{cases} \tag{4.20}$$

其中 $s_{11}, s_{12}, s_{22}, \tilde{c}_1, \tilde{c}_2$ 都是 x, t, u, v 的函数。

以一阶双曲型方程组(4.15)的 Cauchy 问题为例，说明特征线法的求解过程。

Cauchy 问题：设在 xt 平面上给出一条处处不与特征方向相切的曲线段 Γ，在 Γ

上给定未知数函数 u,v 的数值,求解方程组(4.15)。

现在 Γ 的两端点作特征曲线(如图 4.4 所示),若从 A 点出发的 λ_1 特征和 B 点出发的 λ_2 特征相交于 D,则我们要在由 Γ,λ_1 特征 AD 和 λ_2 特征 BD 所围的区域 G 中求解 Cauchy 问题之解。

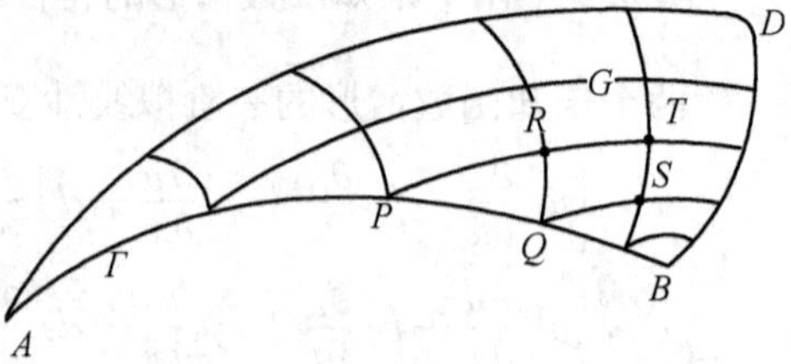

图 4.4

利用 Γ 上给定的 u,v 值,通过沿着特征线把偏微分方程组化成常微分方程组,离散化常微分方程组,逐步求解包括特征线交点的坐标,其上函数值 u,v 等为未知数的代数方程组。这就是解 Cauchy 问题的特征线法,具体计算过程如下。

从曲线 Γ 上一系列点出发,在区域 G 中画二族特征线,设 P 和 Q 是 Γ 上二个相邻点(如图 4.4 所示),从 P 点出发的 λ_1 特征和从 Q 点出发的 λ_2 特征相交于 R 点,沿着 λ_1 特征 PR 和 λ_2 特征 QR,我们有常微分方程(4.19)和(4.20),利用常微分方程的 Euler 法,则有联立方程组

$$\begin{cases} x^{(1)}(R)-x(P)=\lambda_1(P)[t^{(1)}(R)-t(P)], \\ x^{(1)}(R)-x(Q)=\lambda_2(Q)[t^{(1)}(R)-t(Q)], \\ s_{11}(P)[u^{(1)}(R)-u(P)]+s_{12}(P)[v^{(1)}(R)-v(P)] \\ \quad =\tilde{c}_1(P)[t^{(1)}(R)-t(P)], \\ s_{21}(Q)[u^{(1)}(R)-u(Q)]+s_{22}(Q)[v^{(1)}(R)-v(Q)] \\ \quad =\tilde{c}_2(Q)[t^{(1)}(R)-t(Q)] \end{cases} \tag{4.21}$$

其中

$$\lambda_1(P)=\lambda_1(x(P),t(P),u(P),v(P)),\quad \lambda_2(Q)=\lambda_2(x(Q),t(Q),u(Q),v(Q))$$

这是四个未知数 $x^{(1)}(R)$,$t^{(1)}(R)$,$u^{(1)}(R)$,$v^{(1)}(R)$ 的四元一次方程组,求解它,则得 R 点的坐标及 $u(R)$,$v(R)$ 的近似值。格式(4.21)求得的 $u^{(1)}(R)$,$v^{(1)}(R)$ 作为 $u(R)$,$v(R)$ 的近似值不够精确,为了提高精确度,格式(4.21)中的 $\lambda_1(P)$,$s_{11}(P)$,$s_{12}(P)$,$\tilde{c}_1(P)$ 用在 P 点和 R 点的平均值代替,$\lambda_2(Q)$,$s_{21}(Q)$,$s_{22}(Q)$,$\tilde{c}_2(Q)$ 用在 Q 点和 R 点的平均值代替,则有

$$
\begin{cases}
x^{(2)}(R)-x(P)=\dfrac{1}{2}[\lambda_1(P)+\lambda_1{}^{(2)}(R)][t^{(2)}(R)-t(P)], \\
x^{(2)}(R)-x(Q)=\dfrac{1}{2}[\lambda_2(Q)+\lambda_2{}^{(2)}(R)][t^{(2)}(R)-t(Q)], \\
\dfrac{1}{2}[s_{11}(P)+s_{11}^{(2)}(R)][u^{(2)}(R)-u(P)]+\dfrac{1}{2}[s_{12}(P)+s_{12}^{(2)}(R)][v^{(2)}(R)-v(P)] \\
\quad =\dfrac{1}{2}[\tilde{c}_1(P)+\tilde{c}_1^{(2)}(R)][t^{(2)}(R)-t(P)], \\
\dfrac{1}{2}[s_{21}(Q)+s_{21}^{(2)}(R)][u^{(2)}(R)-u(Q)]+\dfrac{1}{2}[s_{22}(Q)+s_{22}^{(2)}(R)][v^{(2)}(R)-v(Q)] \\
\quad =\dfrac{1}{2}[\tilde{c}_2(Q)+\tilde{c}_2^{(2)}(R)][t^{(2)}(R)-t(Q)]
\end{cases}
\tag{4.22}
$$

由于 $s_{11},s_{12},s_{21},s_{22},\tilde{c}_1,\tilde{c}_2,\lambda_1,\lambda_2$ 是 x,t,u,v 的函数，故式(4.22)是非线性方程组，用迭代法求解。如同求常微分方程数值解的预估-修正公式，我们可以

(1) 先解方程组(4.21)，求出 R 点的坐标以及该点上 u,v 的第一次近似值 $x^{(1)}(R),t^{(1)}(R),u^{(1)}(R),v^{(1)}(R)$。

(2) 用第一次近似值 $x^{(1)}(R),t^{(1)}(R),u^{(1)}(R),v^{(1)}(R)$ 计算出 R 点上矩阵 $\boldsymbol{A}$ 的特征值 $\lambda_1^{(1)}(R),\lambda_2^{(1)}(R)$ 及系数的近似值 $s_{11}^{(1)}(R),s_{12}^{(1)}(R),s_{21}^{(1)}(R),s_{22}^{(1)}(R),\tilde{c}_1^{(1)}(R),\tilde{c}_2^{(1)}(R)$，再由方程组

$$
\begin{cases}
x^{(2)}(R)-x(P)=\dfrac{1}{2}[\lambda_1(P)+\lambda_1^{(1)}(R)][t^{(2)}(R)-t(P)], \\
x^{(2)}(R)-x(Q)=\dfrac{1}{2}[\lambda_2(Q)+\lambda_2^{(1)}(R)][t^{(2)}(R)-t(Q)], \\
\dfrac{1}{2}[s_{11}(P)+s_{11}^{(1)}(R)][u^{(2)}(R)-u(P)]+\dfrac{1}{2}[s_{12}(P)+s_{12}^{(1)}(R)][v^{(2)}(R)-v(P)] \\
\quad =\dfrac{1}{2}[\tilde{c}_1(P)+\tilde{c}_1^{(1)}(R)][t^{(2)}(R)-t(P)], \\
\dfrac{1}{2}[s_{21}(Q)+s_{21}^{(1)}(R)][u^{(2)}(R)-u(Q)]+\dfrac{1}{2}[s_{22}(Q)+s_{22}^{(1)}(R)][v^{(2)}(R)-v(Q)] \\
\quad =\dfrac{1}{2}[\tilde{c}_2(Q)+\tilde{c}_2^{(1)}(R)][t^{(2)}(R)-t(Q)]
\end{cases}
\tag{4.23}
$$

决定修正值 $x^{(2)}(R),t^{(2)}(R),u^{(2)}(R),v^{(2)}(R)$，类似地可计算进一步的修正值。有关点 $R,S,T,\cdots$ 上的近似值可相仿计算。

例 4.6 应用特征线法求解初值问题

$$\begin{cases}\dfrac{\partial^2 u}{\partial x^2}-u^2\dfrac{\partial^2 u}{\partial t^2}=0;\\ u|_{t=0}=0.2+5x^2;\\ \left.\dfrac{\partial u}{\partial t}\right|_{t=0}=3x \quad (0\leqslant x\leqslant 1)\end{cases}$$

解 首先变换二阶方程为一阶方程组，为此令

$$\frac{\partial u}{\partial t}=f,\quad \frac{\partial u}{\partial x}=g$$

则我们有方程组

$$\begin{cases}\dfrac{\partial f}{\partial t}-\dfrac{1}{u^2}\dfrac{\partial g}{\partial x}=0,\\ \dfrac{\partial g}{\partial t}-\dfrac{\partial f}{\partial x}=0\end{cases}\quad (t>0,0\leqslant x\leqslant 1)$$

及初值条件

$$f|_{t=0}=3x,\quad g|_{t=0}=10x\quad (0\leqslant x\leqslant 1)$$

用特征线法解出特征线网格点上的 f,g 值，进而解得 u 值。

方程组的矩阵形式为

$$\begin{bmatrix}\dfrac{\partial f}{\partial t}\\ \dfrac{\partial g}{\partial t}\end{bmatrix}+\begin{bmatrix}0 & -\dfrac{1}{u^2}\\ -1 & 0\end{bmatrix}\begin{bmatrix}\dfrac{\partial f}{\partial x}\\ \dfrac{\partial g}{\partial x}\end{bmatrix}=\begin{bmatrix}0\\ 0\end{bmatrix}$$

$$\mathbf{A}=\begin{bmatrix}0 & -\dfrac{1}{u^2}\\ -1 & 0\end{bmatrix}$$

A 有二个相异特征值

$$\lambda_1=\frac{1}{u},\quad \lambda_2=-\frac{1}{u}$$

相应的左特征向量为

$$s_1=(u,-1),\quad s_2=(u,1)$$

方程组的正规形式为

$$u\left(\frac{\partial f}{\partial t}+\frac{1}{u}\frac{\partial f}{\partial x}\right)-\left(\frac{\partial g}{\partial t}+\frac{1}{u}\frac{\partial g}{\partial x}\right)=0$$

$$u\left(\frac{\partial f}{\partial t}-\frac{1}{u}\frac{\partial f}{\partial x}\right)+\left(\frac{\partial g}{\partial t}-\frac{1}{u}\frac{\partial g}{\partial x}\right)=0$$

如图 4.5 所示，求 P 点出发的 λ_1 特征线和 Q 点出发的 λ_2 特征线相交的 R 点坐标及其上 f,g 及 u 值。

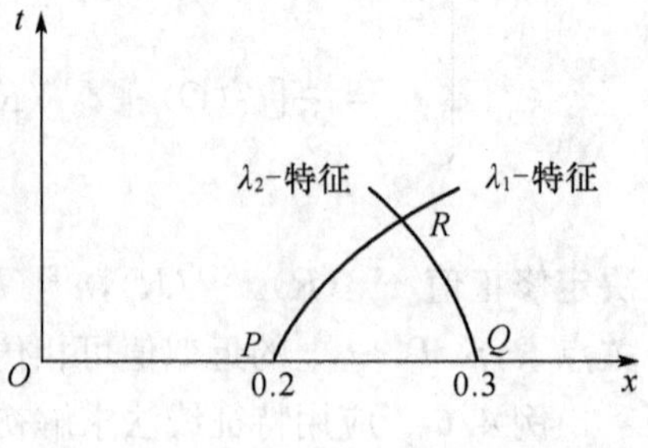

图 4.5

先用格式(4.21)求出未知量的预估值，再

用格式(4.23)对它进行修正。由

$$\frac{x^{(1)}(R)-0.2}{t^{(1)}(R)-0}=\frac{1}{u(P)}$$

$$\frac{x^{(1)}(R)-0.3}{t^{(1)}(R)-0}=-\frac{1}{u(Q)}$$

及初始条件

$$u(P)=0.2+5\cdot(0.2)^2=0.4,\quad u(Q)=0.2+5\cdot(0.3)^2=0.65$$

得

$$x^{(1)}(R)=0.261\ 90,\quad t^{(1)}(R)=0.024\ 762$$

再由

$$u(P)\,\frac{f^{(1)}(R)-f(P)}{t^{(1)}(R)-0}-\frac{g^{(1)}(R)-g(P)}{t^{(1)}(R)-0}=0$$

$$u(Q)\,\frac{f^{(1)}(R)-f(Q)}{t^{(1)}(R)-0}+\frac{g^{(1)}(R)-g(Q)}{t^{(1)}(R)-0}=0$$

及初始条件

$$f(P)=3x|_{x=0.2}=0.6,\quad f(Q)=3x|_{x=0.3}=0.9$$

$$g(P)=10x|_{x=0.2}=2,\quad g(Q)=10x|_{x=0.3}=3$$

解得

$$f^{(1)}(R)=1.738\ 10,\quad g^{(1)}(R)=2.455\ 24$$

沿着特征线 PR,有

$$\mathrm{d}u=\frac{\partial u}{\partial t}\mathrm{d}t+\frac{\partial u}{\partial x}\mathrm{d}x$$

$$\mathrm{d}u=f\mathrm{d}t+g\mathrm{d}x$$

因此

$$u^{(1)}(R)-u(P)=\frac{1}{2}[f^{(1)}(R)+f(P)][t^{(1)}(R)-t(P)]$$
$$+\frac{1}{2}[g^{(1)}(R)+g(P)][x^{(1)}(R)-x(P)]$$

$$u^{(1)}(R)=0.4+\frac{1}{2}(1.738\ 10+0.6)(0.024\ 762-0)$$
$$+\frac{1}{2}(2.455\ 24+2)(0.261\ 90-0.2)$$
$$=0.566\ 840$$

应用格式(4.23)对 R 点的 x,t,f,g,u 值作进一步修正,有

$$\frac{x^{(2)}(R)-0.2}{t^{(2)}(R)-0}=\frac{1}{\frac{1}{2}[u(P)+u^{(1)}(R)]}$$

$$\frac{x^{(2)}(R)-0.3}{t^{(2)}(R)-0}=\frac{-1}{\frac{1}{2}[u(Q)+u^{(1)}(R)]}$$

则

$$t^{(2)}(R)=\frac{1}{2}(0.4+0.566\ 84)[x^{(2)}(R)-0.2]$$

$$t^{(2)}(R)=-\frac{1}{2}(0.65+0.566\ 84)[x^{(2)}(R)-0.3]$$

解得

$$x^{(2)}(R)=0.255\ 72,\quad t^{(2)}(R)=0.026\ 938$$

由

$$\frac{1}{2}[u(P)+u^{(1)}(R)]\frac{f^{(2)}(R)-f(P)}{t^{(2)}(R)-0}-\frac{g^{(2)}(R)-g(P)}{t^{(2)}(R)-0}=0$$

$$\frac{1}{2}[u(Q)+u^{(1)}(R)]\frac{f^{(2)}(R)-f(Q)}{t^{(2)}(R)-0}-\frac{g^{(2)}(R)-g(Q)}{t^{(2)}(R)-0}=0$$

解得

$$f^{(2)}(R)=1.683\ 058,\quad g^{(2)}(R)=2.523\ 571\ 9$$

最后得 $u(R)$ 的修正值

$$u^{(2)}(R)=u(P)+\frac{1}{2}[f^{(2)}(R)+f(P)][t^{(2)}(R)-t(P)]$$

$$+\frac{1}{2}[g^{(2)}(R)+g(P)][x^{(2)}(R)-x(P)]$$

$$u^{(2)}(R)=0.4+\frac{1}{2}(1.683\ 058+0.6)\times 0.026\ 938$$

$$+\frac{1}{2}(2.523\ 571\ 9+2)(0.255\ 72-0.2)$$

$$=0.556\ 777\ 2$$

4.3 一阶双曲线方程的差分格式

作为双曲型方程差分方法的开始,我们考虑最简单的一阶方程,即所谓输动方程(或对流方程(Convection Equation))的初值问题

$$\begin{cases}\dfrac{\partial u}{\partial t}+a\dfrac{\partial u}{\partial x}=0 \quad (a\ \text{为常数});\\ u|_{t=0}=\varphi(x)\end{cases}\tag{4.24}$$

的差分方法。

如第1章所述,用差分方法求解偏微分方程,首先用平行于 x 轴和 t 轴的直线构成的网格覆盖求解区域,设 $\Delta x=h,\Delta t=k$,分别为 x 方向和 t 方向的步长,本章

令 $r=k/h$。下面我们论述方程(4.24)的几个常用差分格式,给出格式的推导及稳定性条件等等。

4.3.1 Lax-Friedrichs 格式

设 u_m^{n+1}, u_m^n 分别是初值问题(4.24)的解在网格结点$(m,n+1)$,(m,n)上的值,则有

$$u_m^{n+1}=\exp(-kaD_x)u_m^n$$

$$u_m^{n+1}=\left(1-\frac{k}{1!}aD_x+\frac{(ka)^2}{2!}D_x^2-\cdots\right)u_m^n \tag{4.25}$$

上式右边保留前两项,并且令

$$D_x\approx\frac{1}{2h}(T_x-T_x^{-1})$$

由此得差分格式

$$U_m^{n+1}=U_m^n-\frac{a}{2}r(U_{m+1}^n-U_{m-1}^n)\quad(r=k/h) \tag{4.26}$$

这是一个显示差分格式,其截断误差阶为 $O(k+h^2)$。

现在讨论格式的稳定性,用 Von Neumann 方法得增长因子

$$\begin{aligned}G(\beta,k)&=1-\mathrm{i}ar\sin\beta h\\|G(\beta,k)|^2&=1+a^2r^2\sin^2\beta h\end{aligned} \tag{4.27}$$

因此只要 $\sin\beta h\neq 0$,增长因子的绝对值恒大于 1,格式(4.26)是恒不稳定差分格式,即是一个无用的差分格式。为此对格式进行修改,在格式(4.26)中用$\frac{1}{2}(U_{m+1}^n+U_{m-1}^n)$代替 U_m^n,则有

$$U_m^{n+1}=\frac{1}{2}(U_{m+1}^n+U_{m-1}^n)-\frac{a}{2}r(U_{m+1}^n-U_{m-1}^n) \tag{4.28}$$

这是著名的 Lax-Friedrichs 格式,是一个显示差分格式,即如图 4.6 所示。其截断误差阶为 $O(k+h)$。

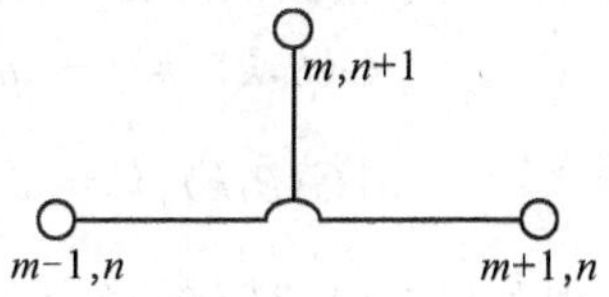

图 4.6

易算得 Lax-Friedrichs 格式的增长因子为

$$G(\beta,k)=\cos\beta h-\mathrm{i}ar\sin\beta h$$

$$|G(\beta,k)|=\sqrt{1+(a^2r^2-1)\sin^2\beta h}$$

格式的稳定性条件为

$$|ar|\leqslant 1 \tag{4.29}$$

4.3.2 Courant-Isaacson-Rees 格式

不难看出差分格式(4.26)实际上是通过在方程(4.24)中取

$$\left(\frac{\partial u}{\partial t}\right)_m^n\approx\frac{u_m^{n+1}-u_m^n}{k},\quad\left(\frac{\partial u}{\partial x}\right)_m^n\approx\frac{u_{m+1}^n-u_{m-1}^n}{2h}$$

所得到的。这是一个不稳定的差分格式，然而对$\left(\frac{\partial u}{\partial x}\right)_m^n$，我们还可以用向前差商或者向后差商代替它。现在讨论这样构造的差分格式的性质。

如果用向前差商代替空间导数，则有差分格式

$$\frac{U_m^{n+1}-U_m^n}{k}+a\frac{U_{m+1}^n-U_m^n}{h}=0 \tag{4.30.1}$$

即

$$U_m^{n+1}=(1+ar)U_m^n-arU_{m+1}^n \tag{4.30.2}$$

用向后差商代替空间导数，则有

$$\frac{U_m^{n+1}-U_m^n}{k}+a\frac{U_m^n-U_{m-1}^n}{h}=0 \tag{4.31.1}$$

即

$$U_m^{n+1}=arU_{m-1}^n+(1-ar)U_m^n \tag{4.31.2}$$

它们的截断误差阶都是$O(k+h)$，为一阶精度格式。

下面讨论它们的稳定性质。

格式(4.30)的增长因子

$$G(\beta,k)=1-ar(e^{i\beta h}-1)$$

因此

$$|G(\beta,k)|^2=[1-ar(\cos\beta h-1)]^2+a^2r^2\sin^2\beta h$$

$$|G(\beta,k)|^2=1+4ar(1+ar)\sin^2\frac{\beta h}{2}$$

当$a<0$，$-1\leqslant ar=ak/h\leqslant 0$，时$|G(\beta,k)|^2\leqslant 1$，因此差分格式(4.30)在此情况下稳定的；当$a>0$，则必有$|G(\beta,k)|^2>1$，格式不稳定。

对于格式(4.31)，有增长因子

$$G(\beta,k)=1-ar(1-e^{i\beta h})$$

$$|G(\beta,k)|^2=1-4ar(1-ar)\sin^2\frac{\beta h}{2}$$

因此格式(4.31)的稳定性条件为

$$a>0,\quad 0<ar=a\frac{k}{h}\leqslant 1$$

由上分析，当$a>0$时，只有差分格式(4.31)可用；当$a<0$时，则只有式(4.30)可用(见图4.7)。

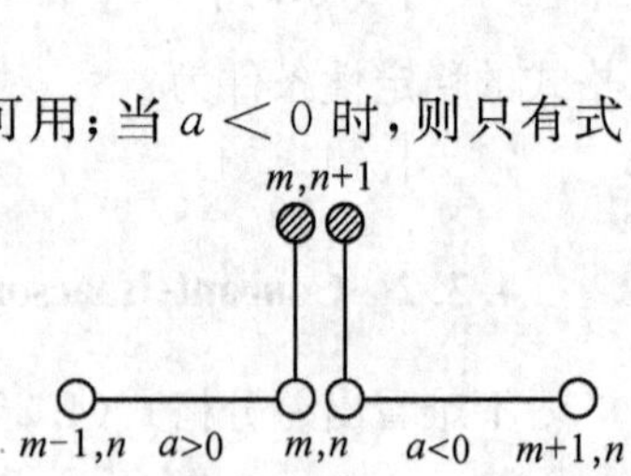

图 4.7

注意到微分方程(4.24)的特征是

$$\frac{dx}{dt}=a$$

沿着特征线，u满足

$$\frac{\mathrm{d}u}{\mathrm{d}t}=0$$

假定已知微分方程在点 $Q_{-1}(m-1,n)$，$Q_0(m,n)$，$Q_1(m+1,n)$ 处的解 u_{m+1}^n，u_m^n，u_{m-1}^n（如图 4.8 所示），要构造计算 u_m^{n+1} 的近似值的公式，首先考察 $a>0$ 的情况。

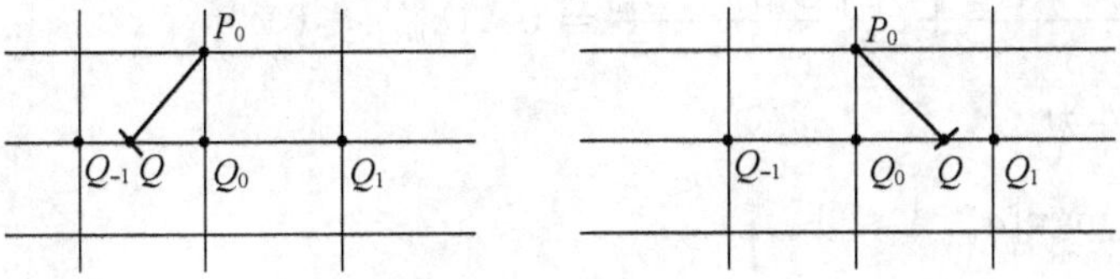

图 4.8

过 $P_0(m,n+1)$ 作特征线，斜率 $\frac{\mathrm{d}t}{\mathrm{d}x}=\frac{1}{a}$，由 $a>0$，特征偏左，与直线 $t=t_n=nk$ 的交点 Q 位于 Q_0 的左侧，沿特征线 P_0Q，u 等于常数，故

$$u_m^{n+1}=u_{P_0}=u_Q$$

现在已知值 u_{m-1}^n，u_m^n 线性插值，由于 $\overline{Q_0Q}=ak$，所以

$$\begin{aligned}u_m^{n+1}&\approx[u_{Q-1}\cdot\overline{QQ_0}+u_{Q_0}(h-\overline{QQ_0})]/h\\&=[u_{m-1}^n\cdot ak+u_m^n(h-ak)]/h\\&=aru_{m-1}^n+(1-ra)u_m^n\end{aligned}$$

写成差分方程为

$$U_m^{n+1}=arU_{m-1}^n+(1-ra)U_m^n$$

即为式(4.31)。

显然，稳定性条件 $ak/h\leqslant 1$，意味着 Q 应落在 Q_{-1}，Q_0 之间，即当 $a>0$ 时，为了用 u_{m-1}^n，u_m^n 线性插值 $u_Q(=u_{P_0})$，必须当 Q 点落在$(m-1,n)$与(m,n)之间，或者说从 P 点出发的特征与 $t=t_n$ 的交点在 Q_{-1} 与 Q_0 之间才可。同理，当 $a<0$ 时，此时过 P_0 的特征偏右，与 $t=t_n$ 的交点 Q 落在 Q_0 的右边。稳定性条件表示，只有当 Q 点落在 Q_0，Q_1 之间，u_Q 的值才能用 Q_0，Q_1 处的 u 值线性插值近似；或者说，从 P_0 点出发的特征与 $t=t_n$ 的交点要在 Q_0，Q_1 之间。综上所述，建立的差分方程要使其满足稳定性条件与特征走向的特定关系。

格式

$$\frac{U_m^{n+1}-U_m^n}{k}+a\,\frac{U_m^n-U_{m-1}^n}{h}=0\quad(a\geqslant 0)$$

$$\frac{U_m^{n+1}-U_m^n}{k}+a\,\frac{U_{m+1}^n-U_m^n}{h}=0\quad(a<0)$$

称为 Courant-Isaacson-Rees 格式。

同样，对微分方程

$$\frac{\partial u}{\partial t}+a(x,t)\frac{\partial u}{\partial x}=0 \tag{4.32}$$

Courant-Isaacson-Rees 格式是

$$\frac{U_m^{n+1}-U_m^n}{k}+a_m^{n+1}\frac{U_m^n-U_{m-1}^n}{h}=0 \quad (a_m^{n+1}\geqslant 0) \tag{4.33}$$

$$\frac{U_m^{n+1}-U_m^n}{k}+a_m^{n+1}\frac{U_{m+1}^n-U_m^n}{h}=0 \quad (a_m^{n+1}<0) \tag{4.34}$$

而稳定性条件为

$$\frac{k}{h}\max_m|a_n^{n+1}|\leqslant 1 \tag{4.35}$$

推广到拟线性双曲型方程式

$$\frac{\partial u}{\partial t}+a(x,t,u)\frac{\partial u}{\partial x}=f(x,t,u) \tag{4.36}$$

则可有

$$\frac{U_m^{n+1}-U_m^n}{k}+a_m^{n+1}\frac{U_m^n-U_{m-1}^n}{h}=f_m^n \quad (a_m^{n+1}\geqslant 0) \tag{4.37}$$

$$\frac{U_m^{n+1}-U_m^n}{k}+a_m^{n+1}\frac{U_{m+1}^n-U_m^n}{h}=f_m^n \quad (a_m^{n+1}<0) \tag{4.38}$$

其中，$a_m^{n+1}=a(x_m,t_{n+1},U_m^{n+1})$，$f_m^n=f(x_m,t_n,U_m^n)$。实际计算中，可用 a_m^n 代替 a_m^{n+1}，即得

$$\frac{U_m^{n+1}-U_m^n}{k}+a_m^n\frac{U_m^n-U_{m-1}^n}{h}=f_m^n \quad (a_m^n\geqslant 0) \tag{4.39}$$

$$\frac{U_m^{n+1}-U_m^n}{k}+a_m^n\frac{U_{m+1}^n-U_m^n}{h}=f_m^n \quad (a_m^n<0) \tag{4.40}$$

现在用一个格式表示 Courant-Isaacson-Rees 格式。令

$$a^+=\max(a,0),\quad a^-=-\min(a,0)$$

则格式(4.30)和(4.31)可以表示为

$$\frac{U_m^{n+1}-U_m^n}{k}+a^+\frac{U_m^n-U_{m-1}^n}{h}-a^-\frac{U_{m+1}^n-U_m^n}{h}=0 \tag{4.41.1}$$

或者

$$U_m^{n+1}=\{ra^+T_x^{-1}+[1-r(a^++a^-)]+ra^-T_x\}U_m^n \tag{4.41.2}$$

现在由

$$a=a^+-a^-,\quad |a|=a^++a^-$$

则

$$a^+=\frac{1}{2}(|a|+a),\quad a^-=\frac{1}{2}(|a|-a)$$

因此 Courant-Isaacson-Rees 格式也可写为

$$\frac{U_m^{n+1}-U_m^n}{k}+\frac{|a|+a}{2}\frac{U_m^n-U_{m-1}^n}{h}-\frac{|a|-a}{2}\frac{U_{m+1}^n-U_m^n}{h}=0 \quad (4.42.1)$$

即得

$$\frac{U_m^{n+1}-U_m^n}{k}+a\frac{U_{m+1}^n-U_{m-1}^n}{2h}=\frac{|a|(U_{m+1}^n-2U_m^n+U_{m-1}^n)}{2h} \quad (4.42.2)$$

对照不稳定格式(4.26)，发现 Courant-Isaacson-Rees 格式是在不稳定格式(4.26) 后面加上项

$$\frac{|a|}{2}\frac{U_{m+1}^n-2U_m^n+U_{m-1}^n}{h^2}h \quad (4.43)$$

这一项可以认为是$\frac{|a|}{2}h\frac{\partial^2 u}{\partial x^2}$的离散。

同样，我们可将 Lax-Friedrichs 格式(4.28) 写成

$$\frac{U_m^{n+1}-U_m^n}{k}+a\frac{U_{m+1}^n-U_{m-1}^n}{2h}=\frac{1}{2k}(U_{m+1}^n-2U_m^n+U_{m-1}^n)$$

即在不稳定格式后面加上

$$\frac{h^2}{2k}\frac{U_{m+1}^n-2U_m^n+U_{m-1}^n}{h^2} \quad (4.44)$$

这一项可以认为是$\frac{h^2}{2k}\frac{\partial^2 u}{\partial x^2}$的离散。

可见不稳定格式(4.26) 由于附加适当的 $\varepsilon(h)\frac{\partial^2 u}{\partial x^2}$，使格式变成在一定条件下稳定的格式。用流体动力学的术语来讲，$\varepsilon(h)\frac{\partial^2 u}{\partial x^2}$ 就是粘性项，因此在差分格式中引进人为耗散效应，对其稳定性起有利作用。我们把二阶差分项(4.43)，(4.44) 称为数值粘性项。

4.3.3　Leap -Frog 格式(蛙跳格式)

在方程(4.24) 中，令

$$\frac{u_m^{n+1}-u_m^{n-1}}{2k}\approx\left(\frac{\partial u}{\partial t}\right)_m^n$$

$$\frac{u_{m+1}^n-u_{m-1}^n}{2h}\approx\left(\frac{\partial u}{\partial x}\right)_m^n$$

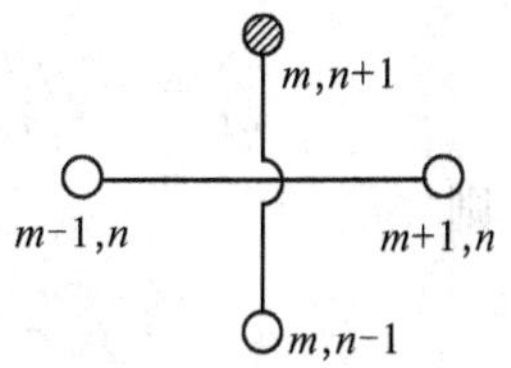

图 4.9

则有如下三层差分格式(如图 4.9 所示)：

$$\frac{U_m^{n+1}-U_m^{n-1}}{2k}+a\frac{U_{m+1}^n-U_{m-1}^n}{2h}=0 \quad (4.45)$$

由 $n-1$，n 时间层上结点的 U 值，就可以求出$(n+1)$ 时间层结点上的 U 值。这是一个显式三层格式，为了解初值问题，除要求给定初值 U_m^0 外，还要给出 U_m^1。

式(4.45) 称为蛙跳格式(Leap -Frog 格式)，它也可写成

$$U_m^{n+1}=U_m^{n-1}-ra(U_{m+1}^n-U_{m-1}^n)$$

为了研究格式的稳定性，首先引入新变量 $V_m^{n+1}=U_m^n$，由此有

$$\begin{bmatrix}U_m^{n+1}\\V_m^{n+1}\end{bmatrix}=\begin{bmatrix}ar&0\\0&0\end{bmatrix}\begin{bmatrix}U_{m-1}^n\\V_{m-1}^n\end{bmatrix}+\begin{bmatrix}0&1\\1&0\end{bmatrix}\begin{bmatrix}U_m^n\\V_m^n\end{bmatrix}+\begin{bmatrix}-ar&0\\0&0\end{bmatrix}\begin{bmatrix}U_{m+1}^n\\V_{m+1}^n\end{bmatrix}$$

由 Von Neumann 方法得增长矩阵

$$G(\beta,k)=\begin{bmatrix}-2iar\sin\beta h&1\\1&0\end{bmatrix}$$

其特征值为

$$\lambda_{\pm}=-iar\sin\beta h\pm\sqrt{1-a^2r^2\sin^2\beta h}$$

当 $a^2r^2\sin^2\beta h>1$ 时，平方根项是虚数，于是有

$$\lambda_{\pm}=i(-ar\sin\beta h\pm\sqrt{a^2r^2\sin^2\beta h-1})$$

$|\lambda|>1$，格式不稳定。

当 $a^2r^2\sin^2\beta h\leqslant 1$ 时，这通常要求 $|a|r\leqslant 1$，这时

$$|\lambda_{\pm}|^2=a^2r^2\sin^2\beta h+(1-a^2r^2\sin^2\beta h)=1$$

$$|\lambda_{\pm}|=1$$

因此，$|a|r\leqslant 1$ 是 Leap -Frog 格式稳定的必要条件。

4.3.4 Lax-Wendroff 格式

Lax-Wendroff 差分格式是一个二层显示差分格式，它的截断误差阶为 $O(k^2+h^2)$。它在一阶双曲型偏微分方程组的差分方法中有着重要的地位。

现在就最简单的输运方程(4.24) 推导之。

由 Taylor 展开

$$u_m^{n+1}=u_m^n+k\left(\frac{\partial u}{\partial t}\right)_m^n+\frac{k^2}{2}\left(\frac{\partial^2 u}{\partial t^2}\right)_m^n+O(k^3)$$

利用微分方程，有

$$\frac{\partial u}{\partial t}=-a\frac{\partial u}{\partial x},\quad \frac{\partial^2 u}{\partial t^2}=a^2\frac{\partial^2 u}{\partial x^2}$$

则

$$u_m^{n+1}=u_m^n-ak\left(\frac{\partial u}{\partial x}\right)_m^n+\frac{a^2k^2}{2}\left(\frac{\partial^2 u}{\partial x^2}\right)_m^n+O(k^3)$$

利用差分公式

$$\left(\frac{\partial u}{\partial x}\right)_m^n=\frac{u_{m+1}^n-u_{m-1}^n}{2h}+O(h^2)$$

$$\left(\frac{\partial^2 u}{\partial x^2}\right)_m^n=\frac{u_{m+1}^n-2u_m^n+u_{m-1}^n}{h^2}+O(h^2)$$

略去高阶项，有差分格式

$$U_m^{n+1}=U_m^n-\frac{ar}{2}(U_{m+1}^n-U_{m-1}^n)+\frac{a^2r^2}{2}(U_{m+1}^n-2U_m^n+U_{m-1}^n) \tag{4.46}$$

这就是著名的 Lax-Wendroff 差分格式(图 4.10 所示)。为分析格式的稳定性，可应用 Von Neumann 方法，则有增长因子

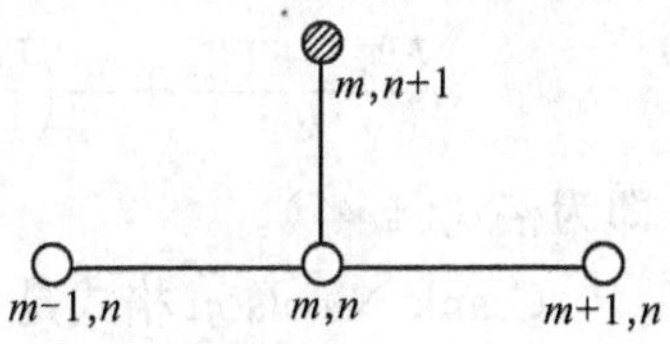

图 4.10

$$G(\beta,k)=1-2a^2r^2\sin^2\frac{\beta h}{2}-\mathrm{i}ar\sin\beta h$$

$$|G(\beta,k)|^2=1-4a^2r^2(1-a^2r^2)\sin^4\frac{\beta h}{2}$$

因此，当 $a^2r^2\leqslant 1$，即 $k\leqslant h/|a|$ 时，Lax-Wendroff 格式稳定。

4.3.5　Crank-Nicolson 格式

这是一个具有二阶精度的稳式差分格式，它的推导方法我们在第 2 章讨论抛物型方程差分格式中已相当熟悉，即由

$$u_m^{n+1}=\exp(-akD_x)u_m^n$$

故

$$\exp\left(\frac{1}{2}akD_x\right)u_m^{n+1}=\exp\left(-\frac{1}{2}akD_x\right)u_m^n$$

因此

$$\left(1+\frac{1}{2}akD_x+\cdots\right)u_m^{n+1}=\left(1-\frac{1}{2}akD_x+\cdots\right)u_m^n$$

舍弃二阶导数以上的项，且令

$$D_x\approx\frac{1}{2h}(T_x-T_x^{-1})$$

则得双曲型方程(4.24)的 Crank-Nicolson 差分格式

$$U_m^{n+1}+\frac{1}{2}ak\,\frac{U_{m+1}^{n+1}-U_{m-1}^{n+1}}{2h}=U_m^n-\frac{1}{2}ak\,\frac{U_{m+1}^n-U_{m-1}^n}{2h} \tag{4.47.1}$$

或者

$$U_m^{n+1}=U_m^n-\frac{r}{4}a(U_{m+1}^{n+1}-U_{m-1}^{n+1}+U_{m+1}^n-U_{m-1}^n) \tag{4.47.2}$$

由截断误差定义，借助于 $u_{m+1}^{n+1},u_{m-1}^{n+1},u_{m+1}^n,u_{m-1}^n$ 的泰勒展式，可得格式的截断误差阶为 $O(k^2+h^2)$。

如前指出，在微分方程中，令

$$\left(\frac{\partial u}{\partial t}\right)_m^n\approx\frac{u_m^{n+1}-u_m^n}{k}$$

$$\left(\frac{\partial u}{\partial x}\right)_m^n \approx \frac{1}{2}\left(\frac{u_{m+1}^{n+1}-u_{m-1}^{n+1}}{2h}+\frac{u_{m+1}^{n}-u_{m-1}^{n}}{2h}\right)$$

得差分方程

$$\frac{U_m^{n+1}-U_m^n}{k}+\frac{a}{2}\left(\frac{U_{m+1}^{n+1}-U_{m-1}^{n+1}}{2h}+\frac{U_{m+1}^{n}-U_{m-1}^{n}}{2h}\right)=0$$

即为格式(4.47)。

Crank-Nicolson 格式是一个六点隐式差分格式(如图 4.11 所示)。格式的增长因子为

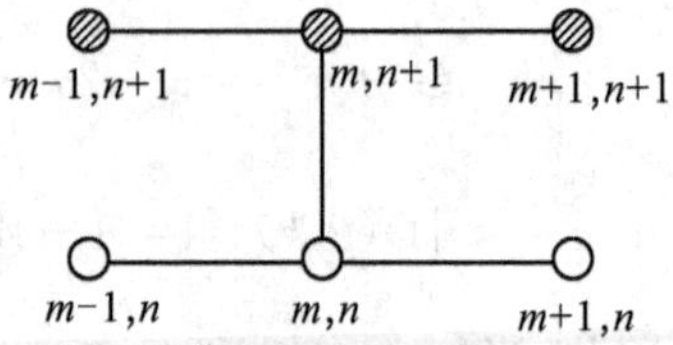

图 4.11

$$G(\beta,k)=\frac{\left(1-\frac{1}{4}r^2a^2\sin^2\beta h\right)+\mathrm{i}ra\sin\beta h}{1+\frac{r^2}{4}a^2\sin^2\beta h}$$

$$|G(\beta,k)|=1$$

因此 Crank-Nicolson 格式无条件稳定。

4.4 一阶双曲线方程组的差分格式

考虑一阶线性双曲型方程组初值问题

$$\begin{cases}\frac{\partial \boldsymbol{u}}{\partial t}+\boldsymbol{A}\frac{\partial \boldsymbol{u}}{\partial x}=0,\\ \boldsymbol{u}|_{t=0}=\boldsymbol{\varphi}(x)\end{cases} \tag{4.48}$$

其中,$\boldsymbol{u}$,$\boldsymbol{\varphi}$ 为 μ 维列向量,$\boldsymbol{A}$ 为 μ 阶方阵。它有 μ 个相异实特征值,即

$$\boldsymbol{u}=(u_1,\cdots,u_\mu)^{\mathrm{T}},\quad \boldsymbol{\varphi}=(\varphi_1,\cdots,\varphi_\mu)^{\mathrm{T}},\quad \boldsymbol{A}=(a_{ij})_{\mu\times\mu}$$

我们把第 4.3 节的有关一阶偏微分方程式差分格式推广到方程组情形。

4.4.1 Lax-Friedrichs 格式

设 $\boldsymbol{A}$ 为实常数矩阵,类似单个方程式的情形,Lax-Friedrichs 格式为

$$\frac{\boldsymbol{U}_m^{n+1}-\frac{1}{2}(\boldsymbol{U}_{m+1}^n+\boldsymbol{U}_{m-1}^n)}{k}+\boldsymbol{A}\frac{\boldsymbol{U}_{m+1}^n-\boldsymbol{U}_{m-1}^n}{2h}=0 \tag{4.49}$$

或者写成

$$\boldsymbol{U}_m^{n+1}=c(h)\boldsymbol{U}_m^n \tag{4.50}$$

其中,$\boldsymbol{U}_m^{n+1}=(U_{1m}^{n+1},\cdots,U_{\mu m}^{n+1})^{\mathrm{T}}$;$c(h)$ 为差分算子,有

$$c(h)=\frac{1}{2}(\boldsymbol{I}-r\boldsymbol{A})\boldsymbol{T}_x+\frac{1}{2}(\boldsymbol{I}+r\boldsymbol{A})\boldsymbol{T}_x^{-1} \tag{4.51}$$

差分算子的增长矩阵为

$$\boldsymbol{G}(\beta,k)=\cos(\beta h)\boldsymbol{I}-\mathrm{i}r\sin(\beta h)\boldsymbol{A} \tag{4.52}$$

设矩阵 $\boldsymbol{A}$ 的特征值为 $\lambda_{\boldsymbol{A}}$，则 $\boldsymbol{G}(\beta,k)$ 的特征值为

$$\lambda_{\boldsymbol{G}}=\cos\beta h-\mathrm{i}r\sin(\beta h)(\lambda_{\boldsymbol{A}})$$

$$|\lambda_{\boldsymbol{G}}|^2=\cos^2\beta h+r^2\sin^2(\beta h)(\lambda_{\boldsymbol{A}})^2=1+[r^2(\lambda_{\boldsymbol{A}})^2-1]\sin^2\beta h$$

由此 Lax-Friedrichs 格式稳定的必要条件为

$$r\rho(\boldsymbol{A})\leqslant 1 \tag{4.53}$$

$\rho(\boldsymbol{A})$ 为矩阵 $\boldsymbol{A}$ 的谱半径。

如果 $\boldsymbol{A}$ 为实对称矩阵，因

$$\boldsymbol{G}^*\boldsymbol{G}=\cos^2\beta h+(r^2\sin^2\beta h)\boldsymbol{A}^2$$

$$\boldsymbol{G}\boldsymbol{G}^*=\cos^2\beta h+(r^2\sin^2\beta h)\boldsymbol{A}^2$$

$\boldsymbol{G}^*\boldsymbol{G}=\boldsymbol{G}\boldsymbol{G}^*$，$\boldsymbol{G}^*$ 为 $\boldsymbol{G}$ 的共轭转置矩阵，故 $\boldsymbol{G}$ 为正规矩阵，条件(4.53) 给出了格式稳定的充分条件。

如果 $\boldsymbol{A}=(\alpha_{ij}(x,t))_{\mu\times\mu}$，则 Lax-Friedrichs 格式为

$$\frac{\boldsymbol{U}_m^{n+1}-\frac{1}{2}(\boldsymbol{U}_{m+1}^n+\boldsymbol{U}_{m-1}^n)}{k}+\boldsymbol{A}_m^n\frac{\boldsymbol{U}_{m+1}^n-\boldsymbol{U}_{m-1}^n}{2h}=0 \tag{4.54}$$

这里

$$\boldsymbol{A}_m^n=((\alpha_{ij})_m^n)_{\mu\times\mu},\quad (a_{ij})_m^n=\alpha_{ij}(mh,nk)$$

格式(4.54) 稳定的必要条件为

$$r\max_{(x,t)\in\Omega}\rho(\boldsymbol{A}(x,t))\leqslant 1$$

Ω 为微分方程求解区域。

4.4.2 Courant-Isaacson-Rees 格式

现在我们推导一阶双曲型偏微分方程组

$$\frac{\partial u}{\partial t}+\boldsymbol{A}\frac{\partial u}{\partial x}=0 \tag{4.55}$$

的 Courant-Isaacson-Rees 格式。首先考虑 $\boldsymbol{A}$ 为实常数矩阵的情形，方程组为严格双曲型，矩阵 $\boldsymbol{A}$ 有 μ 个相异实特征值 $\lambda_1>\lambda_2>\cdots>\lambda_\mu$，及 μ 个相互独立的左特征向量 $\boldsymbol{s}_1,\boldsymbol{s}_2,\cdots,\boldsymbol{s}_\mu,\boldsymbol{s}_i=(s_{i1},s_{i2},\cdots,s_{i\mu}),i=1,2,\cdots,\mu$。

方程组(4.55) 的正规形式为

$$
\begin{cases}
s_{11}\left(\frac{\partial u_1}{\partial t}+\lambda_1\frac{\partial u_1}{\partial x}\right)+s_{12}\left(\frac{\partial u_2}{\partial t}+\lambda_1\frac{\partial u_2}{\partial x}\right)+\cdots+s_{1\mu}\left(\frac{\partial u_\mu}{\partial t}+\lambda_1\frac{\partial u_\mu}{\partial x}\right)=0,\\
\vdots\\
s_{i1}\left(\frac{\partial u_1}{\partial t}+\lambda_i\frac{\partial u_1}{\partial x}\right)+s_{i2}\left(\frac{\partial u_2}{\partial t}+\lambda_i\frac{\partial u_2}{\partial x}\right)+\cdots+s_{i\mu}\left(\frac{\partial u_\mu}{\partial t}+\lambda_i\frac{\partial u_\mu}{\partial x}\right)=0,\\
\vdots\\
s_{\mu 1}\left(\frac{\partial u_1}{\partial t}+\lambda_\mu\frac{\partial u_1}{\partial x}\right)+s_{\mu 2}\left(\frac{\partial u_2}{\partial t}+\lambda_\mu\frac{\partial u_2}{\partial x}\right)+\cdots+s_{\mu\mu}\left(\frac{\partial u_\mu}{\partial t}+\lambda_\mu\frac{\partial u_\mu}{\partial x}\right)=0
\end{cases}
\tag{4.56}
$$

由关于一阶偏微分方程式

$$\frac{\partial u}{\partial t}+\alpha\frac{\partial u}{\partial x}=0$$

的 Courant-Isaacson-Rees 格式的构造方法可知：

如 $\lambda_i\geqslant 0$，则第 i 个方程的差分格式为

$$
\begin{aligned}
&s_{i1}\left(\frac{U_{1m}^{n+1}-U_{1m}^n}{k}+\lambda_i\frac{U_{1m}^n-U_{1,m-1}^n}{h}\right)+\cdots\\
&\quad+s_{i\mu}\left(\frac{U_{\mu m}^{n+1}-U_{\mu m}^n}{k}+\lambda_i\frac{U_{\mu m}^n-U_{\mu,m-1}^n}{h}\right)=0
\end{aligned}
\tag{4.57}
$$

如 $\lambda_i<0$，则第 i 个方程的差分格式为

$$
\begin{aligned}
&s_{i1}\left(\frac{U_{1m}^{n+1}-U_{1m}^n}{k}+\lambda_i\frac{U_{1,m+1}^n-U_{1m}^n}{h}\right)+\cdots\\
&\quad+s_{i\mu}\left(\frac{U_{\mu m}^{n+1}-U_{\mu m}^n}{k}+\lambda_i\frac{U_{\mu,m+1}^n-U_{\mu m}^n}{h}\right)=0
\end{aligned}
\tag{4.58}
$$

这就是一阶双曲型方程组的 Courant-Isaacson-Rees 格式，它是一阶精度的差分格式。

令 $\lambda_i^+=\max(\lambda_i,0)$，$\lambda_i^-=-\min(\lambda_i,0)$，则格式可表示为

$$
\begin{aligned}
&s_{i1}\left(\frac{U_{1m}^{n+1}-U_{1m}^n}{k}+\lambda_i^+\frac{U_{1m}^n-U_{1,m-1}^n}{h}-\lambda_i^-\frac{U_{1,m+1}^n-U_{1m}^n}{h}\right)\\
&\quad+s_{i2}\left(\frac{U_{2m}^{n+1}-U_{2m}^n}{k}+\lambda_i^+\frac{U_{2m}^n-U_{2,m-1}^n}{h}-\lambda_i^-\frac{U_{2,m+1}^n-U_{2m}^n}{h}\right)+\cdots\\
&\quad+s_{i\mu}\left(\frac{U_{\mu m}^{n+1}-U_{\mu m}^n}{k}+\lambda_i^+\frac{U_{\mu m}^n-U_{\mu,m-1}^n}{h}-\lambda_i^-\frac{U_{\mu,m+1}^n-U_{\mu m}^n}{h}\right)=0\\
&\qquad\qquad (i=1,2,\cdots,\mu)
\end{aligned}
\tag{4.59}
$$

令 $\boldsymbol{\Lambda}^+=\mathrm{diag}(\lambda_i^+)$，$\boldsymbol{\Lambda}^-=\mathrm{diag}(\lambda_i^-)$，我们有

$$
\begin{aligned}
\boldsymbol{U}_m^{n+1}=&\,r(\boldsymbol{S}^{-1}\boldsymbol{\Lambda}^-\boldsymbol{S})\boldsymbol{U}_{m+1}^n+[\boldsymbol{I}-r(\boldsymbol{S}^{-1}\boldsymbol{\Lambda}^-\boldsymbol{S}+\boldsymbol{S}^-\boldsymbol{\Lambda}^+\boldsymbol{S})]\boldsymbol{U}_m^n\\
&+r(\boldsymbol{S}^{-1}\boldsymbol{\Lambda}^+\boldsymbol{S})\boldsymbol{U}_{m-1}^n
\end{aligned}
\tag{4.60}
$$

记

$$\boldsymbol{A}^{-}=\boldsymbol{S}^{-1}\boldsymbol{\Lambda}^{-}\boldsymbol{S},\quad \boldsymbol{A}^{+}=\boldsymbol{S}^{-1}\boldsymbol{\Lambda}^{+}\boldsymbol{S} \tag{4.61}$$

因此

$$\boldsymbol{S}=(s_{ij})_{\mu\times\mu}$$

$$\boldsymbol{U}_m^{n+1}=\{r\boldsymbol{A}^{-}\boldsymbol{T}_x+[\boldsymbol{I}-r(\boldsymbol{A}^{-}+\boldsymbol{A}^{+})]+r\boldsymbol{A}^{+}\boldsymbol{T}_x^{-1}\}\boldsymbol{U}_m^n \tag{4.62}$$

记 Courant-Isaacson-Rees 差分算子为

$$c(h)=r\boldsymbol{A}^{-}\boldsymbol{T}_x+[\boldsymbol{I}-r(\boldsymbol{A}^{-}+\boldsymbol{A}^{+})]+r\boldsymbol{A}^{+}\boldsymbol{T}_x^{-1}$$

则格式可写为

$$\boldsymbol{U}_m^{n+1}=c(h)\boldsymbol{U}_m^n \tag{4.63}$$

它建立了第$(n+1)$时间层的网格点$(m,n+1)$上的$\boldsymbol{U}_m^{n+1}=(U_{1m}^{n+1},\cdots,U_{\mu m}^{n+1})^{\mathrm{T}}$与第$n$时间层的网格点$(m-1,n)$,$(m,n)$,$(m+1,n)$上的$\boldsymbol{U}_{m-1}^n=(U_{1,m-1}^n,\cdots,U_{\mu,m-1}^n)^{\mathrm{T}}$,$\boldsymbol{U}_m^n=(U_{1m}^n,\cdots,U_{\mu m}^n)^{\mathrm{T}}$,$\boldsymbol{U}_{m+1}^n=(U_{1,m+1}^n,\cdots,U_{\mu,m+1}^n)^{\mathrm{T}}$列向量之间的关系,实际上也给出了由$\boldsymbol{U}_{m-1}^n$,$\boldsymbol{U}_m^n$,$U_{m+1}^n$计算$\boldsymbol{U}_m^{n+1}$的公式,为此只需要计算出$\boldsymbol{A}^{-}$,$\boldsymbol{A}^{+}$,则立刻由式(4.62)可算出$\boldsymbol{U}_m^{n+1}$。

现在讨论稳定性,求出格式的增长矩阵为

$$\boldsymbol{G}(\beta,h)=r\boldsymbol{A}^{+}\mathrm{e}^{-\mathrm{i}\beta h}+[\boldsymbol{I}-r(\boldsymbol{A}^{+}+\boldsymbol{A}^{-})]+r\boldsymbol{A}^{-}\mathrm{e}^{\mathrm{i}\beta h}$$

即

$$\boldsymbol{G}(\beta,h)=\boldsymbol{S}^{-1}\{r\boldsymbol{\Lambda}^{+}\mathrm{e}^{-\mathrm{i}\beta h}+[\boldsymbol{I}-r(\boldsymbol{\Lambda}^{+}+\boldsymbol{\Lambda}^{-})]+r\boldsymbol{\Lambda}^{-}\mathrm{e}^{\mathrm{i}\beta h}\}\boldsymbol{S}$$

$$\boldsymbol{S}\boldsymbol{G}(\beta,h)\boldsymbol{S}^{-1}=r\boldsymbol{\Lambda}^{+}\mathrm{e}^{-\mathrm{i}\beta h}+\boldsymbol{I}-r(\boldsymbol{\Lambda}^{+}+\boldsymbol{\Lambda}^{-})+r\boldsymbol{\Lambda}^{-}\mathrm{e}^{\mathrm{i}\beta h}$$

$\boldsymbol{S}\boldsymbol{G}(\beta,h)\boldsymbol{S}^{-1}$是一对角矩阵。因此,对应于矩阵$\boldsymbol{A}$的特征值$\lambda_A$,$\boldsymbol{G}$的特征值$\lambda_G$为

$$\lambda_G=r\max(\lambda_A,0)\mathrm{e}^{-\mathrm{i}\beta h}+1-r[\max(\lambda_A,0)-\min(\lambda_A,0)]-r\min(\lambda_A,0)\mathrm{e}^{\mathrm{i}\beta h}$$

设$\lambda_A>0$,则

$$\lambda_G=r\lambda_A\mathrm{e}^{-\mathrm{i}\beta h}+1-r\lambda_A$$

$$|\lambda_G|^2=1-4r\lambda_A(1-r\lambda_A)\sin^2\frac{\beta h}{2}$$

设$\lambda_A<0$,则

$$\lambda_G=r|\lambda_A|\mathrm{e}^{\mathrm{i}\beta h}+1-r|\lambda_A|$$

$$|\lambda_G|^2=1-4r|\lambda_A|(1-r|\lambda_A|)\sin^2\frac{\beta h}{2}$$

简单计算可得 Courant-Isaacson-Rees 格式稳定的必要条件为

$$r\rho(\boldsymbol{A})\leqslant 1 \tag{4.64}$$

格式可推广到拟线性双曲型方程组

$$\frac{\partial u}{\partial t}+\boldsymbol{A}(x,t,u)\frac{\partial u}{\partial x}=0 \tag{4.65}$$

$\mathbf{A}(x,t,u)=(a_{ij}(x,t,u))_{\mu\times\mu}$ 为实 μ 阶方阵，它具有 μ 个相异的特征值及相应的 μ 个独立的左特征向量，因此方程组可化为正规形式

$$\sum_{j=1}^{\mu} s_{ij}\left(\frac{\partial u_j}{\partial t}+\lambda_i(x,t,u)\frac{\partial u_j}{\partial x}\right)=0 \quad (i=1,2,\cdots,\mu) \tag{4.66}$$

在网格点(m,n)上，定义

$$(\lambda_i^+)_m^n=\max((\lambda_i)_m^n,0),\quad (\lambda_i^-)_m^n=-\min((\lambda_i)_m^n,0)$$

其中$(\lambda_i)_m^n=\lambda_i(mh,nk,\boldsymbol{U}(mh,nk))$。在点$(m,n)$上 Courant-Isaacson-Rees 格式为

$$\sum_{j=1}^{\mu}(s_{ij})_m^n\left(\frac{\boldsymbol{U}_{jm}^{n+1}-\boldsymbol{U}_{jm}^n}{k}+(\lambda_i^+)_m^n\frac{\boldsymbol{U}_{jm}^n-\boldsymbol{U}_{j,m-1}^n}{h}-(\lambda_i^-)_m^n\frac{\boldsymbol{U}_{j,m+1}^n-\boldsymbol{U}_{jm}^n}{h}\right)=0$$

$$(i=1,2,\cdots,\mu) \tag{4.67}$$

如前 $\boldsymbol{s}_i=(s_{i1},s_{i2},\cdots,s_{i\mu})(i=1,2,\cdots,\mu)$ 为矩阵 $\mathbf{A}$ 对应于特征值 $\lambda_i(i=1,2,\cdots,\mu)$ 的左特征向量，$(s_{ij})_m^n=s_{ij}(mh,nk,\boldsymbol{U}(mh,nk))$。

稳定性的必要条件为

$$\frac{k}{h}|(\lambda_i)_m^n|\leqslant 1 \quad (i=1,2,\cdots,\mu)$$

对所有 m,n 成立。

4.4.3 举例 Courant-Friedrichs-Lewy 条件

例 4.7 研究波动方程的 Courant-Isaacson-Rees 格式。

在波动方程

$$\frac{\partial^2 u}{\partial t^2}-\frac{\partial^2 u}{\partial x^2}=0$$

中令 $u_1=\dfrac{\partial u}{\partial t}$，$u_2=\dfrac{\partial u}{\partial x}$，则它的等价方程组为

$$\frac{\partial}{\partial t}\begin{bmatrix}u_1\\u_2\end{bmatrix}+\begin{bmatrix}0&-1\\-1&0\end{bmatrix}\frac{\partial}{\partial x}\begin{bmatrix}u_1\\u_2\end{bmatrix}=\begin{bmatrix}0\\0\end{bmatrix}$$

其正规形式是

$$\left(\frac{\partial u_1}{\partial t}+\frac{\partial u_1}{\partial x}\right)-\left(\frac{\partial u_2}{\partial t}+\frac{\partial u_2}{\partial x}\right)=0$$

$$\left(\frac{\partial u_1}{\partial t}-\frac{\partial u_1}{\partial x}\right)+\left(\frac{\partial u_2}{\partial t}-\frac{\partial u_2}{\partial x}\right)=0$$

其中 $\lambda_1=1$，$\lambda_2=-1$。

由式(4.57)，(4.58)可得相应的 Courant-Isaacson-Rees 格式为

$$\begin{cases}\left[\dfrac{(U_1)_m^{n+1}-(U_1)_m^n}{k}+\dfrac{(U_1)_m^n-(U_1)_{m-1}^n}{h}\right] \\ \qquad -\left[\dfrac{(U_2)_m^{n+1}-(U_2)_m^n}{k}+\dfrac{(U_2)_m^n-(U_2)_{m-1}^n}{h}\right]=0, \\ \left[\dfrac{(U_1)_m^{n+1}-(U_1)_m^n}{k}-\dfrac{(U_1)_{m+1}^n-(U_1)_m^n}{h}\right] \\ \qquad +\left[\dfrac{(U_2)_m^{n+1}-(U_2)_m^n}{k}-\dfrac{(U_2)_{m+1}^n-(U_2)_m^n}{h}\right]=0\end{cases} \tag{4.68}$$

稳定性条件为$\left|\dfrac{k}{h}\lambda_i\right|\leqslant 1$,即

$$\frac{k}{h}\leqslant 1,\quad k\leqslant h$$

由格式(4.68),为了计算第$(n+1)$时间层上差分方程解$(U_1)_m^{n+1}$,$(U_2)_m^{n+1}$的值,要利用第n时间层上的结点(m,n),$(m-1,n)$,$(m+1,n)$上的值$(U_1)_{m-1}^n$,$(U_1)_m^n$,$(U_1)_{m+1}^n$,$(U_2)_{m-1}^n$,$(U_2)_m^n$,$(U_2)_{m+1}^n$,而这些值又是第$(n-1)$时间层上的结点$(m-2,n-1)$,$(m-1,n-1)$,$(m,n-1)$,$(m+1,n-1)$,$(m+2,n-1)$上的差分方程解计算得。依次类推,可知$(U_1)_m^{n+1}$,$(U_2)_m^{n+1}$是依赖于第0时间层或初始层上的结点,即$(m-(n+1),0)$,$(m-1,0)$,…,$(m,0)$,$(m+1,0)$,…,$(m+(n+1),0)$上的初始值$(U_1)_{m-n-1}^0$,$(U_2)_{m-n-1}^0$,$(U_1)_{m-n}^0$,$(U_2)_{m-n}^0$,…,$(U_1)_{m+n}^0$,$(U_2)_{m+n}^0$,$(U_1)_{m+n+1}^0$,$(U_2)_{m+n+1}^0$。

因此称x轴上属于区间$[x_{m-n-1},x_{m+n+1}]$的结点为差分解$(U_1)_m^{n+1}$,$(U_2)_m^{n+1}$的依赖区域,它是x轴上通过点(x_m,t_{n+1})上的二条直线

$$x-x_m=\pm\frac{h}{k}(t-t_{n+1})$$

切割下来的区间所覆盖的网格点。注意到现在微分方程组的通过点(x_m,t_n)的二条特征线为

$$x-x_m=\lambda_{1,2}(t-t_{n+1})$$

因此稳定性条件为

$$\left|\frac{k}{h}\lambda_i\right|\leqslant 1$$

或者

$$\frac{k}{h}\leqslant|\lambda_i|^{-1}\quad(i=1,2)$$

不外是说明差分方程稳定的必要条件是差分方程解的依赖区域必须包括微分方程解的依赖区域,否则差分方程不稳定。

这就是所谓Courant-Friedrichs-Lewy的试验差分方法稳定性的条件。这是一

个必要条件，一般可称为 C. F. L 条件。

例 4.8 Euler 坐标下，一维不定常等熵流方程为

$$\begin{cases}\dfrac{\partial\rho}{\partial t}+u\dfrac{\partial\rho}{\partial x}+\rho\dfrac{\partial u}{\partial x}=0,\\ \dfrac{\partial u}{\partial t}+u\dfrac{\partial u}{\partial x}+\dfrac{a^2}{\rho}\dfrac{\partial\rho}{\partial x}=0\end{cases}$$

其正规形式为

$$\begin{cases}\dfrac{\partial\rho}{\partial t}+(u+a)\dfrac{\partial\rho}{\partial x}+\dfrac{\rho}{a}\left[\dfrac{\partial u}{\partial t}+(u+a)\dfrac{\partial u}{\partial x}\right]=0,\\ \dfrac{\partial\rho}{\partial t}+(u-a)\dfrac{\partial\rho}{\partial x}-\dfrac{\rho}{a}\left[\dfrac{\partial u}{\partial t}+(u-a)\dfrac{\partial u}{\partial x}\right]=0\end{cases}\tag{4.69}$$

因此 Courant-Isaacson-Rees 格式为

$$\begin{cases}\dfrac{\rho_m^{n+1}-\rho_m^n}{k}+(u_m^n+a_m^n)^+\dfrac{\rho_m^n-\rho_{m-1}^n}{h}-(u_m^n+a_m^n)^-\dfrac{\rho_{m+1}^n-\rho_m^n}{h}\\ \quad+\dfrac{\rho_m^n}{a_m^n}\Big[\dfrac{u_m^{n+1}-u_m^n}{k}+(u_m^n+a_m^n)^+\dfrac{u_m^n-u_{m-1}^n}{h}\\ \quad-(u_m^n+a_m^n)^-\dfrac{u_{m+1}^n-u_m^n}{h}\Big]=0,\\ \dfrac{\rho_m^{n+1}-\rho_m^n}{k}+(u_m^n-a_m^n)^+\dfrac{\rho_m^n-\rho_{m-1}^n}{h}-(u_m^n-a_m^n)^-\dfrac{\rho_{m+1}^n-\rho_m^n}{h}\\ \quad-\dfrac{\rho_m^n}{a_m^n}\Big[\dfrac{u_m^{n+1}-u_m^n}{k}+(u_m^n-a_m^n)^+\dfrac{u_m^n-u_{m-1}^n}{h}\\ \quad-(u_m^n-a_m^n)^-\dfrac{u_{m+1}^n-u_m^n}{h}\Big]=0\end{cases}\tag{4.70}$$

其中

$$(u_m^n\pm a_m^n)^+=\max(u_m^n\pm a_m^n,0)$$
$$(u_m^n\pm a_m^n)^-=-\min(u_m^n\pm a_m^n,0)$$

格式的稳定性条件为

$$\frac{k}{h}(|u_m^n|+a_m^n)\leqslant 1$$

或者

$$k\leqslant h/\max(|u_m^n|+a_m^n)$$

4.5 二阶线性双曲型方程的差分方法

4.5.1 显式差分格式

二阶线性双曲型方程的最简单模型是波动方程

$$\frac{\partial^2 u}{\partial t^2} = a^2 \frac{\partial^2 u}{\partial x^2} \quad (a \text{ 为常数且大于 } 0) \tag{4.71}$$

如同抛物型方程，考虑二类最简单的定解问题。

(1) 初值问题　在区域 $\Omega_1:\{-\infty < x < +\infty, 0 \leqslant t \leqslant T\}$ 内求函数 $u(x,t)$，使满足

$$\begin{cases} \text{方程(1)} & (-\infty < x < +\infty, 0 < t \leqslant T); \\ u(x,0) = \varphi(x) & (-\infty < x < +\infty); \\ \dfrac{\partial u(x,0)}{\partial t} = \psi(x) & (-\infty < x < +\infty) \end{cases} \tag{4.72}$$

$\varphi(x), \psi(x)$ 为已知函数。

(2) 混合问题　在区域 $\Omega_2:\{0 \leqslant x \leqslant 1, 0 \leqslant t \leqslant T\}$ 内求函数 $u(x,t)$，使满足

$$\begin{cases} \text{方程(1)} & (0 < x < 1, 0 < t \leqslant T); \\ u(x,0) = \varphi(x), \quad \dfrac{\partial u(x,0)}{\partial t} = \psi(x) & (0 \leqslant x \leqslant 1); \\ u(0,t) = \omega_1(t), \quad u(1,t) = \omega_2(t) & (0 \leqslant t \leqslant T) \end{cases} \tag{4.73}$$

$\varphi(x), \psi(x), \omega_1(t), \omega_2(t)$ 为已知函数，且 $\varphi(0) = \omega_1(0), \varphi(1) = \omega_2(0), \psi(0) = \omega_1'(0), \psi(1) = \omega_2'(0)$。

为了构造方程(4.71)的差分逼近，取空间步长 h 和时间步长 k，用二族平行直线

$$x = x_m = mh \quad (m = 0, \pm 1, \pm 2, \cdots)$$

$$t = t_n = nk \quad \left(n = 0,1,2,\cdots,N; N = \left[\frac{T}{k}\right]\right)$$

作矩形网格。网格结点 (mh, nk) 写为 (m,n)。

初值问题结点集合 $(\Omega_1)_{h,k}$ 为

$$(\Omega_1)_{h,k} = \{(m,n) \mid m = 0, \pm 1, \pm 2, \cdots; n = 0,1,\cdots,N\}$$

混合问题结点集合 $(\Omega_2)_{h,k}$ 为

$$(\Omega_2)_{h,k} = \left\{(m,n) \mid m = 0,1,2,\cdots,M, \text{且 } M = \frac{1}{h}; n = 0,1,\cdots,N\right\}$$

由微分算子与差分算子的关系，令

$$D_x^2 \approx \frac{1}{h^2}\delta_x^2, \quad D_t^2 \approx \frac{1}{k^2}\delta_t^2$$

代进式(4.71)，则得差分逼近

$$\delta_t^2 U_m^n = r^2 \delta_x^2 U_m^n \quad \left(r = \frac{ak}{h}\right)$$

或写成

$$U_m^{n+1} = 2(1 - r^2)U_m^n + r^2(U_{m+1}^n + U_{m-1}^n) - U_m^{n-1} \tag{4.74}$$

这是逼近微分方程(4.71)的三层显式差分格式,如图4.12所示。

格式(4.74)的截断误差阶是$O(h^2+k^2)$。

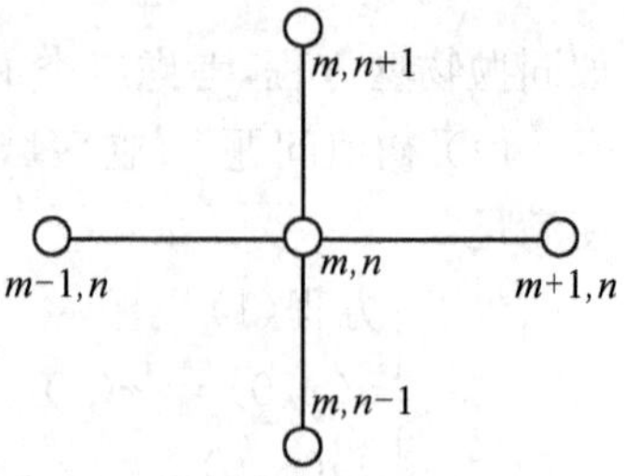

图4.12

关于双曲型方程的初值条件比抛物型方程要复杂些,因为初值条件中除$u(x,0)=\varphi(x)$外,还有$\dfrac{\partial u(x,0)}{\partial t}=\psi(x)$。对前一条件的处理和抛物型的情况一样,得到

$$U_m^0=\varphi(mh)$$

而对于后一条件有下面二种方法作它的差分近似:

第1种方法是把$\dfrac{\partial u(x_m,0)}{\partial t}$改为差商

$$\frac{u(x_m,k)-u(x_m,0)}{k}=\psi(x_m)+O(k)$$

结合$U_m^0=\varphi(mh)$,略去$O(k)$,则得到后一条件的差分逼近

$$U_m^1=\varphi(mh)+k\psi(mh) \tag{4.75}$$

已知差分格式(4.73)的截断误差阶是$O(h^2+k^2)$,而式(4.74)逼近初值条件的截断误差阶是$O(k)$,为了使两者相适应,必须提高初值条件的差分近似的截断误差阶,为此采用第2种方法作$\dfrac{\partial u(x_m,0)}{\partial t}$的差分近似。由

$$\frac{u(x_m,k)-u(x_m,-k)}{2k}=\frac{\partial u(x_m,0)}{\partial t}+O(k^2)$$

则有初值条件的差分逼近

$$U_m^1-U_m^{-1}=2k\psi(mh)$$

将上式和差分方程

$$U_m^1=2(1-r^2)U_m^0+r^2(U_{m+1}^0+U_{m-1}^0)-U_m^{-1}$$

联立,消去U_m^{-1},则得

$$U_m^1=U_m^0+k\psi(mh)+\frac{r^2}{2}(U_{m+1}^0-2U_m^0+U_{m-1}^0) \tag{4.76}$$

这就是对后一初值条件的差分逼近。

由此,得到相应于初值问题(4.72)的差分方程问题为

$$\begin{cases}U_m^{n+1}=2(1-r^2)U_m^n+r^2(U_{m+1}^n+U_{m-1}^n)-U_m^{n-1}\\ \qquad\qquad (m=0,\pm1,\pm2,\cdots,\quad n=1,2,\cdots,N-1);\\ U_m^0=\varphi(mh)\qquad (m=0,\pm1,\pm2,\cdots);\\ U_m^1=\varphi(mh)+k\psi(mh)+\dfrac{r^2}{2}[\varphi((m+1)h)-2\varphi(mh)\\ \qquad +\varphi((m-1)h)]\quad (m=0,\pm1,\pm2,\cdots)\end{cases} \tag{4.77}$$

对于边值条件 $u(0,t)=\omega_1(t), u(1,t)=\omega_2(t)$，我们有

$$U_0^n=\omega_1(nk),\quad U_M^n=\omega_2(nk)$$

相应于混合问题(4.73) 的差分方程问题为

$$\begin{cases} U_m^{n+1}=2(1-r^2)U_m^n+r^2(U_{m+1}^n+U_{m-1}^n)-U_m^{n-1} \\ \qquad\qquad (m=1,2,\cdots,M-1,\quad n=1,2,\cdots,N-1); \\ U_m^0=\varphi(mh) \qquad (m=1,2,\cdots,M-1); \\ U_m^1=\varphi(mh)+k\psi(mk)+\dfrac{r^2}{2}[\varphi((m+1)h)-2\varphi(mh) \\ \qquad +\varphi((m-1)h)] \quad (m=1,2,\cdots,M-1); \\ U_0^n=\omega_1(nk) \qquad (n=1,2,\cdots,N); \\ U_M^n=\omega_2(nk) \qquad (n=1,2,\cdots,N) \end{cases} \tag{4.78}$$

现在研究显式差分格式的稳定性。令

$$\frac{\partial u}{\partial t}=v,\quad a\frac{\partial u}{\partial x}=w$$

则波动方程(4.71) 化成一阶偏微分方程组

$$\frac{\partial u}{\partial t}=a\frac{\partial w}{\partial x},\quad \frac{\partial w}{\partial t}=a\frac{\partial v}{\partial x} \tag{4.79}$$

令

$$\boldsymbol{u}=(v,w)^{\mathrm{T}},\quad \boldsymbol{A}=\begin{bmatrix} 0 & a \\ a & 0 \end{bmatrix}$$

则式(4.79) 可写为

$$\frac{\partial \boldsymbol{u}}{\partial t}-\boldsymbol{A}\frac{\partial \boldsymbol{u}}{\partial x}=0 \tag{4.80}$$

定义

$$V_m^n=\frac{U_m^n-U_m^{n-1}}{k},\quad W_{m-1/2}^n=a\frac{U_m^n-U_{m-1}^n}{h}$$

则三层显式差分格式等价于

$$\begin{cases} \dfrac{V_m^{n+1}-V_m^n}{k}=a\dfrac{W_{m+1/2}^n-W_{m-1/2}^n}{h}, \\ \dfrac{W_{m-1/2}^{n+1}-W_{m-1/2}^n}{k}=a\dfrac{V_m^{n+1}-V_{m-1}^{n+1}}{h} \end{cases} \tag{4.81}$$

由此可得格式(4.81) 的增长矩阵为

$$\boldsymbol{G}(\beta,k)=\begin{bmatrix} 1 & \mathrm{i}2ar\sin(\beta h/2) \\ \mathrm{i}2ar\sin(\beta h/2) & 1-4a^2r^2\sin^2(\beta h/2) \end{bmatrix}$$

令 $\eta=4a^2r^2\sin^2(\beta h/2)$，因此

$$\lambda^2-(2-\eta)\lambda+1=0$$

$$\lambda=1-\frac{1}{2}\eta\pm\left(\frac{1}{4}\eta^2-\eta\right)^{\frac{1}{2}}$$

情况 1　当 $2ar>2$ 时，如果 $\beta h/2=\pi/2$，则 $\eta>4$，因此二个特征值为实数，$\left|1-\frac{1}{2}\eta-\left(\frac{1}{4}\eta^2-\eta\right)^{1/2}\right|>1$，格式不稳定。

情况 2　当 $2ar\leqslant 2$ 时，如果 $\beta h/2\neq v\pi$，v 为整数，特征值具有绝对值为 1；对 $\beta h/2=v\pi$，$\boldsymbol{G}(\beta,k)=\boldsymbol{I}$，这时 $\boldsymbol{G}(\beta,k)$ 关于 βh 的导数有二个不同的特征值，即

$$\lambda=\pm\, \mathrm{i}2ar$$

由定理 2.6，格式稳定。

总结起来，显式差分格式(4.74)(或者(4.81)) 稳定的充分必要条件为

$$ar=a\frac{k}{h}<1 \tag{4.82}$$

4.5.2　隐式差分格式

逼近微分方程(4.71) 的稳式差分格式可以用如下方法获得，即

$$\frac{1}{k^2}\delta_t^2U_m^n=\frac{a^2}{h^2}[\theta\delta_x^2U_m^{n+1}+(1-2\theta)\delta_x^2U_m^n+\theta\delta_x^2U_m^{n-1}] \tag{4.83}$$

其中 $0\leqslant\theta\leqslant 1$。当 $\theta=0$ 时，就是显式差分格式；当 $\theta\neq 0$ 就是稳式差分格式。如 $\theta=1/2$，则差分格式(见图 4.13) 为

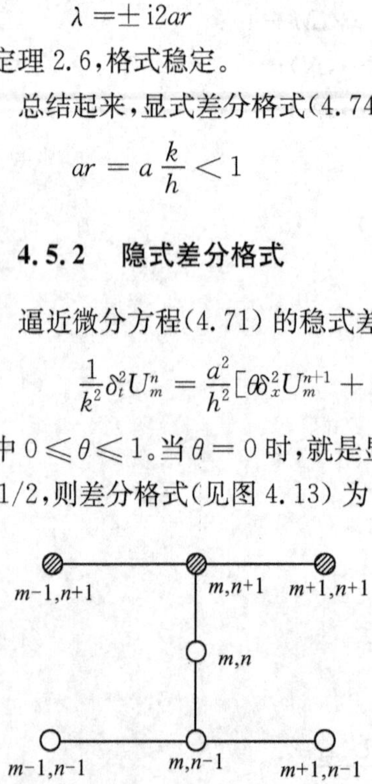

图 4.13

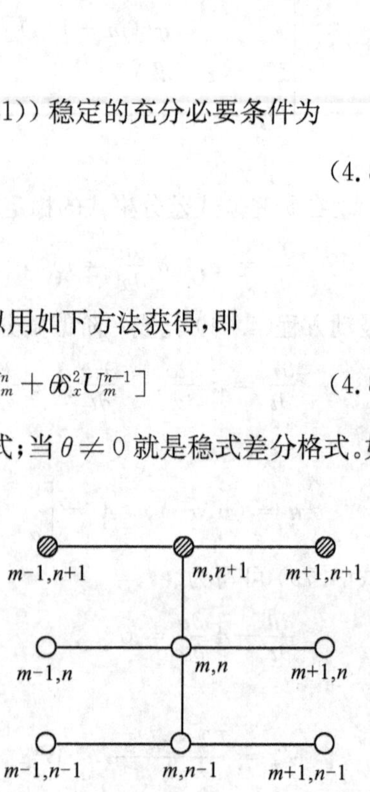

图 4.14

$$\frac{1}{k^2}\delta_t^2U_m^n=\frac{a^2}{2h^2}(\delta_x^2U_m^{n+1}+\delta_x^2U_m^{n-1}) \tag{4.84}$$

实际计算中特别感兴趣的是当 $\theta=1/4$ 时，差分格式(见图 4.14) 为

$$\frac{1}{k^2}\delta_t^2U_m^n=\frac{a^2}{4h^2}(\delta_x^2U_m^{n+1}+2\delta_x^2U_m^n+\delta_x^2U_m^{n-1}) \tag{4.85.1}$$

或者

$$-\frac{1}{4}a^2r^2U_{m-1}^{n+1}+\left(1+\frac{1}{2}a^2r^2\right)U_m^{n+1}-\frac{1}{4}a^2r^2U_{m+1}^{n+1}$$

$$= \frac{1}{4}a^2 r^2 (U_{m+1}^{n-1} + U_{m-1}^{n-1}) - \left(1 + \frac{1}{2}a^2 r^2\right) U_m^{n-1}$$
$$+ \frac{1}{2}a^2 r^2 (U_{m+1}^{n} + U_{m-1}^{n}) + (2 - a^2 r^2) U_m^n \tag{4.85.2}$$

隐式差分格式连同初边值条件，通过用追赶法解三对角方程组，则可以由第 $(n-1)$ 层、第 n 层上的网格点上 U_m^{n-1}，U_m^n 值解出第 $(n+1)$ 层上网格点上的值，从而可求得整个求解区域中网格点上的 U_m^n 值。

类似于前面关于显式差分格式稳定性论证，很容易得到格式(4.84)，(4.85)，即加权九点隐式格式(4.83)当 $\theta = 1/2, \theta = 1/4$(事实上，当 $\theta \geqslant 1/4$)时的无条件稳定性。

习 题 4

1. 计算一阶线性方程 Cauchy 问题

$$\begin{cases} \dfrac{\partial u}{\partial x} + 3x^2 \dfrac{\partial u}{\partial y} = x + y, \\ u|_{y=0} = x^2 \end{cases}$$

的解析解在点(3,19)处的值。

2. 函数 u 满足方程

$$\frac{\partial u}{\partial x} + \frac{x}{\sqrt{u}} \frac{\partial u}{\partial y} = 2x$$

及条件

$$u|_{x=0} = 0 \quad (y \geqslant 0)$$
$$u|_{y=0} = 0 \quad (x > 0)$$

试计算其在点(2,5)，(5,4)处的值，并画出通过这两点的特征线；若 $y = 0$ 上的初始条件改为 $u|_{y=0} = x$，试求出通过点 $R(4,0)$ 的特征线上 $P(4.05, y)$ 处 u 及 y 的近似值，并与解析解的值比较。

3. 试用特征线法计算 Cauchy 问题

$$\begin{cases} (x - y) \dfrac{\partial u}{\partial x} + u \dfrac{\partial u}{\partial y} = x + y, \\ u|_{y=0} = 1 \end{cases}$$

的解在通过点 $R(1,0)$ 上的特征线上点 $P(1.1, y)$ 处的近似值。

4. 给出 Cauchy 问题(如图 4.15 所示)

$$\begin{cases} \dfrac{\partial^2 u}{\partial x^2} + (1 - 2x) \dfrac{\partial^2 u}{\partial x \partial y} + (x^2 - x - 2) \dfrac{\partial^2 u}{\partial y^2} = 0, \\ u|_{y=0} = x, \\ \left.\dfrac{\partial u}{\partial y}\right|_{y=0} = 1 \end{cases} \quad (0 \leqslant x \leqslant 1)$$

其中 $y>0$；P,Q,W 的坐标分别为 $(0.4,0),(0.5,0),(0.6,0)$。试用特征线法计算方程解在 R,S,T 处的值。

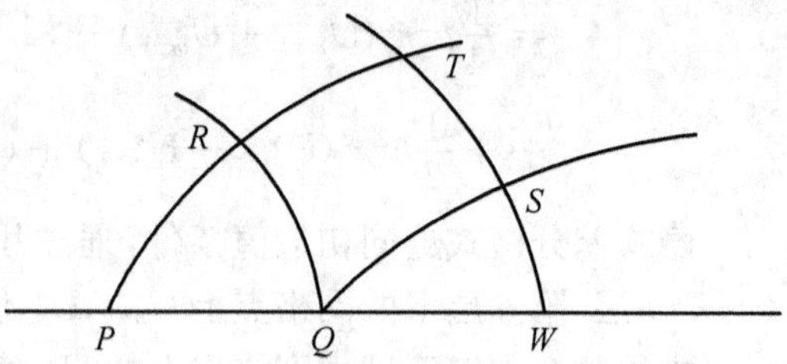

图 4.15

5. 考虑在点 $(m+1/2,n+1/2)$ 处逼近方程

$$a\frac{\partial u}{\partial x}+b\frac{\partial u}{\partial t}=c$$

的 Lax-Wendroff 隐式格式

$$(b+ar)U_{m+1}^{n+1}+(b-ar)U_m^{n+1}-(b-ar)U_{m+1}^n-(b+ar)U_m^n-2kc=0$$

其中 $r=k/h$，证明：

(1) 格式无条件稳定；

(2) 在点 $(m+1/2,n+1/2)$ 上截断误差的主部是

$$\frac{1}{12}h^2\left(3b\frac{\partial^3 u}{\partial x^2\partial t}+a\frac{\partial^3 u}{\partial x^3}\right)_{m+1/2}^{n+1/2}+\frac{1}{12}k^2\left(b\frac{\partial^3 u}{\partial t^3}+3a\frac{\partial^3 u}{\partial x\partial t^2}\right)_{m+1/2}^{n+1/2}$$

6. 考虑逼近方程组

$$\begin{cases}\dfrac{\partial u}{\partial t}=\dfrac{\partial v}{\partial x},\\[2mm]\dfrac{\partial v}{\partial t}=\dfrac{\partial u}{\partial x}\end{cases}$$

的差分格式：

$$(1)\begin{cases}\dfrac{1}{k}\left[U_m^{n+1}-\dfrac{1}{2}(U_{m+1}^n+U_{m-1}^n)\right]=\dfrac{1}{2h}(V_{m+1}^n-V_{m-1}^n),\\[2mm]\dfrac{1}{k}\left[V_m^{n+1}-\dfrac{1}{2}(V_{m+1}^n+V_{m-1}^n)\right]=\dfrac{1}{2h}(U_{m+1}^n-U_{m-1}^n);\end{cases}$$

$$(2)\begin{cases}\dfrac{1}{k}(U_m^{n+1}-U_m^n)=\dfrac{1}{h}(V_{m+1/2}^n-V_{m-1/2}^n),\\[2mm]\dfrac{1}{k}(V_{m-1/2}^{n+1}-V_{m-1/2}^n)=\dfrac{1}{h}(U_m^{n+1}-U_{m-1}^{n+1})\end{cases}$$

的稳定性。

7. 给出 Lagrange 坐标下流动方程组

$$\begin{cases}\dfrac{\partial v}{\partial t}-\dfrac{\partial u}{\partial \xi}=0,\\[2mm]\dfrac{\partial u}{\partial t}+p'(v)\dfrac{\partial v}{\partial \xi}=0\end{cases}\qquad(\text{其中 } p'(v)<0)$$

的正规形式。

8. 在 Euler 坐标下，一维不定常流动方程组为

$$\begin{cases}\dfrac{\partial\rho}{\partial t}+u\dfrac{\partial\rho}{\partial x}+\rho\dfrac{\partial u}{\partial x}=0,\\ \rho\dfrac{\partial u}{\partial t}+\rho u\dfrac{\partial u}{\partial x}+a^2\dfrac{\partial\rho}{\partial x}=0,\\ \dfrac{\partial s}{\partial t}+u\dfrac{\partial s}{\partial x}=0\end{cases}$$

其中 $a^2=\dfrac{\partial p}{\partial\rho}$；$a$ 为音速；ρ,p,u,s 分别为密度、压力、速度和熵。试给出其正规形式及 Courant-Isaacson-Rees 格式。

9. 给出初边值问题

$$\begin{cases}\dfrac{\partial^2 u}{\partial t^2}=\dfrac{\partial^2 u}{\partial x^2} & (0<x<1);\\ u|_{x=0}=u|_{x=1}=0 & (t>0);\\ u|_{t=0}=\dfrac{1}{8}\sin\pi x, & \\ & (0\leqslant x\leqslant 1)\\ \left.\dfrac{\partial u}{\partial t}\right|_{t=0}=0 & \end{cases}$$

用显式差分格式

$$U_m^{n+1}-2U_m^n+U_m^{n-1}=r^2(U_{m+1}^n-2U_m^n+U_{m-1}^n)$$

求出网格结点$(m,n)(m=1,2,\cdots,9;n=1,2,\cdots,5)$上的 U_m^n 值。其中导数条件用中心差商代替，$k=h=0.1$，给出解析解并与网格结点上的近似解作比较。

10. 考虑逼近双曲型方程

$$\frac{\partial^2 u}{\partial t^2}=\frac{\partial^2 u}{\partial x^2}$$

的隐式差分格式

$$\frac{1}{k^2}\delta_t^2U_m^n=\frac{1}{h^2}\left(\frac{1}{4}\delta_x^2U_m^{n+1}+\frac{1}{2}\delta_x^2U_m^n+\frac{1}{4}\delta_x^2U_m^{n-1}\right)$$

试：(1) 分析其稳定性；

(2) 编制出用于计算第 9 题中初边值条件的计算机程序，并进行数值试验。

5 非线性双曲型守恒律方程的差分方法

5.1 非线性双曲型守恒律简介、弱解的定义

双曲型守恒律数值方法的研究是与流体力学、大气物理学、海洋学、航空航天等学科密切相关的一个前沿研究课题。在 20 世纪 50 年代至今的半个多世纪以来，这一问题的研究工作得到了迅速的发展，并已广泛地应用于实际问题的计算工作中，特别是在流体力学的计算中，取得了非常大的成功。最近 10 年来，关于这一问题的新概念和新方法相继问世，又给它的进一步发展注入了新的活力，使其成为目前偏微分方程数值解中最活跃的研究方向之一。

什么叫做双曲型守恒律?欧拉坐标系中一维不定常流体力学方程组就是一个双曲型守恒律方程组，即

$$\begin{cases}\dfrac{\partial\rho}{\partial t}+\dfrac{\partial m}{\partial x}=0 & (\text{质量守恒});\\[2mm] \dfrac{\partial m}{\partial t}+\dfrac{\partial}{\partial x}\left(\dfrac{m^2}{\rho}+P\right)=0 & (\text{动量守恒});\\[2mm] \dfrac{\partial E}{\partial t}+\dfrac{\partial}{\partial x}\left((E+P)\,\dfrac{m}{\rho}\right)=0 & (\text{能量守恒})\end{cases}\tag{5.1}$$

其中，$m=\rho u$；$E=\rho\left(e+\dfrac{1}{2}u^2\right)$为动量和总能；$e,\rho,u,p$ 分别表示内能、密度、速度和压力；$p=p(e,\rho)$ 为计算压力 p 的气体状态方程。如果，我们令

$$\boldsymbol{U}=\begin{bmatrix}\rho\\ m\\ E\end{bmatrix}$$

由气体力学状态方程

$$P=(r-1)\rho e=(r-1)\left(E-\frac{1}{2}\rho u^2\right)=(r-1)\left(E-\frac{m^2}{2\rho}\right)$$

取

$$\boldsymbol{F}(\boldsymbol{U})=\begin{bmatrix}m\\ \dfrac{m^2}{\rho}+(r-1)\left(E-\dfrac{m^2}{2\rho}\right)\\ \dfrac{m}{\rho}\left[E+(r-1)\left(E-\dfrac{m^2}{2\rho}\right)\right]\end{bmatrix}$$

$$
= \begin{bmatrix} m \\ (r-1)E + \dfrac{3-r}{2}\dfrac{m^2}{\rho} \\ \dfrac{m}{\rho} rE - \dfrac{r-1}{2}\dfrac{m^3}{\rho^2} \end{bmatrix} \tag{5.2}
$$

方程(5.1)可以写成

$$
\frac{\partial \boldsymbol{U}}{\partial t} + \frac{\partial \boldsymbol{F}(\boldsymbol{U})}{\partial x} = 0 \tag{5.3}
$$

称为守恒律方程组。一般而言，$\boldsymbol{U} = (u_1, u_2, \cdots, u_n)^{\mathrm{T}}$ 为未知向量函数，$\boldsymbol{F}(\boldsymbol{U}) = (f_1(\boldsymbol{U}), f_2(\boldsymbol{U}), \cdots, f_n(\boldsymbol{U}))^{\mathrm{T}}$ 是 $\boldsymbol{U}$ 的光滑向量函数，守恒律方程组(5.2)称为双曲型守恒律方程组，如果 $\boldsymbol{F}(\boldsymbol{U})$ 的雅可比矩阵

$$
\mathbf{A}(\boldsymbol{U}) = \frac{\partial(f_1, f_2, \cdots, f_n)}{\partial(u_1, u_2, \cdots, u_n)} = \begin{bmatrix} \dfrac{\partial f_1}{\partial u_1} & \dfrac{\partial f_1}{\partial u_2} & \cdots & \dfrac{\partial f_1}{\partial u_n} \\ \dfrac{\partial f_2}{\partial u_1} & \dfrac{\partial f_2}{\partial u_2} & \cdots & \dfrac{\partial f_2}{\partial u_n} \\ \vdots & \vdots & & \vdots \\ \dfrac{\partial f_n}{\partial u_1} & \dfrac{\partial f_n}{\partial u_2} & \cdots & \dfrac{\partial f_n}{\partial u_n} \end{bmatrix}
$$

具有 n 个实特征值及相应的完备特征向量系。进一步，如果 n 个实特征值相异，则称为严格双曲型方程组。

例如，对式(5.2)中 $\boldsymbol{F}$，可求得

$$
\mathbf{A}(\boldsymbol{U}) = \begin{bmatrix} 0 & 1 & 0 \\ \dfrac{r-3}{2}\dfrac{m^2}{\rho^2} & (3-r)\dfrac{m}{\rho} & r-1 \\ -\dfrac{r}{\rho^2} mE + (r-1)\dfrac{m^3}{\rho^3} & \dfrac{rE}{\rho} - \dfrac{3(r-1)}{2}\dfrac{m^2}{\rho^2} & \dfrac{rm}{\rho} \end{bmatrix}
$$

其特征值为

$$
\lambda_{1,3} = \frac{m}{\rho} \pm \sqrt{r(r-1)\left(\frac{E}{\rho} - \frac{m^2}{2\rho^2}\right)}
$$

$$
\lambda_2 = \frac{m}{\rho}
$$

设 $c = \sqrt{\dfrac{rp}{\rho}}$ 为当地音速，由 $u = \dfrac{m}{\rho}$，$E = \dfrac{1}{2}\rho u^2 + \dfrac{p}{r-1}$，则 $\mathbf{A}(\boldsymbol{U})$ 的特征值为

$$
\lambda_{1,3} = u \pm c, \quad \lambda_2 = u
$$

因此一维不定常流体力学方程组(5.1)是严格双曲型守恒律方程组。

为了研究方程组(5.3)的解的性质，我们对其最简单的形式即单个守恒律初值问题

$$\begin{cases}\dfrac{\partial u}{\partial t}+\dfrac{\partial f(u)}{\partial x}=0 & (x\in\mathbf{R},t>0); \quad (5.4)\\ u|_{t=0}=u_0(x) & (x\in\mathbf{R}) \quad (5.5)\end{cases}$$

的解的性质进行研究。

一般地说，$f(u)$ 对 u 二阶连续可微，$f''(u)\neq 0$，对这个问题的求解有什么困难呢?以 $f(u)=\dfrac{1}{2}u^2$ 为例，求解

$$\begin{cases}\dfrac{\partial u}{\partial t}+\dfrac{\partial}{\partial x}\left(\dfrac{1}{2}u^2\right)=0,\\ u|_{t=0}=\varphi(x)\end{cases}$$

(1) $\varphi(x)=1$，则由第 4 章双曲型方程特征线解法，可建立

$$\begin{cases}\dfrac{\mathrm{d}x}{\mathrm{d}t}=u & (\text{特征线方程});\\ \dfrac{\mathrm{d}u}{\mathrm{d}t}=0 & (\text{特征关系});\\ u|_{t=0}=1 & (\text{初始条件})\end{cases}$$

由特征关系 $\dfrac{\mathrm{d}u}{\mathrm{d}t}=0$，则 u 沿着特征线不改变，由此特征线为直线，立即解得 $u(x,t)=1$(如图 5.1 所示)。

(2) $\varphi(x)=\begin{cases}+1 & (x<0);\\ -1 & (x>0)\end{cases}$

这时如图 5.2 所示，特征线相交，我们不能利用特征线法求出相交点处 $u(x,t)$ 的值。事实上，这种情形我们可得解为

$$u(x,t)=\begin{cases}+1 & (x<0);\\ -1 & (x>0)\end{cases}$$

如果 5.3 所示，$(x<0,t>0)$ 区域的特征线与 $(x>0,t>0)$ 区域的特征线相碰成 $u(x,t)$ 的一条间断线，方程解 $u(x,t)$ 在 $x=0$ 处出现间断。

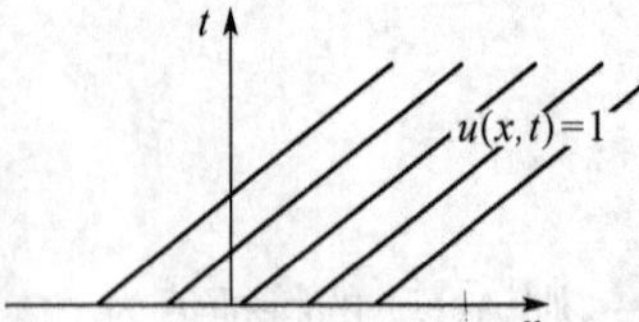

图 5.1

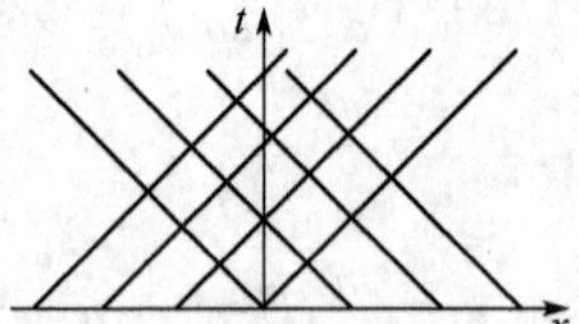

图 5.2

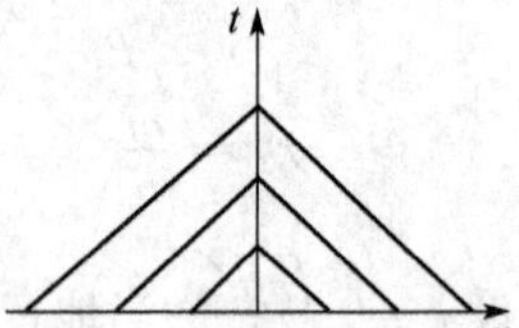

图 5.3

R. 柯朗和希尔伯特在他们的名著《数学物理方法》中指出非线性双曲型方程初值问题和线性双曲型方程初值问题解的一个重要区别在于不管初始值如何光滑，在有限时间内非线性双曲型方程精确解总可能发展成为间断。为了解决这个问

题,P. Lax 在 1954 年首先提出了弱解的概念,为双曲型守恒律理论的发展奠定了基础。

定义 5.1(P. Lax)　如果存在一个有界可测函数 $w(x,t)$,使得对所有 $\varphi \in C_0^\infty(\mathbf{R}\times\mathbf{R})$,均有

$$\iint_{\mathbf{R}\times\mathbf{R}^+} (w\varphi_t + f(w)\varphi_x)\,\mathrm{d}x\mathrm{d}t = 0 \tag{5.6}$$

$$\lim_{t\to 0^+} \| w(\cdot,t) - u_0(\cdot) \|_{L^1} = 0 \tag{5.7}$$

成立,则称 $w(x,t)$ 为初值问题(5.4),(5.5) 的弱解。

我们又有弱解的另一定义。

定义 5.2　如果 $w(x,t)$ 在其光滑区域中满足 $\dfrac{\partial w}{\partial t}+\dfrac{\partial f(w)}{\partial x}=0$,在有间断的区域中,间断线两侧 w^+,w^- 满足

$$s[w] = [f(w)] \tag{5.8}$$

及初始条件(5.5)。其中,设间断线为 $x=\xi(t)$;$s=\dfrac{\mathrm{d}\xi}{\mathrm{d}t}$;$[w]=w^+-w^-$;$w^+=w(\xi(t)+0,t)$;$w^-=w(\xi(t)-0,t)$;$[f(w)]=f(w^+)-f(w^-)$;$f(w^+)=f(w(\xi(t)+0,t))$;$f(w^-)=f(w(\xi(t)-0,t))$。式(5.8) 即为著名的 Rankine-Hugoniot 条件,则称 w 为守恒律初值问题(5.4),(5.5) 的弱解。

我们容易证明定义 5.1 和定义 5.2 等价。

由定义 5.2,我们求得

$$\begin{cases} \dfrac{\partial u}{\partial t}+\dfrac{\partial}{\partial x}\left(\dfrac{1}{2}u^2\right)=0; \\ u|_{t=0}=\begin{cases} +1 & (x<0), \\ -1 & (x>0) \end{cases} \end{cases}$$

的弱解为

$$u(x,t)=\begin{cases} +1 & (x<0), \\ -1 & (x>0) \end{cases} \tag{5.9}$$

又如,初值问题

$$\begin{cases} \dfrac{\partial u}{\partial t}+\dfrac{\partial}{\partial x}\left(\dfrac{1}{2}u^2\right)=0, \\ u|_{t=0}=\begin{cases} 3 & (x<0), \\ -2 & (x>0) \end{cases} \end{cases}$$

的弱解,其间断速度

$$s(3+2)=(9-4)/2$$

$$s=\frac{1}{2}$$

弱解为

$$u(x,t)=\begin{cases}3 & (x<t/2);\\ -2 & (x>t/2)\end{cases} \tag{5.10}$$

然而弱解不唯一。例如,初值问题

$$\begin{cases}\dfrac{\partial u}{\partial t}+\dfrac{\partial}{\partial x}\left(\dfrac{1}{2}u^2\right)=0;\\ u|_{t=0}=\begin{cases}+1 & (x<0),\\ -1 & (x>0)\end{cases}\end{cases}$$

若令

$$u(x,t)=\begin{cases}-1 & (x<-(1+a)t/2);\\ -a & (-(1+a)t/2<x<0);\\ a & (0<x<(1+a)t/2);\\ 1 & ((1+a)t/2<x)\end{cases} \tag{5.11}$$

a 可以为任一正常数,都满足弱解(5.2)的定义,由 a 的任意性,弱解可以有无穷多个。

为了从无穷多个弱解中得到唯一具有物理意义的解,或者称为熵解,P. Lax 指出对单个守恒律,具有间断的唯一物理解,在间断线两边的 w^+,w^- 还需满足如下不等式:

$$f'(w^-)>s>f'(w^+) \tag{5.12}$$

不等式(5.12)是著名的 Lax 熵条件。显然式(5.9),(5.10)都满足 Lax 熵条件,而式(5.11)不满足熵条件(5.12)。

5.2 守恒型差分格式、Lax-Wendroff 定理

现在,我们研究双曲型守恒律方程组数值解法,以单个守恒律初值问题(5.4),(5.5)的差分解法开始。在第 4 章,我们给出了线性一阶双曲型方程

$$\frac{\partial u}{\partial t}+a\frac{\partial u}{\partial x}=0$$

的 Lax-Friedrichs 格式为

$$\frac{1}{\Delta t}\left(u_j^{n+1}-\frac{1}{2}(u_{j+1}^n+u_{j-1}^n)\right)+\frac{a}{2\Delta x}(u_{j+1}^n-u_{j-1}^n)=0 \tag{5.13}$$

逆风差分格式为

$$\begin{aligned}&\frac{1}{\Delta t}(u_j^{n+1}-u_j^n)+\frac{a}{2\Delta x}(1+\mathrm{sgn}(a))(u_j^n-u_{j-1}^n)\\ &\quad+\frac{a}{2\Delta x}(1-\mathrm{sgn}(a))(u_{j+1}^n-u_j^n)=0\end{aligned} \tag{5.14}$$

Lax-Wendroff 格式为

$$u_j^{n+1}=u_j^n-\frac{a\Delta t}{2\Delta x}(u_{j+1}^n-u_{j-1}^n)+\frac{a^2(\Delta t)^2}{2(\Delta x)^2}(u_{j+1}^n-2u_j^n+u_{j-1}^n) \tag{5.15}$$

格式(5.13),(5.14) 为三点一阶格式,Lax-Wendroff 格式为三点二阶格式,这是一个著名的二阶精度格式,推广到非线性双曲型守恒律(5.4),我们分别有

Lax-Friedrichs 格式为

$$\frac{1}{\Delta t}\left(u_j^{n+1}-\frac{1}{2}(u_{j+1}^n+u_{j-1}^n)\right)+\frac{1}{2\Delta x}(f(u_{j+1}^n)-f(u_{j-1}^n))=0 \tag{5.16}$$

逆风差分格式为

$$\begin{aligned}&\frac{1}{\Delta t}(u_j^{n+1}-u_j^n)+\frac{1}{2\Delta x}(1+\operatorname{sgn}(a_{j-1/2}^n))(f(u_j^n)-f(u_{j-1}^n))\\&\quad+\frac{1}{2\Delta x}(1-\operatorname{sgn}(a_{j+1/2}^n))(f(u_{j+1}^n)-f(u_j^n))=0\end{aligned} \tag{5.17}$$

其中

$$a_{j-1/2}^n=\begin{cases}\dfrac{f_j^n-f_{j-1}^n}{u_j^n-u_{j-1}^n} & (u_j^n\neq u_{j-1}^n);\\ f'(u_j^n) & (u_j^n=u_{j-1}^n)\end{cases}$$

$$a_{j+1/2}^n=\begin{cases}\dfrac{f_{j+1}^n-f_j^n}{u_{j+1}^n-u_j^n} & (u_j^n\neq u_{j+1}^n);\\ f'(u_j^n) & (u_j^n=u_{j+1}^n)\end{cases}$$

我们再推导三点二阶 Lax-Wendroff 格式如下:

$$u_j^{n+1}=u_j^n+\Delta t\left(\frac{\partial u}{\partial t}\right)_j^n+\frac{(\Delta t)^2}{2}\left(\frac{\partial^2 u}{\partial t^2}\right)_j^n+O((\Delta t)^3)$$

由

$$\frac{\partial u}{\partial t}=-\frac{\partial f(u)}{\partial x}$$

$$\frac{\partial^2 u}{\partial t^2}=\frac{\partial}{\partial t}\left(-\frac{\partial f(u)}{\partial x}\right)=-\frac{\partial}{\partial x}\left(\frac{\partial f(u)}{\partial t}\right)=-\frac{\partial}{\partial x}\left(f'(u)\frac{\partial u}{\partial t}\right)=\frac{\partial}{\partial x}\left[(f'(u))^2\frac{\partial u}{\partial x}\right]$$

得

$$u_j^{n+1}=u_j^n-\Delta t\left(\frac{\partial f(u)}{\partial x}\right)_j^n+\frac{(\Delta t)^2}{2}\left[\frac{\partial}{\partial x}\left((f'(u))^2\frac{\partial u}{\partial x}\right)\right]_j^n+O((\Delta t)^3)$$

用差商代替导数,则可得二阶精度的 Lax-Wendroff 格式如下:

$$\begin{aligned}u_j^{n+1}=&\,u_j^n-\frac{\Delta t}{2\Delta x}(f(u_{j+1}^n)-f(u_{j-1}^n))\\&+\frac{(\Delta t)^2}{2(\Delta x)^2}[a(u_{j+1/2}^n)^2(u_{j+1}^n-u_j^n)-a(u_{j-1/2}^n)^2(u_j^n-u_{j-1}^n)]\end{aligned} \tag{5.18.1}$$

或写为

$$u_j^{n+1} = u_j^n - \frac{\lambda}{2}(f(u_{j+1}^n) - f(u_{j-1}^n)) + \frac{1}{2}[(v_{j+1/2}^n)^2(u_{j+1}^n - u_j^n) - (v_{j-1/2}^n)^2(u_j^n - u_{j-1}^n)] \tag{5.18.2}$$

其中

$$v_{j+1/2}^n = \begin{cases} \lambda \dfrac{f_{j+1}^n - f_j^n}{u_{j+1}^n - u_j^n} & \left(u_j^n \neq u_{j+1}^n, \lambda = \dfrac{\Delta t}{\Delta x}\right); \\ \lambda f'(u_j^n) & (u_j^n = u_{j+1}^n) \end{cases} \tag{5.18.3}$$

由 CFL 条件,可得以上三个格式的稳定性必要条件为

$$\frac{\Delta t}{\Delta x} \max_{j,n} |f'(u_j^n)| \leqslant 1 \tag{5.19}$$

式中,$\dfrac{\Delta t}{\Delta x} \max\limits_{j,n} |f'(u_j^n)|$ 称为柯朗数,用以控制计算步长比。一个非常重要的问题是利用差分格式求得的解,当 $\Delta t, \Delta x \to 0$ 时是否收敛到相应微分方程的解?Lax-Wendroff 于 1960 年提出了守恒型差分格式的概念,并证明了有关定理。

定义 5.3(Lax-Wendroff)　设差分格式有如下形式:

$$u_j^{n+1} = u_j^n - \lambda(h_{j+1/2}^n - h_{j-1/2}^n) \tag{5.20}$$

其中

$$h_{j+1/2}^n = h(u_{j-l+1}^n, \cdots, u_{j+l}^n), \quad h_{j-1/2}^n = h(u_{j-l}^n, \cdots, u_{j+l-1}^n)$$

满足相容性条件:$h(u, \cdots, u) = f(u)$,称为数值通量,$\Delta t, \Delta x$ 分别为时间、空间步长,则称格式(5.20) 为守恒型差分格式。

根据差分格式解,建立如下 (x,t) 上半平面的分片光滑解:

$$\tilde{u}_{\Delta x,\Delta t}(x,t) = u_j^n \quad (x_{j-\frac{1}{2}} \leqslant x < x_{j+\frac{1}{2}}, t_n \leqslant t < t_{n+1})$$

则对不同的 $\Delta t, \Delta x$,构成了分片光滑函数族 $\{\tilde{u}_{\Delta x,\Delta t}(x,t)\}$,对此 Lax 和 Wendroff 建立了如下重要定理。

定理 5.1　如果由守恒型差分格式解对不同的 $\Delta t, \Delta x$ 构成的分片光滑函数族 $\{\tilde{u}_{\Delta x,\Delta t}(x,t)\}$,当 $\Delta t, \Delta x \to 0$ 时,几乎处处收敛到有界可测函数 $u(x,t)$,则 $u(x,t)$ 为守恒律(5.4),(5.5) 的弱解。

显然,这一定理非常重要,这也是为什么使用差分格式能计算得到弱解,或者捕捉到间断的理论基础。几十年来,计算流体力学家利用差分格式计算间断(激波)取得了重要成果,建立了激波捕捉法,都是这一定理的应用。毫不夸张地说,这一定理奠定了计算流体力学的基础。

下面,我们说明上面的 Lax-Friedrichs 格式、逆风差分格式、Lax-Wendroff 格式都是守恒型差分格式。

Lax-Friedrichs 格式可写成守恒型差分格式

$$u_j^{n+1} = u_j^n - \lambda(h_{j+1/2}^{L-F} - h_{j-1/2}^{L-F}) \tag{5.21.1}$$

其中

$$h_{j+1/2}^{L-F} = \frac{1}{2}(f_{j+1}^n + f_j^n) - \frac{1}{2\lambda}(u_{j+1}^n - u_j^n) \tag{5.21.2}$$

显然 $h_{j+1/2}^{L-F}$ 满足相容性条件 $h^{L-F}(u,u) = f(u)$，而逆风格式的数值通量 $h_{j+1/2}^{UW}$ 为

$$h_{j+1/2}^{UW} = \frac{1}{2}(f_{j+1}^n + f_j^n) - \frac{1}{2\lambda}|v_{j+1/2}^n|(u_{j+1}^n - u_j^n) \tag{5.22}$$

$v_{j+1/2}^n$ 的定义见式(5.18.3)，显然有 $h^{UW}(u,u) = f(u)$。

1960 年 Lax 和 Wendroff 在证明定理 5.1 的同时，推出了 Lax-Wendroff 格式，也是一个守恒型差分格式，其数值通量为

$$h_{j+1/2}^{L-W} = \frac{1}{2}(f_{j+1}^n + f_j^n) - \frac{1}{2\lambda}(v_{j+1/2}^n)^2(u_{j+1}^n - u_j^n) \tag{5.23}$$

显然 $h_{j+1/2}^{L-W}$ 也满足相容性条件 $h^{L-W}(u,u) = f(u)$。

5.3　单调差分格式

自 1960 年 Lax-Wendroff 三点二阶守恒型差分格式问世以来，它及其变形 MacCormack 格式对非线性双曲型守恒律方程组的推广已被广泛应用于实际计算工作中。Lax-Wendroff 定理证明了若守恒型格式的解收敛，则一定收敛到弱解，但是不能保证其极限为唯一物理解。事实上，很多计算数学家、计算流体力学家利用 Lax-Wendroff 格式的确计算得到了非物理解和不唯一弱解。1976 年，A. Harten，J. Hyman 和 P. Lax 对标量守恒律证明了单调差分格式解若收敛，则收敛到唯一物理解。

定义 5.4　若差分格式满足 $u_j^{n+1} = H(u_{j-l}^n, \cdots, u_{j+l}^n)$ 满足

$$\frac{\partial H(u_{j-l}^n, \cdots, u_{j+l}^n)}{\partial u_{j+k}^n} \geqslant 0 \quad (k = -l, -l+1, \cdots, l) \tag{5.24}$$

则称该格式为单调差分格式。

例 5.1　试证：Lax-Friedrichs 格式在 CFL 条件 $\frac{\Delta t}{\Delta x}\max\limits_u |f'(u)| \leqslant 1$ 的限制下为单调差分格式。

证　Lax-Friedrichs 格式的右边

$$H = \frac{1}{2}(u_{j+1}^n + u_{j-1}^n) - \frac{\Delta t}{2\Delta x}(f_{j+1}^n - f_{j-1}^n)$$

从而

$$\frac{\partial H}{\partial u_{j-1}^n} = \frac{1}{2} + \frac{\Delta t}{2\Delta x}f'(u_{j-1}^n), \quad \frac{\partial H}{\partial u_j^n} = 0, \quad \frac{\partial H}{\partial u_{j+1}^n} = \frac{1}{2} - \frac{\Delta t}{2\Delta x}f'(u_{j+1}^n)$$

它们在 CFL 条件 $\frac{\Delta t}{\Delta x}\max\limits_u |f'(u)| \leqslant 1$ 的限制下大于等于 0，故 Lax-Friedrichs

格式为单调差分格式。

例 5.2 试证：Lax-Wendroff 格式不是单调差分格式。

证 以最简单的情形 $f'(u)=a$ 为例，这时，由式(5.15)知

$$H=u_j^n-\frac{a\Delta t}{2\Delta x}(u_{j+1}^n-u_{j-1}^n)+\frac{a^2(\Delta t)^2}{2(\Delta x)^2}(u_{j+1}^n-2u_j^n+u_{j-1}^n)$$

$$\frac{\partial H}{\partial u_{j-1}^n}=\frac{\Delta t}{2\Delta x}a+\frac{(\Delta t)^2}{2(\Delta x)^2}a^2=\frac{\Delta t}{2\Delta x}a\left(1+\frac{\Delta t}{\Delta x}a\right)$$

$$\frac{\partial H}{\partial u_j^n}=1-\frac{(\Delta t)^2}{(\Delta x)^2}a^2$$

$$\frac{\partial H}{\partial u_{j+1}^n}=-\frac{\Delta t}{2\Delta x}a+\frac{(\Delta t)^2}{2(\Delta x)^2}a^2=\frac{\Delta t}{2\Delta x}a\left(-1+\frac{\Delta t}{\Delta x}a\right)$$

没有任何条件可保证$\frac{\partial H}{\partial u_{j-1}^n}$，$\frac{\partial H}{\partial u_j^n}$，$\frac{\partial H}{\partial u_{j+1}^n}$都满足大于等于 0，因此 Lax-Wendroff 格式不是单调差分格式。

进一步，1976 年 A. Harten，J. Hyman 和 P. Lax 同时证明了单调差分格式至多只能是一阶精度格式，为此探讨高于一阶精度，并且能够使其解收敛到唯一物理解的守恒型差分格式是计算数学家和计算流体力学家的主攻课题之一。

5.4 TVD 差分格式

前面我们指出单调差分格式仅仅只能是一阶精确度，因此它虽然能够捕捉到唯一物理解，但对固定的 Δt，Δx 计算格式解时，精度不高。由于其精度低，对多维和方程组情形的推广价值不大，我们希望有高于一阶精度的能捕捉到唯一物理解的差分格式。1983 年，A. Harten 在其发表于 *J Comput Phys*，*Vol* 49 上的著名文章 *High Resolution Schemes for Hyperbolic Conservation Laws* 中首先提出了一类能捕捉物理解的二阶精度总变差减少差分格式（Total-Variation-Diminishing Difference Scheme），称为 TVD 格式，在 20 世纪八、九十年代得到了广泛的推广和应用，国际计算数学、计算流体力学界兴起了一股 TVD 热潮。

定义 5.5（TVD 差分格式） 设差分格式

$$u_j^{n+1}=H(u_{j-l}^n,\cdots,u_{j+l}^n)\quad(j\in\mathbf{Z};n=0,1,\cdots)$$

的解的总变差 $\mathrm{TV}(u^n)=\sum_{j=-\infty}^{+\infty}|u_{j+1}^n-u_j^n|$ 满足

$$\mathrm{TV}(u^{n+1})\leqslant\mathrm{TV}(u^n)\quad(n=0,1,\cdots)\tag{5.25}$$

则称格式为总变差减少（TVD）格式。

定义 5.6（保单调格式） 若格式解 u_j^n 是单调函数，即 $u_j^n\leqslant(\geqslant)u_{j+1}^n$，而由差分格式解得的 u_j^{n+1} 也是 j 的单调函数，即 $u_j^{n+1}\leqslant(\geqslant)u_{j+1}^{n+1}$，则称格式为保单调格式

(Monotonicity Preserving)。

1983年，A. Harten证明了下面的定理。

定理5.2(A. Harten)　(1) 任何单调格式都是TVD格式；(2) 任何TVD格式都是保单调格式。

A. Harten的文章阐明了二阶精度TVD差分格式的构造得到全新型的非线性的差分格式，这是一个新的起点，从此差分格式的构造和研究进入了现代框架。

为了论证守恒型差分格式为TVD差分格式，A. Harten改写守恒型格式

$$u_j^{n+1} = u_j^n - \lambda(h_{j+1/2}^n - h_{j-1/2}^n)$$

为

$$u_j^{n+1} = u_j^n + C_{j+1/2}^+ \Delta u_{j+1/2}^n - C_{j-1/2}^- \Delta u_{j-1/2}^n$$

其中 $\Delta u_{j+1/2}^n = u_{j+1}^n - u_j^n$，$\Delta u_{j-1/2}^n = u_j^n - u_{j-1}^n$。于是有下面的定理。

定理5.3　守恒型差分格式

$$u_j^{n+1} = u_j^n + C_{j+1/2}^+ \Delta u_{j+1/2}^n - C_{j-1/2}^- \Delta u_{j-1/2}^n \tag{5.26}$$

在条件：(1)$C_{j+1/2}^+ \geqslant 0$，$C_{j+1/2}^- \geqslant 0$，(2) $C_{j+1/2}^+ + C_{j+1/2}^- \leqslant 1$ 的限制下为TVD差分格式。

证　因为

$$\begin{aligned}
\mathrm{TV}(U^{n+1}) &= \sum_{j=-\infty}^{+\infty} | u_{j+1}^{n+1} - u_j^{n+1} | \\
&= \sum_{j=-\infty}^{+\infty} | u_{j+1}^n + C_{j+3/2}^+ \Delta u_{j+3/2}^n - C_{j+1/2}^- \Delta u_{j+1/2}^n - u_j^n \\
&\quad - C_{j+1/2}^+ \Delta u_{j+1/2}^n + C_{j-1/2}^- \Delta u_{j-1/2}^n | \\
&= \sum_{j=-\infty}^{+\infty} | (1 - C_{j+1/2}^+ - C_{j+1/2}^-) \Delta u_{j+1/2}^n + C_{j+3/2}^+ \Delta u_{j+3/2}^n + C_{j-1/2}^- \Delta u_{j-1/2}^n |
\end{aligned}$$

由条件(1) 和(2)，得

$$\begin{aligned}
\mathrm{TV}(U^{n+1}) &\leqslant \sum_{j=-\infty}^{+\infty} (1 - C_{j+1/2}^+ - C_{j+1/2}^-) | \Delta u_{j+1/2}^n | \\
&\quad + \sum_{j=-\infty}^{+\infty} C_{j+3/2}^+ | \Delta u_{j+3/2}^n | + \sum_{j=-\infty}^{+\infty} C_{j-1/2}^- | \Delta u_{j-1/2}^n | \\
&= \sum_{j=-\infty}^{+\infty} | \Delta u_{j-1/2}^n | = \mathrm{TV}(U^n)
\end{aligned}$$

所以，$\mathrm{TV}(U^{n+1}) \leqslant \mathrm{TV}(U^n)$。

例5.3　试证：Lax-Friedrichs格式在CFL条件 $\dfrac{\Delta t}{\Delta x} \max\limits_u | f'(u) | \leqslant 1$ 的限制下为TVD差分格式。

证　Lax-Friedrichs格式

$$u_j^{n+1} = \frac{1}{2}(u_{j+1}^n + u_{j-1}^n) - \frac{\Delta t}{2\Delta x}(f_{j+1}^n - f_{j-1}^n)$$

$$= u_j^n + \frac{1}{2}(u_{j+1}^n - u_j^n) + \frac{1}{2}(u_{j-1}^n - u_j^n)$$

$$- \frac{\Delta t}{2\Delta x}\left[\frac{f_{j+1}^n - f_j^n}{u_{j+1}^n - u_j^n}(u_{j+1}^n - u_j^n) + \frac{f_j^n - f_{j-1}^n}{u_j^n - u_{j-1}^n}(u_j^n - u_{j-1}^n)\right]$$

$$= u_j^n + C_{j+1/2}^+ \Delta u_{j+1/2}^n - C_{j-1/2}^- \Delta u_{j-1/2}^n$$

其中

$$C_{j+1/2}^+ = \frac{1}{2} - \frac{\Delta t}{2\Delta x}\frac{f_{j+1}^n - f_j^n}{u_{j+1}^n - u_j^n}, \quad C_{j+1/2}^- = \frac{1}{2} + \frac{\Delta t}{2\Delta x}\frac{f_{j+1}^n - f_j^n}{u_{j+1}^n - u_j^n}$$

$$C_{j+1/2}^+ + C_{j+1/2}^- = 1$$

显见在 CFL 条件$\frac{\Delta t}{\Delta x}\max\limits_u |f'(u)| \leqslant 1$ 的限制下有 $C_{j+1/2}^+ \geqslant 0, C_{j+1/2}^- \geqslant 0$，所以 Lax-Friedrichs 格式为 TVD 格式。

例 5.4 试证：逆风格式在 CFL 条件$\frac{\Delta t}{\Delta x}\max\limits_u |f'(u)| \leqslant 1$的限制下为 TVD 格式。

证 我们将逆风格式改写为

$$u_j^{n+1} = u_j^n - \frac{\Delta t}{2\Delta x}\left\{\left[\frac{f_{j+1}^n - f_j^n}{u_{j+1}^n - u_j^n} - \left|\frac{f_{j+1}^n - f_j^n}{u_{j+1}^n - u_j^n}\right|\right](u_{j+1}^n - u_j^n)\right.$$

$$\left. + \left[\frac{f_j^n - f_{j-1}^n}{u_j^n - u_{j-1}^n} + \left|\frac{f_j^n - f_{j-1}^n}{u_j^n - u_{j-1}^n}\right|\right](u_j^n - u_{j-1}^n)\right\}$$

$$= u_j^n + C_{j+1/2}^+ \Delta u_{j+1/2}^n - C_{j-1/2}^- \Delta u_{j-1/2}^n$$

$$C_{j+1/2}^+ = -\frac{\Delta t}{2\Delta x}\left[\frac{f_{j+1}^n - f_j^n}{u_{j+1}^n - u_j^n} - \left|\frac{f_{j+1}^n - f_j^n}{u_{j+1}^n - u_j^n}\right|\right]$$

$$C_{j-1/2}^- = \frac{\Delta t}{2\Delta x}\left[\frac{f_j^n - f_{j-1}^n}{u_j^n - u_{j-1}^n} + \left|\frac{f_j^n - f_{j-1}^n}{u_j^n - u_{j-1}^n}\right|\right]$$

显然有 $C_{j+1/2}^+ \geqslant 0, C_{j+1/2}^- \geqslant 0$，且满足

$$C_{j+1/2}^+ + C_{j+1/2}^- = \lambda\left|\frac{f_{j+1}^n - f_j^n}{u_{j+1}^n - u_j^n}\right| \leqslant 1$$

因此逆风格式是一阶 TVD 格式。

例 5.5 试证：Lax-Wendroff 格式不是 TVD 格式，它不满足 A. Harten 的 TVD 格式充分条件。

证 Lax-Wendroff 格式(5.18.2) 为

$$u_j^{n+1} = u_j^n - \frac{\lambda}{2}[f(u_{j+1}^n) - f(u_{j-1}^n)]$$

$$+ \frac{1}{2}[(v_{j+1/2}^n)^2(u_{j+1}^n - u_j^n) - (v_{j-1/2}^n)^2(u_j^n - n_{j-1}^n)]$$

可写成

$$u_j^{n+1} = u_j^n - \frac{\lambda}{2}\left[\frac{f_{j+1}^n - f_j^n}{u_{j+1}^n - u_j^n}(u_{j+1}^n - u_j^n) + \frac{f_j^n - f_{j-1}^n}{u_j^n - u_{j-1}^n}(u_j^n - u_{j-1}^n)\right]$$
$$+ \frac{1}{2}\left[(v_{j+1/2}^n)^2(u_{j+1}^n - u_j^n) - (v_{j-1/2}^n)^2(u_j^n - u_{j-1}^n)\right]$$

可以写成

$$u_j^{n+1} = u_j^n + C_{j+1/2}^+ \Delta u_{j+1/2}^n - C_{j-1/2}^- \Delta u_{j-1/2}^n$$

其中

$$C_{j+1/2}^+ = \frac{1}{2}\left[(v_{j+1/2}^n)^2 - v_{j+1/2}^n\right],\quad C_{j+1/2}^- = \frac{1}{2}\left[(v_{j+1/2}^n)^2 + v_{j+1/2}^n\right],$$

$$C_{j+1/2}^+ + C_{j+1/2}^- = (v_{j+1/2}^n)^2$$

在任何条件下都不能使条件

$$C_{j+1/2}^+ \geqslant 0,\quad C_{j+1/2}^- \geqslant 0,\quad C_{j+1/2}^+ + C_{j+1/2}^- \leqslant 1$$

同时满足，因此 Lax-Wendroff 格式不满足定理 5.3 格式为 TVD 格式的充分条件。

A. Harten 的文章中提出了把一阶 TVD 差分格式转化成二阶 TVD 差分格式的方法。设一阶守恒型差分格式为

$$u_j^{n+1} = u_j^n - \lambda(h_{j+1/2}^n - h_{j-1/2}^n) \tag{5.27}$$

其中

$$h_{j+1/2}^n = \frac{1}{2}(f_{j+1}^n + f_j^n) - \frac{1}{2\lambda}Q(v_{j+1/2}^n)\Delta u_{j+1/2}^n$$

$Q(x)$ 为某一函数，A. Harten 称之为数值粘性系数。显然，当 $Q(v_{j+1/2}^n) \equiv 1$ 时，格式(5.27) 为 Lax-Friedrichs 格式，而当 $Q(v_{j+1/2}^n) \equiv |v_{j+1/2}^n|$ 时，则式(5.27) 为逆风格式。

A. Harten 改写(5.27) 为二阶格式

$$u_j^{n+1} = u_j^n - \lambda(\tilde{h}_{j+1/2}^n - \tilde{h}_{j-1/2}^n) \tag{5.28.1}$$

其中

$$\tilde{h}_{j+1/2}^n = \frac{1}{2}(f_{j+1}^n + f_j^n) + \frac{1}{2\lambda}\left[g_{j+1}^n + g_j^n - Q(v_{j+1/2}^n + \gamma_{j+1/2}^n)\Delta u_{j+1/2}^n\right] \tag{5.28.2}$$

$$g_j^n = s_{j+1/2}^n \max\left[0, \min(|\tilde{g}_{j+1/2}^n|, \tilde{g}_{j-1/2}^n s_{j+1/2}^n)\right]$$
$$= \begin{cases} s_{j+1/2}^n \min(|\tilde{g}_{j+1/2}^n|, |\tilde{g}_{j-1/2}^n|) & (\text{当 } \tilde{g}_{j+1/2}^n \cdot \tilde{g}_{j-1/2}^n \geqslant 0); \\ 0 & (\text{当 } \tilde{g}_{j+1/2}^n \cdot \tilde{g}_{j-1/2}^n \leqslant 0) \end{cases} \tag{5.28.3}$$

$$\gamma_{j+1/2}^n = \begin{cases} (g_{j+1}^n - g_j^n)/\Delta u_{j+1/2}^n & (\Delta u_{j+1/2}^n \neq 0); \\ 0 & (\Delta u_{j+1/2}^n = 0) \end{cases} \tag{5.28.4}$$

这里

$$\tilde{g}_{j+1/2}^n = \frac{1}{2}\left[Q(v_{j+1/2}^n) - (v_{j+1/2}^n)^2\right]\Delta u_{j+1/2}^n \tag{5.28.5}$$

$$s_{j+1/2}^n = \mathrm{sgn}(\tilde{g}_{j+1/2}^n) \tag{5.28.6}$$

这是一个典型的非线性格式。A. Harten 在文中建立了格式构造的基本思想，论证其为二阶 TVD 差分格式。为了进一步了解，读者可参阅文献[12]。

TVD 差分格式的特点如下：

(1) 在解的一般光滑区域内差分格式能达到二阶精度；

(2) 由于格式的 TVD 特性，它能有效地抑止激波附近的非物理振荡；

(3) 激波过渡区限制在二、三个甚至只有一个网格点上，对激波的捕捉具有相当高的分辨率。

A. Harten 在提出二阶 TVD 差分格式的构造的同时，提出了格式的熵强迫措施，以避免计算出非物理解。

自 1983 年 A. Harten 的先驱性工作以来，至今已有很多有关 TVD 差分格式的研究工作，比较重要的有 Sweby 采用通量限制器方法构造二阶 TVD 格式；Davis, Roe, Yee 等的对称形式二阶 TVD 格式；Van Leer 提出的保单调二阶逆风格式(MUSCL) 以及 A. Jamenson 提出的计算跨音速流的二阶 TVD 格式。

TVD 差分格式的最主要的缺陷是二阶 TVD 差分格式在解的局部极值附近退化为一阶精度，因此造成数值结果会削去解在极值处的峰值，导致极大的误差。为了克服 TVD 格式这一缺点，已有 Osher、舒其望等的有关基本无振荡格式和加权基本无振荡格式(ENO Scheme 和 WENO Scheme)，有兴趣的读者可参阅有关文献。

5.5 对一维方程组的推广

前面我们讨论了标题守恒律方程的差分格式，下面研究如何推广它们用以求解非线性双曲型守恒律方程组

$$\begin{cases} \dfrac{\partial \boldsymbol{U}}{\partial t} + \dfrac{\partial \boldsymbol{F}(\boldsymbol{U})}{\partial x} = 0, \\ \boldsymbol{U}|_{t=0} = \boldsymbol{\varphi}(x) \end{cases}$$

其中 $\boldsymbol{U}, \boldsymbol{F}, \boldsymbol{\varphi}$ 为 m 维向量函数。

由于数学的困难，这里只讨论标量高阶 TVD 差分格式对方程组的推广。我们从推导二阶 Lax-Wendroff 格式得到启发，这时

$$\boldsymbol{U}_j^{n+1} = \boldsymbol{U}_j^n + \Delta t\left(\frac{\partial \boldsymbol{U}}{\partial t}\right)_j^n + \frac{(\Delta t)^2}{2}\left(\frac{\partial^2 \boldsymbol{U}}{\partial t^2}\right)_j^n + O((\Delta t)^3)$$

由于

$$\frac{\partial \boldsymbol{U}}{\partial t} = -\frac{\partial \boldsymbol{F}(\boldsymbol{U})}{\partial x}$$

$$\frac{\partial^2 \boldsymbol{U}}{\partial t^2} = \frac{\partial}{\partial t}\left(-\frac{\partial \boldsymbol{F}(\boldsymbol{U})}{\partial x}\right) = -\frac{\partial}{\partial x}\left(\mathbf{A}(\boldsymbol{U})\frac{\partial \boldsymbol{U}}{\partial t}\right) = -\frac{\partial}{\partial x}\left(\mathbf{A}(\boldsymbol{U})\left(-\frac{\partial \boldsymbol{F}(\boldsymbol{U})}{\partial x}\right)\right)$$

$$= \frac{\partial}{\partial x}\left(\boldsymbol{A}(\boldsymbol{U})^2 \frac{\partial \boldsymbol{U}}{\partial x}\right)$$

其中 $\boldsymbol{A}(\boldsymbol{U})$ 为 $\boldsymbol{F}$ 对 $\boldsymbol{U}$ 的雅可比矩阵，所以 Lax-Wendroff 格式为

$$\boldsymbol{U}_j^{n+1} = \boldsymbol{U}_j^n - \frac{\Delta t}{2\Delta x}(\boldsymbol{F}_{j+1}^n - \boldsymbol{F}_{j-1}^n) + \frac{(\Delta t)^2}{2(\Delta x)^2}[\boldsymbol{A}(\boldsymbol{U}_{j+1/2}^n)^2(\boldsymbol{U}_{j+1}^n - \boldsymbol{U}_j^n) - \boldsymbol{A}(\boldsymbol{U}_{j-1/2}^n)^2(\boldsymbol{U}_j^n - \boldsymbol{U}_{j-1}^n)]$$

现在计算 $\boldsymbol{A}(\boldsymbol{U}_{j+1/2}^n)^2(\boldsymbol{U}_{j+1}^n - \boldsymbol{U}_j^n)$。设方程为严格双曲型，$\boldsymbol{F}(\boldsymbol{U})$ 的雅可比矩阵 $\boldsymbol{A}(\boldsymbol{U})$ 具有 m 个不同的实特征值及完备的特征向量系，现在设 $\boldsymbol{A}(\boldsymbol{U}_{j+1/2}^n)$ 的 m 个实特征值为 $a_{j+1/2}^1, \cdots, a_{j+1/2}^m$，相应的完备特征向量系为 $\boldsymbol{R}_{j+1/2}^1, \cdots, \boldsymbol{R}_{j+1/2}^m$，则向量 $\boldsymbol{U}_{j+1}^n - \boldsymbol{U}_j^n$ 可以由以下特征向量的线性组合来计算：

$$\boldsymbol{U}_{j+1}^n - \boldsymbol{U}_j^n = \sum_{k=1}^m \beta_{j+1/2}^k \boldsymbol{R}_{j+1/2}^k$$

这样就有

$$\boldsymbol{A}(\boldsymbol{U}_{j+1/2}^n)^2(\boldsymbol{U}_{j+1}^n - \boldsymbol{U}_j^n) = \sum_{k=1}^m (a_{j+1/2}^k)^2 \beta_{j+1/2}^k \boldsymbol{R}_{j+1/2}^k$$

Lax-Wendroff 格式为

$$\begin{aligned}\boldsymbol{U}_j^{n+1} &= \boldsymbol{U}_j^n - \frac{\Delta t}{2\Delta x}(\boldsymbol{F}_{j+1}^n - \boldsymbol{F}_{j-1}^n) \\ &\quad + \frac{(\Delta t)^2}{2(\Delta x)^2}\left[\sum_{k=1}^m (a_{j+1/2}^k)^2 \beta_{j+1/2}^k \boldsymbol{R}_{j+1/2}^k - \sum_{k=1}^m (a_{j-1/2}^k)^2 \beta_{j-1/2}^k \boldsymbol{R}_{j-1/2}^k\right] \\ &= \boldsymbol{U}_j^n - \lambda(\boldsymbol{H}_{j+1/2}^n - \boldsymbol{H}_{j-1/2}^n) \end{aligned} \tag{5.29.1}$$

其中

$$\boldsymbol{H}_{j+1/2}^n = \frac{1}{2}(\boldsymbol{F}_{j+1}^n + \boldsymbol{F}_j^n) - \frac{1}{2\lambda}\sum_{k=1}^m (v_{j+1/2}^k)^2 \beta_{j+1/2}^k \boldsymbol{R}_{j+1/2}^k$$

$$\boldsymbol{H}_{j-1/2}^n = \frac{1}{2}(\boldsymbol{F}_j^n + \boldsymbol{F}_{j-1}^n) - \frac{1}{2\lambda}\sum_{k=1}^m (v_{j-1/2}^k)^2 \beta_{j-1/2}^k \boldsymbol{R}_{j-1/2}^k$$

$$\boldsymbol{U}_{j+1}^n - \boldsymbol{U}_j^n = \sum_{k=1}^m \beta_{j+1/2}^k \boldsymbol{R}_{j+1/2}^k$$

由标量守恒律所写成的一般形式，有

$$\begin{aligned} u_j^{n+1} &= u_j^n - \lambda(h_{j+1/2}^n - h_{j-1/2}^n) \\ h_{j+1/2}^n &= \frac{1}{2}(f_{j+1}^n + f_j^n) - \frac{1}{2\lambda}Q(v_{j+1/2}^n)\Delta u_{j+1/2}^n \end{aligned} \tag{5.29.2}$$

则方程组的 Lax-Wendroff 格式可以写成

$$\begin{aligned} \boldsymbol{U}_j^{n+1} &= \boldsymbol{U}_j^n - \lambda(\boldsymbol{H}_{j+1/2}^n - \boldsymbol{H}_{j-1/2}^n) \\ \boldsymbol{H}_{j+1/2}^n &= \frac{1}{2}(\boldsymbol{F}_{j+1}^n + \boldsymbol{F}_j^n) - \frac{1}{2\lambda}\sum_{k=1}^m Q^{L-W}(v_{j+1/2}^k)\beta_{j+1/2}^k \boldsymbol{R}_{j+1/2}^k \end{aligned} \tag{5.30}$$

其中，$Q^{L-W}(v_{j+1/2}^k)=(v_{j+1/2}^k)^2$。

同样，我们可得到 Lax-Friedrichs 格式，它的数值通量为

$$\boldsymbol{H}_{j+1/2}^n=\frac{1}{2}(\boldsymbol{F}_{j+1}^n+\boldsymbol{F}_j^n)-\frac{1}{2\lambda}\sum_{k=1}^m Q^{L-F}(v_{j+1/2}^k)\beta_{j+1/2}^k\boldsymbol{R}_{j+1/2}^k \tag{5.31}$$

$$Q^{L-F}(v_{j+1/2}^k)\equiv 1$$

而逆风差分格式的数值通量为

$$\boldsymbol{H}_{j+1/2}^n=\frac{1}{2}(\boldsymbol{F}_{j+1}^n+\boldsymbol{F}_j^n)-\frac{1}{2\lambda}\sum_{k=1}^m Q^{UW}(v_{j+1/2}^k)\beta_{j+1/2}^k\boldsymbol{R}_{j+1/2}^k \tag{5.32}$$

$$Q^{UW}(v_{j+1/2}^k)=v_{j+1/2}^k$$

为了将一阶格式推广到方程组的二阶 TVD 差分格式，我们假设一阶差分格式为

$$\boldsymbol{U}_j^{n+1}=\boldsymbol{U}_j^n-\lambda(\boldsymbol{H}_{j+1/2}^n-\boldsymbol{H}_{j-1/2}^n) \tag{5.33}$$

$$\boldsymbol{H}_{j+1/2}^n=\frac{1}{2}(\boldsymbol{F}_{j+1}^n+\boldsymbol{F}_j^n)-\frac{1}{2\lambda}\sum_{k=1}^m Q^k(v_{j+1/2}^k)\beta_{j+1/2}^k\boldsymbol{R}_{j+1/2}^k$$

$Q^k(v_{j+1/2}^k)$ 是表示对应于第 k 个特征值或特征方向的数值粘性系数，则对应于标量情形二阶 TVD 格式的构造，将其推广到方程组情形，有

$$\boldsymbol{U}_j^{n+1}=\boldsymbol{U}_j^n-\lambda(\widetilde{\boldsymbol{H}}_{j+1/2}^n-\widetilde{\boldsymbol{H}}_{j-1/2}^n) \tag{5.34.1}$$

$$\widetilde{\boldsymbol{H}}_{j+1/2}^n=\frac{1}{2}(\boldsymbol{F}_{j+1}^n+\boldsymbol{F}_j^n)+\frac{1}{2\lambda}\sum_{k=1}^m (g_j^k+g_{j+1}^k-Q^k(v_{j+1/2}^k+\gamma_{j+1/2}^k)\beta_{j+1/2}^k)\boldsymbol{R}_{j+1/2}^k \tag{5.34.2}$$

其中

$$v_{j+1/2}^k=\lambda a^k(\boldsymbol{U}_{j+1/2}^n) \tag{5.34.3}$$

$$g_j^k=s_{j+1/2}^k\max[0,\min(|\tilde{g}_{j+1/2}^k|,\tilde{g}_{j-1/2}^k s_{j+1/2}^k)] \tag{5.34.4}$$

$$\gamma_{j+1/2}^k=\begin{cases}(g_{j+1}^k-g_j^k)/\beta_{j+1/2}^k & (\beta_{j+1/2}^k\neq 0);\\ 0 & (\beta_{j+1/2}^k=0)\end{cases} \tag{5.34.5}$$

$$\tilde{g}_{j+1/2}^k=\frac{1}{2}[Q^k(v_{j+1/2}^k)-(v_{j+1/2}^k)^2]\beta_{j+1/2}^k \tag{5.34.6}$$

$$s_{j+1/2}^k=\mathrm{sgn}(\tilde{g}_{j+1/2}^k) \tag{5.34.7}$$

$\boldsymbol{U}_{j+1/2}^n$ 为 $\boldsymbol{U}_{j+1}^n$ 和 $\boldsymbol{U}_j^n$ 的某一平均向量，即

$$\boldsymbol{U}_{j+1/2}^n=\boldsymbol{V}(\boldsymbol{U}_{j+1}^n,\boldsymbol{U}_j^n) \tag{5.35}$$

而 $\boldsymbol{V}(\boldsymbol{U},\boldsymbol{V})$ 为一光滑函数向量，满足

$$\boldsymbol{V}(\boldsymbol{U},\boldsymbol{V})=\boldsymbol{V}(\boldsymbol{V},\boldsymbol{U}),\quad \boldsymbol{V}(\boldsymbol{U},\boldsymbol{U})=\boldsymbol{U}$$

数值试验结果表明格式(5.34) 具有对间断解(激波) 很高的分辨率，激波剖面清晰，不发生振荡，特别是它对各特征场可以采用各自的粘性系数，比如对线性场采用较小的粘性系数，对于非线性场采用较大的粘性系数。

习　题　5

1. 求解标量守恒律黎曼问题

$$\frac{\partial u}{\partial t}+\frac{\partial}{\partial x}\left(\frac{1}{2}u^2\right)=0 \quad (-\infty<x<+\infty)$$

(1) $u|_{t=0}=\begin{cases}2 & (x<0),\\ -2 & (x>0);\end{cases}$　(2) $u|_{t=0}=\begin{cases}4 & (x<0),\\ -5 & (x>0);\end{cases}$

(3) $u|_{t=0}=\begin{cases}-2 & (x<0),\\ 2 & (x>0)。\end{cases}$

2. 利用Lax-Friedrichs格式、逆风差分格式、Lax-Wendroff格式分别编程计算第1题中的(1),(2),(3)。

3. 利用二阶TVD差分格式,分别令 $Q(x)\equiv 1$,$Q(x)=|x|$ 和

$$Q(x)=\begin{cases}(x^2+\varepsilon^2)/(2\varepsilon) & (|x|<2\varepsilon);\\ |x| & (|x|\geqslant 2\varepsilon)\end{cases} \quad (0<\varepsilon<0.5)$$

编程计算第1题中(1),(2),(3),并比较计算结果。

4. 试利用高分辨率格式(5.34)计算一维不定常流体力学方程组黎曼问题,并画出不同时刻 t 的 p,u,p 图形:

$$\begin{cases}\dfrac{\partial \rho}{\partial t}+\dfrac{\partial m}{\partial x}=0,\\ \dfrac{\partial m}{\partial t}+\dfrac{\partial}{\partial x}\left(\dfrac{m^2}{\rho}+P\right)=0, \\ \dfrac{\partial E}{\partial t}+\dfrac{\partial}{\partial x}\left((E+P)\dfrac{m}{\rho}\right)=0\end{cases} \quad (-\infty<x<+\infty,t>0)$$

其中 $P=(r-1)\left(E-\dfrac{m^2}{2\rho}\right)$,当地音速 $c=\sqrt{\dfrac{rp}{\rho}}$。

(1) 初始条件为

$$(\rho,m,E)^{\mathrm{T}}=\begin{cases}(0.445,0.311,8.928)^{\mathrm{T}} & (x<0);\\ (0.5,0,1.4275)^{\mathrm{T}} & (x>0)\end{cases}$$

(2) 初始条件为

$$(\rho,m,E)^{\mathrm{T}}=\begin{cases}(1,0,2.5)^{\mathrm{T}} & (x<0);\\ (0.125,0,0.25)^{\mathrm{T}} & (x>0)\end{cases}$$

6 有限元方法简介

在求解微分方程数值方法中除了前面我们所介绍的差分方法外，还另有一种常用的方法 —— 有限元方法。有限元方法是进行工程计算的有效方法，自 20 世纪 50 年代起，在航空航天、水利、土木建筑、机械等方面得到广泛的应用。随着许多大型有限元通用程序的出现，有限元方法逐渐成为广大工程技术人员进行科学计算的有力工具。

有限元方法与有限差分方法相比的一个主要优点在于它能较容易地处理问题的边界条件。在工程上我们所遇到的许多物理问题的边界条件往往都含有导数，而且区域的边界通常是不规则的。由于边界条件中所含的导数在离散过程中必须使用在网格点上函数值的差商作为其近似值，而且由于边界的不规则使得我们难以确定边界上的网格点，因此利用差分方法的技术来处理这类问题的边界条件是很困难的。而有限元方法则将边界条件当成要求最小化泛函的一部分，使得构造过程与问题的边界条件的类型无关，因此利用有限元方法来处理复杂、不规则的边界条件要比用差分方法简便得多。

6.1 二阶常微分方程边值问题的有限元解法

在区间$[0,1]$内考虑二阶常微分方程边值问题

$$\begin{cases} -\dfrac{\mathrm{d}}{\mathrm{d}x}(p(x)y') + q(x)y = f(x) \quad (x \in (a,b)); \\ y(0) = y(1) = 0 \end{cases} \tag{6.1}$$

首先我们假设

$$p(x) \in C^1[0,1], \quad q(x), f(x) \in C[0,1] \tag{6.2}$$

且存在常数$\delta > 0$，使得

$$p(x) \geqslant \delta > 0, \quad q(x) \geqslant 0 \quad (0 \leqslant x \leqslant 1) \tag{6.3}$$

那么，我们有以下定理。

定理 6.1 如果方程(6.1)中的系数满足条件(6.2)，(6.3)，那么函数$y \in C_0^2[0,1]$为方程(6.1)的解的充要条件是函数$y \in C_0^2[0,1]$为泛函$I(u)$的唯一极小值解，即有

$$I(u) = \int_0^1 \{p(x)[u'(x)]^2 + q(x)[u(x)]^2 - 2f(x)u(x)\}\mathrm{d}x \tag{6.4}$$

证 假设 $y \subset C_0^2[0,1]$ 为方程(6.1)的解,对于任意的 $z \subset C_0^2[0,1]$,我们令 $\eta(x)=z(x)-y(x)$,则 $z(x)=\eta(x)+y(x)$,所以

$$
\begin{aligned}
I(z) &= \int_0^1 \{p(x)[z'(x)]^2 + q(x)[z(x)]^2 - 2f(x)z(x)\}\mathrm{d}x \\
&= \int_0^1 \{p(x)[y'(x)]^2 + q(x)[y(x)]^2 - 2f(x)y(x)\}\mathrm{d}x \\
&\quad + 2\int_0^1 \{p(x)y'(x)\eta'(x) + q(x)y(x)\eta(x) - f(x)\eta(x)\}\mathrm{d}x \\
&\quad + \int_0^1 \{p(x)[\eta'(x)]^2 + q(x)[\eta(x)]^2\}\mathrm{d}x \\
&= I(y) + 2\int_0^1 \{p(x)y'(x)\eta'(x) + q(x)y(x)\eta(x) - f(x)\eta(x)\}\mathrm{d}x \\
&\quad + \int_0^1 \{p(x)[\eta'(x)]^2 + q(x)[\eta(x)]^2\}\mathrm{d}x
\end{aligned}
$$

由于 $y \in C_0^2[0,1]$ 为方程(6.1)的解,及 $\eta(0)=\eta(1)=0$,所以由分部积分我们可得到

$$
\begin{aligned}
&\int_0^1 \{p(x)y'(x)\eta'(x) + q(x)y(x)\eta(x) - f(x)\eta(x)\}\mathrm{d}x \\
&\quad = \int_0^1 \{-[p(x)y'(x)]' + q(x)y(x) - f(x)\}\eta(x)\mathrm{d}x = 0
\end{aligned}
$$

因此,当 $\eta(x)=z(x)-y(x)\neq 0$ 时,我们有

$$
I(z) - I(y) = \int_0^1 \{p(x)[\eta'(x)]^2 + q(x)[\eta(x)]^2\}\mathrm{d}x > 0
$$

即 $y \in C_0^2[0,1]$ 为泛函 $I(u)$ 的唯一极小值解。

反之,假设 $y \in C_0^2[0,1]$ 为泛函 $I(u)$ 的唯一极小值解,那么对于任意的 $z \in C_0^2[0,1]$,函数 $y+\varepsilon z \subset C_0^2[0,1]$($\varepsilon$ 为任意实数),因此泛函 $I(y+\varepsilon z)$ 当 $\varepsilon=0$ 时达到最小,即有

$$
\left.\frac{\mathrm{d}I(y+\varepsilon z)}{\mathrm{d}\varepsilon}\right|_{\varepsilon=0} = 0
$$

而

$$
\begin{aligned}
\left.\frac{\mathrm{d}I(y+\varepsilon z)}{\mathrm{d}\varepsilon}\right|_{\varepsilon=0} &= 2\int_0^1 \{p(x)y'(x)z'(x) + q(x)y(x)z(x) - f(x)z(x)\}\mathrm{d}x \\
&= 2\int_0^1 \{-[p(x)y'(x)]' + q(x)y(x) - f(x)\}z(x)\mathrm{d}x = 0
\end{aligned}
$$

又 $z \in C_0^2[0,1]$ 的任意性,我们可得到

$$
-[p(x)y'(x)]' + q(x)y(x) - f(x) = 0
$$

即 $y \in C_0^2[0,1]$ 为方程(6.1)的解。

泛函 $I(u)$ 是一个二次泛函,在物理上称为能量积分。定理 6.1 为我们提供了求解方程(6.1)的另一条途径,即通过求解泛函数极值的方法,或称为变分方法来

求解方程的解。然而由于满足条件函数类 $C_0^2[0,1]$ 较为庞大，要求出式(6.4)的真解是很困难的，为此我们采用近似的方法即有限元方法来求解。有限元方法就是在近似 $C_0^2[0,1]$ 的某一个函数类中求出使泛函 I 达到极小值的函数，以此作为方程(6.1)的近似解。例如，我们可以选取线性无关的函数 $\varphi_i(x)(i=1,2,\cdots,n)$ 满足条件：$\varphi_i(0)=\varphi_i(1)=0(i=1,2,\cdots,n)$。由这 n 个线性无关的函数所形成的函数类：$W=\{\varphi(x)\mid\varphi(x)=\sum\limits_{i=1}^{n}c_i\varphi_i(x)$，其中 $c_i\in\mathbf{R},i=1,2,\cdots,n\}$ 来近似 $C_0^2[0,1]$。这里 $\varphi_i(x)(i=1,2,\cdots,n)$ 称为基函数。对不同的基函数，方程(6.1)就有不同类型的近似解函数。

下面我们给出在函数类 W 中求方程(6.1)的近似解的方法。将 W 中的任意函数 $\varphi(x)=\sum\limits_{i=1}^{n}c_i\varphi_i(x)$ 代入方程(6.4)，求出一组系数 $c_1,\cdots,c_n$，使得 $I\left[\sum\limits_{i=1}^{n}c_i\varphi_i(x)\right]$ 达到极小值。从方程(6.4)可知

$$I[\varphi]=I\left[\sum_{i=1}^{n}c_i\varphi_i(x)\right]$$
$$=\int_0^1\left\{p(x)\left[\sum_{i=1}^{n}c_i\varphi_i'(x)\right]^2+q(x)\left[\sum_{i=1}^{n}c_i\varphi_i(x)\right]^2-2f(x)\sum_{i=1}^{n}c_i\varphi_i(x)\right\}\mathrm{d}x \tag{6.5}$$

由式(6.5)可知，$I[\varphi]$ 为系数 $c_j(j=1,2,\cdots,n)$ 的函数。为了求其极小值，我们采用多元函数求极值的方法，分别令 $I[\varphi]$ 关于 $c_j(j=1,2,\cdots,n)$ 的偏导数为零，即

$$\frac{\partial I}{\partial c_j}=0\quad(j=1,2,\cdots,n) \tag{6.6}$$

对式(6.5)求关于 $c_j(j=1,2,\cdots,n)$ 的偏导数，得到

$$\frac{\partial I}{\partial c_j}=\int_0^1\left\{2p(x)\sum_{i=1}^{n}c_i\varphi_i'(x)\varphi_j'(x)+2q(x)\sum_{i=1}^{n}c_i\varphi_i(x)\varphi_j(x)-2f(x)\varphi_j(x)\right\}\mathrm{d}x$$

将其代入式(6.6)，对每个 $j=1,2,\cdots,n$，我们得到

$$\sum_{i=1}^{n}\left\{\int_0^1[p(x)\varphi_i'(x)\varphi_j'(x)+q(x)\varphi_i(x)\varphi_j(x)]\mathrm{d}x\right\}c_i-\int_0^1 f(x)\varphi_j(x)\mathrm{d}x=0 \tag{6.7}$$

方程(6.7)可写成一个线性方程组 $\boldsymbol{Ac}=\boldsymbol{b}$，其中系数矩阵 $\boldsymbol{A}$ 为一对阵矩阵，其元素为

$$a_{ij}=\int_0^1[p(x)\varphi_i'(x)\varphi_j'(x)+q(x)\varphi_i(x)\varphi_j(x)]\mathrm{d}x$$

向量 $\boldsymbol{b}$ 的元素为

$$b_i=\int_0^1 f(x)\varphi_i(x)\mathrm{d}x$$

当基函数 $\varphi_i(x)(i=1,2,\cdots,n)$ 给定后，可以通过求解线性方程组 $\boldsymbol{Ac}=\boldsymbol{b}$ 确定

$\boldsymbol{c}$，这样就得到了方程(6.1)的有限元解 $y \approx \sum_{i=1}^{n} c_i \varphi_i(x)$。因此，利用有限元方法求解方程(6.1)的关键在于基函数的选取。一般来说，我们可选取最常用的简单的一组分段线性基函数。

首先对求解区间[0,1]进行剖分，选取点 $x_0, x_1, \cdots, x_{n+1}$，使得

$$0 = x_0 < x_1 < \cdots < x_{n+1} = 1$$

记 $h_i = x_{i+1} - x_i (i = 0, 1, \cdots, n)$。我们定义基函数 $\varphi_i(x)(i = 1, 2, \cdots, n)$ 为

$$\varphi_i(x) = \begin{cases} 0 & (0 \leqslant x \leqslant x_{i-1}); \\ (x - x_{i-1})/h_{i-1} & (x_{i-1} \leqslant x \leqslant x_i); \\ (x_{i+1} - x)/h_i & (x_i \leqslant x \leqslant x_{i+1}); \\ 0 & (x_{i+1} \leqslant x \leqslant 1) \end{cases} \tag{6.8}$$

由于基函数 $\varphi_i(x)$ 为分段线性函数，其导数 $\varphi_i'(x)$ 在每个小开区间 $(x_j, x_{j+1})(j = 0, 1, \cdots, n)$ 上为常数，但 $\varphi_i'(x)$ 是不连续的。在这里，我们有

$$\varphi_i'(x) = \begin{cases} 0 & (0 < x < x_{i-1}); \\ 1/h_{i-1} & (x_{i-1} < x < x_i); \\ -1/h_i & (x_i < x < x_{i+1}); \\ 0 & (x_{i+1} < x < 1) \end{cases} \tag{6.9}$$

由于 $\varphi_i(x)$ 和 $\varphi_i'(x)$ 仅在区间 (x_{i-1}, x_{i+1}) 上非零，且从 $\varphi_i(x)$ 和 $\varphi_i'(x)$ 的定义可知：当 $|i-j| > 1$ 时，我们有 $\varphi_i(x)\varphi_j(x) \equiv 0, \varphi'_i(x)\varphi'_j(x) \equiv 0$。因此，线性方程组(6.7)的系数矩阵 $\boldsymbol{A}$ 为一个 $n \times n$ 的三对角矩阵，其非零元素为

$$\begin{aligned} a_{ij} &= \int_0^1 [p(x)\varphi_i'(x)\varphi_i'(x) + q(x)\varphi_i(x)\varphi_i(x)]\mathrm{d}x \\ &= \int_{x_{i-1}}^{x_i} h_{i-1}^{-2} p(x)\mathrm{d}x + \int_{x_i}^{x_{i+1}} h_i^{-2} p(x)\mathrm{d}x + \int_{x_{i-1}}^{x_i} h_{i-1}^{-2}(x - x_{i-1})^2 q(x)\mathrm{d}x \\ &\quad + \int_{x_i}^{x_{i+1}} h_i^{-2}(x_{i+1} - x)^2 q(x)\mathrm{d}x \quad (i = 1, 2, \cdots, n) \\ a_{i,i+1} &= \int_0^1 [p(x)\varphi_i'(x)\varphi_{i+1}'(x) + q(x)\varphi_i(x)\varphi_{i+1}(x)]\mathrm{d}x \\ &= -\int_{x_i}^{x_{i+1}} h_i^{-2}[-p(x) + (x_{i+1} - x)(x - x_i)q(x)]\mathrm{d}x \quad (i = 1, \cdots, n-1) \\ a_{i,i-1} &= \int_0^1 [p(x)\varphi_i'(x)\varphi_{i-1}'(x) + q(x)\varphi_i(x)\varphi_{i-1}(x)]\mathrm{d}x \\ &= \int_{x_{i-1}}^{x_i} h_{i-1}^{-2}[-p(x) + (x_i - x)(x - x_{i-1})q(x)]\mathrm{d}x \quad (i = 2, \cdots, n) \end{aligned}$$

向量 $\boldsymbol{b}$ 的元素为

$$b_i = \int_0^1 f(x)\varphi_i(x)\mathrm{d}x$$

$$= \int_{x_{i-1}}^{x_i} h_{i-1}^{-1}(x - x_{i-1}) f(x) \mathrm{d}x + \int_{x_i}^{x_{i+1}} h_i^{-1}(x_{i+1} - x) f(x) \mathrm{d}x \quad (i = 1, \cdots, n)$$

而向量 $\boldsymbol{c}$ 的元素为我们所要求的未知系数 $c_1, c_2, \cdots, c_n$。

对于基函数为分段线性函数的情况，我们可以证明有限元解的误差为

$$| y(x) - \varphi(x) | = O(h^2) \quad (\text{这里 } h = \max_i \{h_i\})$$

例 6.1 用有限元法解二阶常微分方程边值问题

$$\begin{cases} -y'' + \pi^2 y = 2\pi^2 \sin(\pi x) \quad (0 < x < 1); \\ y(0) = y(1) = 0 \end{cases} \tag{6.10}$$

解 假设 $h_i = h = 0.1$，那么 $x_i = ih (i = 0, 1, \cdots, 10)$。在本题中，我们知道 $p(x) = 1, q(x) = \pi^2, f(x) = 2\pi^2 \sin(\pi x)$。我们选取基函数为(6.8)的形式，所以我们有

$$\varphi_i(x) = \begin{cases} 0 & (0 \leqslant x \leqslant x_{i-1}); \\ 10x - (i-1) & (x_{i-1} \leqslant x \leqslant x_i); \\ i + 1 - 10x & (x_i \leqslant x_{i+1}); \\ 0 & (x_{i+1} \leqslant x \leqslant 1) \end{cases} \quad (i = 1, 2, \cdots, 9)$$

$$\varphi_i'(x) = \begin{cases} 0 & (0 \leqslant x \leqslant x_{i-1}); \\ 10 & (x_{i-1} \leqslant x \leqslant x_i); \\ -10 & (x_i \leqslant x_{i+1}); \\ 0 & (x_{i+1} \leqslant x \leqslant 1) \end{cases} \quad (i = 1, 2, \cdots, 9)$$

$$a_{ii} = 20 + \pi^2/15 \quad (i = 1, 2, \cdots, 9)$$

$$a_{i,i+1} = -10 + \pi^2/60 \quad (i = 1, 2, \cdots, 8)$$

$$a_{i,i-1} = -10 + \pi^2/60 \quad (i = 2, 3, \cdots, 9)$$

$$b_i = 40\sin(0.1\pi i)(1 - \cos(0.1\pi)) \quad (i = 1, 2, \cdots, 8)$$

$$b_9 = 40\sin(0.8\pi) - 20\sin(0.8\pi)$$

求解方程组 $\boldsymbol{Ac} = \boldsymbol{b}$，我们得到

$$c_1 = 0.310\,287, \quad c_2 = 0.590\,200, \quad c_3 = 0.812\,341$$

$$c_4 = 0.954\,964, \quad c_5 = 1.004\,109, \quad c_6 = 0.954\,964$$

$$c_7 = 0.812\,341, \quad c_8 = 0.590\,200, \quad c_9 = 0.310\,287$$

所以，方程(6.10)的有限元近似解为

$$y \approx \varphi(x) = \sum_{i=1}^{9} c_i \varphi_i(x)$$

方程(6.10)的精确解为 $y = \sin(\pi x)$。在表 6.1 中我们给出有限元解在各节点的误差。

表 6.1

i	x_i	$\varphi(x_i)$	$y(x_i)$	$\lvert\varphi(x_i)-y(x_i)\rvert$
1	0.1	0.310 287	0.309 017	0.001 270
2	0.2	0.590 200	0.587 785	0.002 415
3	0.3	0.812 341	0.809 017	0.003 324
4	0.4	0.954 964	0.951 057	0.003 907
5	0.5	1.004 109	1.000 000	0.004 109
6	0.6	0.954 964	0.951 057	0.003 907
7	0.7	0.812 341	0.809 017	0.003 324
8	0.8	0.590 200	0.587 785	0.002 415
9	0.9	0.310 287	0.309 017	0.001 270

6.2 偏微分边值问题的有限元法

在下面，我们考虑偏微分方程

$$\frac{\partial}{\partial x}\left(p(x,y)\frac{\partial u}{\partial x}\right)+\frac{\partial}{\partial y}\left(q(x,y)\frac{\partial u}{\partial y}\right)+r(x,y)u(x,y)=f(x,y) \quad (6.11)$$

$(x,y)\in\Omega$，其中 Ω 是以 $\partial\Omega$ 为边界的平面区域，而 $\partial\Omega=\partial_1\Omega\cup\partial_2\Omega$。在边界 $\partial_1\Omega$ 和 $\partial_2\Omega$ 上具有不同形式的边界条件。其中

$$u(x,y)=g(x,y)\quad((x,y)=\partial_1\Omega) \quad (6.12)$$

$$p(x,y)\frac{\partial u}{\partial x}\cos\alpha+q(x,y)\frac{\partial u}{\partial y}\cos\beta+g_1(x,y)u(x,y)=g_2(x,y) \quad (6.13)$$
$$((x,y)\in\partial_2\Omega)$$

这里 α 和 β 是在边界点 (x,y) 上的边界的外法线的方向角，如图 6.1 所示。

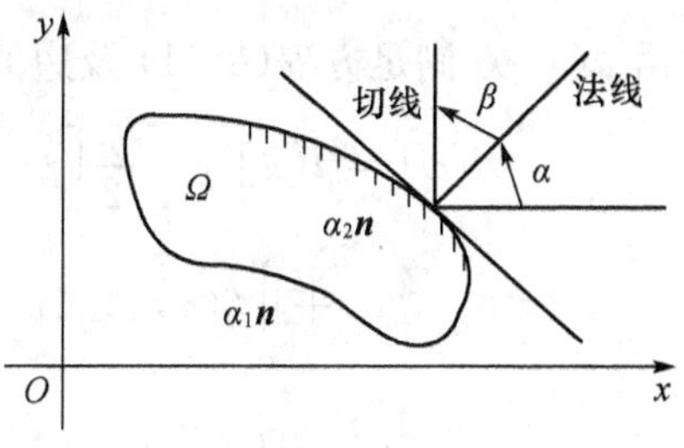

图 6.1

在固体力学和弹性力学研究领域中，我们常遇到的物理问题可归结于类似式(6.11)的微分方程。这类问题的求解可归结为泛函求极小的一种典型解法。

假设函数 p,q,r 和 f 都是 $\Omega\cup\partial\Omega$ 上的连续函数，p 和 q 有一阶的连续偏导数，g_1 和 g_2 在 $\partial_2\Omega$ 上连续。另外假设 $p(x,y)>0,q(x,y)>0,r(x,y)\leqslant 0,g_1(x,y)>0$。那么方程(6.11)，(6,12) 和(6.13) 的解就是使泛函

$$I[w]=\iint\limits_{\Omega}\left\{\frac{1}{2}\left[p(x,y)\left(\frac{\partial w}{\partial x}\right)^2+q(x,y)\left(\frac{\partial w}{\partial y}\right)^2-r(x,y)w^2\right]+f(x,y)w\right\}\mathrm{d}x\mathrm{d}y$$
$$+\int\limits_{\partial_2\Omega}\left\{-g_2(x,y)w+\frac{1}{2}g_1(x,y)w^2\right\}\mathrm{d}s \tag{6.14}$$

对所有在$\partial_1\Omega$上满足式(6.12)且在Ω中二阶连续可导的函数类$\mathscr{W}$中达到极小的函数。证明如下：

设函数$u(x,y)$为边值问题(6.11),(6.12)和(6.13)之解,对任意的$v(x,y)\in\mathscr{W}$,令$\eta(x,y)=v(x,y)-u(x,y)$,则

$$\begin{aligned}
I[v]&=I[u+\eta]\\
&=I[u]+\iint\limits_{\Omega}\left\{\frac{1}{2}\left[p(x,y)\left(\frac{\partial\eta}{\partial x}\right)^2+q(x,y)\left(\frac{\partial\eta}{\partial y}\right)^2-r(x,y)\eta^2\right]\right.\\
&\quad\left.+f(x,y)\eta\right\}\mathrm{d}x\mathrm{d}y+\int\limits_{\partial_2\Omega}\left\{-g_2(x,y)\eta+\frac{1}{2}g_1(x,y)\eta^2\right\}\mathrm{d}s\\
&\quad+\iint\limits_{\Omega}\left[p(x,y)\frac{\partial u}{\partial x}\frac{\partial\eta}{\partial x}+q(x,y)\frac{\partial u}{\partial y}\frac{\partial\eta}{\partial y}-r(x,y)u\eta\right]\mathrm{d}x\mathrm{d}y\\
&\quad+\int\limits_{\partial_2\Omega}g_1(x,y)u\eta\mathrm{d}s\\
&=I[u]+\iint\limits_{\Omega}\left\{\frac{1}{2}\left[p(x,y)\left(\frac{\partial\eta}{\partial x}\right)^2+q(x,y)\left(\frac{\partial\eta}{\partial y}\right)^2-r(x,y)\eta^2\right]\right.\\
&\quad\left.+f(x,y)\eta\right\}\mathrm{d}x\mathrm{d}y+\int\limits_{\partial_2\Omega}\left\{-g_2(x,y)\eta+\frac{1}{2}g_1(x,y)\eta^2\right\}\mathrm{d}s\\
&\quad+\iint\limits_{\Omega}\left[\frac{\partial}{\partial x}\left(p(x,y)\frac{\partial u}{\partial x}\eta\right)+\frac{\partial}{\partial y}\left(q(x,y)\frac{\partial u}{\partial y}\eta\right)-\eta\frac{\partial}{\partial x}\left(p(x,y)\frac{\partial u}{\partial x}\right)\right.\\
&\quad\left.-\eta\frac{\partial}{\partial y}\left(q(x,y)\frac{\partial u}{\partial y}\right)-r(x,y)u\eta\right]\mathrm{d}x\mathrm{d}y+\int\limits_{\partial_2\Omega}g_1(x,y)u\eta\mathrm{d}s
\end{aligned}$$

由$u(x,y)$满足方程(6.11)及边值条件(6.13),故

$$\begin{aligned}
I[v]&=I[u]+\iint\limits_{\Omega}\frac{1}{2}\left[p(x,y)\left(\frac{\partial\eta}{\partial x}\right)^2+q(x,y)\left(\frac{\partial\eta}{\partial y}\right)^2-r(x,y)\eta^2\right]\mathrm{d}x\mathrm{d}y\\
&\quad+\iint\limits_{\Omega}f(x,y)\eta\mathrm{d}x\mathrm{d}y+\int\limits_{\partial_2\Omega}\left[-g_2(x,y)\eta+\frac{1}{2}g_1(x,y)\eta^2\right]\mathrm{d}s\\
&\quad+\int\limits_{\partial_2\Omega}\left(p(x,y)\frac{\partial u}{\partial x}\cos\alpha+q(x,y)\frac{\partial u}{\partial y}\cos\beta\right)\eta\mathrm{d}s\\
&\quad-\iint\limits_{\Omega}f(x,y)\eta\mathrm{d}x\mathrm{d}y+\int\limits_{\partial_2\Omega}g_1(x,y)u\eta\mathrm{d}s
\end{aligned}$$

当$\eta\neq0$时,则

$$I[v]-I[u]=\iint_{\Omega}\frac{1}{2}\Big[p(x,y)\Big(\frac{\partial \eta}{\partial x}\Big)^2+q(x,y)\Big(\frac{\partial \eta}{\partial y}\Big)^2-r(x,y)\eta^2\Big]\mathrm{d}x\mathrm{d}y$$

$$+\int_{\partial_2\Omega}\Big[\frac{1}{2}g_1(x,y)\eta^2\Big]\mathrm{d}s>0$$

因此 $\mathscr{W}$ 中定解问题(6.11),(6.13) 的解使 $I[w]$ 达到极小。

反之,设 $u(x,y)$ 为 $\mathscr{W}$ 中使泛函 $I[w]$ 达到极小的函数,令 $\eta(x,y)$ 为二阶连续可微且在 $\partial_1\Omega$ 上为 0 的函数,则 $u+\varepsilon\eta\in\mathscr{W}$($\varepsilon$ 为任意实数),因此 $I[u+\varepsilon\eta]$ 当 $\varepsilon=0$ 时达到最小,即有

$$\frac{\mathrm{d}I[u+\varepsilon\eta]}{\mathrm{d}\varepsilon}\Big|_{\varepsilon=0}=0$$

$$\frac{\mathrm{d}I[u+\varepsilon\eta]}{\mathrm{d}\varepsilon}\Big|_{\varepsilon=0}=\iint_{\Omega}\Big\{\Big[p(x,y)\frac{\partial u}{\partial x}\frac{\partial \eta}{\partial x}+q(x,y)\frac{\partial u}{\partial y}\frac{\partial \eta}{\partial y}-ru\eta\Big]+f\eta\Big\}\mathrm{d}x\mathrm{d}y$$

$$+\int_{\partial_2\Omega}[-g_2(x,y)\eta+g_1(x,y)u\eta]\mathrm{d}s=0$$

则有

$$\iint_{\Omega}\Big[-\frac{\partial}{\partial x}\Big(p(x,y)\frac{\partial u}{\partial x}\Big)-\frac{\partial}{\partial y}\Big(q(x,y)\frac{\partial u}{\partial y}\Big)-r(x,y)u+f\Big]\eta\mathrm{d}x\mathrm{d}y$$

$$+\int_{\partial_2\Omega}\Big(p(x,y)\frac{\partial u}{\partial x}\cos\alpha+q(x,y)\frac{\partial u}{\partial y}\cos\beta+g_1(x,y)u-g_2(x,y)\Big)\eta\mathrm{d}s=0$$

α,β 的定义见图 6.1。由于 η 的任意性,易证 u 满足

$$\frac{\partial}{\partial x}\Big(p(x,y)\frac{\partial u}{\partial x}\Big)+\frac{\partial}{\partial y}\Big(q(x,y)\frac{\partial u}{\partial y}\Big)+r(x,y)u=f(x,y)\quad(u(x,y)\in\Omega)$$

$$p(x,y)\frac{\partial u}{\partial x}\cos\alpha+q(x,y)\frac{\partial u}{\partial y}\cos\beta+g_1(x,y)u=g_2(x,y)\quad((x,y)\in\partial_2\Omega)$$

又 $u(x,y)\in\mathscr{W}$,故

$$u(x,y)=h(x,y)\quad((x,y)\in\partial_1\Omega)$$

上述论证命题是有限元素法基础,它说明求解边值问题(6.11),(6.12),(6.13) 等价于一个变分问题:在函数集合 W 中求函数 u,使

$$I(u)=\min_{w\in W}I(w)$$

由于满足条件的函数 w 所构成的函数类 W 较为庞大,要求出(6.11) 的真解是很困难的,为此我们采用近似的方法即有限元方法来求解。有限元方法就是在近似 W 的子函数类中求出使泛函 I 达到极小值的函数,以此作为方程(6.11) 的近似解。

利用有限元方法求解(6.14) 的过程如下。

(1) 剖分区域 Ω

将求解区域 Ω 划分为有限个互不重叠的"基本元"(例如形状为四边形或三角

形的小区域)，称为元素，元素的形状我们通常取为三角形，如图 6.2 所示。根据实际问题的需要，在$\Omega\cup\partial_2\Omega$上取$n$个点$E_1,E_2,\cdots,E_n$，在$\partial_1\Omega$上取点 $E_{n+1},E_{n+2},\cdots,E_m$。以这些点联成三角网，每个三角形就是一个“基本元”，我们把它记为 T_i(i 为基本元的编号)。三角形的顶点称为结点，所有三角形的全体记为 Ω_h，它的边界为$\partial\Omega_h$，是一条封闭的折线，h 是所有三角形中的最大边长。我们要求各个基本元之间不能有公共内点，尽量将 T_i 的三条边取得接近相等。剖分要一直到边界，如边界为直线，则以此直线为三角形的边。基本元可大可小，视具体的要求而定。T_i 如有一条边落在 $\partial\Omega_h$ 上，称为边界基本元，其余称为内部基本元。

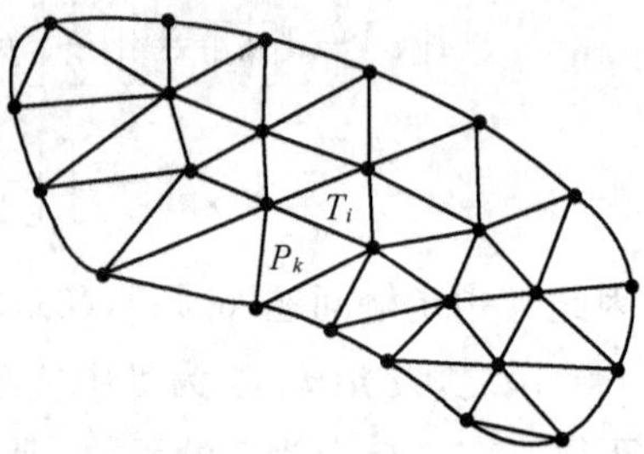

图 6.2

(2) 将基本元和结点编号

先内部基本元，后边界基本元；先内部结点，后边界结点。

(3) 在每个基本元(包括边界基本元在内) 上构造方程(6.14) 解的插值函数

有限元方法用于近似 w 的子函数类一般是次数固定的关于 x 和 y 分片多项式，并要求由这样的分片多项式函数构成的逼近函数在整个区域是连续的或具有一阶或二阶连续导数。对三角形元素通常使用关于 x,y 的线性形式的多项式

$$\varphi(x,,y)=a+bx+cy$$

而对于矩形元素，则通常使用关于 x,y 的双线性形式的多项式

$$\varphi(x,y)=a+bx+cy+dxy$$

在以下的讨论中，假设所用基本元为三角形。我们的方法是寻求具有以下形式的函数

$$\varphi(x,y)=\sum_{i=1}^{m}u_i\varphi_i(x,y)$$

作为微分方程解 $u(x,y)$ 的逼近，即有限元解。其中，$\varphi_1,\varphi_2,\cdots,\varphi_m$ 是满足条件

$$\varphi_j(x_k,y_k)=\begin{cases}1 & (j=k);\\ 0 & (j\neq k)\end{cases}$$

的线性无关的分片线性多项式，称为基函数。其中，(x_k,y_k) 为结点 E_k 的坐标；u_1，$u_2,\cdots,u_m$ 为待求函数值。选取常数 $u_{n+1},u_{n+2},\cdots,u_m$，使 $\varphi(x,y)$ 在 L_1 上满足边界条件 $\varphi(x_i,y_i)=g(x_i,y_i)(i=n+1,\cdots,m)$；选取其余的待定常数 $u_1,u_2,\cdots,u_n$，使得泛函 $I\left[\sum_{i=1}^{m}u_i\varphi_i\right]$达到极小。

由式(6.14)，我们知道泛函的形式为

$$
\begin{aligned}
I[\varphi] &= I\Big[\sum_{i=1}^{m} u_i\varphi_i\Big] \\
&= \iint_{\Omega}\Big\{\frac{1}{2}p(x,y)\Big[\sum_{i=1}^{m} u_i\frac{\partial\varphi_i}{\partial x}(x,y)\Big]^2+\frac{1}{2}q(x,y)\Big[\sum_{i=1}^{m} u_i\frac{\partial\varphi_i}{\partial y}(x,y)\Big]^2 \\
&\quad -\frac{1}{2}r(x,y)\Big[\sum_{i=1}^{m} u_i\varphi_i(x,y)\Big]^2+f(x,y)\sum_{i=1}^{m} u_i\varphi_i(x,y)\Big\}\mathrm{d}x\mathrm{d}y \\
&\quad +\int_{\partial_2\Omega}\Big\{-g_2(x,y)\sum_{i=1}^{m} u_i\varphi_i(x,y)+\frac{1}{2}g_1(x,y)\Big(\sum_{i=1}^{m} u_i\varphi_i(x,y)\Big)^2\Big\}\mathrm{d}s
\end{aligned}
\tag{6.15}
$$

我们可以看到，泛函 I 为 $u_1,u_2,\cdots,u_n$ 的函数，为了求其极小值，则对每个 $j=1,2,\cdots,n$ 必须有

$$
\frac{\partial I}{\partial u_j}=0 \tag{6.16}
$$

对式(6.15)求导，得

$$
\begin{aligned}
\frac{\partial I}{\partial u_j} &= \iint_{\Omega}\Big\{p(x,y)\sum_{i=1}^{m} u_i\frac{\partial\varphi_i}{\partial x}(x,y)\frac{\partial\varphi_j}{\partial x}(x,y)+q(x,y)\sum_{i=1}^{m} u_i\frac{\partial\varphi_i}{\partial y}(x,y)\frac{\partial\varphi_j}{\partial y}(x,y) \\
&\quad -r(x,y)\sum_{i=1}^{m} u_i\varphi_i(x,y)\varphi_j(x,y)+f(x,y)\varphi_j(x,y)\Big\}\mathrm{d}x\mathrm{d}y \\
&\quad +\int_{\partial_2\Omega}\Big\{-g_2(x,y)\varphi_j(x,y)+g_1(x,y)\sum_{i=1}^{m} u_i\varphi_i(x,y)\varphi_j(x,y)\Big\}\mathrm{d}s
\end{aligned}
$$

所以，对每个 $j=1,2,\cdots,n$，都有

$$
\begin{aligned}
0 &= \sum_{i=1}^{m} u_i\Big\{\iint_{\Omega}\Big[p(x,y)\sum_{i=1}^{m}\frac{\partial\varphi_i}{\partial x}(x,y)\frac{\partial\varphi_j}{\partial x}(x,y)+q(x,y)\frac{\partial\varphi_i}{\partial y}(x,y)\frac{\partial\varphi_j}{\partial y}(x,y) \\
&\quad -r(x,y)\varphi_i(x,y)\varphi_j(x,y)\Big]\mathrm{d}x\mathrm{d}y+\int_{\partial_2\Omega}g_1(x,y)\varphi_i(x,y)\varphi_j(x,y)\mathrm{d}s\Big\} \\
&\quad +\iint_{\Omega}f(x,y)\varphi_j(x,y)\mathrm{d}x\mathrm{d}y-\int_{\partial_2\Omega}g_2(x,y)\varphi_j(x,y)\mathrm{d}s
\end{aligned}
\tag{6.17}
$$

由这些方程所构成的线性方程组可写成

$$
\boldsymbol{A}\boldsymbol{c}=\boldsymbol{b} \tag{6.18}
$$

其中 $\boldsymbol{A}=(\alpha_{ij})$ 称为总刚度矩阵，$\boldsymbol{c}=(u_1,u_2,\cdots,u_n)^{\mathrm{T}}$ 和 $\boldsymbol{b}=(\beta_1,\beta_2,\cdots,\beta_n)$ 定义为

$$
\begin{aligned}
\alpha_{ij} &= \iint_{\Omega}\Big\{p(x,y)\frac{\partial\varphi_i}{\partial x}(x,y)\frac{\partial\varphi_j}{\partial x}(x,y)+q(x,y)\frac{\partial\varphi_i}{\partial y}(x,y)\frac{\partial\varphi_j}{\partial y}(x,y) \\
&\quad -r(x,y)\varphi_i(x,y)\varphi_j(x,y)\Big\}\mathrm{d}x\mathrm{d}y+\int_{\partial_2\Omega}g_1(x,y)\varphi_i(x,y)\varphi_j(x,y)\mathrm{d}s
\end{aligned}
\tag{6.19}
$$

$$\beta_i = -\iint_{\Omega} f(x,y)\varphi_i(x,y)\mathrm{d}x\mathrm{d}y + \int_{\partial_2\Omega} g_2(x,y)\varphi_i(x,y)\mathrm{d}s - \sum_{l=n+1}^{m} \alpha_{il} u_l \quad (6.20)$$

基函数的选择是很重要的，这是由于适当地选择基函数通常能使得矩阵 $\boldsymbol{A}$ 是正定而且是带状的。

在具体计算中，为了计算总刚度矩阵的元素，我们首先进行单元分析，即仅就一个基本元 T_i 进行讨论。假设 T_i 的三个顶点或结点按逆时针方向排列为

$$E_j(x_j, y_j) = V_1^{(i)}(x_1^{(i)}, y_1^{(i)}), \quad E_k(x_k, y_k) = V_2^{(i)}(x_2^{(i)}, y_2^{(i)})$$
$$E_l(x_l, y_l) = V_3^{(i)}(x_3^{(i)}, y_3^{(i)})$$

那么，当 $(x,y) \in T_i$ 时，方程(6.11) 的近似解为

$$\begin{aligned}\varphi(x,y) &= u_j\varphi_j(x,y) + u_k\varphi_k(x,y) + u_l\varphi_l(x,y) \\ &= u_1^{(i)} N_1^{(i)}(x,y) + u_2^{(i)} N_2^{(i)}(x,y) + u_3^{(i)} N_3^{(i)}(x,y)\end{aligned}$$

假设对应于结点 E_j 的线性插值基函数为

$$\varphi_j(x,y) = N_1^{(i)}(x,y) = a_1^{(i)} + b_1^{(i)} x + c_1^{(i)} y$$

那么，我们有

$$N_1^{(i)}(x_1^{(i)}, y_1^{(i)}) = 1, \quad N_1^{(i)}(x_2^{(i)}, y_2^{(i)}) = 0, \quad N_1^{(i)}(x_3^{(i)}, y_3^{(i)}) = 0$$

这就产生了以下形式的线性方程组：

$$\begin{bmatrix} 1 & x_1^{(i)} & y_1^{(i)} \\ 1 & x_2^{(i)} & y_2^{(i)} \\ 1 & x_3^{(i)} & y_3^{(i)} \end{bmatrix} \begin{bmatrix} a_1^{(i)} \\ b_1^{(i)} \\ c_1^{(i)} \end{bmatrix} = \begin{bmatrix} 1 \\ 0 \\ 0 \end{bmatrix}$$

求解这个线性方程组，我们得到

$$a_1^{(i)} = \frac{x_2^{(i)} y_3^{(i)} - y_2^{(i)} x_3^{(i)}}{\Delta_i}, \quad b_1^{(i)} = \frac{y_2^{(i)} - y_3^{(i)}}{\Delta_i}, \quad c_1^{(i)} = \frac{x_3^{(i)} - x_2^{(i)}}{\Delta_i}$$

其中

$$\Delta_i = \begin{vmatrix} 1 & x_1^{(i)} & y_1^{(i)} \\ 1 & x_2^{(i)} & y_2^{(i)} \\ 1 & x_3^{(i)} & y_3^{(i)} \end{vmatrix}$$

同样，可求得对应于结点 E_k 和 E_l 的插值基函数为

$$\varphi_k(x,y) = N_2^{(i)}(x,y) = a_2^{(i)} + b_2^{(i)} x + c_2^{(i)} y$$
$$\varphi_l(x,y) = N_3^{(i)}(x,y) = a_3^{(i)} + b_3^{(i)} x + c_3^{(i)} y$$

其中

$$a_2^{(i)} = \frac{x_3^{(i)} y_1^{(i)} - y_3^{(i)} x_1^{(i)}}{\Delta_i}, \quad b_2^{(i)} = \frac{y_3^{(i)} - y_1^{(i)}}{\Delta_i}, \quad c_2^{(i)} = \frac{x_1^{(i)} - x_3^{(i)}}{\Delta_i}$$

$$a_3^{(i)} = \frac{x_1^{(i)} y_2^{(i)} - y_1^{(i)} x_2^{(i)}}{\Delta_i}, \quad b_3^{(i)} = \frac{y_1^{(i)} - y_2^{(i)}}{\Delta_i}, \quad c_3^{(i)} = \frac{x_2^{(i)} - x_1^{(i)}}{\Delta_i}$$

将式(6.19)和(6.20)的在区域Ω的积分写成为在全体基本元上的积分之和，把上述的插值基函数代入，并注意到每个基函数仅在以其对应的结点为顶点的基本元上非零，在其他基本元上恒为零，这样我们就能求出总刚度矩阵的元素$\alpha_{i,j}$以及β_i。详细的计算公式我们将在计算流程中给出。

例 6.2 假设一个有限元问题包含二个三角形T_1和T_2，如图6.3所示。试给出线性基函数$N_1^{(1)}(x,y)$，其在点(1,1)的值为1，而在点(0,0)和(−1,2)的值为0。

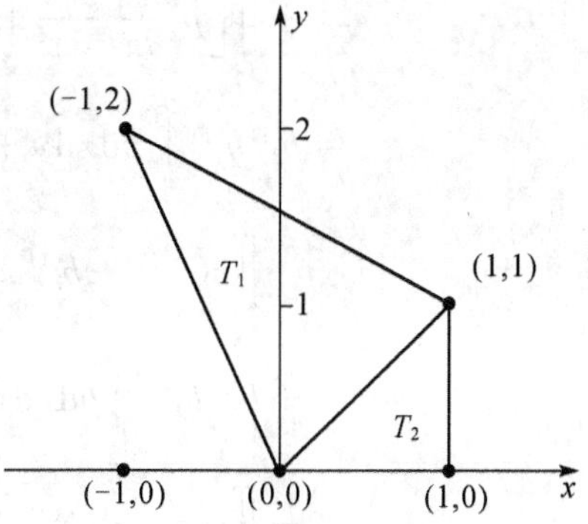

图 6.3

解 假设线性函数

$$\begin{cases}a_1^{(1)}+b_1^{(1)}(1)+c_1^{(1)}(1)=1,\\ a_1^{(1)}+b_1^{(1)}(-1)+c_1^{(1)}(2)=0,\\ a_1^{(1)}+b_1^{(1)}(0)+c_1^{(1)}(0)=0\end{cases}$$

所以$a_1^{(1)}=0, b_1^{(1)}=\dfrac{2}{3}, c_1^{(1)}=\dfrac{1}{3}$，即

$$N_1^{(1)}(x,y)=\frac{2}{3}x+\frac{1}{3}y$$

同样，若线性函数$N_1^{(2)}(x,y)$在点(1,1)的值为1，而在点(0,0)和(1,0)的值为0，那么

$$\begin{cases}a_1^{(2)}+b_1^{(2)}(1)+c_1^{(2)}(1)=1,\\ a_1^{(2)}+b_1^{(2)}(0)+c_1^{(2)}(0)=0,\\ a_1^{(2)}+b_1^{(2)}(1)+c_1^{(2)}(0)=0\end{cases}$$

所以$a_1^{(2)}=b_1^{(2)}=0, c_1^{(2)}=1$，即$N_1^{(2)}(x,y)=y$。我们注意到在$T_1$和$T_2$的边界$y=x$上有$N_1^{(1)}(x,y)=N_1^{(2)}(x,y)$。

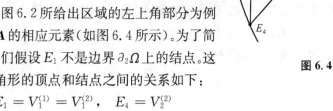

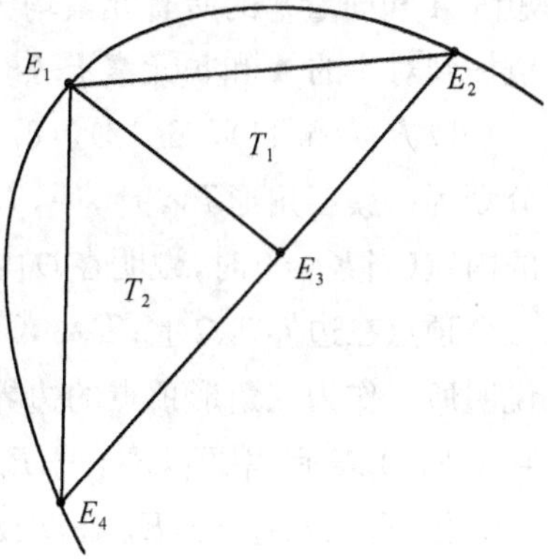

图 6.4

下面，我们考虑如何进行总刚度矩阵元素的组合，以图6.2所给出区域的左上角部分为例计算矩阵**A**的相应元素(如图6.4所示)。为了简便起见，我们假设E_1不是边界$\partial_2\Omega$上的结点。这一部分三角形的顶点和结点之间的关系如下：

$$E_1=V_1^{(1)}=V_1^{(2)},\quad E_4=V_2^{(2)}$$
$$E_3=V_2^{(1)}=V_3^{(2)},\quad E_2=V_3^{(1)}$$

由于φ_1和φ_3在三角形T_1和T_2上均非零，总刚度矩阵的元素$\alpha_{1,3}=\alpha_{3,1}$可由以下公式计算：

$$
\begin{aligned}
\alpha_{1,3} &= \iint_{\Omega}\left[p\frac{\partial\varphi_1}{\partial x}\frac{\partial\varphi_3}{\partial x}+q\frac{\partial\varphi_1}{\partial y}\frac{\partial\varphi_3}{\partial y}-r\varphi_1\varphi_3\right]\mathrm{d}x\mathrm{d}y \\
&= \iint_{T_1}\left[p\frac{\partial\varphi_1}{\partial x}\frac{\partial\varphi_3}{\partial x}+q\frac{\partial\varphi_1}{\partial y}\frac{\partial\varphi_3}{\partial y}-r\varphi_1\varphi_3\right]\mathrm{d}x\mathrm{d}y \\
&\quad+\iint_{T_2}\left[p\frac{\partial\varphi_1}{\partial x}\frac{\partial\varphi_3}{\partial x}+q\frac{\partial\varphi_1}{\partial y}\frac{\partial\varphi_3}{\partial y}-r\varphi_1\varphi_3\right]\mathrm{d}x\mathrm{d}y \\
&= b_3^{(1)}b_1^{(1)}\iint_{T_1}p\mathrm{d}x\mathrm{d}y+c_3^{(1)}c_1^{(1)}\iint_{T_1}q\mathrm{d}x\mathrm{d}y \\
&\quad-\iint_{T_1}r(a_3^{(1)}+b_3^{(1)}x+c_3^{(1)}y)(a_1^{(1)}+b_1^{(1)}x+c_1^{(1)}y)\mathrm{d}x\mathrm{d}y \\
&\quad+b_3^{(2)}b_1^{(2)}\iint_{T_2}p\mathrm{d}x\mathrm{d}y+c_3^{(2)}c_1^{(2)}\iint_{T_2}q\mathrm{d}x\mathrm{d}y \\
&\quad-\iint_{T_2}r(a_3^{(2)}+b_3^{(2)}x+c_3^{(2)}y)(a_1^{(2)}+b_1^{(2)}x+c_1^{(2)}y)\mathrm{d}x\mathrm{d}y
\end{aligned}
$$

元素 β_1 的一部分是由 φ_1 限制在 T_1 上，而另一部分则限制在 T_2 上计算所得到的。一般的，元素 β_k 是由 φ_k 限制在所有以 E_k 为顶点的三角形上计算得到的。另外，对于在 $\partial_2\Omega$ 上的结点，则将会有一个线积分添加到对应的 $\boldsymbol{A}$ 和 $\boldsymbol{b}$ 的元素上。

下面给出用有限元方法解二阶椭圆型微分方程的一个算法。算法开始先假设矩阵 $\boldsymbol{A}$ 和向量 $\boldsymbol{b}$ 的所有元素均为 0，然后在每个三角形上进行积分，把对应的积分值加到对应的 $\boldsymbol{A}$ 和 $\boldsymbol{b}$ 元素上去。

以方程(6.11)，(6.12)，(6.13) 为例，其有限元算法流程如下：首先将区域 Ω 分划为一簇三角形 $T_1,T_2,\cdots,T_M$ 的集合，使得三角形 $T_1,T_2,\cdots,T_K$ 的顶点均为 Ω 的内点（当 $K=0$ 时，说明在 Ω 内部没有三角形）；三角形 $T_{K+1},T_{K+2},\cdots,T_N$ 至少有一个顶点在边界 $\partial_2\Omega$ 上；$T_{N+1},T_{N+2},\cdots,T_M$ 则为其他剩余的三角形（当 $N=M$ 时，说明所有作为三角形顶点的边界点均在 $\partial_2\Omega$ 上）。三角形 T_i 的顶点用 $(x_j^{(i)},y_j^{(i)})$ $(j=1,2,3)$ 表示，用 $E_1,E_2,\cdots,E_m$ 表示所有结点（顶点），其中 $E_1,E_2,\cdots,E_n$ 在 $D\cup\partial_2\Omega$ 上，$E_{n+1},E_{n+2},\cdots,E_m$ 在 $\partial_1\Omega$ 上。

有限元计算过程流程图如下所示：

开始

↓

输入K,H,M,n,m

↓

$k_l = g(x_l, y_l)$ for $l = n+1, \cdots, m$（注：$E_l = (x_l, y_l)$）

↓

$\alpha_{i,j} = 0, \beta_i = 0$ for $i = 1, \cdots, n; j = 1, \cdots, n$

↓

$$\Delta_i = \det \begin{vmatrix} 1 & x_1^{(i)} & y_1^{(i)} \\ 1 & x_2^{(i)} & y_2^{(i)} \\ 1 & x_3^{(i)} & y_3^{(i)} \end{vmatrix}$$

$$a_1^{(i)} = \frac{x_2^{(i)} y_3^{(i)} - y_2^{(i)} x_3^{(i)}}{\Delta_i}; \quad b_1^{(i)} = \frac{y_2^{(i)} - y_3^{(i)}}{\Delta_i}; \quad c_1^{(i)} = \frac{x_3^{(i)} - x_2^{(i)}}{\Delta_i}$$

$$a_2^{(i)} = \frac{x_3^{(i)} y_1^{(i)} - y_3^{(i)} x_1^{(i)}}{\Delta_i}; \quad b_2^{(i)} = \frac{y_3^{(i)} - y_1^{(i)}}{\Delta_i}; \quad c_2^{(i)} = \frac{x_1^{(i)} - x_3^{(i)}}{\Delta_i}$$

$$a_3^{(i)} = \frac{x_1^{(i)} y_2^{(i)} - y_1^{(i)} x_2^{(i)}}{\Delta_i}; \quad b_3^{(i)} = \frac{y_1^{(i)} - y_2^{(i)}}{\Delta_i}; \quad c_3^{(i)} = \frac{x_2^{(i)} - x_1^{(i)}}{\Delta_i}$$

for $i = 1, 2, \cdots, M; j = 1, 2, 3$

定义：$N_j^{(i)}(x,y) = a_j^{(i)} + b_j^{(i)} x + c_j^{(i)} y$

↓

$$z_{j,k}^{(i)} = b_j^{(1)} b_k^{(1)} \iint_{T_i} p(x,y)\,\mathrm{d}x\mathrm{d}y + c_j^{(1)} c_k^{(1)} \iint_{T_i} q(x,y)\,\mathrm{d}x\mathrm{d}y - \iint_{T_i} r(x,y) N_j^{(i)}(x,y) N_k^{(i)}(x,y)\,\mathrm{d}x\mathrm{d}y$$

$$H_j^{(i)} = -\iint_{T_i} f(x,y) N_j^{(i)}(x,y)\,\mathrm{d}x\mathrm{d}y$$

for $i = 1, \cdots, M; j = 1, 2, 3; k = 1, \cdots, j$

↓

$$J_{j,k}^{(i)} = \int_{\alpha_2\Omega} g_1(x,y) N_j^{(i)}(x,y) N_k^{(i)}(x,y)\,\mathrm{d}S$$

$$I_j^{(i)} = \int_{\alpha_2\Omega} g_2(x,y) N_j^{(i)}(x,y)\,\mathrm{d}S$$

for $i = K+1, \cdots, N; j = 1, 2, 3; k = 1, \cdots, j$

↓

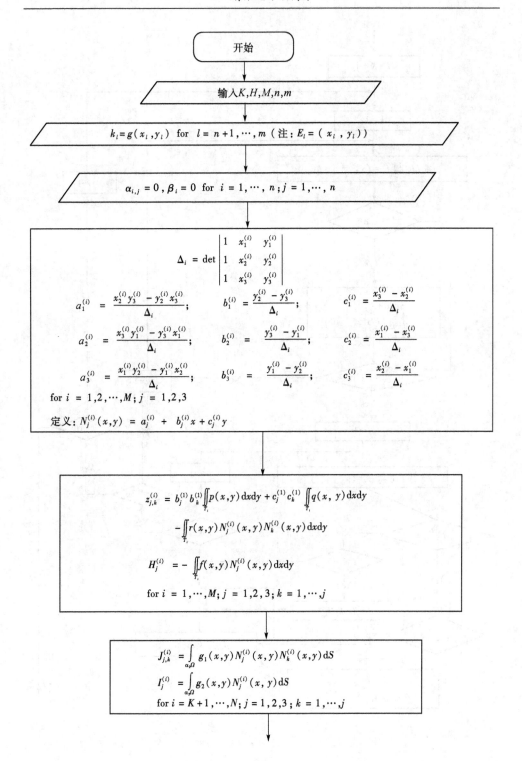

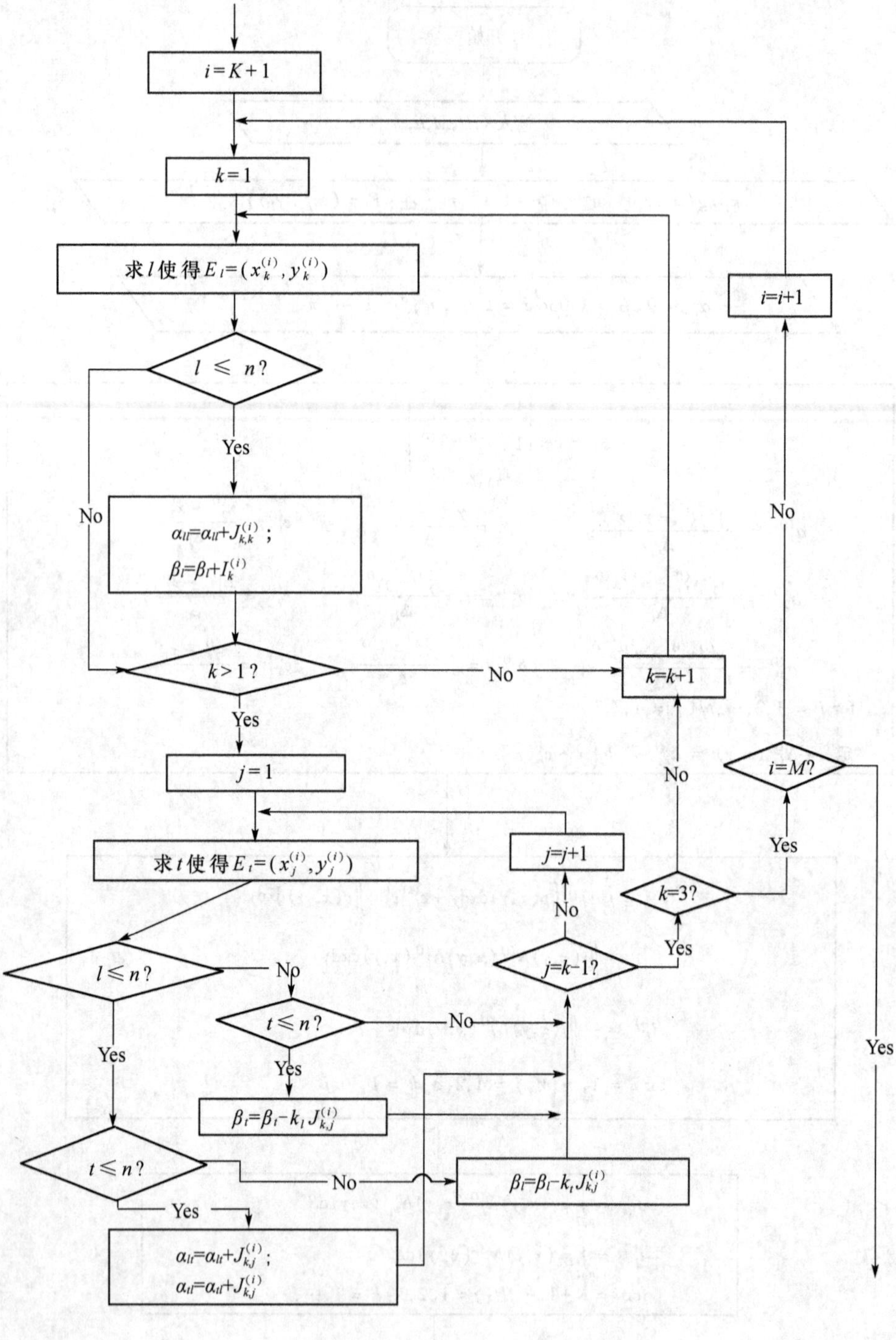

$i=K+1$
$k=1$
求 l 使得 $E_l=(x_k^{(i)},y_k^{(i)})$
$l\leqslant n$?
Yes
No
$\alpha_{ll}=\alpha_{ll}+J_{k,k}^{(i)}$;
$\beta_l=\beta_l+I_k^{(i)}$
$k>1$?
No
$k=k+1$
Yes
$j=1$
求 t 使得 $E_t=(x_j^{(i)},y_j^{(i)})$
$l\leqslant n$?
No
$t\leqslant n$?
No
Yes
$\beta_t=\beta_t-k_l J_{k,j}^{(i)}$
Yes
$t\leqslant n$?
No
$\beta_l=\beta_l-k_t J_{k,j}^{(i)}$
Yes
$\alpha_{lt}=\alpha_{lt}+J_{k,j}^{(i)}$;
$\alpha_{tl}=\alpha_{tl}+J_{k,j}^{(i)}$
$j=k-1$?
No
$j=j+1$
Yes
$k=3$?
No
Yes
$i=M$?
Yes
No
$i=i+1$

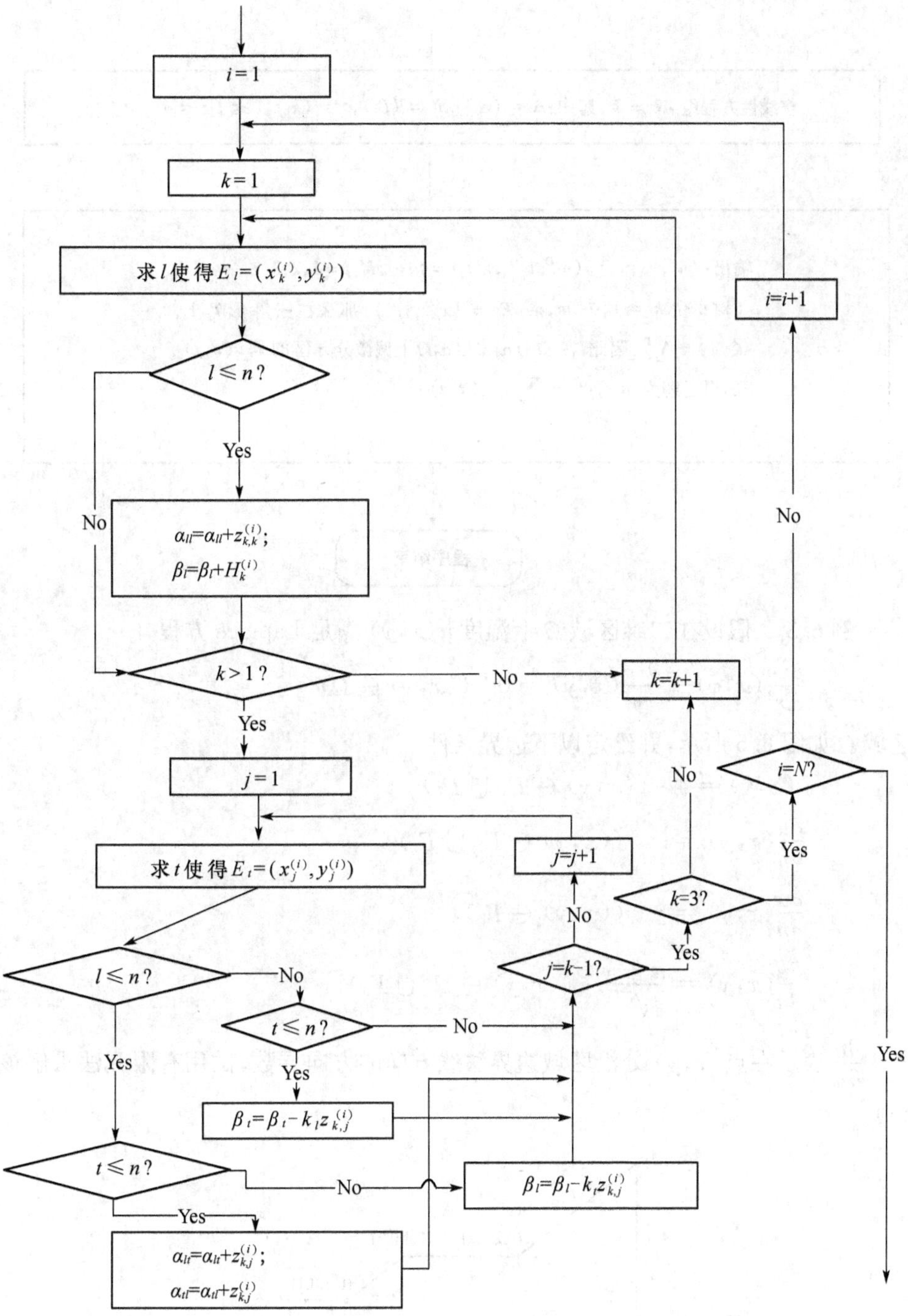
i=1
k=1
求l使得E_l=(x_k^(i), y_k^(i))
l≤n?
Yes
No
α_ll=α_ll+z_k,k^(i);
β_l=β_l+H_k^(i)
k>1?
No
Yes
j=1
求t使得E_t=(x_j^(i), y_j^(i))
l≤n?
No
t≤n?
No
Yes
β_t=β_t−k_l z_k,j^(i)
Yes
t≤n?
No
β_l=β_l−k_t z_k,j^(i)
Yes
α_lt=α_lt+z_k,j^(i);
α_tl=α_tl+z_k,j^(i)
j=k−1?
No
j=j+1
Yes
k=3?
No
k=k+1
Yes
i=N?
No
i=i+1
Yes

解线性方程组 $\boldsymbol{Ac}=\boldsymbol{b}$，其中：$\boldsymbol{A}=(\alpha_{l,t})$，$\boldsymbol{b}=(\beta_l)$，$\boldsymbol{c}=(k_l)$，$1\leqslant l,t\leqslant n$

输出：$(u_1,\cdots,u_m)$，$(a_j^{(i)},b_j^{(i)},c_j^{(i)})$，$i=1,\cdots,M$；$j=1,2,3$
（对每个 $k=1,\cdots,m$，若 $E_k=(x_j^{(i)},y_j^{(i)})$，那么在三角形 T_i 上，
令 $\varphi_k=N_j^{(i)}$．因此，在 $\Omega\cup\alpha_1\Omega\cup\alpha_2\Omega$ 上偏微分方程的解 $u(x,y)$
的逼近解为 $\varphi(x,y)=\sum_{i=1}^{m}u_i\varphi_i(x,y)$）

程序结束

例 6.3　假设在二维区域 Ω 上温度 $u(x,y)$ 满足 Laplace 方程

$$\frac{\partial^2 u}{\partial x^2}(x,y)+\frac{\partial^2 u}{\partial y^2}(x,y)=0\quad((x,y)\in\Omega)$$

区域 Ω 如图 6.5 所示，并给定以下边界条件：

$$u(x,y)=4\quad((x,y)\in\Gamma_6\cup\Gamma_7)$$

$$\frac{\partial u}{\partial n}(x,y)=x\quad((x,y)\in\Gamma_2\cup\Gamma_4)$$

$$\frac{\partial u}{\partial n}(x,y)=y\quad((x,y)\in\Gamma_5)$$

$$\frac{\partial u}{\partial n}(x,y)=\frac{x+y}{\sqrt{2}}\quad((x,y)\in\Gamma_1\cup\Gamma_3)$$

其中 $\frac{\partial u}{\partial n}$ 表示在点 (x,y) 处沿区域边界法线方向的方向导数，试用有限元法求解该问题。

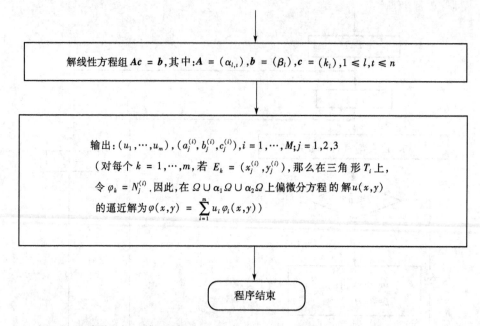

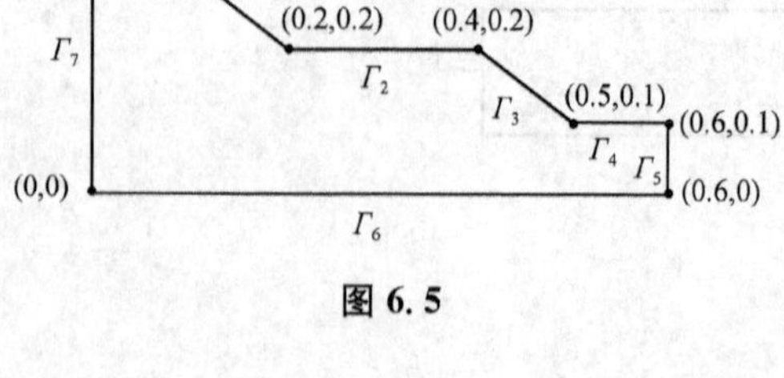

图 6.5

解 首先我们将区域Ω划分为三角形，三角形的标号如图6.6所示，在这个例子中有两类边界条件，其中：$\partial_1\Omega=\Gamma_6\cup\Gamma_7$，$\partial_2\Omega=\Gamma_1\cup\Gamma_2\cup\Gamma_3\cup\Gamma_4\cup\Gamma_5$。

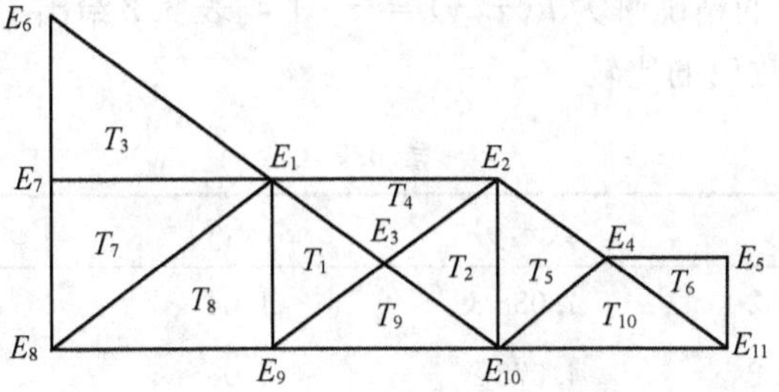

图 6.6

在$\Gamma_6\cup\Gamma_7$上的边界条件$u(x,y)$表明$u_l=4(l=6,\cdots,11)$。为了确定其他$u_l(l=1,\cdots,5)$的值，我们利用前面给出的有限元算法的流程，产生线性方程组的系数矩阵和向量

$$\mathbf{A}=\begin{bmatrix}2.5 & 0 & -1 & 0 & 0\\ 0 & 1.5 & -1 & -0.5 & 0\\ -1 & 1 & 4 & 0 & 0\\ 0 & -0.5 & 0 & 2.5 & -0.5\\ 0 & 0 & 0 & -0.5 & 1\end{bmatrix},\quad \boldsymbol{b}=\begin{bmatrix}6.0666\\ 0.0633\\ 8.0000\\ 6.0566\\ 2.0316\end{bmatrix}$$

方程组$\boldsymbol{Ac}=\boldsymbol{b}$的解为

$$\boldsymbol{c}=\begin{bmatrix}u_1\\ u_2\\ u_3\\ u_4\\ u_5\end{bmatrix}=\begin{bmatrix}4.0383\\ 4.0782\\ 4.0291\\ 4.0496\\ 4.0565\end{bmatrix}$$

这就给出了Laplace方程在各个三角形上的逼近解为

$$T_1:\varphi(x,y)=4.0383(1-5x+5y)+4.0291(-2+10x)+4(2-5x-5y);$$

$$T_2:\varphi(x,y)=4.0782(-2+5x+5y)+4.0291(4-10x)+4(-1+5x-5y);$$

$$T_3:\varphi(x,y)=4(-1+5y)+4(2-5x-5y)+4.0383(5x);$$

$$T_4:\varphi(x,y)=4.0383(1-5x+5y)+4.0782(-2+5x+5y)+4.0291(2-10y);$$

$$T_5:\varphi(x,y)=4.0782(2-5x+5y)+4.0496(-4+10x)+4(3-5x-5y);$$

$$T_6:\varphi(x,y)=4.0496(6-10x)+4.0565(-6+10x+10y)+4(1-10y);$$

$$T_7:\varphi(x,y)=4(-5x+5y)+4.0383(5x)+4(1-5y);$$

$$T_8:\varphi(x,y)=4.0383(5y)+4(1-5x)+4(5x-5y);$$

$T_9: \varphi(x,y) = 4.0291(10y) + 4(2-5x-5y) + 4(-1+5x-5y)$;

$T_{10}: \varphi(x,y) = 4.0496(10y) + 4(3-5x-5y) + 4(-2+5x-5y)$。

这个边值问题的精确解为 $u(x,y) = xy + 4$。表 6.2 给出了精确解和逼近解在点 $E_1, \cdots, E_5$ 上函数值的比较。

表 6.2

x	y	$\varphi(x,y)$	$u(x,y)$	$\vert\varphi(x,,y)-u(x,y)\vert$
0.2	0.2	4.038 3	4.04	0.001 7
0.3	0.2	4.078 2	4.08	0.001 8
0.4	0.1	4.029 1	4.03	0.000 9
0.5	0.1	4.049 6	4.05	0.000 4
0.6	0.1	4.056 5	4.06	0.003 5

一般的，具有光滑函数系数的二阶椭圆型问题(6.1)利用以上有限元算法的误差为 $O(h^2)$，其中 h 为三角形元素直径的最大值。对于基函数为在矩形元素上的双线性函数的有限元逼近，其误差也为 $O(h^2)$，其中 h 为矩形元素直径的最大值。利用其他类型的基函数可使得逼近误差达到 $O(h^4)$ 或更高，但有限元的构造更加复杂。由于逼近的精度依赖于精确解的连续性以及边界的规则性，因此有限元方法的有效的误差估计理论难于阐述和应用。

有限元方法也可用于求解抛物型和双曲型偏微分方程，但相对而言目前利用有限差分法求解这类方程比较常见。

参 考 文 献

[1] Meis T, Marcowitz U. Numerische behandlung partieller differential gleichungen. Heidelberg, New York: Springer Verlag, 1978

[2] Richtmyer R D, Morton K W. Difference methods for initial-value problems(中译本). 2nd ed.. Inter-science, 1967

[3] Ames W F. Numerical methods for partial differential equations. 2nd ed.. Academic Press, 1977

[4] 矢嶋信男,野木达夫. 发展方程数值分析(中译本). 北京:人民教育出版社,1982

[5] Smith G D. Numerical solution of partial differential equations finite difference methods. Second Edition. Clarendon Press Oxford, 1978

[6] Mitchell A R, Griffiths D F. The finite difference methods in partial differential equations.

[7] 李荣华,冯果忱. 微分方程数值解法. 北京:人民教育出版社,1980

[8] 南京大学数学系计算数学专业编. 偏微分方程数值解法. 北京:科学出版社,1979

[9] Forsythe G E, Wasow W R. Finite difference methods for partial difederetial equations(中译本). 1960

[10] Leon Lapidus, George F. Pinder. Numerical solution of partial differential equations in science and engineering. 1982

[11] Varge R S. Matrix iterative analysis. Prentice-Hall, Inc,1962

[12] Harten Ami. High resolution schemes for hyperbolic conservation laws. J Comput Phys, 1983,49:357～393

[13] Harten Ami, Osher S. Uniformly high order accurate non-oscillatory schemes, I. SIAM J Numer Anal, 1987,24:279～309

[14] Harten Ami, Engquist B, Osher S, Chakravathy R. Uniformly high order accurate essentially non-oscillatory schemes, Ⅲ. J Comput Phys, 1987, 71:231～303

[15] Shu C W. TVB uniformly high order schemes for conservation laws. Math Comput, 1987, 49:105～121

[16] Shu C W, Osher S. Efficient implementation of essentially non-oscillatory shocks capturing schemes. J Comput Phys, 1988, 77:439～471

[17] Shu C W, Osher S. Efficient implementation of essetially non-oscillatroy shocks capturing schemes, Ⅱ. J Comput Phys, 1989, 83:32～78

[18] 哈克布思. W. 多重网格方法. 北京:科学出版社,1988